高等学校电子信息类专业“十三五”规划教材

计算机组成原理

——基于 MIPS 结构

康 磊 编 著

西安电子科技大学出版社

内 容 简 介

本书以 MIPS 微处理器为基础，从教学和实际应用的角度出发，讲述了计算机的基本组成和运行机制。全书中通过对 C 语言和汇编语言的比较，由浅入深地帮助读者理解高级语言和机器语言、计算机软件和硬件之间的关系，使读者对计算机的内部运行机制有一个整体的认识。本书主要内容包括计算机系统概述、运算方法和运算器、存储系统、总线技术、指令系统、中央处理器、输入/输出系统。全书语言通俗易懂、内容全面、条理清晰，突出实用性和先进性。

本书可作为高等院校电子工程、计算机工程和计算机科学专业“计算机组成原理”课程的教材，也可作为电子系统设计技术人员的参考用书。

图书在版编目(CIP)数据

计算机组成原理：基于 MIPS 结构/康磊编著. —西安：西安电子科技大学出版社，2019.4

ISBN 978-7-5606-4979-5

Ⅰ. ① 计…　Ⅱ. ① 康…　Ⅲ. ① 计算机组成原理　Ⅳ. ① TP301

中国版本图书馆 CIP 数据核字(2018)第 213412 号

策划编辑　云立实　刘玉芳

责任编辑　王　斌　雷鸿俊

出版发行　西安电子科技大学出版社(西安市太白南路 2 号)

电　　话　(029)88242885　88201467　　邮　　编　710071

网　　址　www.xduph.com　　电子邮箱　xdupfxb001@163.com

经　　销　新华书店

印刷单位　咸阳华盛印务有限责任公司

版　　次　2019 年 6 月第 1 版　2019 年 6 月第 1 次印刷

开　　本　787 毫米×1092 毫米　1/16　印张 20

字　　数　475 千字

印　　数　1～3000 册

定　　价　45.00 元

ISBN 978-7-5606-4979-5/TP

XDUP 5281001-1

前　　言

“计算机组成原理”是计算机相关专业的一门专业核心基础课程。该课程主要讲述计算机的基本组成和运行机制。由于目前大多数传统教材单纯注重理论的讲解，缺乏具有针对性的具体机型的讲解，学生在学习的过程中往往面临概念多、头绪多、关系多的困境，无法把计算机中各部件有效地关联起来形成一个有机的整体的概念。

而随着计算机技术和大规模集成电路技术的发展，被称为“高效的 RISC 体系结构中最优雅的一种体系结构”的 MIPS 架构处理器已经替代了 Intel x86 和 ARM 处理器，被广泛应用于嵌入式系统，如消费电子和路由器等。因此，编者在调研国内外多所高校的“计算机组成原理”课程理论及实践教学安排的基础上，并根据教育部计算机教学指导委员会所提出的增强学生系统能力培养的目标要求编写了本书。本书以一个简单的 MIPS 架构模型机设计为主线索，使读者了解处理器中各部件的功能和相互之间的协作关系，同时通过对机器语言、汇编语言和 C 语言之间的关系的讲解，帮助读者深刻理解计算机内部的工作机制，帮助读者建立从计算机到数字电路、从高级语言到机器语言的实现过程以及软件和硬件之间的相互依存关系。

本书共分为七章，其具体内容安排如下：

第 1 章首先介绍了计算机系统的基本组成和常用概念；然后说明计算机的工作过程和性能指标，最后对 MIPS 架构做了简单说明。

第 2 章首先采用与 C 语言中的基本数据类型相对照的方式，说明了计算机中定点数、浮点数、字符和汉字的表示和存储方式；然后详细叙述了定点数和浮点数的算术逻辑运算方法和运算器的实现过程。

第 3 章首先介绍了存储器的基本知识，包括存储器的分类方法、性能指标，建立存储器体系结构的目的；然后从半导体存储元的工作原理入手，详细说明了半导体存储器的内部构成、读写方式、扩展方法以及存储器与 CPU 的连接方式；最后从提高存储器性能的角度分析了各种高速存储器和 Cache 的工作原理和性能。

第 4 章介绍了总线的基本原理，包括总线的常用结构、仲裁和通信方式，并对常用总线标准的特点做了简要说明。

第 5 章首先介绍了指令系统的一般概念，包括指令格式、寻址方式、指令类型；然后对比地介绍了 MIPS 微处理器的汇编指令，分析了 MIPS 指令的指令格式、寻址方式、指令类型的基本特点；最后通过将常用 C 语言代码转换为 MIPS 汇编指令的例子，使读者透彻理解高级语言与汇编语言、计算机软件与硬件之间的关系。

第 6 章介绍了微处理器的基本构成，并以一个 MIPS 模型机为例，详细说明了实现一个给定指令集的 CPU 的过程中典型指令的执行过程、数据通路的建立和不断完善的过程，以及采用单周期、多周期和流水线方式下控制器的工作原理和设计方法。

第 7 章介绍了主机与外设之间采用程序控制方式、中断方式、DMA 方式和通道方式进行信息交换时的原理和方法。

本书从教学和工程角度出发，具有理论严谨、内容新颖、实用性较强等特点，力求缩小教学与实践的距离，为今后学生进行项目开发实践打下良好的基础。同时希望本书也能够对电子工程人员和高校相关专业学生有所帮助。

由于作者水平有限，加之时间仓促，本书难免有不足之处，敬请广大读者批评指正。本书作者的电子邮箱为 kangl@xsyu. edu. com。

编　者
2018 年 12 月

目　　录

第1章　计算机系统概述

本章介绍计算机系统的基本知识，使读者对计算机的硬件系统有一个概括性的认识，为后续章节的学习打下基础。

1.1　计算机系统的组成

1.1.1　计算机的基本概念

计算机是一种能够运行存储的程序，自动、高速处理海量数据的现代化智能电子设备。计算机系统由硬件和软件两部分组成，如图1-1所示。

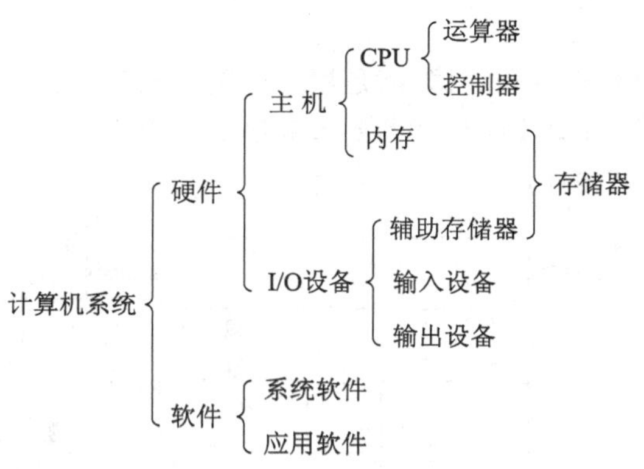

图1-1　计算机系统的组成

硬件是指计算机系统中由电子、机械和光电元件等组成的各种物理设备的总称。这些物理装置按系统功能要求构成一个有机的整体，是计算机软件运行的物质基础。从图1-1可以看到，计算机硬件主要包括主机和I/O设备，主机和I/O设备的功能将在本节后续部分说明。

软件是看不见、摸不着的，它是计算机中使用的各种程序和数据文档的总称。程序是指按照特定顺序组织的计算机数据和指令序列的集合。软件存储在计算机的内存和辅助存储器中，如RAM、ROM、磁带、磁盘、光盘、flash、U盘等。软件是计算机系统的“灵魂”，好的软件可以充分利用硬件资源，提高系统的工作效率。

一般来讲软件分为系统软件和应用软件。

(1) 系统软件。系统软件是指为了更加方便、高效地使用硬件资源而编写的控制和协调计算机各设备，为应用软件的开发和运行提供服务，并且无需用户干预的各种程序的集合。系统软件的主要功能是简化程序设计，提高计算机硬件的使用效率。系统软件通常包括操作系统、数据库管理系统、语言处理系统、网络管理软件和各类服务性程序。

(2) 应用软件。应用软件是指计算机用户为了解决各种问题而编写的程序。应用软件涉及广泛，按照软件的功能划分常见的有：科学计算类程序、工程设计类程序、数据处理类程序、信息管理类程序、自动控制类程序等。

系统软件和应用软件的划分界限并不是很严格，一些具有通用价值的软件对设计者而言是应用程序，但对其使用者来说就是系统程序。

1.1.2 冯·诺依曼结构计算机

1945 年 3 月，匈牙利裔美籍数学家约翰·冯·诺依曼(John von Neumann，1903—1957 年)起草了世界上第一台电子计算机 ENIAC 的设计报告初稿 EDVAC(Electronic Discrete Variable Automatic Computer)，提出了"存储程序"的思想。这份报告在计算机发展史上具有划时代的意义，奠定了计算机设计的理论基础。采用冯·诺依曼思想设计的计算机被称为冯·诺依曼结构计算机，虽然现代计算机结构更加复杂，计算能力更加强大，但基本结构仍然是基于这一原理设计的，因此，冯·诺依曼被称为"计算机之父"。

冯·诺依曼结构计算机的特点是：

(1) 计算机由五大部件构成，即计算机＝存储器＋运算器＋控制器＋输入设备＋输出设备。

(2) 所有的程序(包括指令和数据)都是用二进制形式存储在内存中的。

(3) 计算机应该能够自动按照程序的要求顺序执行指令。

典型的冯·诺依曼结构计算机的框图如图 1-2 所示。

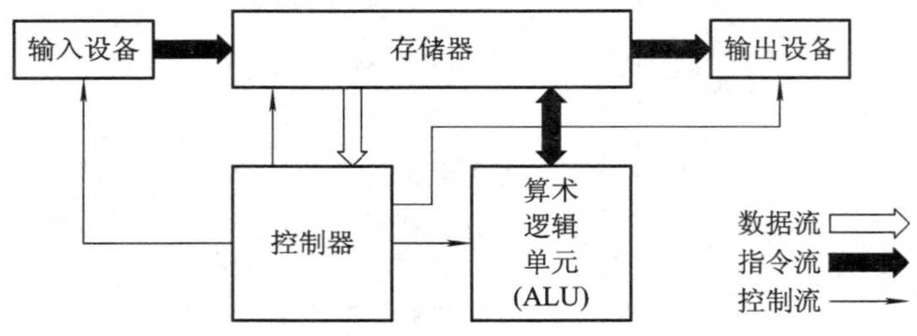

图 1-2 典型的冯·诺依曼结构计算机的框图

这里简单介绍各部件的功能，其工作原理和具体的实现过程将在后续章节详细说明。

(1) 运算器(Arithmetic and Logical Unit，ALU)：完成算术运算和逻辑运算。从提高 CPU 的效率出发，运算器内部往往有专用的寄存器运算数据，寄存器是计算机中速度最快的存储数据的电路。

(2) 主存储器(Main Memory，MM)：用来存储程序和数据。图 1-2 中的存储器就是主存储器，也称为内存，所有 CPU 执行的程序必须加载并存储在内存中。在计算机中存储器可以分为主存储器和辅助存储器。主存储器是半导体存储器，在掉电的情况下无法存储数据；辅助存储器通常是磁表面存储器，相比内存其速度要慢很多，可用于长期存储各种程序和文档，辅助存储器属于I/O设备。

(3) 控制器(Control Unit，CU)：是计算机的控制中心，可以根据指令的功能，顺序产生每条指令在执行过程中各部件的控制信号，保证指令能够有条不紊地按顺序执行。

(4) 输入设备：将人们需要处理的信息转化为计算机能够识别的信息形式。大家最熟悉的输入设备就是键盘，当敲击键盘上的一个按键时，这个按键所对应的字母或数字就会被自动转换成相应的二进制编码，再传送给处理器。常用的输入设备有键盘、鼠标和触摸屏等。

(5) 输出设备：将计算机处理后的结果转换为人们能够接受的信息形式。常用的输出设备有显示器、打印机和绘图仪等。

有些设备既具有输出功能又具有输入功能，如网卡和辅助存储器，因此把这类设备称为I/O设备。

通常将运算器(ALU)和控制器(CU)合称为中央处理器(Central Processing Unit，CPU)。

在图1-2中可以看到有三种类型的信息在传递，分别是数据流、指令流和控制流。指令流是指存放在主存储器里的程序中的一条条指令按顺序依次送到控制器中的形式，这个过程被称为取指令；数据流是指两个部件之间有数据传输，从图中可以看到数据可以在运算器、存储器、输入设备和输出设备之间传输；控制流是指各部件的控制信号，由于所有的控制信号都是从控制器发出的，因此控制器是保证数据能够在各部件之间正确传输的核心设备，如果把计算机比作电脑的话，控制器就是计算机的“脑”。

另外一种常见的计算机结构是哈佛结构。图1-3是哈佛结构计算机的框图。与冯·诺依曼结构相比，哈佛结构是将指令和数据分开存储的计算机，并且两个存储器具有各自独立的地址访问空间和访问总线。由于指令和数据是分开储存的，因此上一条指令执行的同时可以预先读取下一条指令，因此具有较高的执行效率。哈佛结构的主要缺点是结构相对复杂，对外围设备的连接和处理要求高，不适合外围存储器的扩展。

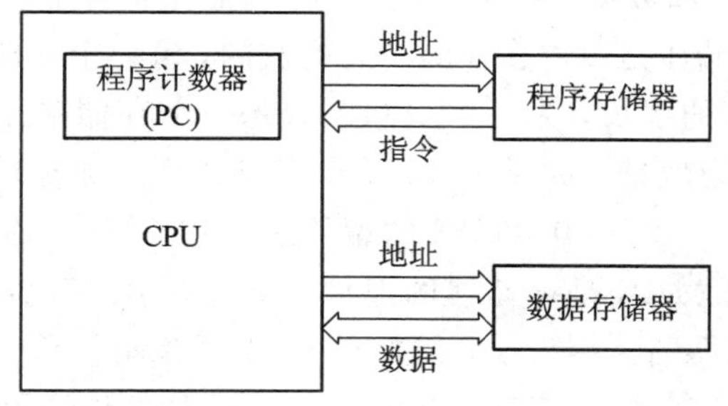

图1-3　哈佛结构计算机的框图

现在的通用处理器通常在内部采用将指令和数据分开存放的Cache，处理器外部Cache采用统一的方式。哈佛结构主要应用于嵌入式计算机中，在嵌入式应用中，系统要执行的任务相对单一，程序通常是固化在硬件中的。

1.2　计算机的工作过程

指令规定了计算机的一个基本动作，程序是完成某个特定功能的指令的有序集合。按照冯·诺依曼结构计算机的特点，计算机应该能够自动执行程序，而程序是由一条一条的指令构成的，换句话说，计算机应该能够顺序地执行每一条指令。计算机的工作过程实际上是一个周而复始的过程，即取指令、分析指令和执行指令的过程，这个过程可以用图 1-4 来描述。图中取指令后面的符号"⟋⟋"表示计算机的公共操作，是计算机为了具备中断、总线释放等功能而执行的操作。

这里以一个取数指令 Load ACC,X 为例，说明一条指令的执行过程。取数指令 Load ACC,X 的功能是将主存地址为 X 的存储单元的数据取出来，放入累加器 ACC 中。

指令的具体执行过程是由计算机的硬件完成的，而计算机的硬件结构又是千差万别的，这里我们将计算机的硬件用图 1-5 所示的细化框图来描述。为了说明计算机的工作过程，首先简要说明图中存储器、运算器和控制器的基本构成。

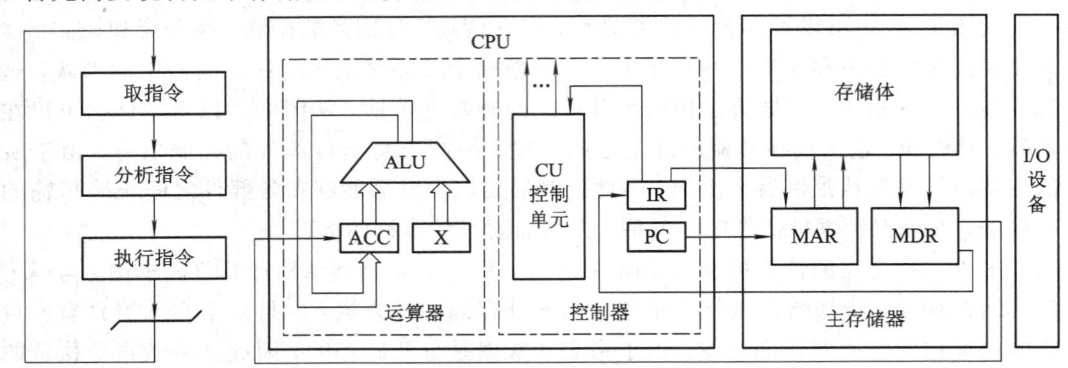

图 1-4　计算机的工作过程　　　　图 1-5　计算机硬件的细化框图

存储器用来存放指令和数据。图 1-5 中的存储器是由存储体和两个寄存器 MDR 和 MAR 组成的，其中，存储体是由许多存储单元构成的，每一个存储单元可以存储 n 位的二进制信息，n 就是存储器的字长。为了标识和区分每一个存储单元，对每一存储单元进行了编号，这个编号又称为地址。如果有 1024 个存储单元，那么就可以用 10 位二进制数($2^{10}=1024$)对其进行编码，即用 0～1023 的编码表示这 1024 个存储单元，每个单元的编号就称为存储单元地址。MAR 是存储器的地址寄存器，用于存放要访问的存储单元的地址，MAR 的位数由存储器的大小决定，如果有 1024 个存储单元，那么 MAR 就是一个 10 位的寄存器。MDR 是存储器数据寄存器，用来存放写入存储单元或从存储单元读出的数据，MDR 的位数就是存储器的字长。

运算器是执行算术、逻辑和移位运算的。图 1-5 中的运算器是由 ALU 和两个数据寄存器 X、ACC 组成的，运算器的两个输入数据来自 X 和 ACC，运算结果又回存到 ACC 中。

控制器由控制单元 CU、程序计数器 PC 和指令寄存器 IR 等组成。PC 实际上是个程序指针，也就是一个地址，这个地址指示将要执行指令的地址。由于指令是存放在主存储器中的，因此主存储器中 PC 指示的存储单元中存放的就是将要执行的下一条指令。IR 是用于暂存当前正在执行指令机器码的寄存器，这个寄存器为指令译码和指令执行提供相关信息。CU 是整个计算机的控制中心，一条指令完整执行的各个环节所需要的控制信号都是从这里产生的。

下面我们以取数指令 Load ACC,X 为例，说明如图 1－4 所示的机器中指令的执行过程。假设此刻 PC 的内容等于 Y，也就是说，该指令存放在主存中地址为 Y 的单元中。

1. 取指令

取指令阶段的基本任务是将指令从内存中取出来存入 IR。这个阶段的具体操作工程如下：

(1) PC→MAR，即控制器将 PC 的内容送至存储器的 MAR，MAR 的值为 Y。

(2) 读存储器 M(MAR)→MDR，即将主存储器中地址为 MAR 的存储单元的内容送入 MDR，此时由于是取指令时间段，因此 MDR 中存放的代码就是将要执行的指令代码，即 Load ACC,X 指令的机器码。

(3) PC＋1→PC，PC 指向下一条指令。

(4) MDR→IR，将 MDR 中的指令送入 IR，IR 中存放 Load ACC,X 的机器码。

2. 分析指令

对 IR 中的操作码和地址码进行分析，控制器获知这是一条取数指令，与这条指令相关的设备是 ALU 中的 ACC 和存储器中地址为 X 的存储单元。控制单元 CU 就会根据指令的功能要求，按照时间顺序依次正确的产生取数指令执行时所需要的全部控制命令，保证取数指令功能的正确性。

3. 执行指令

(1) IR(X)→MAR，将 IR 中存储单元的地址 X 送至存储器的 MAR。

(2) 读存储器 M(MAR)→MDR，这个操作和取指令阶段(2)的操作是一样的，但是由于不是在取指令时间，因此这个阶段取出来的是数据。

(3) MDR→ACC，将 MDR 中的数据送往 ACC，这是指令功能规定的。至此完成了取数指令的功能。

这条指令执行完毕后，在进行公共操作处理后会继续下一条指令的执行，顺序执行取指令、分析和执行指令，直至程序结束，机器会自动停机。

1.3　计算机的性能指标

由于计算机硬件的千差万别以及软件系统的规模差异，要综合评价计算机的性能是很复杂的事情，这里仅讨论硬件的性能指标。

对于单个计算机而言，如果其性能用时间来度量，那么响应时间越短的计算机，其性能也就越好。响应时间是指计算机完成某种任务所需的总时间，包括硬盘访问、内存访问、I/O 活动、操作系统开销和 CPU 执行时间等。在通常情况下，可以从以下几个方面对计算机的性能进行评价。

1. 字长

一般来说，把计算机在同一时间内能够并行处理的一组二进制位数称为一个计算机的

"字长"。这个指标与数据的存储、传输和运算器的位数有关。为了提高 CPU 效率，存储器字长、总线字长、运算器中寄存器的位数都是相互关联的。字长越长的数据其表示范围就越大，一次运算的数据位数就越多，计算机的速度就越快，其硬件成本也就越高。

与字长相关的单位有：b(bit，表示一位二进制)；B(Byte，字节，表示 8 位二进制)。如果一个 16 位机要计算 32 位或 64 位的数据，要用软件编程的方法通过多次 16 位计算来实现，这样虽然比较慢，但是可以降低硬件成本。

2. 存储容量

存储容量主要包括主存储器容量(简称主存容量)和外存储器容量。常用的容量单位有 K、M、G、T、P，具体关系如下：

$$1\ KB=2^{10}\ B,\ 1\ MB=2^{20}\ B,\ 1\ GB=2^{30}\ B,\ 1\ TB=2^{40}\ B;\ 1\ PB=2^{50}\ B$$

(1) 主存储器是指可以直接与 CPU 进行数据交换的存储器。需要执行的程序就存放在主存中，主存的容量越大，计算机的数据处理速度就越快。主存容量是指主存中存放二进制代码的位数，即：

主存容量＝主存储器单元总数×存储单元字长

(2) 外存储器容量通常是指硬盘容量。外存可以存放各种程序和数据，外存的容量越大，可存储的信息就越多。

3. 运算速度

衡量计算机运算速度要根据其执行程序所需时间的长短，通常情况下一个程序的执行时间由下面的公式决定：

一个程序的 CPU 执行时间＝一个程序的时钟周期数×时钟周期　　(1-1)

从式(1-1)可以看出，只要减少程序的 CPU 时钟周期数或者缩短时钟周期，都可以缩短程序的运行时间。

由于程序的功能不同，程序的规模差异也很大，因此不同程序的执行时间没有可比性。

常用的衡量运算速度的指标很多，这里只介绍几个常见的指标。

1) 主频

主频是 CPU 时钟信号的频率，是时钟周期的倒数。时钟频率越高，式(1-1)中的时钟周期就越短，执行每个操作的时间就越短，程序的执行时间也就越短。主频的计算公式如下：

$$f_{cpu}=\frac{1}{t_{cpu}} \tag{1-2}$$

式中，f_{cpu}是 CPU 的频率；t_{cpu}是时钟周期。

2) 指令的执行速度

指令的执行速度是指每秒执行的指令条数。

由于每个程序的功能和复杂程度都不一样，因此每个程序的执行时间都是有差异的。程序是由不同的指令序列构成的，每一条指令的复杂程度不同，其执行时间也不同，因此需要计算出指令的平均执行时间 T_m。T_m的计算公式如下：

$$T_m=\sum_{i=1}^{n} f_i\times t_i \tag{1-3}$$

式中，f_i表示指令系统中第 i 条指令出现的概率；t_i表示第 i 条指令的指令周期(这条指令从取出到指令执行完毕的完整时间)。

有了指令的平均执行时间 T_m 就可以算出计算机每秒执行指令的条数了，也就是常说的运算速度 V_m 了。运算速度的单位是 MIPS(Million Instructions per Second，每秒百万条指令)，其计算公式如下：

$$V_m = \frac{1}{T_m} \tag{1-4}$$

3) CPI(Cycle per Instruction)

CPI 是每条指令执行时所花费的平均时钟周期数。CPI 是一个程序中所有指令执行所用时钟周期的平均值，通过这个值可以对相同指令集的不同实现方法进行性能比较。式(1-1)中“程序的 CPU 时钟周期数”可以转换用式(1-5)表示：

$$\text{CPU 时钟周期数} = \text{程序的指令数} \times \text{每条指令的平均时钟周期数} \tag{1-5}$$

例 1-1 计算机 A 和计算机 B 具有相同的指令集，计算机 A 的时钟周期是 250 ps，执行程序 P 的 CPI 是 2.0；计算机 B 的时钟周期是 500 ps，执行相同程序的 CPI 是 1.2。试比较两台计算机的速度。

解 设程序 P 的指令条数为 I。首先计算每台计算机的 CPU 时钟周期数：

$$\text{CPU 时钟周期数}_A = I \times 2.0, \quad \text{CPU 时钟周期数}_B = I \times 1.2$$

然后计算每台计算机的 CPU 时间：

$$\text{CPU 时间}_A = \text{CPU 时钟周期数}_A \times \text{时钟周期时间}_A = I \times 2.0 \times 250 \times 10^{-12} = 500 \times I \text{ ps}$$

$$\text{CPU 时间}_B = \text{CPU 时钟周期数}_B \times \text{时钟周期时间}_B = I \times 1.2 \times 500 \times 10^{-12} = 600 \times I \text{ ps}$$

因此，计算机 A 的速度更快。

4) FLOPS(Floating-point Operations per Second)

FLOPS 用来衡量计算机浮点数据的处理能力，是指每秒所执行的浮点运算次数。目前大部分处理器都有一个专门用来处理浮点数据的“浮点运算器”(FPU)。FLOPS 所测量的，实际上就是 FPU 的执行速度。目前世界最快超算的排名就是通过运行 Linpack 软件包，测量其 FLOPS 决定的。

4. 可靠性

计算机的可靠性可以用计算机平均无故障工作时间来表示，即计算机硬件运行时不发生故障的平均时间。

1.4 计算机系统的体系结构

1.4.1 计算机层次结构的划分

计算机系统是由硬件、软件组成的一个十分复杂的整体。一台计算机硬件最终能够执行的程序都是由其所能识别的指令组成的，而且只能识别 0、1 机器代码。对于同一个计算机，从不同角度看到的计算机系统的属性是不同的，如从使用人员的角度，计算机可以分为用户、应用程序开发者、操作系统程序员、硬件设计者等，每个人对计算机的使用角度和知识背景都是有很大差异的。不同人在使用计算机时，根据其目的和对硬件的了解程度可以分为多个不同的层次。最常用的层次划分方法是从使用语言的角度出发，这样就可以把计算机系统按功能划分成如图 1－6 所示的 5 个级别层次，用户可以根据需要选择其中的一个层次，了解计算机系统的特性和工作原理，完成相应的设计任务。图 1－6 中从上到下的 5 个层次可以假设成 5 种不同的机器，指令系统之上的级别属于软件，指令系统之下的级别属于硬件。

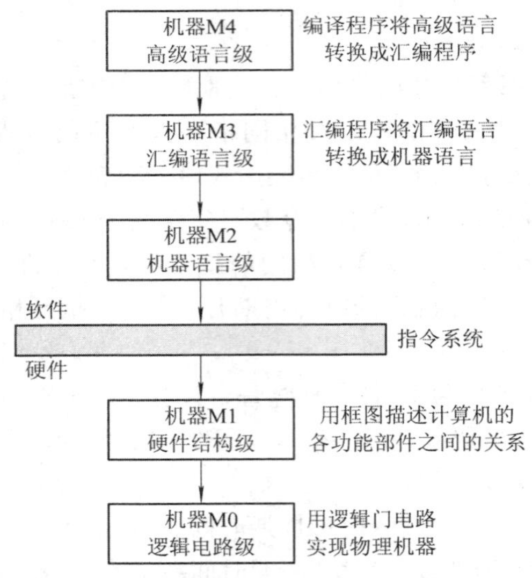

图 1－6 计算机系统层次结构示意图

随着超大规模集成电路的快速发展，许多之前由于受限于硬件成本而采用软件实现的功能都可以改为由硬件来实现，这就是软件硬化。例如，早期的许多浮点运算都是由软件开发包实现的，现在的 CPU 都支持浮点运算指令，即可用硬件完成浮点运算。

1.4.2 计算机体系各层次的特点

图 1－6 中最高级是第五级，即虚拟机器 M4 高级语言级，这一级属于软件级。使用者可以用高级语言来使用机器，编写的高级语言程序需要由相应的编译程序转换为汇编语言后交由第四级机器执行。M4 级的用户只需要掌握高级语言的语法和语义，就能够通过编程使用机器，而对机器的具体机型、内部结构和指令系统几乎可以一无所知，这样为程序员带来了极大的方便，程序的可移植性就很好。例如，要计算 1～10 的和，可以采用 C 语言编写如下程序段实现：

```
int main(int argc, char * argv[])
{
  int i,sum=0;
  for(i=0;i<=10;i++)
    sum+=i;
}
```

这个程序段在实际机器上是无法执行的，需要经过编译和连接程序将其转换为机器指令才能在实际机器上运行。

第四级 M3 是汇编语言级，属于软件级，汇编语言使用汇编指令写程序。汇编指令是用一些接近人类语言的符号表示机器指令、数据或其地址，如用 ADD 表示加法操作、用

LOAD 表示取数操作等，这样程序员就不必记忆毫无规律的二进制机器指令和编码了。为了能够让机器执行汇编指令，这些汇编指令必须翻译为机器指令，这个翻译工作是由汇编语言程序完成的。在通常情况下，汇编语言的语句和机器指令有一一对应的关系，因此用汇编语言编写的程序转换为机器语言时生成的冗余代码会很少，程序的执行效率很高。相比而言，高级语言转换为机器语言会生成许多冗余代码。同样计算 1～10 的和，采用 MIPS 指令的汇编语言编写的程序段如下所示：

```
.data
n:.word  10                          # n
sum:.word  19                        #  sum of 1 to n
.text
          lw $t1,n($zero)            # $t1=n
          addi $s0,$zero,0           # $s0=0
          addi $s1,$zero,1           # $s1=1
loop:     add  $s0,$s0,$t1           # $s0=$s0+$t1
          sub $t1,$t1,$s1            # $t1=$t1-1
          bne $t1,$zero,loop         # 如果 $t1≠0  则转向 loop，否则结束
          sw  $s0,sum($zero)         # sum=$s0
      syscall                        # Exit!
```

其中，.data 定义了程序中所需要的数据；.text 定义了程序的开始。程序中对每条语句的功能做了注解，请读者将其与 C 语言程序进行比对分析。

Address	Code
0x00000000	0x8c092000
0x00000004	0x20100000
0x00000008	0x20110001
0x0000000c	0x02098020
0x00000010	0x01314822
0x00000014	0x1520fffd
0x00000018	0xac102004
0x0000001c	0x0000000c

图 1－7　机器语言指令

从这个程序段可以看到，使用汇编语言的程序员不但要掌握 MIPS 汇编语言，还需要了解寄存器的数量、寄存器的名称、数据存放的具体位置等硬件知识，这对程序员的要求是比较高的。

第三级 M2 是机器语言级，这一级处于软件和硬件的交界处。不同机器硬件能够识别的指令系统是不一样的，如 Intel 系列 CPU 和 ARM 系列 CPU 所能识别的指令系统是不同的。每一个机器的硬件所能够执行的指令集由其设计者决定，其指令的类别、格式和寻址方式都是千差万别的，机器语言的可移植性很差。图 1－7 中给出了与上面 MIPS 汇编语言程序对应的机器语言指令。其中，右边一列是汇编语言程序对应的机器指令的十六进制表示，左边是机器指令在内存中存放的地址，这个程序即使是经验丰富的汇编语言程序员也无法直接读懂。

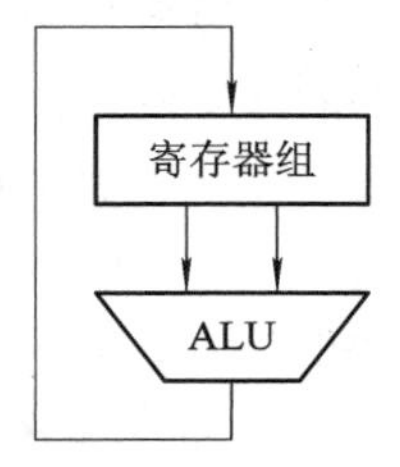

图 1－8　运算器框图

第二级 M1 属于计算机的硬件设计级别，在这一级中，可以把计算机看成是用数据流将各功能模块连接起来的框图。这个级别的机器按照指令系统中所有指令的功能和寻址方式确定每个模块的接口和数据通路的设计。例如，一个运算器的框图可以表示为如图 1－8 所示的运算器框图。从图中可以看出，运算器

的数据来源和最终的运算结果都存放在寄存器中。

第一级 M0 是真实的物理机器，属于硬件级，是直接用组合逻辑电路和时序逻辑电路实现的数字系统，是计算机系统最底层的硬件系统。

在计算机体系结构中，各层级之间相互关联，上层为下层的应用提供扩展，下层为上层的实现提供基础，这是计算机系统层次结构的一个特点。

本书后续内容主要讲述计算机硬件，即 M1 和 M0 级的内容，涉及计算机各部件的功能、结构、内部结构等。

1.5 计算机的发展

1.5.1 计算机的发展历程

从 1946 年 2 月 14 日世界上第一台电子数字计算机(Electronic Numerical Integrator and Computer，ENIAC)在美国宾夕法尼亚大学诞生以来，计算机经历了四代。计算机的更新换代与硬件技术的发展是密切相关的，表 1－1 列出了计算机发展各个阶段的软硬件特点。

表 1－1 计算机发展各个阶段的软硬件特点

发展历程	时间	硬件技术	运算速度/(次/秒)	软件技术	应用领域
第一代	1946—1958 年	电子管	5000	机器语言和汇编语言	军事和科学计算
第二代	1958—1964 年	晶体管	200 000	高级语言和编译程序，操作系统开始出现	工业控制领域
第三代	1965—1971 年	中小规模集成电路	1 000 000	出现分时操作系统	文字处理和图形图像处理
第四代	1972 年—至今	大规模和超大规模集成电路	10 000 000	数据库管理系统、网络管理系统	家庭

第一代计算机使用电子管实现逻辑功能，虽然每秒只能执行 5000 次的基本算术运算，但这比早期的基于机械技术的运算器要快 100～1000 倍。这个时期使用的存储设备是延迟线，而 I/O 设备还是类似于打字机的设备。这个时期主要的计算机制造公司是 Sperry 和 IBM。

20 世纪 40 年代后期，AT&T 贝尔实验室发明晶体管后，由于它具有体积小、功耗低和速度快的特点，很快取代了电子管，标志着第二代计算机的开始。在这一代计算机中广泛使用磁芯存储器和磁鼓存储设备，开始出现了类似 Fortran 的高级语言和编译程序，使计算机的使用更加方便。IBM 依然是这一时期主要的计算机制造商。

集成电路的出现标志着计算机进入第三个时代。中规模集成电路的出现使得在一个半导体硅芯片上可以制作成百上千个门电路，又一次大大缩小了计算机的体积和功耗，且速度也有了很大的提高，运算速度可以达到每秒百万次，使计算机的发展进入了一个崭新的时代。这个时期的存储器采用集成电路，同时出现了许多新的技术，如流水线、Cache、虚拟存储器和分时操作系统等。IBM公司的System/360和DEC的PDP-8是这个时期的主宰机型。

第四代计算机的发展是从20世纪70年代初开始的。大规模和超大规模集成电路的出现使得一个完整的处理器可以在单个芯片上得以实现，这就是微处理器。并行处理、流水线高性能、缓存等技术广泛应用于高性能的计算机中，人工智能、大型并行机、云计算和存储、物联网和因特网技术是主流技术。

在计算机的发展过程中，摩尔定律主导了IT行业的发展趋势。摩尔定律是由英特尔(Intel)创始人之一戈登·摩尔(Gordon Moore)提出来的。其内容为：当价格不变时，集成电路上可容纳的元器件数目，约每隔18～24个月便会增加一倍，性能也将提升一倍。换言之，每一美元所能买到的电脑性能，将每隔18～24个月翻一倍以上。图1-9是1959年到1975年半导体技术的发展规律，即摩尔定律的示意图。这一定律揭示了信息技术进步的速度，尽管这种趋势已经持续了超过半个世纪，但是随着硅芯片正接近物理和经济成本上的极限，摩尔定律所预言的指数增长到某个时间点必定会放缓。

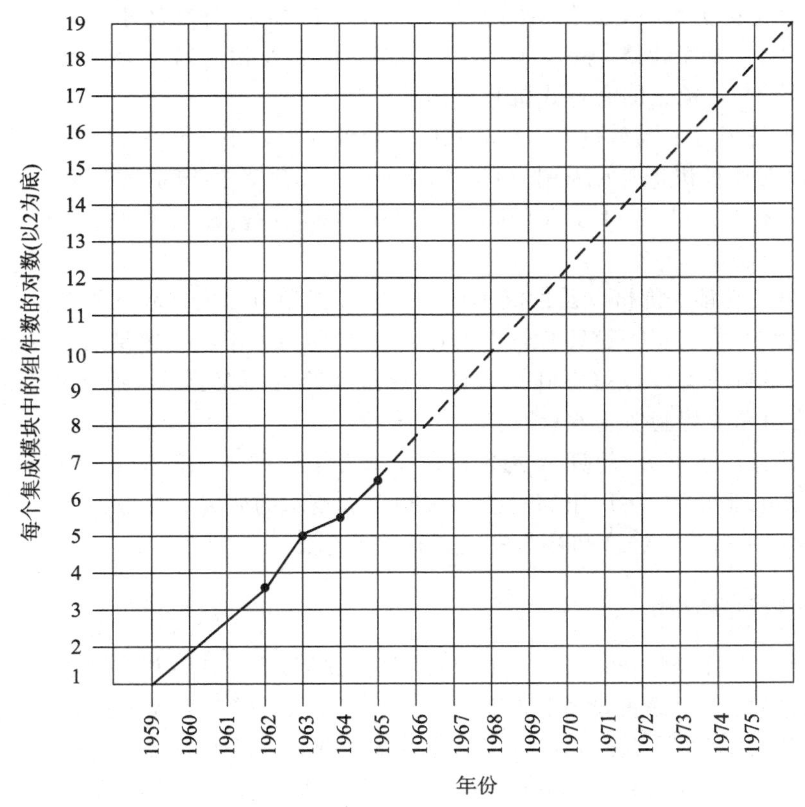

图1-9　摩尔定律的示意图

1.5.2 计算机的分类

计算机的形式多种多样，从不同的角度出发有不同的分类方法。

(1) 计算机按信息的表示形式和处理方式可分为模拟计算机和数字计算机。模拟计算机内部信号的表示形式是连续变化的模拟电压，基本运算部件为运算放大器。由于模拟计算机存在运算精度低、缺少逻辑判断等特点，因此其应用受到很大的限制。数字计算机中的所有信息都是以二进制形式表示的，电路系统由基本的门电路构成，只能够处理“1”、“0”信息，具有很好的抗干扰能力。常说的计算机通常就是指数字计算机。

(2) 计算机按照用途可分为通用计算机和专用计算机。通用计算机是指适用于各种应用场合，功能齐全、通用性好的计算机。专用计算机是指为解决某种特定问题而专门设计的计算机，如工业控制机、ATM 机、POS 机、手机等。

(3) 计算机可以按计算机系统的规模进行分类，其中规模主要是指计算机的体积、性能指标、指令系统等特性。通常可将计算机分为单片机、微型机、小型机、大型机和超级计算机等。

① 单片机是指把中央处理器 CPU、存储器、定时器和常用 I/O 接口电路等计算机的主要功能部件集成在一块集成电路芯片上的微型计算机。虽然单片机只是一个芯片，但从组成和功能上看，它已具有了微型计算机系统的含义。单片机成本低，主要用于工业测控领域。

② 微型机也称为微机，是指由大规模集成电路组成的、体积较小的计算机。它以微处理器为基础，配以内存储器、输入/输出(I/O)接口电路及相应的辅助电路而构成，是应用最为广泛的计算机，常见的有台式机和笔记本电脑。

③ 小型机是相对于大型机而言的，软件和硬件规模较小，价格介于微型机和大型机之间的一种高性能计算机，主要采用主机/终端模式和 UNIX 操作系统，通常作为专业的服务器，具有高 RAS(Reliability，Availability，Serviceability，高可靠性、高可用性、高服务性)特性。

④ 大型机的功能、价格以及性能都在小型机和微型机之上，是一种主要用于大规模计算的计算机系统，由于其一般具有较大的体积而被称为大型机。大型机除了具有 RAS 特性外，还具有很高的 I/O 数据吞吐率和处理器指令架构的兼容性，通常用于政府、银行、交通、保险公司和大型制造企业。

⑤ 超级计算机也称为“超算”，通常由成千上万个计算节点和服务节点组成，具有强大的计算和数据处理能力，多用于高科技领域和尖端技术的研究。它是一个国家科技发展水平的标志，对国家安全、经济和社会发展具有重要意义。

1.5.3 计算机的应用

从第一台计算机诞生开始，在一个较长的发展过程中，计算机始终是机房中的设备，是实现数值计算的大型昂贵设备。直到 20 世纪 70 年代，随着大规模集成半导体技术的发展生产出了微处理器，计算机才出现了历史性的变化，以微处理器为核心的计算机因体积小、价格低和可靠性高等特点，迅速渗透到社会的各行各业，计算机的应用领域也从早期的科学计算、数据处理领域扩展到过程控制、计算机工程和人工智能等领域。

1. 科学计算

早期的计算机主要用于科学计算，人们利用计算机来完成科学研究和工程技术中数学问题的计算。利用计算机的高速计算、大存储容量和连续运算的能力，可以实现各种人工无法解决的科学计算问题。科学计算目前仍然是计算机应用的一个重要领域，如在高能物理、工程设计、地震预测、气象预报、航天技术等领域都需要对大量的数据进行复杂处理。

2. 数据处理(信息管理)

数据处理是指用计算机来加工、管理与操作各种形式的数据资料，如企业管理、物资管理、报表统计、账目计算、信息情报检索等，主要包括数据的采集、转换、分组、组织、计算、排序、存储、检索等。目前，数据处理已被广泛应用于办公自动化、企事业计算机辅助管理与决策、情报检索、图书管理、电影电视动画设计、会计电算化等各行各业。

3. 过程控制

过程控制是指利用计算机和传感器对监测目标进行各种物理量的采集，然后经过计算，迅速地对控制目标进行自动调节或自动控制的过程。采用计算机进行过程控制，不仅可以大大提高控制的自动化水平，而且可以提高控制的及时性和准确性，从而改善劳动条件、提高产品质量及合格率。计算机过程控制在军事、机械、石油、化工、纺织、水电、航天等领域得到广泛的应用。

4. 辅助技术

计算机辅助技术包括CAD、CAM和CAI等。

(1) 计算机辅助设计(Computer Aided Design，CAD)。计算机辅助设计是指利用计算机系统来辅助设计人员进行工程或产品设计，以实现最佳设计效果的一种技术。它已广泛应用于飞机、汽车、机械、电子、建筑和轻工等领域。

(2) 计算机辅助制造(Computer Aided Manufacturing，CAM)。计算机辅助制造是指利用计算机系统进行生产设备的管理、控制和操作的过程。例如，在产品的制造过程中，用计算机控制机器的运行、处理生产过程中所需的数据、控制和处理材料的流动以及对产品进行检测等。使用CAM技术可以提高产品质量，降低成本，缩短生产周期，提高生产率和改善劳动条件。

(3) 计算机辅助教学(Computer Aided Instruction，CAI)。计算机辅助教学是指在计算机的辅助下开展各种教学活动。计算机辅助教学能达到传统教学无法达到的教学效果。例如，利用计算机的动态特性表现一些动态画面，用计算机的画图特性表现一些抽象的东西，使学生得到更加直观的感受，能有效地缩短学习时间，提高教学质量和学习效率。

5. 人工智能

人工智能(Artificial Intelligence)是指用计算机模拟人类的智能活动，开发一些具有类似人类某些智能的应用系统，如计算机推理、智能学习系统、专家系统、智能机器人等。现在人工智能的研究已取得不少成果，有些已开始走向实用阶段。例如，能模拟高水平医学专家进行疾病诊疗的专家系统，具有一定思维能力的Alpha Go下棋智能机器人已经能够战胜人类的围棋顶尖高手。

6. 网络应用

计算机技术与现代通信技术的结合构成了计算机网络。计算机网络的建立，缩短了地域之间的距离，实现了软、硬件资源的共享，也促进了人与人之间的交流，各种交际网站、电子商务正在潜移默化地改变着我们生活的方方面面。

1.5.4 计算机展望

从1946年第一台计算机问世以来，经过半个多世纪的飞速发展，从超级巨型机到掌上移动设备，计算机无所不在。然而目前半导体技术的发展已经遇到了很大的瓶颈，随着半导体集成度的不断提高，处理器的功耗、散热和线延迟等问题将难以克服。未来能够替代半导体计算机的会是什么样的计算机呢？科学家们预见未来的新型计算机可能是以下几种。

1. 生物计算机

生物计算机将通过生物工程生产的蛋白质分子作为生物芯片来代替半导体的硅片，所以生物计算机又被称为仿生计算机。生物的遗传性状是由带有遗传信息的 DNA 决定的。DNA 是由脱氧核糖核酸组成的具有基因编码的双链大分子，生物信息都存储在 DNA 的双链结构中，因此 DNA 具有巨大的存储信息的能力，这种信息的存储能力要远大于半导体硅片的存储能力。科学家还发现，通过控制脱氧核糖核酸的状态可以控制 DNA 信息的有无。此外，DNA 还有很强的信息处理能力。这些都为生物计算机的研制提供了良好的前提。

生物计算机具有一系列的优点，如功效高、体积小、芯片的永久性和可靠性、存储与并行处理、有效解决发热与信号的干扰等。

2. 量子计算机

量子计算机是一类遵循量子力学规律，且能够进行高速数学和逻辑运算、存储及处理量子信息的物理装置。量子计算机处理数据时用量子算法，储存数据采用量子比特的形式。目前关于量子计算机的研制还没有突破性的进展，但是，量子计算机引起了科学家们很大的兴趣，在不久的未来，量子计算机也许会熠熠生辉。

3. 光子计算机

光子计算机是一种利用光信号进行数字运算、逻辑操作、信息存储和处理的新型计算机。光子计算机在数据信息处理的时候不再像传统的计算机一样用电子和电运算，而是利用光子和光运算。光子具有很高的传输速度，这就使得光子计算机具有超强的并行处理能力。此外，光子计算机还有一个重要的优点，就是当其处理信息时某一元件或数据处理出现错误时并不影响其最终的结果。光子计算机和传统的计算机相比，具有以下几个优点：① 避免电磁场的影响。因为光子不具有电荷，没有电磁场的产生，所以光子在传输的过程中不会受到电磁场的相互影响。光子可以任意方向进行传播，既可以平行传播，也可以相互交叉传播且彼此之间不会相互影响。② 超高速的运算速度。光子的传输速度远大于电子的传输速度，所以光子计算机具有超强的并行处理能力。③ 超大规模的信息存储容量。光子不带电荷而且没有静止的质量，所以光子在传输时不需要导线，也不会相互影响，因此速度极快。④ 低能量消耗，低发热量。光子计算机只需要很低的能量就能正常工作，大大减小了能量的消耗和热量的产生。

未来不论采用什么技术，我们相信计算机将会使我们的生活更加方便快捷、丰富多彩。

1.6 MIPS 架构计算机

1.6.1 MIPS 概述

MIPS(Microprocessor without Interlocked Pipeline Stages，无互锁流水线微处理器)

是由 MIPS Technologies 公司开发的精简指令集计算机(RISC)指令集架构(ISA)。早期的MIPS架构是32位的，以后增加了64位的版本。MIPS的指令系统经过通用处理器指令体系(从MIPS Ⅰ、MIPS Ⅱ、MIPS Ⅲ、MIPS Ⅳ到MIPS Ⅴ)和嵌入式指令体系(从MIPS16、MIPS32到MIPS64)的发展已经十分成熟。应用广泛的32位MIPS CPU包括R2000、R3000，其ISA版本都是MIPS I，另一个广泛使用的、包含许多重要改进的64位MIPS CPU是R4000及其后续产品，其ISA版本为MIPS Ⅲ。当前使用的版本是MIPS32(用于32位实现)和MIPS64(用于64位实现)。图1-10是MIPS指令集各版本之间的关系图。从图中可以看出,每个版本都是其前身的超集。

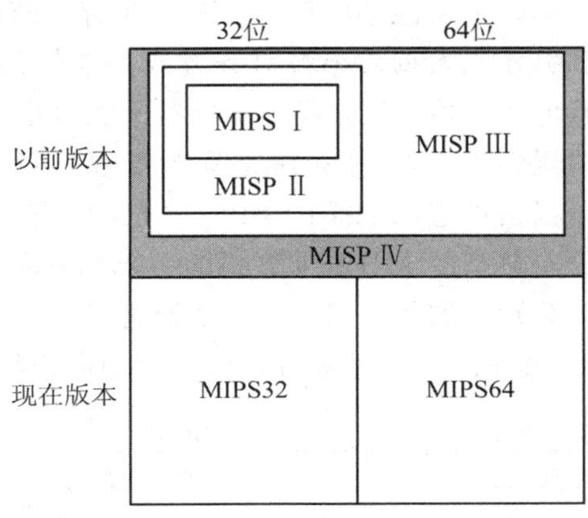

图1-10 MIPS指令集各版本之间的关系图

1984年，MIPS计算机公司成立。1992年，SGI收购了MIPS计算机公司。1998年，MIPS脱离SGI，成为MIPS技术公司。1986年推出R2000处理器，1988年推出R3000处理器，1991年推出第一款64位商用微处理器R4000。之后又陆续推出R8000(1994年)、R10000(1996年)和R12000(1997年)等型号。随后，MIPS技术公司把重点放在嵌入式系统。1999年发布MIPS32和MIPS64架构标准，集成了所有原来的MIPS指令集，并且增加了许多更强大的功能，陆续开发了高性能、低功耗的32位处理器内核(Core)MIPS32 4Kc与高性能64位处理器内核MIPS64 5Kc。2000年，MIPS公司发布了针对MIPS32 4Kc的版本以及64位MIPS 64 20Kc处理器内核。

MIPS32和MIPS64定义了控制寄存器集以及指令集。另外，还有几个可选的扩展，包括：① MIPS-3D，它是专用于通用3D任务的一组简单的浮点SIMD指令；② MDMX，它是使用64位浮点寄存器功能、更加强大的整数SIMD指令集；③ MIPS16e，它增加了压缩指令流，使程序占用更少的空间；④ MIPS MT，它增加了多线程处理能力。MIPS架构是目前大学"计算机组成与结构"课程中常被研究的一种计算机架构，这种架构对RISC架构产生了极大的影响，如Alpha。

MIPS曾经在超级计算机中流行，但所有这些系统已经脱离了TOP 500列表，目前主要用于诸如Windows CE设备、路由器、住宅网关和视频游戏控制台(如Nintendo 64、Sony PlayStation、PlayStation 2和PlayStation Portable)等嵌入式系统中。

MIPS是加载存储体系结构(有时也称为"RR")，这意味着大多数的指令数据是在寄存器之间传送的，只有存数和取数指令需要访问存储器。MIPS 是一种支持多达四个协处理器(COP0/1/2/3)的模块化架构。在 MIPS 术语中，COP0 是系统控制协处理器(CPU 的主要部分)，COP1 是可选的 FPU，COP2/COP3 是未定义的可选协处理器。例如，在原来的 Playstation 游戏控制台中，COP0 是系统控制协处理器，COP2 是几何变换引擎(GTE)；在 Playstation 2 游戏控制台中，COP0 是东芝 R5900 芯片，COP1 是 FPU，COP2 是 VPU0。

1.6.2 MIPS 机器的体系结构

第一款商用 MIPS 型号 R2000 于 1985 年发布。它在一个相对独立的片上单元中增加了多周期乘法和除法指令，同时为了能够将该单元的结果存入寄存器文件中增加了新的指令。R2000 在启动时可以被引导成大端或小端对齐方式。它有 31 个 32 位通用寄存器，但没有程序状态寄存器。与其他寄存器不同，程序计数器不能直接访问。R2000 还支持最多 4 个协处理器，其中一个被内置到主 CPU 中，并处理异常、陷阱和进行内存管理。另外 3 个留作其他用途，其中一个可以由可选的 R2010 FPU 填充，它有 32 个 32 位寄存器，可作为双精度的 16 个 64 位寄存器。典型的 MIPS 计算机的内部结构如图 1－11 所示。指令的执行过程被划分为 5 个阶段，分别是取指令(IF)、指令译码(ID)、执行(EXE)、访存(MEM)和数据回写(WB)5 个阶段，具体的工作过程将在第 6 章中做详细说明。

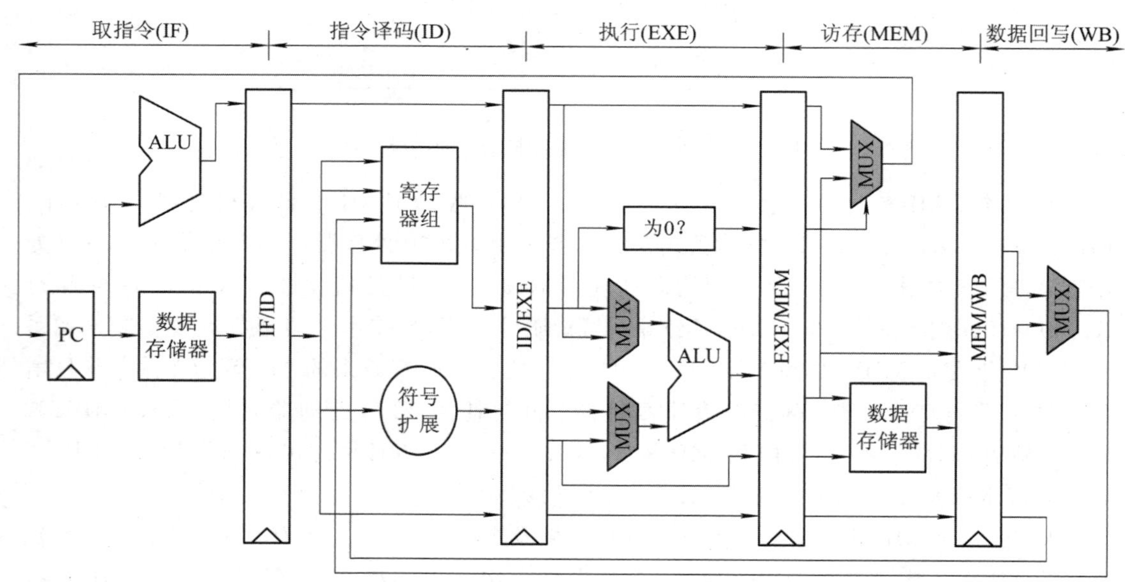

图 1－11 MIPS 计算机的内部结构

从 20 世纪 90 年代开始，MIPS 架构广泛应用于嵌入式市场，包括计算机网络、电信、视频游戏机、打印机、数字机顶盒、数字电视、DSL、电缆调制解调器以及个人数字助理。

通过本书，读者将学习以下几个方面的内容：

(1) 了解软件和硬件之间的关系。

(2) 掌握低级编程语言 MIPS 汇编指令。

(3) 能够设计并实现一个简单的 MIPS 指令的模型机。

习　题

1. 计算机系统是由哪两部分组成的？这两部分的作用分别是什么？其相互关系如何？
2. 冯·诺依曼结构计算机的特点是什么？它与哈佛结构计算机的区别是什么？
3. 计算机硬件是由哪几部分组成的？各部分的主要功能是什么？
4. 高级语言、汇编语言和机器语言各有什么特点？它们有什么相互联系？
5. 计算机的字长由哪些因素决定？计算机字长通常与哪些部件的数据长度有关？
6. 计算机内部有哪些类型的信息在流动？它们彼此有什么关系？
7. 程序和指令的关系是什么？
8. 解释下列术语：

   主机、字长、存储容量、CPU、ALU、CU

   MAR、MDR、I/O、MIPS、CPI、FLOPS
9. 计算机是如何自动执行程序的？
10. 如何理解计算机系统的层次结构？
11. 如何衡量计算机的性能优劣？
12. 计算机的速度主要是由主频决定的，这种说法对吗？
13. 主存中存放着指令和数据，计算机是如何区分它们的？
14. MIPS 计算机的含义是什么？它把指令的执行过程分解为哪几个阶段？

第 2 章　运算方法和运算器

计算机最主要的任务是对各种数据和信息进行运算和处理，这里所有的数据和信息都是用 0、1 表示的。本章主要介绍各种数值数据在计算机中的表示方法、定点数和浮点数的算术运算方法及运算器的内部结构等。

2.1　数据的表示方法

计算机是只能够处理 0、1 两种状态信号的数字系统，因此在计算机中的文字和各种数据，如数值数据、文字、图像和声音等都是用二进制数来表示的。这里我们首先介绍数值数据在计算机中的表示形式。

2.1.1　C 语言中基本数据类型的存储

C 语言中的基本数据类型如表 2－1 所示。表 2－1 中列出了常用的基本数据类型及其所占的存储空间，其中，char 是用于表示字符的数据类型，其他都是数值型的数据类型。

表 2－1　C 语言中的基本数据类型

类型	描述	所占字节数	举　例
int	有符号整数	4	0、82、－77、0xAB87
unsigned int	无符号整数	4	0、8、37
long	长整型整数	8	4279999
float	单精度浮点数	4	3.2，－7.9e－10
double	双精度浮点数	8	1.3e100
char	字符或符号	1	'x'、'F'、'?'

阅读例 2－1 所示的 C 语言程序，分析程序的运行结果。

例 2－1　C 语言基本数据类型举例。

```
int main(int argc, char * argv[ ])
```

```
{
    int i;
    int x1=1,y1=-1;
    unsigned int x2=y1;
    float s1=1,s2=-1;
    char  *ps1=(char *)&s1, *ps2=(char *)&s2;
    double d1=1;
    char  *pd1=(char *)&d1;
    char  c1='1';
    printf("x1=%08x,y1=%08x\n",x1,y1);
    printf("x2=%u\n",x2);
    printf("s1=");
    for(i=0;i<4;i++)
    {
        printf("%02x,", *ps1);
        ps1++;
    }
    printf("\ns2=");
    for(i=0;i<4;i++)
    {
        printf("%02x,", *ps2);
        ps2++;
    }
    printf("\n");
    printf("d1=");
    for(i=0;i<8;i++)
    {
        printf("%02x,", *pd1);
        pd1++;
    }
    printf("\n");
    printf("c1=%x\n",c1);
    return 0;
}
```

程序的运行结果如图 2-1 所示。

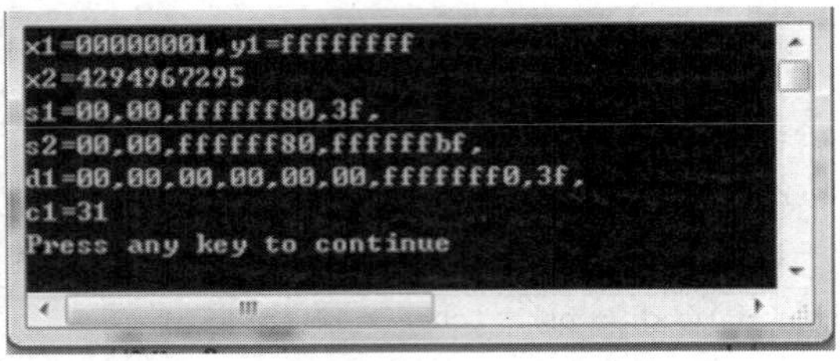

```
x1=00000001,y1=ffffffff
x2=4294967295
s1=00,00,ffffff80,3f,
s2=00,00,ffffff80,ffffffbf,
d1=00,00,00,00,00,00,fffffff0,3f,
c1=31
Press any key to continue
```

图 2-1　例 2-1 运行结果

为了便于我们分析各变量在计算机中存储的数据，程序中的数据大都是以十六进制的形式输出的，程序中分别用整型、单精度、双精度和字符四种类型的变量存储 1 或－1。

首先我们分析一下例 2-1 的代码。3～10 行是变量和指针的定义及初始化，其中，7 行和 9 行是用 char 型指针分别指向 float 型和 double 型变量的首字节地址；11～12 行实现 int 型变量的输出；13～26 行实现 float 型变量的输出；28～34 行实现 double 型变量的输出；36 行实现 char 型变量的输出。

然后我们分析图 2-1 中输出的结果。第 1 行"x1＝00000001,y1＝ffffffff"，变量 x1 输出的是 1，变量 y1 输出的"ffffffff"是－1 的补码表示；第 2 行中 x2＝4294967295 是机器将"－1"作为无符号数时，输出的十进制数结果；第 3 行和第 4 行分别显示 4 个字节单精度浮点数 s1＝1 和 s2＝－1 在机器中存储的数值，分别是 00 00 80 3f 和 00 00 80 bf。第 5 行显示的是占 8 个字节"00 00 00 00 00 00 f0 3f"的双精度浮点数 d1＝1 的机器数；第 6 行输出的"c1＝31"是字符"1"对应的 ASCII 码的十进制表示。

从以上的分析可以看到，数值数据 1 和－1 采用不同的数据类型表示时，在机器中存储的数值是不同的，通过本章的学习使读者了解其中的缘由。

2.1.2　定点数的表示

定点数是指机器中数据的小数点位置是固定的。

1. 机器数和真值

我们通常用"＋"或"－"表示数的符号，如数＋100 和－5，分别是用十进制表示的正数和负数，其由"符号"和"数值"两部分组成，数的符号正、负直接用"＋"和"－"表示，数值位可以多种进制表示，数的这种表示形式称为真值。例 2-1 中第 6 行赋值语句中的"1"和"－1"就是用真值表示的。

机器数是数据在计算机中的表现形式。由于数字电路只能识别两种状态，因此需要将数的符号位和数值位都用二进制表示，机器数是指将数据的符号位数值化，用"0"和"1"表示数据符号位的正、负。数值部分的机器数形式按照小数点的位置是否固定又分为定点数和浮点数两种。图 2-1 中程序运行后输出的结果都是机器数表示的。

定点数是指机器数中小数点的位置固定的。按照小数点位置的不同，定点数又分为定点整数和定点小数，用 n 位二进制数表示的定点小数和定点整数分别如图 2-2(a)和图 2-2(b)所示，n 称为机器字长。定点数中小数点不占存储空间，而是按照约定隐含表示的。图 2-2(a)中定点小数的小数点约定在符号位 S_f 和数值最高位 S_1 之间。定点整数的小数点约定在数值位最低位 S_0 的右边。定点数由数符和数值两部分组成，数符 S_f 占一位，用来表示整个数的符号，即用“0”或“1”表示“正”或“负”；数值的取值是由具体的机器数决定的，常用的机器数类型有原码、反码、补码和移码。

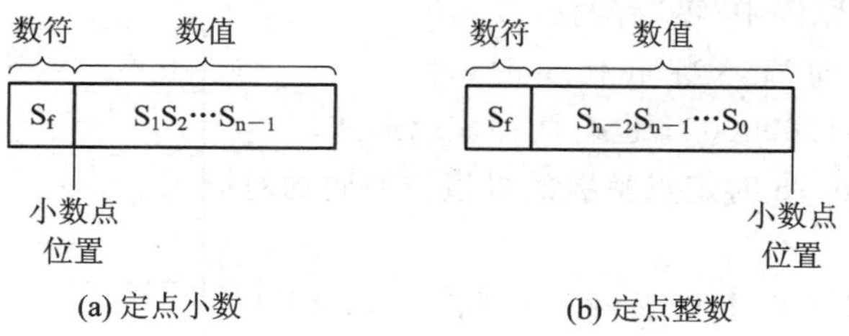

图 2-2　定点数的表示形式

例 2-1 中程序的第 5 行语句 unsigned int x2＝y1；unsigned int 是无符号整数。无符号数整数是指所表示的整数一定为正数，因此符号位不存储。也就是说，图 2-2(b)中的 S_f 位不用于表示符号位，而是代表数值的最高位，这样就扩大了 n 位机器字长正数的表示范围。例如，字长 n＝8 时，有符号数的表示范围是－127～127，无符号数的表示范围是 0～255。

由于定点数的小数点位置是固定不变的，所以只能表示纯小数和纯整数，在各种编程语言中，整数是常用的数据类型，而纯小数就很少见了，实际上纯小数的机器数仅用于表示浮点数中的尾数。浮点数的表示见 2.1.3 节。

下面介绍常见定点数的定义和性质。

2. 原码

原码是机器数中最简单的一种表示形式，它与真值的对应关系最直接。原码的符号位为“0”表示正数，符号位为“1”表示负数；原码的数值位是真值的绝对值。

对于定点小数而言，当机器字长为 n 时，图 2-2(a)中符号位的权重是 2^0，因此正数原码的取值为 $0\times2^0+|X|=X$，负数原码的取值为 $1\times2^0+|X|=1-X$，因此原码小数的定义为

$$[X]_{原}=\begin{cases}X & +0\leqslant X\leqslant 1-2^{-(n-1)}\\ 1-X & -1+2^{-(n-1)}\leqslant X\leqslant -0\end{cases}\tag{2-1}$$

对于定点整数而言，当机器字长为 n 时，图 2-2(b)中符号位的权重是 2^{n-1}，因此正数原码的取值为 $0\times2^{n-1}+|X|=X$，负数原码的取值为 $1\times2^{n-1}+|X|=2^{n-1}-X$，因此原码整数的定义为

$$[X]_{原}=\begin{cases}X & 0\leqslant X\leqslant 2^{n-1}-1\\ 2^{n-1}-X & -(2^{n-1}-1)\leqslant X\leqslant -0\end{cases}\tag{2-2}$$

如果我们把机器数的最低数值位(LSB)所代表的数称为“单位 1”，字长为 n 的定点小数原码最低数值位的权重是 $2^{-(n-1)}$，也就是说，“单位 1”就是 $2^{-(n-1)}$。当机器字长为 n 时，最大的定点小数原码的符号位为 0，数值位全部为 1，其对应的真值是 $1-2^{-(n-1)}$；最小的定点小数原码的符号位为 1，数值位全部为 1，其对应的真值是 $-(1-2^{-(n-1)})$，定点整数的原码最低位的权重是 1，它的“单位 1”就是 1。当机器字长为 n 时，最大的定点整数原码的符号位为 0，数值位全部为 1，其对应的真值是 $2^{(n-1)}-1$；最小的定点整数原码是符号位为 1，数值位全部为 1，其对应的真值是 $-(2^{(n-1)}-1)$。

定点数原码的最大值和最小值在数轴上是对称的。

对于定点整数而言，当 n＝8 时，$[+0]_{原}$＝0 000000，$[-0]_{原}$＝1 000000，可见原码中＋0 和－0 的表示是不同的，因此原码中“零”有两种表示形式。

对于定点小数而言，当 n＝8 时，$[+0]_{原}$＝0.000000，$[-0]_{原}$＝1.000000，也有两种表示形式。

表 2－2 是字长 n＝8 时定点整数的真值与原码的对应关系。

表 2－2 定点整数的真值与原码的对应关系

真值(十进制数)	二进制原码
－127	1111 1111
…	…
－2	1000 0010
－1	1000 0001
－0	1000 0000
0	0000 0000
1	0000 0001
…	…
127	0111 1111

例 2－2 设 x1＝0.1101，x2＝－0.1101；y1＝1101，y2＝－1101，分别写出当机器字长 n＝8、n＝16 时各数原码。

解 x1 和 x2 是定点小数：

当 n＝8 时，

$[x1]_{原}$＝0.110 1000，$[x2]_{原}$＝1.110 1000

当 n＝16 时，

$[x1]_{原}$＝0.110 1000 0000 0000，$[x2]_{原}$＝1.110 1000 0000 0000

y1 和 y2 是定点整数：

当 n＝8 时，

$[x1]_{原}$＝0，0001101，$[x2]_{原}$＝1，0001101

当 n＝16 时，

$[x1]_{原}$＝0，0000000 00001101，$[x2]_{原}$＝1，0000000 00001101

例 2－3 请说明机器数字长为 8 位的原码，其定点整数和定点小数表示的最大数 X_{max} 和最小数 X_{min}。

解 (1) 机器字长为 8 的定点整数：

$[X_{max}]_{原}$＝0，111 1111，　X_{max}＝＋111 1111

$[X_{min}]_{原}$＝1，111 1111，　X_{min}＝－111 1111

(2) 若为定点小数：

$[X_{max}]_{原}$＝0.111 1111，　X_{max}＝＋0.111 1111

$[X_{min}]_{原}$＝1.111 1111，　X_{min}＝－0.111 1111

原码和真值之间的关系虽然简单明了，但是如果用原码进行加减运算，需要将两个数的符号位和数值位的绝对值进行分析比较，例如，3＋(－5)，加法运算中的两个数符号相异，因此要做减法运算，由于－5 的绝对值比 3 的绝对值大，因此要做 5－3 的操作，结果的符号位取－5 的符号位。在整个运算过程中对符号位和数值位需要做多次的比较和判断，这种算法如果用硬件实现非常复杂，因此原码并不适合用硬件实现。能否找到一种机器码在运算过程中对符号位和数值位的处理是一样的，而且能够得到正确的结果呢？答案是肯定的，这种机器码就是补码。

3. 补码

1) 模的概念

在 C 语言中，有一个模除的概念，10％3＝1，模除的结果是 1，这里的模就是分母 3，余数的取值只能取 0～2 之间的 3 个数，对于大于等于 3 的数是无法记忆的。除此之外，日常生活中的钟表是以 12 为模的，当校正钟表的时间时，如果想把时间从 6 点调整到 5 点，可以有两种方法：第一种方法是将时针逆时针转动 1 格，即 6－1＝5；第二种方法是将时针顺时针转动 11 格，即 6＋11＝17＝5＋12＝5，由于时钟最多只能记录 12 小时，超过“12”是自动丢失的，即 6＋11＝5，因此也起到了与第一种方法一样的效果。由于钟表是模 12 的，因此 17 点和 5 点在钟表上是一样的。通过这样的方法，我们找到了一种用正数表示负数的方法，即－1＝11，在这里将 12 称为模，而将 11 称为以 12 为模的－1 的补数，记作：

$$-1=11\ (\mathrm{mod}\ 12)$$

以 12 为模，同样有：

$$-2=10$$
$$-3=9$$
$$\cdots$$
$$-11=1$$

为什么要为负数找到一个相对应的正数替代它呢？这样做的目的是想用加法实现减法。例如，可以用下面的方法计算 7－3(mod 12)。

$$-3=9\ (\mathrm{mod}\ 12)$$
$$7-3=7+9=4+12=4\ (\mathrm{mod}\ 12)$$

对于正数而言，正数的补数是它本身，即

$$3=3+12=3+24=3\ (\mathrm{mod}\ 12)$$

由上面的分析我们可以得到如下的结论：

(1) 一个负数 X 可以用它的正补数 Y 来替代，Y＝模值＋x。

(2) 若一个正数 X 是一个负数 Y 的补数时，则有 X＋|Y|＝模值。

计算机中不同数据类型所占的存储空间是不同的，而每一种类型数据的存储位数是固定的，将模的概念应用到计算机中，就出现了补码这种机器数。

2) 补码的定义

由于符号位是机器数的最高权重位(MSB)，因此所有机器数的模都是 MSB 相邻高位的权重。

机器字长为 n 时的定点小数，符号位的权重是 2^0，与符号位相邻左边一位的权重是 $2^1=2$，因此定点小数补码的模就是 2。

定点小数的补码定义为

$$[X]_{补}=\begin{cases}X & 0\leqslant X\leqslant 1-2^{-(n-1)}\\ 2+X & -1\leqslant X<0\end{cases}\tag{2-3}$$

对于机器字长为 n 的定点整数，符号位的权重是 2^{n-1}，符号位相邻左边一位的权重是 2^n，因此定点整数补码的模就是 2^n。

定点整数的补码定义为

$$[X]_{补}=\begin{cases}X & 0\leqslant X\leqslant 2^{n-1}-1\\ 2^n+X & -2^{n-1}\leqslant X<0\end{cases}\tag{2-4}$$

以定点整数为例，当 X＝0，n＝8 时，

$$[+0]_{补}=2^8+(+0)=0\ 000000,\quad [-0]_{补}=2^8+(-0)=0\ 000000$$

因此对于补码而言＋0 和－0 的表示形式是一致的，即＋0 和－0 只占用了一个编码，那

么，多出来的一个编码就使补码的表示范围比原码大了一个“单位 1”，比较原码和补码的定义可以看到，正数的原码、补码的表示形式和范围是完全相同的，负数的数值位是不一样的，而且补码负数表示范围比原码大了“单位 1”。

对于机器字长 n＝8 的定点整数，补码最小的负数是－128，即

$$[-128]_{补}=2^8+(-128)=(128)_{10}=(1000\ 0000)_2$$

这与定点整数的补码定义是一致的。

对于机器字长 n＝8 的定点小数，补码最小的负数是－1，这一点要特别注意，因为－1 并不是我们常说的纯小数，即

$$[-1.00]_{补}=2+(-1.0)=(1)_{10}=(1.000\ 0000)_2$$

而(－1.0)对于定点小数原码而言超出了其表示范围。表 2-3 列出了当 n＝8 时，定点整数的真值、无符号数和补码之间的关系。

表 2-3　定点整数真值与补码的比较(字长 n＝8)

真值(十进制数)	无符号十进制数	二进制补码
－128	128	1000 0000
－127	129	1000 0001
…	…	…
－2	254	1111 1110
－1	255	1111 1111
0	0	0000 0000
1	1	0000 0001
…	…	…
127	127	0111 1111

表 2-4 是不同机器字长时 3 和－3 的补码表示形式，由此可以看到，当整数补码机器字长变长时，只需要用补码的符号位填补扩展的位数即可。

表 2-4　补码字长变化时的比较

十进制数	二进制补码		
	4 位	8 位	32 位
3	0011	0000 0011	0000 0000 0000 0011
－3	1101	1111 1101	1111 1111 1111 1101

计算机中定点整数都是以补码形式存储的，我们再来分析一下例 2-1 中 y1 和 x2 的输出结果。

(1) y1 是 int 类型的，占用 4 个字节，字长 n＝32 位，由于 y1＝－1，因此

$$[y1]_{补}=(1111\ 1111\ 1111\ 1111\ 1111\ 1111\ 1111\ 1111)_2=(ffffffff)_{16}$$

(2) x2 是 unsigned int 类型的，占用 4 个字节，在执行 x2＝y1 后，x2 和 y1 存储的值是完全一样的，但是由于无符号数的最高位是最高数值位，因此 x2 对应的真值就是

$$2^{32}-1=(4294967295)_{10}$$

例 2-4　设 x1=0.1110，x2=-0.1110，求 n=6 时这两个数的补码。

解

$$[x1]_{补}=2+0.11100=0.11100$$
$$[x2]_{补}=2-0.11100=1.00100$$

例 2-5　设 x1=10110，x2=-10110，求 n=8 时这两个数的补码。

解

$$[x1]_{补}=2^8+10110=0,0010110$$
$$[x2]_{补}=2^8-10110=1,1101010$$

例 2-6　已知 $[x1]_{补}=0.0001$，$[x2]_{补}=1.0001$，求 x1 和 x2 的真值及原码。

解　由定义得

$$[x1]_{原}=0.0001,\ x1=0.0001$$
$$x2=[x2]_{补}-2=1.0001-10.0000=-0.1111,\ [x2]_{原}=1.1111$$

虽然利用真值可以实现数的补码和原码之间相互转换，但是需要计算过程，那么补码和原码之间是否可以直接进行转换呢？我们以定点小数为例进行下面的分析。

设定点小数的机器字长为 n，$[X]_{原}=x_0.x_1x_2x_3\cdots x_n$。

(1) 当 x>0 时，

$$[X]_{补}=[X]_{原}$$

(2) 当 x<0 时，

$$[X]_{原}=1-X,\ X=1-[X]_{原}$$
$$[X]_{补}=2+X,\ X=[X]_{补}-2$$

因此有

$$1-[X]_{原}=[X]_{补}-2$$
$$[X]_{补}+[X]_{原}=3$$
$$[X]_{补}=2-[X]_{原}+1$$

设定点小数的机器字长为 n，$[X]_{原}=x_0.x_1x_2x_3\cdots x_n=1.x_1x_2x_3\cdots x_n$

$$[X]_{补}=2-[X]_{原}+1=(2-2^{-(n-1)}-[X]_{原})+1+2^{-(n-1)}$$
$$=0.\overline{x_1}\,\overline{x_2}\,\overline{x_3}\cdots\overline{x_n}+1+2^{-(n-1)}=1.\overline{x_1}\,\overline{x_2}\,\overline{x_3}\cdots\overline{x_n}+2^{-(n-1)}$$

因此由$[X]_{原}$求得$[X]_{补}$的公式是：

$$[X]_{补}=1.\overline{x_1}\,\overline{x_2}\,\overline{x_3}\cdots\overline{x_n}+2^{-(n-1)} \qquad (2-5)$$

从式(2-5)可以看出，若 x 是负数，由原码转换为补码的算法是：原码的符号位不变，数值位按位取反后再加上“单位 1”(即 $2^{-(n-1)}$)。这种算法还可以推导出更直接的转换算法：原码的符号位不变，数值位由低位到高位的“第一个 1”(包括这个 1)保持不变，其余数值位按位取反即可。这是因为原码数值位是以”第一个 1”为界的，在求补码时其左侧的高位的数据按位取反，其右侧的低位数值均为零，即 10...0，在按位取反后右侧的只有第一个“1”的位置是 0，其右侧则全部为 1，是 01...1，加上“单位 1”又成了 10...0。

在对负数的分析中，由$[X]_{补}+[X]_{原}=3$ 可以看出，$[X]_{补}$和$[X]_{原}$的转换关系是对等的，因此从由补码到原码的变化过程也是一样的。

例 2-7　已知 $[x1]_{补}=1,0001100$，$[x2]_{补}=1.01000$，求 x1 和 x2 的原码。

解

$$[x1]_{原}=1,1110100,\ [x2]_{原}=1.11000$$

4. 反码

反码是补码和原码变换过程中经常出现的一种编码，例如，公式(2-5)中的

$1.\overline{x_1}\,\overline{x_2}\,\overline{x_3}\cdots\overline{x_n}$，就是负数的反码表示形式。

当机器字长为 n 时，对于定点数，正数的反码与原码完全一致，负数的反码符号位与原码一致，数值位是原码各位按位取反，这也是被称为反码的原因。

定点小数反码的定义为：

$$[X]_{反}=\begin{cases}X & +0\leqslant X\leqslant 1-2^{-(n-1)}\\ 2-2^{-(n-1)}+X & -1+2^{-(n-1)}\leqslant X\leqslant -0\end{cases}\tag{2-6}$$

对于定点整数原码的定义为：

$$[X]_{反}=\begin{cases}X & +0\leqslant X\leqslant 2^{n-1}-1\\ 2^n-1+X & -(2^{n-1}-1)\leqslant X\leqslant -0\end{cases}\tag{2-7}$$

从式(2-6)可以看出，正数的反码与原码、补码相同；负数的表示形式中(以定点小数为例)$[X]_{原}=1-2^{-(n-1)}+X$，其中 $1-2^{-(n-1)}$ 是所有 n 位均为 1，由于 X 是负数，因此 $1-2^{-(n-1)}+X$ 就是 $1-2^{-(n-1)}$ 减去 X 的绝对值，因此负数反码的符号位与原码一致，数值位是原码数值位按位取反。式(2-7)表示的定点整数的反码情况类似。

当 n=8 时，对于定点整数而言，$[+0]_{反}=0\ 000\ 0000$，$[-0]_{反}=1\ 111\ 1111$，对于定点小数而言，当 n=8 时，$[+0]_{反}=0.\ 000\ 0000$，$[-0]_{反}=1.\ 111\ 1111$，可见反码中+0 和-0 是两种表示形式。在相同机器字长情况下，反码和原码的表示范围是一样的。

例 2-8 设 x1=+1011，x2=-1011，机器字长为 8 位，求 x1 和 x2 的反码。

解

$$[x1]_{反}=0,000\ 1011$$

$$[x2]_{反}=1,111\ 0100$$

例 2-9 设 x1=+0.1011，x2=-0.1011，机器字长为 8 位，求 x1 和 x2 的反码。

解

$$[x1]_{反}=0.\ 101\ 1000$$

$$[x2]_{反}=1.\ 010\ 0111$$

反码和补码之间如何转换呢？比较补码和反码的定义可以看到，正数的补码和反码是完全一致的，负数的反码再加“单位 1”，就是补码，即：$[x1]_{补}=[x1]_{反}$+“单位 1”。这一点通过比较式(2-3)和式(2-6)、式(2-4)和式(2-7)得到。同样的，补码减去“单位 1”就是反码。

例 2-10 设$[x1]_{反}=0.\ 101\ 1000$，$[x2]_{反}=1.\ 010\ 0111$，求 x1 和 x2 的补码。

解 $[x1]_{反}=0.\ 101\ 1000$，符号位为 0，是正数，因此

$$[x1]_{补}=0.\ 101\ 1000$$

$[x2]_{反}=1.\ 010\ 0111$，符号位为 1，是负数，因此

$$[x2]_{补}=1.\ 010\ 0111+0.\ 000\ 0001=1.\ 010\ 1000$$

5. 移码

计算机中定点整数是用补码表示的，主要原因是补码的运算电路比较简单。在计算机中经常需要对两个数的大小进行比较，这个功能是由比较器电路实现的。比较器在进行数值比较时是从高位到低位依次进行的，也就是说，比较器只能比较两个无符号数。例如，1 和-1 的补码是不能用比较器直接进行比较的，若采用 4 位的字长，$[1]_{补}=0001$，$[-1]_{补}=1111$，如果用比较器进行大小比较，得到的结果是-1 大于 1，这显然是错误的。

移码的实质是将有符号数转变成无符号数，这样就可以用比较器直接进行比较了。定点整数移码的定义为

$$[X]_{移}=2^{n-1}+X \quad -2^{n-1}\leqslant X\leqslant 2^{n-1}-1 \tag{2-8}$$

式中，X 为真值；n 为机器字长。从式(2-8)可以看出，移码实际上是在真值的基础上加了一个常数 2^{n-1}，在数轴上移码表示对应于真值是在数轴的正方向移动了 2^{n-1} 单位，如图 2-3 所示，这也是其被称为移码的原因。补码通常只用于表示整数。

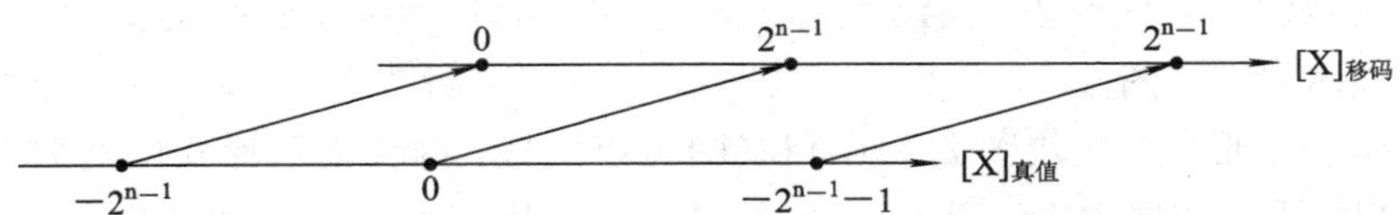

图 2-3　移码与真值的关系

例 2-11　求 1 和 -1 的移码，设机器字长为 4 位。

解　$[1]_{移}=2^3+1=1001$，$[-1]_{移}=2^3+(-1)=0111$

从例 2-11 可以看出，两个移码可以利用比较器直接进行大小比较。

移码和补码的关系是什么呢？分析如下：

$$[X]_{补}=2^n+X=2^{n-1}+2^{n-1}+X=2^{n-1}+[X]_{移} \tag{2-9}$$

从式(2-9)可以看出，补码等于移码加 2^{n-1}，即只对移码符号位进行加 1 操作，其实质就是移码的符号位取反。因此移码和补码的区别是只有符号位相反，数值位是完全一样的。

例 2-12　设机器字长为 8 位，试分析对于定点整数，当其分别表示无符号数、原码、补码、反码和移码时，对应的真值范围各是多少？

解　表 2-5 列出了机器字长为 8 位时所有的状态组合及其与无符号数、原码、补码、反码和移码的对应关系。

表 2-5　例 2-12 各机器码与真值的对应关系

机器数 二进制代码	无符号数 对应的真值	原码 对应的真值	反码 对应的真值	补码 对应的真值	移码 对应的真值
0000 0000	0	0	0	0	-128
0000 0001	1	1	1	1	-127
0000 0010	2	2	2	2	-126
⋮	⋮	⋮	⋮	⋮	⋮
0111 1110	126	126	126	126	-2
0111 1111	127	127	127	127	-1
1000 0000	128	-0	-0	-128	0
1000 0001	129	-1	-126	-127	1
1000 0010	130	-2	-125	-126	2
⋮	⋮	⋮	⋮	⋮	⋮
1111 1101	253	-125	-2	-3	125
1111 1110	254	-126	-1	-2	126
1111 1111	255	-127	-0	-1	127

从表 2-5 中可以看到，只有在补码和移码中数值“0”的表示形式是唯一的，原码和反码的“0”有“+0”和“-0”之分，而且原码、反码和补码符号位的含义是一致的，即 0 表示正

数，1 表示负数；移码符号位的含义则是相反的。

2.1.3 浮点数的表示

前面介绍的机器数中的定点整数和定点小数只能表示纯整数和纯小数，那么在计算机中如何表示实数呢？数的浮点表示实际上与十进制中的科学计数法是类似的，是一种与其等效的机器表示形式。图 2-4 中的(a)和(b)分别是十进制数 N=100.25 的十进制数和二进制数的科学表示形式，比较图 2-4(a)和(b)可以发现，两种表示形式中基数 B 分别为 10 和 2，因此其阶码 E 和尾数 M 不同。浮点数是一种适用于科学计算的数据表示方法，浮点数在有限的机器字长下，有效地扩大了数据的表示范围。

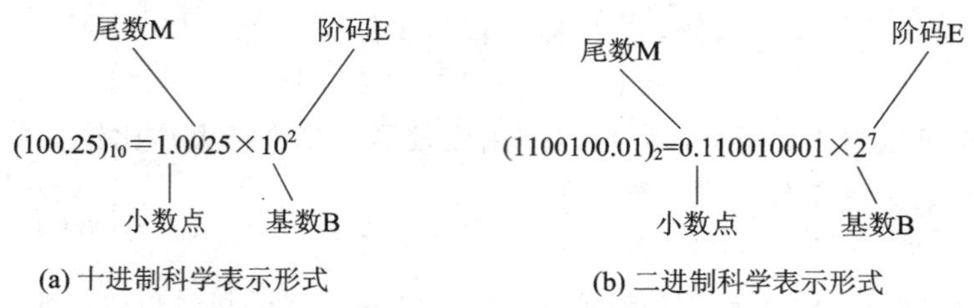

图 2-4 十进制数和二进制数科学表示形式比较

1. 浮点数的表示形式

在浮点数据机器表示的形式中，基数是 B，真值 N 是由阶码 E(定点整数)和尾数 M (定点小数)来表示的，$N=M\times B^E$。由于 B 的取值是固定的，通常取值为 2，也可以为 4 或 8，因此是隐含的。浮点数在机器中的表示形式如图2-5 所示。在浮点数中，N 的小数点的位置不是固定的，而是根据阶码的大小浮动的。

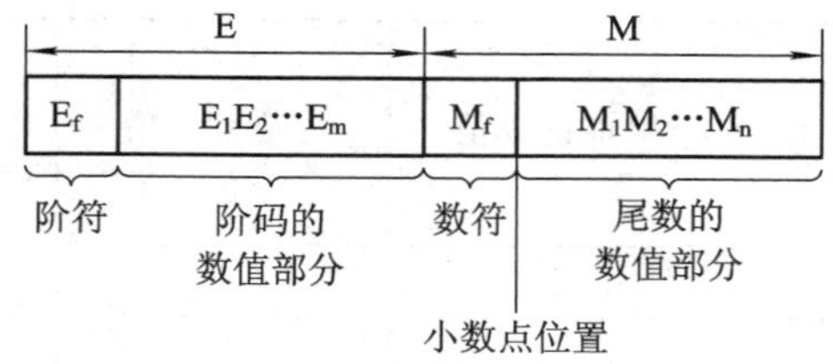

图 2-5 浮点数表示形式

如果遵照阶码和尾数分别采用定点整数和定点小数的规则，则图 2-4(b)中的数据 N 可以用多种尾数和阶码表示 $N=1100100.01=0.110010001\times 2^7=0.0110010001\times 2^8=0.00110010001\times 2^9$，这样同一个数在机器中就可以有多种不同的表示形式，为了提高数据精度并使每一个浮点数具有唯一表示形式，在计算机中规定浮点数的尾数采用定点小数的规格化(尾数的数值最高位为 1)表示形式，阶码采用定点整数表示，阶码和尾数都可以采用不同的机器数。浮点数表示成规格化形式后其精度也最高。

例 2-13 将 1010 用 16 位规格化浮点数表示，其中阶码采用 6 位的移码，尾数采用 10 位的补码。

解 设 $x=1010B=2^{100}\times 0.1010$，所以 x 的阶码 $E_x=100B$，$M_x=0.1010B$，有

$$[E_x]_{移}=100100,\quad [M_x]_{补}=0.101000000$$

因此：

$$[x_x]_{浮}=100100\ 0.101000000$$

2. 浮点数的表示范围

根据浮点数的表示形式，可以知道浮点数 $N=M\times B^E$。其中，N 具有以下特点：

(1) N 的符号是由尾数 M 的符号位决定的。

(2) N 的精度是由尾数 M 的位数决定的，M 的位数越多，N 的精度越高。

(3) N 的范围是由阶码 E 的位数决定的，E 的位数越多，N 的表示范围越大。

若假设阶码 E 取 m 位（含符号位），尾数 M 取 n 位（含符号位），浮点数在数轴上的表示范围如图 2－6 所示。图中的 4 个特殊点中 $+P_{max}$ 和 $+P_{min}$ 分别表示数轴正方向上的最大值和最小值，$-P_{min}$ 和 $-P_{max}$ 分别是数轴负方向上的最小值和最大值。若浮点数的范围超过其表示范围，即 $N>+P_{max}$ 或 $N<-P_{min}$，称为上溢出；若 $-P_{max}<N<0$ 或 $0<N<+P_{min}$，则称为下溢，也就是说，数 N 比 $-P_{max}$ 和 $+P_{min}$ 更接近于零，因此当 N 下溢时，可以用浮点数的机器零表示。对于浮点数而言，其正数和负数的表示范围分别是 $+P_{min}\sim+P_{max}$、$-P_{min}\sim-P_{max}$。

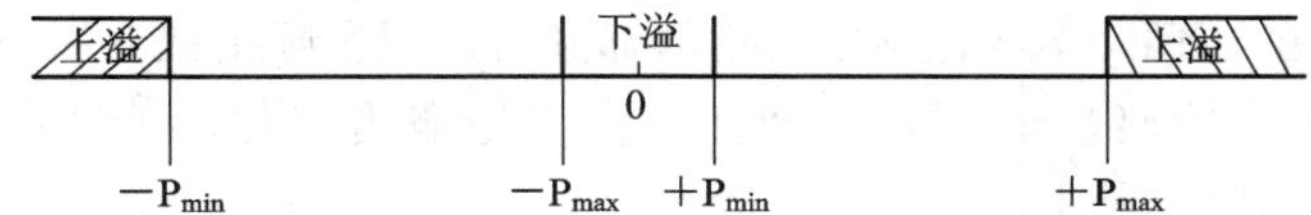

图 2－6　浮点数在数轴上的表示范围

图 2－6 中 4 个特殊点的阶码 E 和尾数 M 的取值情况如表 2－6 所示。

表 2－6　浮点数中的 4 个特殊点的阶码和尾数

N	符号表示	阶码 E 取值	尾数 M 取值
最大正数	$+P_{max}$	最大正数	最大正数
最小正数	$+P_{min}$	最小负数	最小正数
最大负数	$-P_{max}$	最小负数	最大负数
最小负数	$-P_{min}$	最大正数	最小负数

由于浮点数中的阶码和尾数都可以采用不同的机器码，因此其规格化浮点数的范围也就会有差别。表 2－7 所示的是阶码和尾数分别为 6 位和 10 位时，阶码和尾数采用不同机器码时规格化浮点数的表示范围。

表 2－7　浮点数 N 在阶码和尾数采用不同机器码时的表示范围

阶码	尾数	$-P_{min}$	$-P_{max}$	$+P_{min}$	$+P_{max}$
原码	原码	$-2^{31}\times(1-2^{-9})$	$-2^{31}\times(2^{-1})$	$2^{-31}\times(2^{-1})$	$2^{31}\times(1-2^{-9})$
原码	补码	$-2^{31}\times1$	$-2^{-31}\times(2^{-1}+2^{-9})$	$2^{-31}\times(2^{-1})$	$2^{31}\times(1-2^{-9})$
补码	补码	$-2^{31}\times1$	$-2^{32}\times(2^{-1}+2^{-9})$	$2^{-32}\times(2^{-1})$	$2^{31}\times(1-2^{-9})$
移码	补码	$-2^{31}\times1$	$-2^{32}\times(2^{-1}+2^{-9})$	$2^{-32}\times(2^{-1})$	$2^{31}\times(1-2^{-9})$

3. IEEE－754 格式

IEEE－754 标准是计算机上最为常用的浮点数标准。IEEE－754 浮点数标准主要包括以下几方面的内容：

(1) 基本的和扩展后的浮点数格式。

(2) 加、减、乘、除等操作。

(3) 整数和浮点数格式之间的转换。

(4) 不同浮点数格式之间的转换。

(5) 基本的浮点数格式和十进制数之间的转换。

(6) 异常浮点数及其处理方式。

IEEE-754 标准的浮点数由三部分组成：符号位(Sign)、阶码位(Exponet)和尾数位(Mantissa)。其中，基数隐含为 2。其格式如图2-7 所示。

S(符号)	E(阶码)	M(尾数)

图 2-7　浮点数的格式

(1) S：符号位，表示浮点数为正或为负，只有 1 位，0 表示为正数，1 表示为负数。

(2) E：阶码，在 IEEE-754 标准中其指数部分是采用实际指数 e 加一个偏移量后的值，即 E=e+Bias，E 称为阶码，Bias 是一个偏移量，若阶码占 n 位，则偏移量 $Bias=2^{n-1}-1$。浮点数中实际存储的阶码是 E。

(3) M：尾数，在 IEEE-754 标准中规格化的浮点数格式要求尾数是一个绝对值一个大于"1"的数，因此，在保存尾数部分时，并不存储小数点前面的这个 1，只存储实际尾数小数点之后的数据。

因此，对于规格化的浮点数 N 来说，可以用 $N=(-1)^S \cdot 2^{E-Bias} \cdot (1+M)$来表示。图 2-8 所示的是常用的单精度和双精度浮点数的表示格式。

1 bit	8 bit	23 bit
符号位S	阶码E	尾数M

(a) 单精度浮点数

1 bit	11 bit	52 bit
符号位S	阶码E	尾数M

(b) 双精度浮点数

图 2-8　IEEE-754 浮点数表示

IEEE-754 标准中的单精度浮点数是一个 32 位的数，其中包含 1 位符号位、8 位阶码、23 位尾数。

例 2-14　若 $S_1=1.0$，$S_2=-1.5$，写出 S_1 和 S_2 的单精度浮点数。

解
$$S_1=1.0=2^0\times1.0=-2^0\times(1.0+0.0)$$

所以 S_1 的阶码 $E_{S1}=(0+127)_{10}=(7F)_{16}$，尾数 $M_{s1}=(0.0)_{10}=(000000)_{16}$，符号位=0。

因此 S_1 的单精度浮点数为

0	0111 1111	000 0000 0000 0000 0000 0000

其对应的十六进制结果为 3F800000。

$$S_2=-2^0\times1.5=-2^0\times(1.0+0.5)$$

所以 S_2 的阶码 $E_{S2}=(0+127)_{10}=(7F)_{16}$，尾数 $M_{s2}=(0.5)_{10}=(400000)_{16}$，符号位=1。

因此 S_2 的单精度浮点数为

1	0111 1111	100 0000 0000 0000 0000 0000

其对应的十六进制结果为 BFC00000。

例 2-15 若 S=-1.0，写出 S 的单精度和双精度浮点数。

解 $$S=-1.0=-2^0\times1.0=-2^0\times(1.0+0.0)$$

(1) 对于单精度浮点数而言，符号位 S=1，8 位阶码 $E=(0+127)_{10}=(127)_{10}=(7F)_{16}$，23 位的尾数 $M=(0)_{10}=(00000)_{16}$，其对应的单精度浮点数为

1	0111 1111	000 0000 0000 0000 0000 0000

其对应的十六进制结果为

$$(S)_{单精度}=BF\ 80\ 00\ 00$$

(2) 对于双精度浮点数而言，符号位 S=1，11 位阶码 $E=(0+1023)_{10}=(1023)_{10}=(3FF)_{16}$，52 位的尾数 $M=(0)_{10}=(0000\ 00000\ 0000\ 0)_{16}$，其对应的双精度浮点数为

1	0 11 1111 1111	0000 0000 0000 0000 0000 0000 0000 0000 0000 0000 0000 0000 0000

其对应的十六进制结果为

$$(S)_{双精度}=(BF\ F0\ 00\ 00\ 00\ 00\ 00\ 00)_{16}$$

我们分析的结果就是例 2-1 中第三行至第五行的输出结果，这里需要注意的是，输出结果中数据显示的排列方式与我们上面分析的排列顺序刚好是相反的，即数据的排列顺序是从低位到高位，也就是小端对齐方式存储的。

如何表示比单精度数范围更大和精度更高的数呢，IEEE-754 标准规定了双精度和四精度浮点数的表示形式。表 2-8 是双精度和四精度浮点数的阶码和尾数的位数及其表示范围。

表 2-8 IEEE-754 的几种浮点数表示

浮点数	符号位 S	阶码 E	尾数 M	总位数	表示范围
单精度	1	8	23	32	$\pm(3.4\times10^{-38}\sim3.4\times10^{38})$
双精度	1	11	52	64	$\pm(1.7\times10^{-308}\sim1.7\times10^{308})$
四精度	1	15	112	128	$\pm(1.1\times10^{-4932}\sim1.1\times10^{4932})$

IEEE-754 还规定了几种特殊数据的表示形式，如表 2-9 所示。

表 2-9 IEEE-754 对特殊数据的表示

E	M	表示的数据
0	0	0
0	非 0	非规格数(尾数隐含位为 0)
全 1	0	无穷大
全 1	非 0	非数

2.1.4 非数值数据的表示

计算机除了处理数值数据，还需要对大量的非数值数据进行处理，非数值数据包括字符信息、汉字信息、逻辑数据、语音和图像等。由于计算机只识别二进制信息，这些非数值信息也只能用二进制信息的形式编码表示。这里介绍字符和汉字的表示方法。

1. 字符编码

计算机往往需要处理大量的非数值数据，例如，办公软件中的文字处理或程序员在编写程序中使用的英文字母、数字符号、各种标点符号等，都必须有二进制编码表示。目前使用最为广泛的是美国国家信息交换标准代码(American Standard Code for Information Interchange)，简称 ASCII 码。它选用常用的 128 个符号，其中包括 32 个控制字符、10 个十进制数码、52 个英文大写和小写字母、34 个专用符号。128 个字符分别由 128 个二进制数码串表示，正好用 7 位的二进制代码表示，若加上一位校验位(最高位)，共 8 位，即一个字节(若不算校验位，则最高位固定为 0)。表 2-10 列出了 ASCII 码字符的编码。目前许多人机交互设备与主机之间都以 ASCII 码传输，例如，使用常用的输入设备(键盘)键入某个字符时，编码电路按要求输出相应键的 ASCII 编码，传送给主机。

表 2-10　ASCII 字符编码表

$b_6 b_5 b_4$ / $b_3 b_2 b_1 b_0$	000	001	010	011	100	101	110	111
0000	NUL	DLE	SP	0	@	P	`	p
0001	SOH	DC$_1$	!	1	A	Q	a	q
0010	STX	DC$_2$	“	2	B	R	b	r
0011	ETX	DC$_3$	#	3	C	S	c	s
0100	EOT	DC$_4$	$	4	D	T	d	t
0101	ENQ	NAK	%	5	E	U	e	u
0110	ACK	SYN	&	6	F	V	f	v
0111	DEL	ETB	SP$_1$	7	G	W	g	w
1000	BS	CAN	(	8	H	X	h	x
1001	HT	EM	)	9	I	Y	i	y
1010	LF	SUB	*	:	J	Z	j	z
1011	VT	ESC	+	;	K	[	k	{
1100	FF	FS	,	<	L	\	l	|
1101	CR	GS	—	=	M	]	m	}
1110	SO	RS	.	>	N	^	n	～
1111	SI	US	/	?	O	_	o	DEL

ASCII 编码二进制排列次序为 $b_7 b_6 b_5 b_4 b_3 b_2 b_1 b_0$，由于其中的 b_7 恒为 0，表 2-10 中没有给出。从表 2-10 中可以看出，数字字符 0～9 的 ASCII 编码是 30H～39H，26 个大写字母 A～Z 的编码是 41H～5AH，26 个小写字母的编码是 61H～7AH，加上通用的运算符和标点符号等 95 个字符，另外的 00H～1FH 和 127 对应的是不可显示的字符，常作为控制码使用，可用于控制计算机中某些外围设备的工作特性和软件的运行状况等。

字符串是指连续的一串字符。在通常方式下，每个字节存储一个字符，字符串占用连续的多个字节。当主存字由 2 个或 4 个字节组成时，在同一个主存字中，可按从低位字节向高位字节的顺序存放字符串内容，也可以按从高位字节向低位字节的次序顺序存放字符串内容。这两种存放方式都是常用方式，不同的计算机可选用其中任何一种。例如，下列字符串：

Hello world!

可以根据表 2-10 将每一个字符对应的 ASCII 码按照从左到右的次序存放在主存中地址从低到高的单元，如图2-9 所示。

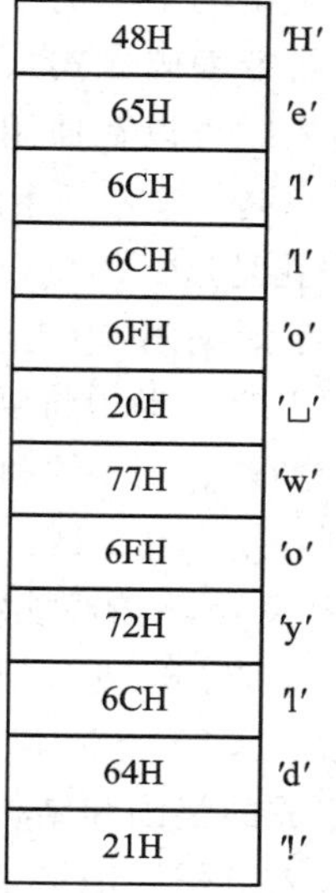

图 2-9　字符串在内存的存放方式

2. 汉字编码

汉字是表意字符，是由一笔一划构建出来的方块文字，也就是说，每一个汉字就是一个方块图形。汉字的总数超过六万个，汉字在计算机中的输入、存储、交换和输出都有不同的要求。为了适应计算机各部件对汉字处理的不同要求，计算机的汉字系统必须能够处理以下几种汉字代码：汉字输入编码、汉字内码、汉字字模码。

我国在 1981 年制定了信息交换汉字编码字符集 GB 2312—80 国家标准，规定常用汉字总数为 6763 个，并给这些汉字分配了代码，将它们作为汉字信息交换代码。GB 2312—80 将代码表分为 94 个区，区号对应第一字节；每个区中有 94 个位，位号对应第二字节，两个字节的值分别为区号值和位号值，因此也称为区位码。其中 01～09 区为符号、数字区，16～87 区为汉字区，10～15 区、88～94 区是有待进一步标准化的空白区。GB 2312—80 将收录的汉字分成两级：第一级是常用汉字 3755 个，置于 16～55 区，按照汉语拼音字母/笔形顺序排列；第二级汉字是次常用汉字 3008 个，置于 56～87 区，按部首/笔画顺序排列。GB 2312—80 最多能表示 6763 个汉字。

1）汉字输入编码

如何将汉字信息输入到计算机是计算机处理汉字信息遇到的第一个问题。常见的方法有键盘输入、语音输入和扫描输入。扫描输入打印汉字字符目前识别率已经很高了，但是只能输入固定的信息，有很大的局限性。目前语音输入软件的准确率最高可以达到 97%，但是对语音的标准化和语速还是有一定要求的，相信不远的将来语音输入会更加普及。这里只介绍键盘输入汉字的方法。

为了能直接使用西文标准键盘将汉字输入到计算机，就必须为每个汉字设计相应的输入编码方法。汉字输入编码的研究，是一个十分活跃的领域。到目前为止，国内外提出的汉字编码方案有几百种之多，每种方案都有自己的特点。主要有以下几种：

(1) 数字编码方式：就是用一串十进制数表示汉字输入的编码。常见的如电报码、区位码等。例如，区位码输入法是将每个汉字对应一个区号和一个位号，区号和位号分别用两个 2 位的十进制数表示，例如，第一个汉字“啊”的区码、位码分别对应十进制的 16 和 01。因此输入一个汉字需要按键 4 次。这种输入法的优点是没有重码，与内码的转换关系简单，但是编码不易记忆，操作麻烦。

(2) 拼音编码方式：这是以汉语拼音为基础的输入法，这种编码方式采用汉字的拼音编码，输入时可以在通用键盘上像输入西文一样输入拼音，但是由于中文的同音异字情况多，重码率高，输入汉字时需要再次进行选择，因此输入速度较低。智能拼音 ABC、紫光拼音方式就是这样的编码方式。

(3) 字形编码：字形编码方式是根据汉字的基本笔画和结构对汉字进行编码的。例如，最常用的五笔字形中将汉字的笔画只归结为横、竖、撇、捺(点)、折这五种，根据汉字的结构分为"左右"、"上下"和"混杂"有限的三种类型，对于选出的 130 多种基本字根，按照其起笔笔划，分成五个区。以横起笔的为第一区，以竖起笔的为第二区，以撇起笔的为第三区，以捺(点)起笔的为第四区，以折起笔的为第五区。每一区内的基本字根又分成五个位置，也以 1、2、3、4、5 表示。这样 130 多个基本字根就被分成了 25 类，每类平均 5～6 个基本字根。这 25 类基本字根安排在除 Z 键以外的 A～Y 25 个英文字母键上。这样每个汉字由于组成的笔画和结构不同，大部分可以获得一组不同的编码，这种编码的重码率低，但是输入人员需要记忆字根口诀。

2) 汉字内码

汉字在输入计算机后需要转换为汉字内码进行存储，汉字内码是用于汉字信息的存储、交换和检索等操作的机内代码。我国制定的 GB2312—80 编码，采用两个字节表示，又称为国标码。

国标码与汉字区位码有一一对应的关系，每个汉字用两个字节表示，这两个字节可以容纳 $2^8 \times 2^8 = 64K$ 个编码，而汉字区位码是 94×94 阵列的。国标码可以由区位码转换得到：

国标码＝(区位和位码十六进制表示)＋2020H

例如，"啊"的国标码是 1001H＋2020H＝3021H。

为了与 ASCII 编码相兼容，将国标码每个字节的最高位置"1"，作为汉字的标识符。这样就将国标码转换成了机器内部存储汉字的编码——汉字内码。即

汉字内码＝国标码＋8080H

例如，"啊"的汉字内码是 3021H＋8080H＝B0A1H。

3) 汉字字模码

为了显示或打印出汉字，必须将汉字内码转换成汉字字形。汉字字模码是用点阵表示的汉字字形代码，是用于汉字输出的。一个汉字可以有多种字体、大小，因此可以用不同的汉字字模码表示。不同的字体对应不同的汉字字模码，如宋体、楷体字库等。根据汉字输出的要求不同，点阵的大小也不同，简易型汉字为 16×16 点阵，提高型汉字为 24×24 点阵、32×32 点阵，甚至更高。因此字模点阵的信息量是很大的，所占存储空间也很大。一个汉字内码可以对应多个不同汉字字体，每一种汉字字体又有不同的字模点阵。以 16×16 点阵为例，每个汉字要占 32 个字节，而国标二级汉字需要占用 256K 字节。因此，字模点阵只能用于构成汉字库，而不能用于机内存储。汉字库中存储了每个汉字的点阵代码，当显示输出和打印输出时才根据汉字内码计算该汉字在字模中的存储位置并输出字模点阵，得到显示的字型。图 2-10 所示的是汉字"啊"的 16×16 点阵的字模，字模右边的数字是字模库中存储的 32 个字节的字模信息。

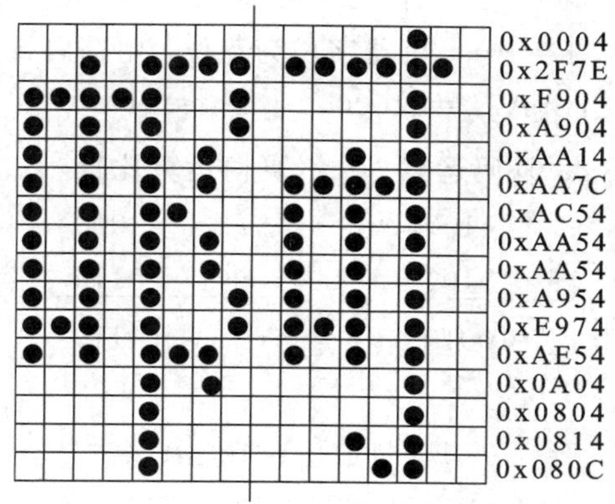

图 2-10　汉字“啊”的 16×16 点阵的字模

2.2　定点数的加减运算

原码是与真值最接近的表示形式，但是原码的运算规则比较复杂。例如，在做原码加法运算时，需要比较两个数的符号位，当两个符号位相同时，做加法运算，运算结果的符号位与运算前的符号位相同；当加法运算的两个数据符号位相反时需要用绝对值大的数据减去绝对值小的数据，然后结果取绝对值大的数的符号位。计算机中的机器数有多种形式，定点数是用补码形式存放的，这样做的原因是：在补码运算的过程中，符号位和数值位做相同的处理，可以简化硬件电路。

2.2.1　补码加法运算

1. 补码加法公式

设机器字长为 n 位，对于定点整数，若 $-2^{(n-1)} \leqslant A+B \leqslant 2^{(n-1)}-1$，则有

$$[A+B]_{补} = [A]_{补} + [B]_{补} \pmod{2^n} \tag{2-10}$$

对于定点小数，若 $-1 \leqslant A+B \leqslant 1-2^{-(n-1)}$，则有

$$[A+B]_{补} = [A]_{补} + [B]_{补} \pmod{2} \tag{2-11}$$

从式(2-10)和式(2-11)可以看出，定点整数和定点小数的运算公式是一样的。

例 2-16　设 A=0.1011，B=-0.0101，用补码计算 A+B。

解　$[A]_{补}=0.1011$，　$[B]_{补}=1.1011$

补码运算	真值运算比较
0.1011	0.1011
+ 1.1011	− 0.0101
0.0110	0.0110

所以

$$[A+B]_{补} = 0.0110$$

$$A+B=0.0110$$

例 2-17 设 A=-8，B=-6，机器字长为 5 位，用补码计算 A+B。

解

$$[A]_{补}=11000, \quad [B]_{补}=11010$$

补码运算	真值运算比较
11000	-1000
+ 11010	+ -0110
10010	-1110

所以

$$[A+B]_{补}=10010$$

$$A+B=(-1110)_2=(-14)_{10}$$

从例 2-16 和例 2-17 可以看出，采用补码计算的结果与常用的真值计算结果是一致的。需要注意的是，补码加法运算公式(式(2-10)和式(2-11))是有使用条件的，即结果也必须在机器数的表示范围内，由于例 2-16 和例 2-17 的结果依然在 n=5 的表示范围内，因此结果是正确的。换一句话说，加法运算的结果是否正确，需要判断结果是否也在机器数的表示范围内，我们把超过机器数表示范围的结果称为“溢出”，如果结果小于最小值称为向下溢出，简称“下溢”，如果结果大于最大值称为向上溢出，简称“上溢”，图 2-11 是定点八位整数补码溢出的示意图。

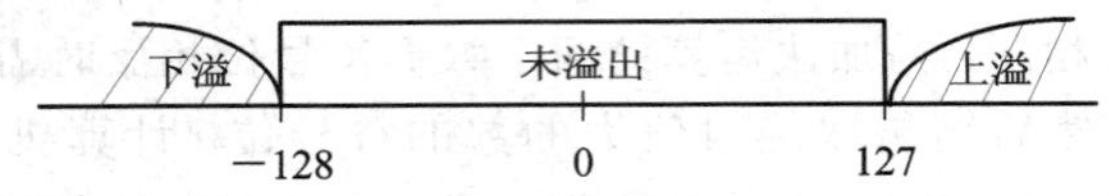

图 2-11 定点整数补码溢出的示意图

2. 溢出判别的方法

补码运算结果是否溢出有以下三种判别的方法。

1) 运算符号比较法

运算符号比较法比较好理解，只有在被加数和加数符号相同的情况下才会产生溢出，两数符号相异是不可能产生溢出的，因此，在被加数和加数符号相同的情况下，只需要对运算前后的符号位进行判断就可以了。具体方法是：设被加数补码的符号位为 X_f，加数补码的符号位为 Y_f，补码运算和的符号位为 S_f，若 $X_f=Y_f$ 且 $S_f \neq X_f$，则结果溢出，若 $S_f=1$，则上溢，若 $S_f=0$ 则下溢。这种方法由于需要对补码的符号位做单独处理，因此并不常用。

例 2-18 设 A=-8，B=-9，机器字长为 5 位，用补码计算 A+B。

解

$$[A]_{补}=11000, \quad [B]_{补}=10111$$

补码运算	真值运算比较
11000	-1000
+ 10111	+ -1001
01111	1 0001

因为 $A_f=B_f=1$，$S_f=0$，所以结果溢出(下溢)，得不到正确的运算结果。

例 2-19 设 A=0.1001，B=-0.0011，机器字长为 5 位，用补码计算 A+B。

解　　$[A]_{补}=0.1001$，　$[B]_{补}=1.1101$

补码运算	真值运算比较
0.1001	0.1001
+ 1.1101	− 0.0011
0.0110	−0.0110

因为 $A_f \neq B_f$，所以结果无溢出，故

$$[A+B]_{补}=0.0110$$
$$A+B=0.0110$$

2）变形补码法

变形补码法在运算时，采用双符号位。双符号位的实质是将补码的机器字长人为地增加一位，这样求和的结果肯定不会溢出到最高符号位，也就是说，最高符号位会始终正确。把采用双符号位的补码称为变形补码。双符号位中的最高符号位是原补码符号位的扩展，当补码的符号位为 1 时，双符号位为 11，当补码的符号位为 0 时，双符号位是 00。变形补码判断溢出的方法是，若运算结果的双符号位相异则结果溢出；否则无溢出。在溢出的情况下，若双符号位为 10 表示下溢，双符号位为 01 则表示上溢。这种方法简单直观常用于手工计算。

例 2-20　设 A=11/16，B=9/16，用变形补码法求 A+B。

解　　$A=\dfrac{11}{16}=\dfrac{2^3+2^1+2^0}{2^4}=(0.1011)_2$，　$[A]_{补}=0.1011$

$B=\dfrac{9}{16}=\dfrac{2^3+2^0}{2^4}=(0.1001)_2$，　$[B]_{补}=0.1001$

变形补码运算

$$\begin{array}{r} 00.1011 \\ +00.1001 \\ \hline 01.0100 \end{array}$$

因为双符号位不一致，所以结果溢出(上溢)。

例 2-21　设 A=−7/16，B=−2/16，用变形补码法求 A+B 。

解　　$A=-\dfrac{7}{16}=-\dfrac{2^2+2^1+2^0}{2^4}=(-0.0111)_2$，　$[A]_{补}=1.1001$

$B=-\dfrac{2}{16}=-\dfrac{2^1}{2^4}=(-0.0010)_2$，　$[B]_{补}=1.1110$

变形补码运算

$$\begin{array}{r} 11.1001 \\ +11.1110 \\ \hline 11.0111 \end{array}$$

因为双符号位一致，所以无溢出，故

$$[A+B]_{补}=11.0111$$
$$A+B=-0.1001$$

3）进位异或法

进位异或法是根据运算过程中产生的两个进位信号进行溢出判断的，这种方法常用于

硬件电路中对结果的溢出判断。设求和过程中数值最高位向符号的位进位为 C_D，符号位向前进位为 C_S，若 $C_D \oplus D_S = 1$，则结果溢出。用进位异或法计算例 2-20 的过程如下：

$$[A]_{补}=0.1011, \quad [B]_{补}=0.1001$$

变形补码运算

```
     0.1011
  +  0.1001
  ---------
     1.0100      Cs=0   CD=1
```

因为 $C_S \oplus C_D = 0 \oplus 1 = 1$，所以结果溢出。

例 2-22 设 A=-12，B=-4，机器字长为 5 位，用补码计算 A+B。

解 $[A]_{补}=10100, \quad [B]_{补}=11100$

补码运算

```
     1 0100
  +  1 1100
  ---------
     1 0000          Cs=1     CD=1
```

因为 $C_S \oplus C_D = 1 \oplus 1 = 0$，所以结果无溢出，故

$$[A+B]_{补}=1\,0000$$
$$A+B=(-10000)_2$$

2.2.2 补码减法运算

对于补码的减法运算，由于 A-B=A+(-B)，因此，当机器字长为 n 位时，补码加法公式如下：

对于定点整数，若 $-2^{(n-1)} \leqslant A+B \leqslant 2^{(n-1)}-1$，则有

$$[A-B]_{补}=[A]_{补}+[-B]_{补} \quad (\text{mod } 2^n) \tag{2-12}$$

对于定点小数，若 $-1 \leqslant A+B \leqslant 1-2^{-(n-1)}$，则有

$$[A-B]_{补}=[A]_{补}+[-B]_{补} \quad (\text{mod } 2) \tag{2-13}$$

由于计算机中数值数据是以补码形式存储的，因此减法运算之前，首先要根据$[B]_{补}$求得$[-B]_{补}$。

这里以定点小数为例说明$[-A]_{补}$与$[A]_{补}$的关系。

将式(2-11)和式(2-13)相加，得到：

$$[A+B]_{补}+[A-B]_{补}=[A]_{补}+[B]_{补}+[A]_{补}+[-B]_{补}$$
$$[A+B+A-B]_{补}=2[A]_{补}+[B]_{补}+[-B]_{补}$$
$$2[A]_{补}=2[A]_{补}+[B]_{补}+[-B]_{补}$$
$$[B]_{补}+[-B]_{补}=0$$

得到：

$$[-B]_{补}=-[B]_{补}=2-[B]_{补}=2-2^{-(n-1)}-[B]_{补}+2^{-(n-1)} \tag{2-14}$$

式(2-14)中的 $2-2^{-(n-1)}-[B]_{补}$ 是对数据$[B]_{补}$的符号位和数值位按位取反，然后再加"单位 1"。从减法公式可以看出补码减法实际上也是在做加法运算，因此溢出的判别方

法和补码加法运算是一样的。

例 2-23 已知 A＝13/16，B＝－9/16，求 A－B。

解 $A=13/16=0.1101$，　$B=-9/16=-0.1001$

$$[A]_{补}=0.1101,\quad [B]_{补}=1.0111,\quad [-B]_{补}=0.1001$$

$$[A-B]_{补}=[A]_{补}+[-B]_{补}$$

$$=00.1101+00.1001=01.0110$$

由于双符号位不一致，所以结果上溢。

例 2-24 已知 A＝1011001，B＝1110001，求 A－B。

解 $[A]_{补}=0,1011001$，　$[B]_{补}=0,1110001$，　$[-B]_{补}=1,0001111$

$$[A-B]_{补}=[A]_{补}+[-B]_{补}$$

$$=00,1011001+11,0001111=11,1101000$$

由于双符号位一致，所以结果无溢出，故

$$[A-B]_{补}=1,1101000$$

$$A-B=-11000$$

2.2.3 补码加减法硬件配置

补码加减法的硬件配置如图 2-12 所示。图中的寄存器 A 和 X 都是 n+1 位的，A 存放被加数(被减数)和运算结果，X 存放加数(减数)，图中的加法器是 n+1 位的。

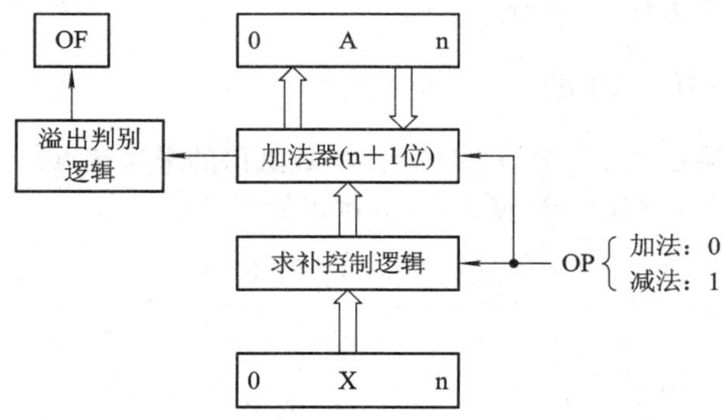

图 2-12 补码加减法的硬件配置

OP 是运算控制信号。当 OP＝0 时，执行加法运算，求补控制逻辑直接将加数送到加法器的数据输入端，同时加法器的进位输入信号为 0；当 OP＝1 时，执行减法运算，求补控制逻辑将减数按位求反后送到加法器的数据输入端，同时加法器的进位输入信号为 1。

OF 是运算结果的溢出标志位，硬件中往往采用进位异或法，即用运算过程中数值最高位的进位信号和符号位的进位信号执行逻辑异或运算的结果设置 OF。

2.2.4 MIPS 中的加减法

MIPS 提供的加法和减法涉及的操作数有：寄存器和立即数，可以实现有符号数和无符号数的运算，有符号数需要对结果进行溢出检测，而无符号数不进行溢出检测。MIPS 加减法的汇编指令功能如表 2-11 所示。

表 2-11 MIPS 加减法的汇编指令

	功能	汇编指令	含义	说明
有符号数运算	两个寄存器加	add \$s1, \$s2, \$s3	\$s1=\$s2+\$s3	检测溢出
	两个寄存器减	sub \$s1, \$s2, \$s3	\$s1=\$s2-\$s3	检测溢出
	寄存器+立即数	addi \$s1, \$s2, 10	\$s1=\$s2+10	检测溢出
无符号数运算	两个寄存器加	addu \$s1, \$s2, \$s3	\$s1=\$s2+\$s3	不检测溢出
	两个寄存器减	subu \$s1, \$s2, \$s3	\$s1=\$s2-\$s3	不检测溢出
	寄存器+立即数	addiu \$s1, \$s2, 10	\$s1=\$s2+10	不检测溢出

2.3 定点数乘法运算

计算机中实现乘法可以用软件和硬件两种方法，对于没有乘法指令的机器可以通过调用乘法运算子程序实现；对于有乘法指令的机器，在硬件上可以通过多次加法和移位操作实现乘法，这种方法硬件成本较低，其运算速度要远高于软件乘法；对乘法速度要求很高的情况下可以采用阵列乘法器实现，这是一种通过增加硬件资源换取速度的方法。本节主要讨论硬件乘法的实现方法。

2.3.1 笔算乘法分析与改进

首先从分析笔算乘法入手，分析两个定点小数真值的乘法特点。

若 x=0.1001，y=0.1101，计算 x×y 的过程如下所示：

$$
\begin{array}{r}
1\ 0\ 0\ 1 \\
\times\ 1\ 1\ 0\ 1 \\
\hline
1\ 0\ 0\ 1 \\
0\ 0\ 0\ 0 \\
1\ 0\ 0\ 1 \\
+\ 1\ 0\ 0\ 1 \\
\hline
0.0\ 1\ 1\ 1\ 0\ 1\ 0\ 1
\end{array}
$$

由此可以看出，在笔算的过程中，首先将定点小数转换成定点整数，然后先计算整数的乘法，在计算的过程中从低位到高位依次对乘数的每一位进行判断，得到四个需要求和的数据，最后确定小数点后的数据是 8 位，由此确定小数点的位置，从而得到最终的乘法运算结果。然而这个运算过程并不适合机器实现，原因主要有三个：① 定点机器小数点的位置是不能随意变化的；② 四个需要求和的数据实际上是根据 y_i 的每一位是 0 或 1 与 x 相乘后左移 i 位后的结果(i 由乘数判断位的权重决定)；③ 四个数据的求和一次计算。

那么如何让机器实现乘法运算呢？

设 $y=0.y_1y_2y_3y_4$，则

$$
\begin{aligned}
x\times y &= x\times(0.y_1y_2y_3y_4)\\
&= x\times(y_1\times 2^{-1}+y_2\times 2^{-2}+y_3\times 2^{-3}+y_4\times 2^{-4})\\
&= (2^{-1}\times y_1x+2^{-2}\times y_2x+2^{-3}\times y_3x+2^{-4}\times y_4x)\\
&= 2^{-1}(y_1x+2^{-1}\times y_2x+2^{-2}\times y_3x+2^{-3}\times y_4x)\\
&= 2^{-1}(y_1x+2^{-1}(y_2x+2^{-1}(y_3x+2^{-1}(y_4x))))\\
&= 2^{-1}(y_1x+2^{-1}(y_2x+2^{-1}(y_3x+2^{-1}(0+y_4x)))) \qquad (2-15)
\end{aligned}
$$

式(2－15)解决了笔算过程中存在的小数点位置变化和多个数据一次求和运算的问题。由此可以看出，乘法计算过程可以归纳为初始化部分积为 0 和重复计算两个部分，重复计算过程是①判断，②求和，③右移，重复 4 次计算后就得到了定点乘法运算的最终结果。

式(2－15)中首先将部分积 P_0 初始化为 0，然后按照判断、求和和右移的过程进行部分积的计算。具体过程是：

(1) 判断。根据 y_4 判断部分积 P_0 加 x 还是 0，即：若 $y_4=1$ 则 $P_0'=P_0+x$；否则 $P_0'=P_0+0$。

(2) 求和。求和得到 P_0'。

(3) 右移。将部分积 P 和乘数 y 串联右移，得到新的部分积 $P_1=2^{-1}P_0'$，即 P_0' 右移一位。

然后依次对 y_3、y_2、y_1 进行类似的计算得到最终的乘积。

x＝0.1001，y＝0.1101，计算 x×y 的机器运算过程如下所示：

	部分积	乘数	操作说明
	00.000	Y＝0.1101	初始化部分积 P_0 为 0
+	00.1001		判断 y_4，$y_4=1$，+x
	00.1001		求和 P_0'
	00.0100	1　0.110	P_0 和 Y 右移一位　得到 P_1
+	00.0000		判断 y_3，$y_3=0$，+0
	00.0100		求和 P_1'
	00.0010	01　0.11	P_1' 和 Y 右移一位　得到 P_2
+	00.1001		判断 y_2，$y_2=1$，+x
	00.1011		求和 P_2'
	00.0101	101　0.1	P_2' 和 Y 右移一位　得到 P_3
+	00.1001		判断 y_1，$y_1=1$，+x
	00.1110		求和 P_3'
	00.0111	0101　0.	P_3' 和 Y 右移一位　得到 P_4(最终结果)

从以上的计算过程中，我们可以看到，运算结束后乘法结果的高位保存在部分积中，低位保存在乘数中，因此，这种算法中对乘数是破坏性的。这种算法降低了乘法硬件实现的成本。

2.3.2 原码乘法

原码乘法需要把符号位和数值位分别进行处理。

1. 原码乘法运算规则

若$[X]_原=x_f.x_1x_2\cdots x_n$，$[Y]_原=y_f.y_1y_2\cdots y_n$，则有：

$$[X\times Y]_原=x_f\oplus y_f+X^*\times Y^* \tag{2-16}$$

其中，X^* 和 Y^* 分别是 X、Y 的绝对值，即 $X^*=0.x_1x_2\cdots x_n$，$Y^*=0.y_1y_2\cdots y_n$；$X^*\times Y^*$ 的实现过程与前面两个数真值的乘法类似。

因此原码一位乘法的运算规则是：

(1) 乘积的符号位由两个乘数的符号位异或运算确定。

(2) 乘积的数值位是两个乘数绝对值相乘的结果。

原码一位乘法运算的总时间 t_m 的公式如下：

$$t_m=n(t_a+t_r) \tag{2-17}$$

其中，n 是乘数的位数(不含符号位)；t_a 是一次加法运算的时间，t_r 是一次右移的时间。

例 2-25 若 X=-0.1011，Y=0.1101，用原码一位乘法计算 X×Y。

解 $[X]_原=1.1011$， $[Y]_原=0.1101$

则有：

$$x_f=1,\ y_f=0,\ X^*=0.1011,\ Y^*=0.1101$$

$X^*\times Y^*$ 的计算过程如下：

部分积	乘数	操作说明
00.0000	0.1101	初始化部分积 P_0
+ 00.1011		判断 y_4，$y_4=1$，$+X^*$
00.1011		求和
00.0101	1 0.110	右移一位 得到 P_1
+ 00.0000		判断 y_3，$y_3=0$，+0
00.0101		求和
00.0010	11 0.11	右移一位 得到 P_2
+ 00.1011		判断 y_2，$y_2=1$，$+X^*$
00.1101		求和
00.0110	111 0.1	右移一位 得到 P_3
+ 00.1011		判断 y_1，$y_1=1$，$+X^*$
01.0001		求和
00.1000	1111 0.	右移一位 得到 P_4(最终结果)

$$X^*\times Y^*=0.10001111$$

$$[X\times Y]_原=x_f\oplus y_f+X^*\times Y^*=1\oplus 0+0.10001111=1.10001111$$

$$X\times Y=-0.10001111$$

2. 原码乘法的硬件配置

原码乘法的运算过程是多次求和与右移的过程。图 2-13 是实现原码一位乘法运算的基本硬件配置框图。

在执行乘法运算前，把被乘数$[X]_原$的绝对值 X^* 送入寄存器 X，乘数$[Y]_原$的绝对值

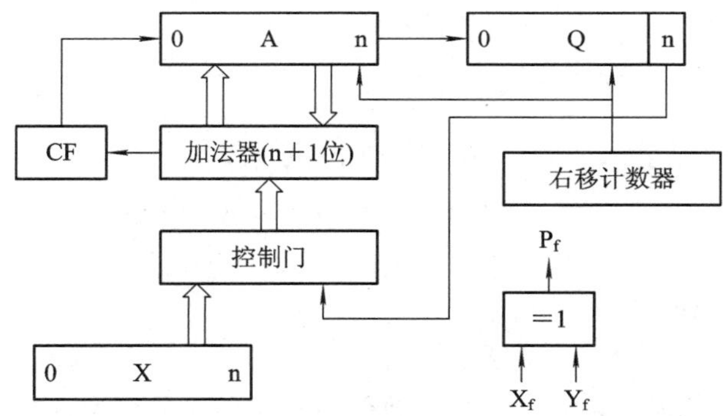

图 2-13　原码一位乘法运算基本硬件配置框图

Y^* 送入寄存器 Q，寄存器 A 是部分乘积高位部分，在开始运算时初始化为 0。乘法运算过程中根据 Y^* 的最低位 y_n 的取值确定加法器中一个输入端数据是 0 还是 X^*，加法器的另一个输入数据始终是部分积，求和结束后 A、Q 串联右移一位，右移的次数受右移计数器的控制。原码乘积的符号位 P_f 是由$[X]_{原}$和$[Y]_{原}$的符号位进行异或运算得到的。

2.3.3　补码乘法

前面讲过计算机中定点数都是以补码形式存放的，补码运算的好处是符号位不用单独运算。在给出补码乘法公式之前，我们先分析在已知$[Y]_{补}$的情况下，如何得到真值 Y 和$[Y/2]_{补}$。

1. 补码与真值的转换公式

已知$[Y]_{补}=y_0.y_1y_2\cdots y_n$，证明：

$$Y=-y_0+0.y_1y_2\cdots y_n \qquad (2-18)$$

证明　① 若 $Y\geqslant 0$，

$$[Y]_{补}=Y=0.y_1y_2\cdots y_n,\quad y_0=0$$

因此有

$$Y=0.y_1y_2\cdots y_n=-0+0.y_1y_2\cdots y_n=-y_0+0.y_1y_2\cdots y_n$$

② 若 $Y<0$，

$$[Y]_{补}=1.y_1y_2\cdots y_n,\ y_0=1$$

又

$$[Y]_{补}=2+Y$$

因此有

$$\begin{aligned}Y&=[Y]_{补}-2=1.y_1y_2\cdots y_n-2=1+0.y_1y_2\cdots y_n-2=-1+0.y_1y_2\cdots y_n\\&=-y_0+0.y_1y_2\cdots y_n\end{aligned}$$

综合以上两种情况证明，真值

$$Y=-y_0+0.y_1y_2\cdots y_n$$

例 2-26　若$[X]_{补}=1.1011$，求 X。

解　$X=-x_0+0.x_1x_2\cdots x_n=-1+0.1011=-0.0101$

2. 补码右移公式

已知$[Y]_{补}=y_0.y_1y_2\cdots y_n$，证明：

$$[Y/2]_{补}=y_0.\ y_0y_1y_2\cdots y_{n-1} \tag{2-19}$$

证明 由$[Y]_{补}=y_0.y_1y_2\cdots y_n$，有 $Y=-y_0+0.y_1y_2\cdots y_n$，所以：

$$\begin{aligned}Y/2&=(-y_0+0.y_1y_2\cdots y_n)/2\\&=-y_0/2+0.0y_1y_2\cdots y_{n-1}\\&=-y_0+y_0/2+0.0y_1y_2\cdots y_{n-1}\\&=-y_0+0.\ y_0y_1y_2\cdots y_{n-1}\end{aligned}$$

根据式(2-18)，有

$$[Y/2]_{补}=y_0.\ y_0y_1y_2\cdots y_{n-1}$$

式(2-19)说明：当补码右移一位时，数值最高位用符号位填入。

例 2-27 若$[X_1]_{补}=1.1011$，$[X_2]_{补}=0.1011$，求$\left[\frac{X_1}{2}\right]_{补}$和$\left[\frac{X_2}{2}\right]_{补}$。

解 $[X_1]_{补}=1.1011$，$x_0=1$，所以$\left[\frac{X_1}{2}\right]_{补}=1.1101$

$[X_2]_{补}=0.1011$，$x_0=0$，所以$\left[\frac{X_1}{2}\right]_{补}=0.0101$

3. 补码乘法公式

若$[X]_{补}=x_0.x_1x_2\cdots x_n$，$[Y]_{补}=y_0.y_1y_2\cdots y_n$，则有：

$$[X\times Y]_{补}=[X]_{补}\times Y \tag{2-20}$$

这里以定点小数为例证明式(2-20)。

证明 分以下两种情况考虑：

情况 1：X 任意，$Y\geqslant 0$。

$$[X]_{补}=2+X=2^{n+1}+X,\quad [Y]_{补}=Y=0.y_1y_2\cdots y_n$$

$$\begin{aligned}[X]_{补}\times Y&=(2^{n+1}+X)\times 0.y_1y_2\cdots y_n\\&=2^{n+1}\times 0.y_1y_2\cdots y_n+X(0.y_1y_2\cdots y_n)\\&=2\times y_1y_2\cdots y_n+X(0.y_1y_2\cdots y_n)\\&=2+X(0.y_1y_2\cdots y_n)\quad (\mathrm{mod}\ 2)\\&=[X\times Y]_{补}\end{aligned}$$

情况 2：X 任意，$Y<0$。

$$[Y]_{补}=1.y_1y_2\cdots y_n\quad y_0=1$$

$$Y=-1+0.y_1y_2\cdots y_n$$

$$X\times Y=X(-1+0.y_1y_2\cdots y_n)$$

$$\begin{aligned}[X\times Y]_{补}&=[X(-1+0.y_1y_2\cdots y_n)]_{补}=[-X+X(0.y_1y_2\cdots y_n)]_{补}\\&=[-X]_{补}+[X(0.y_1y_2\cdots y_n)]_{补}\end{aligned}$$

由情况 1 可知，

$$[X(0.y_1y_2\cdots y_n)]_{补}=[X]_{补}(0.y_1y_2\cdots y_n)$$

所以

$$\begin{aligned}[X\times Y]_{补}&=[-X]_{补}+[X]_{补}(0.y_1y_2\cdots y_n)\\&=[X]_{补}(-1+0.y_1y_2\cdots y_n)\\&=[X]_{补}Y\end{aligned}$$

通过情况 1 和情况 2 的分析，在被乘数和乘数符号任意的情况下，式(2－20)是成立的。

4. 补码乘法的运算规则

为了得到补码乘法的运算规则，我们将式(2－20)进行如下的展开和变换过程：

$$
\begin{aligned}
[X\times Y]_{补} &= [X]_{补}Y \\
&= [X]_{补}(-y_0+0.y_1y_2y_3\cdots y_n) \\
&= [X]_{补}(-y_0+2^{-1}y_1+2^{-2}y_2+2^{-3}y_3\cdots+2^{-n}y_n) \\
&= [X]_{补}(-y_0+(1-2^{-1})y_1+(2^{-1}-2^{-2})y_2+(2^{-2}-2^{-3})y_3\cdots \\
&\quad +(2^{-(n-1)}-2^{-n})y_n) \\
&= [X]_{补}((y_1-y_0)+2^{-1}(y_2-y_1)+2^{-2}(y_3-y_2)+\cdots \\
&\quad +2^{-(n-1)}(y_n-Y_{n-1})+(-2^{-n})y_n)
\end{aligned}
$$

式中的最后一项$(-2^{-n})y_n$可以转换为：

$$2^{-n}(-y_n)=2^{-n}(0-y_n)=2^{-n}(y_{n+1}-y_n)$$

其中，$y_{n+1}=0$。

再将$[X]_{补}$分配到括号里的每一项：

$$
\begin{aligned}
[X\times Y]_{补} &= (y_1-y_0)[X]_{补}+2^{-1}(y_2-y_1)[X]_{补}+2^{-2}(y_3-y_2)[X]_{补}+\cdots \\
&\quad +2^{-(n-1)}(y_n-Y_{n-1})[X]_{补}+2^{-n}(y_{n+1}-y_n)[X]_{补}) \\
&= (y_1-y_0)[X]_{补}+2^{-1}((y_2-y_1)[X]_{补}+2^{-1}((y_3-y_2)[X]_{补}+\cdots \\
&\quad +2^{-1}((y_n-Y_{n-1})[X]_{补}+2^{-1}(y_{n+1}-y_n)[X]_{补})\cdots)
\end{aligned}
$$

由此，得到补码乘法的递推公式如下：

$$
\begin{aligned}
&[P_0]_{补}=0 \\
&[P_1]_{补}=2^{-1}([P_0]_{补}+(y_{n+1}-y_n)[X]_{补})\quad (y_{n+1}=0) \\
&[P_2]_{补}=2^{-1}([P_1]_{补}+(y_n-y_{n-1})[X]_{补}) \\
&\cdots \\
&[P_i]_{补}=2^{-1}([P_{i-1}]_{补}+(y_{n-i+2}-y_{n-i+1})[X]_{补}) \qquad (2-21) \\
&\cdots \\
&[P_n]_{补}=2^{-1}([P_{n-1}]_{补}+(y_2-y_1)[X]_{补}) \\
&[P_{n+1}]_{补}=[P_n]_{补}+(y_1-y_0)[X]_{补}
\end{aligned}
$$

在补码乘法运算过程中，需要对乘数的相邻两位进行比较，然后确定与部分积求和运算的数据，这种乘法运算称为比较法，也称为 Booth 算法。实现这种补码乘法需要注意的是，在乘数补码的最末位后面需要再增加一个补充位 y_{n+1}，并且将 y_{n+1}初始为 0，然后根据 y_n和 y_{n+1}两位判断第一步该如何操作。由于每次做完求和运算后，部分积和乘数要串联右移一位，因此，y_{n-1} y_n正好移动到原来 y_n y_{n+1}的位置上。依次类推，每步都用y_n y_{n+1} 位置进行判断，所以 y_n y_{n+1}称为判断位。

补码一位乘法的运算规则如下：

(1) 初始化部分积$[P_0]_{补}=0$，$y_{n+1}=0$。

(2) 计算过程：

① 判断。根据 $y_n\ y_{n+1}$ 判断与部分积求和的另外一个操作数：

若 $y_n = y_{n+1}$，操作数为 0；

若 $y_n\ y_{n+1} = 01$，操作数为$[X]_{补}$；

若 $y_n\ y_{n+1} = 10$，操作数为$[-X]_{补}$。

② 求和。即计算$[P_0]'_{补} = [P_0]_{补} + [X]_{补}$（或$[-X]_{补}$或 0）。

③ 右移。将$[P_0]'_{补}$和乘数 Y 串联右移一位，得到新的部分积 P_1。

④ 回到①。

这样重复进行 n+1 步，直到最后一步不移位，所得乘积位是 2n+1 位，其中，n 为两个乘数的数值位的位数。

补码一位乘法运算的总时间 t_m 为

$$t_m = (n+1)t_a + nt_r \qquad (2-22)$$

其中，n 是乘数的位数（不含符号位）；t_a 是一次加法运算的时间；t_r 是一次右移的时间。

例 2-28 若 X=-0.1011，Y=0.1101，用 Booth 算法计算 X×Y。

解 $[X]_{补} = 1.0101$，$[-X]_{补} = 0.1011$，$[Y]_{补} = 0.1101$

计算过程如下：

	部分积	乘数	操作说明
	00.0000	0.11010	初始化部分积 P_0，$y_{n+1}=0$
+	00.1011		判断，$y_n y_{n+1}=10$，$+[-X]_{补}$
	00.1011		求和
	00.0101	1　0.1101	右移一位
+	11.0101		判断，$y_n y_{n+1}=01$，$+[X]_{补}$
	11.1010		求和
	11.1101	01　0.110	右移一位
+	00.1011		判断，$y_n y_{n+1}=10$，$+[-X]_{补}$
	00.1000		求和
	00.0100	001　0.11	右移一位
+	00.0000		判断，$y_n y_{n+1}=00$，+0
	00.0100		求和
	00.0010	0001　0.1	右移一位
+	11.0101		判断，$y_n y_{n+1}=01$，$+[X]_{补}$
	11.0111	0001	求和，最后一步不移位，得到最终结果

所以

$$[X\times Y]_{补} = 1.01110001$$

$$X\times Y = -0.10001111$$

5. 补码乘法的硬件配置

图 2-14 是实现补码一位乘法运算的基本硬件配置框图。与原码配置图不同的是，图

中的 A、X 和 Q 都是 n+2 位的寄存器，A 存放部分积，初始化为 0；X 存放被乘数的补码，Q 存放乘数的补码，加法器的输入数据是部分积和另一个操作数，这个操作数受 Q 寄存器最低两位的控制，求和与移位的次数受右移计数器的控制，计算结束后 A 和 Q 分别存放乘积的高位和低位部分。

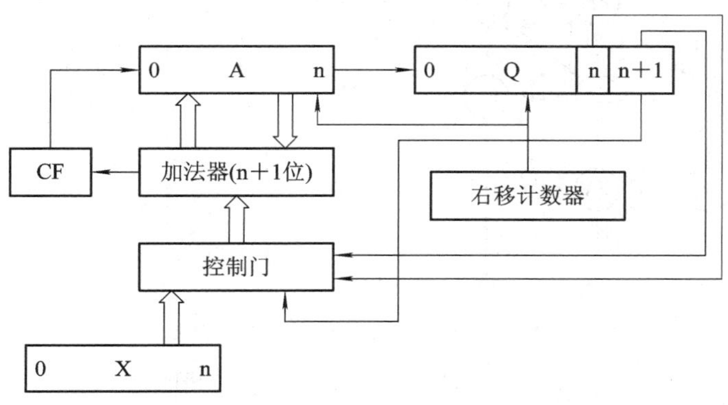

图 2-14　补码一位乘法运算基本硬件配置框图

2.3.4　阵列乘法器

为了提高乘法运算的速度，还可以采用运算速度更快的阵列乘法器执行乘法运算。

设有两个不带符号的二进制整数：

$$A = \sum_{i=0}^{m-1} a_i \times 2^i \quad B = \sum_{j=0}^{n=1} b_j \times 2^j$$

两数的乘积 P 为

$$P = A \times B = \sum_{i=0}^{m-1}\sum_{j=0}^{n-1} a_i b_j \times 2^{i+j} = \sum_{k=0}^{m+n-1} p_k \times 2^k \qquad (2-23)$$

假设，当 m=n=4 时，乘法运算的笔算过程是：

$$\begin{array}{cccccccc}
 & & & & a_3 & a_2 & a_1 & a_0 \\
 & & & \times & b_3 & b_2 & b_1 & b_0 \\
\hline
 & & & & a_3b_0 & a_2b_0 & a_1b_0 & a_0b_0 \\
 & & & a_3b_1 & a_2b_1 & a_1b_1 & a_0b_1 & \\
 & & a_3b_2 & a_2b_2 & a_1b_2 & a_0b_2 & & \\
+ & a_3b_3 & a_2b_3 & a_1b_3 & a_0b_3 & & & \\
\hline
P_7 & P_6 & P_5 & P_4 & P_3 & P_2 & P_1 & P_0
\end{array}$$

其中，a_ib_j是逻辑与运算，可用与门实现，错位相加可用多个全加器完成。图 2-15 是实现 4×4 位无符号阵列乘法器的运算原理图。该图与笔算乘法计算的逻辑与、求和过程是对应的。

在计算机中所有的数值数据都是用补码表示的，为了实现有符号补码的阵列乘法，可以在无符号阵列乘法器的基础上增加三个求补器，组成有符号阵列乘法器，其结构如图 2-16 所示。在图 2-16 中，有三个求补器，其中有两个是算前求补器，其功能将两个输入的补码操作数先变成其绝对值，另外一个为算后求补器，根据两个乘数的符号位，把阵列乘法器的运算结果转换成补码。

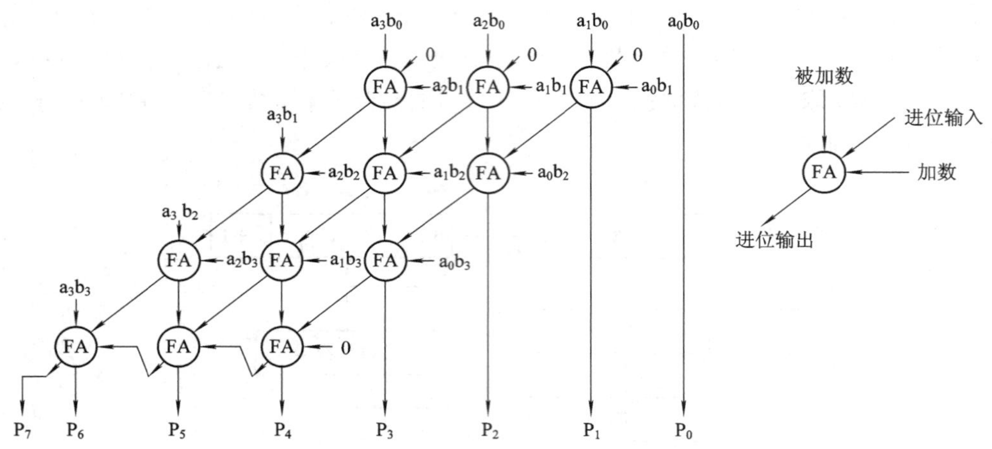

图 2-15　4×4 位无符号阵列乘法器的原理图

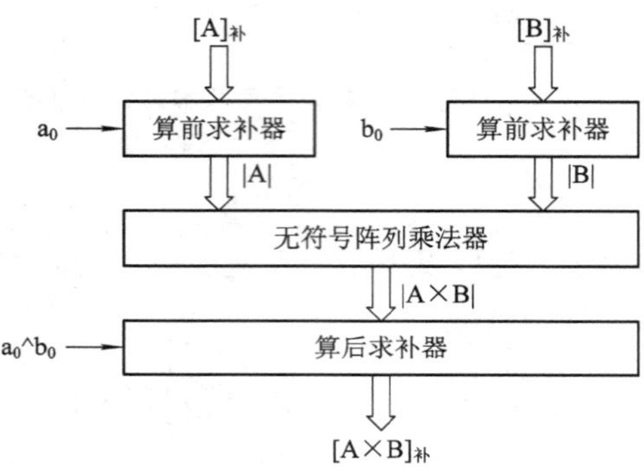

图 2-16　有符号阵列乘法器结构

求补器的功能是根据控制信号 S 控制输出数据与输入数据的关系。当 S=0 时，输出数据与输入数据相同；否则，输出数据是输入数据的按位取反再加 1(即相反数的补码)。

2.3.5　MIPS 中的乘法

MIPS 中有两条乘法指令，如表 2-12 所示。由于两个 32 位数的乘法结果是 64 位的，因此将运算结果的高 32 位和低 32 位数据分别保存在两个特殊的寄存器 Hi 和 Lo 中。

表 2-12　MIPS 乘法汇编指令

功能	汇编指令	含　义	说　明
有符号数乘法	mult　$s1, $s2	Hi,Lo= $s1× $s2	数据均为二进制补码
无符号数乘法	multu　$s1, $s2	Hi,Lo= $s1× $s2	数据均为无符号整数

2.4　定点数除法运算

2.4.1　定点数除法运算分析

与乘法类似，除法的讨论我们也先从笔算除法入手，然后分析用电路实现除法的过程。

这里我们还是以定点小数为例，首先讨论两个正数的除法，然后再分析有符号数的除法。

设被除数 X＝0.1011，除数 Y＝0.1101，其笔算除法的过程如图 2－17 所示。每一位商的取值都需要比较余数(第一次是 X)与 $2^{-i}Y(i=0\sim4)$ 的大小，若余数大，上商 1，并且执行减法运算得到新的余数(这个新的余数称为部分余数)；若余数小，上商 0，不需要执行减法运算。所以 X÷Y＝0.1101，余数为 0.00000111。

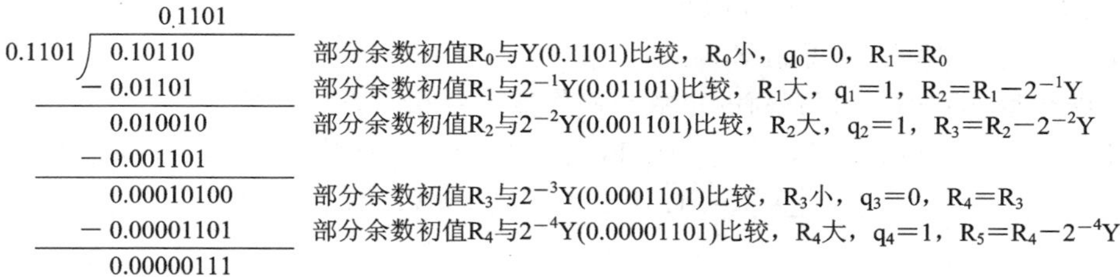

0.1101
0.1101 | 0.10110
－0.01101
0.010010
－0.001101
0.00010100
－0.00001101
0.00000111
部分余数初值R0与Y(0.1101)比较，R0小，q0=0，R1=R0
部分余数初值R1与2^-1Y(0.01101)比较，R1大，q1=1，R2=R1－2^-1Y
部分余数初值R2与2^-2Y(0.001101)比较，R2大，q2=1，R3=R2－2^-2Y
部分余数初值R3与2^-3Y(0.0001101)比较，R3小，q3=0，R4=R3
部分余数初值R4与2^-4Y(0.00001101)比较，R4大，q4=1，R5=R4－2^-4Y

图 2－17　笔算除法的过程分析

在运算过程中，比较部分余数与 $2^{-i}Y$ 的大小是由人工完成的，实际上在硬件实现时比较两个正数的大小需要采用减法运算，运算得到的差为余数，若余数为正，则说明够减，上商 1；若余数为负，说明不够减，上商 0。另外，每次部分余数都需要与 $2^{-i}Y$ 比较大小，如果每次都把除数进行右移操作，则所需加法器的位数是被除数位数的两倍，实际上这是没有必要的，可以采用让除数始终保持不变，而是用部分余数左移 1 位的替代方法，可以得到相同的运算效果。

下一节我们分析原码和补码除法的运算规则。

2.4.2　原码除法

原码除法需要将符号位和数值位分别进行处理，下面以定点小数除法为例进行说明。

设 $[X]_原=x_f.x_1x_2\cdots x_n$，$[Y]_原=y_f.y_1y_2\cdots y_n$，则有

$$[X\div Y]_原=x_f\oplus y_f+\frac{X^*}{Y^*}=(x_f\oplus y_f)+\frac{0.x_1x_2\cdots x_n}{0.y_1y_2\cdots y_n} \qquad (2-24)$$

式中，$0.x_1x_2\cdots x_n$ 是 X 的绝对值，记作 X^*；$0.y_1y_2\cdots y_n$ 是 Y 的绝对值，记作 Y^*。

从式(2－24)可以看出，原码除法运算的符号是两个符号位进行异或运算，数值位是由计算 X^*/Y^* 得到的。

定点小数除法必须满足下列约束条件：

(1) $Y\neq0$。

(2) $X^*<Y^*$。

当进行定点除法运算时，商的位数一般与操作数的位数相同。

求原码商的数值位就是运算 X^*/Y^* 的过程，按照计算过程的不同分为恢复余数法和加减交替法。

1. 恢复余数法

当计算 X^*/Y^* 时，在每一位上商的过程中，比较两个操作数的大小是通过减法运算实现的，得到的余数若大于 0，说明被减数大于减数，够减，商 1；若得到的余数小于 0，说明被除数小于除数，不够减，商 0，这时需要给负余数加上除数，使余数恢复成原来的正余

数，这就是该方法被称为“恢复余数法”的原因。

恢复余数法数值位的计算过程可以归纳以下几个步骤：

(1) 比较大小：做部分余数 $R_i' = R_i - Y^*$ 运算（与 $+(-[Y^*]_{补}$ 等效）。

(2) 判断上商：

① 若 $R_i' > 0$，则上商 1。

② 若 $R_i' < 0$，则上商 0，并且恢复余数。

(3) 移位：R_i' 左移一位得到 R_{i+1}。

(4) 继续返回到(1)，直到商的位数与操作数位数相同。

例 2-29 X=−0.1011，Y=0.1101，用恢复余数法计算 X÷Y 的商和余数。

解
$$[X]_{原}=1.1011, \quad [Y]_{原}=0.1101$$
因此

(1) 计算商的符号位为
$$x_f=1, \ y_f=0, \ x_f \oplus y_f=1$$
(2) 计算商的数值位为
$$X^*=0.1011, \ Y^*=0.1101, \ [-Y^*]_{补}=1.0011$$
除法运算过程如下：

部分余数 R	商 Q	操作说明
00.1011		初始部分余数 R_0 为被除数 X^*
+ 11.0011		比较大小：$+([-Y^*]_{补})$
11.1110		判断上商，$R_1<0$，$q_0=0$，需要恢复余数
+ 00.1101		恢复余数：$+Y^*$
00.1011		恢复后的余数 R_0
01.0110	0.	左移一位得到 R_1（部分余数 R 与商 Q 同时左移一位）
+ 11.0011		比较大小：$+([-Y^*]_{补})$
00.1001		判断上商，$R_2>0$，$q_1=1$
01.0010	0.1	左移一位得到 R_2
+ 11.0011		比较大小：$+([-Y^*]_{补})$
00.0101		判断上商，$R_3>0$，$q_2=1$
00.1010	0.11	左移一位得到 R_3
+ 11.0011		比较大小：$+([-Y^*]_{补})$
11.1101		判断上商，$R_4<0$，$q_3=0$，需要恢复余数
+ 00.1101		恢复余数：$+Y^*$
00.1010		恢复后的 R_3
01.0100	0.110	左移一位得到 R_4
+ 11.0011		比较大小：$+([-Y^*]_{补})$
00.0111		判断上商，$R_5>0$，$q_4=1$
	0.1101	只有商左移一位

所以
$$[X/Y]_{原}=1+Q=1+0.1101=1.1101$$

$$X/Y\text{ 的余数}=0.0111\times 2^{-4}$$

$$X/Y=-0.1101$$

$$\text{余数}=0.0111\times 2^{-4}$$

恢复余数算法需要注意以下几点：

(1) 部分余数采用双符号位，由于将笔算中的除数右移转换成了部分余数左移，而每次余数的符号位是判断是否需要恢复余数操作的关键，双符号位可以保证最高符号位始终是真正的符号位。

(2) 若最后得到的余数是负数，需要对余数进行恢复，在上面的计算中，最后的余数 R_5 是正的，因此不需要处理。由于 $R_5=0.0111$ 是部分余数左移 4 次得到的结果，因此正确的余数应当是 0.0111×2^{-4}。

定点小数除法的运算器在进行除法运算之前必须满足除法的两个约束条件，首先，保证 $Y\neq 0$；其次，若 $Q_0=1$，则说明 $X>Y$，表示除法结果溢出，不能进行除法运算，若 $Q_0=0$，则除法正常运行。

从上面的分析中我们可以看到，原码的恢复余数算法的思路比较简单，但是不同的数据所需的运算时间是不一样的，若商中的“0”位越多，则除法运算所需恢复余数的次数也就越多，运算花费的时间就越长。

2. 加减交替法

在恢复余数除法中，根据部分余数符号位的正负，分别执行下面的两种操作：

(1) 当 $R_i\geqslant 0$ 时，将 R_i 左移一位后(即 $2R_i$)，做减 Y^* 运算，即 $R_{i+1}=2R_i-Y^*$。

(2) 当 $R_i<0$ 时，先恢复余数($R_i=R_i+Y^*$)后，再将 R_i 左移一位($2R_i$)后，再做减 Y^* 运算，即 $R_{i+1}=2(R_i+Y^*)-Y^*=2R_i+Y^*$。

上面的分析实际上是对恢复余数法的改进，简言之，改进后的算法规则是：再当 $R_i<0$ 时，将部分余数左移一位，然后做加法运算；当 $Ri\geqslant 0$ 时，将部分余数左移一位，然后做减法运算，这种除法被称为加减交替算法。

加减交替除法的运算步骤是：

(1) 求和：$R_1=$ 被除数 $X+[-Y^*]_{补}$。

(2) 判断：对部分余数 R_i 的符号位进行判断：

① 若 $R_i\geqslant 0$，则商 1，下次做 $R_{i+1}=R_i+[-Y^*]_{补}$ 运算；

② 若 $R_i<0$，则商 0，下次做 $R_{i+1}=R_i+Y^*$ 运算。

(3) 左移：R_i 和商分别左移一位。

(4) 求和：根据(2)计算 R_{i+1}。

(5) 继续返回到(2)，直到商的位数与操作数位数相同。

例 2-30　$X=0.1011$，$Y=-0.1101$，用加减交替算法计算 $X\div Y$ 的商和余数。

解　$[X]_{原}=0.1011$，$[Y]_{原}=1.1101$

(1) 计算商的符号位为

$$x_f=0,\ y_f=1,\ x_f\oplus y_f=1$$

(2) 计算商的数值位为

$$X^*=0.1011,\ Y^*=0.1101,\ [-Y^*]_{补}=1.0011$$

加减交替除法的计算过程如下：

部分余数 R	商 Q	操作说明
00.1011		初始部分余数 R_0 为被除数 X^*，$R_0>0$
+ 11.0011		$+([-Y^*]_{补})$
11.1110		判断上商，$R_1<0$，$q_0=0$
11.1100	0.	左移一位
+ 00.1101		$+Y^*$
00.1001		判断上商，$R_2>0$，$q_1=1$
01.0010	0.1	左移一位
+ 11.0011		$+([-Y^*]_{补})$
00.0101		判断上商，$R_3>0$，$q_2=1$
00.1010	0.11	左移一位
+ 11.0011		$+([-Y^*]_{补})$
11.1101		判断上商，$R_4<0$，$q_3=0$
11.1010	0.110	左移一位
+ 00.1101		$+Y^*$
00.0111		判断上商，$R_5>0$，$q_4=1$
	0.1101	只有商左移一位

因此

$$[X/Y]_{原}=1+Q=1+0.1101=1.1101,\ X/Y=-0.1101$$

$$X/Y\text{ 的余数}=0.0111\times 2^{-4}$$

3. 原码加减交替算法的硬件配置

图 2-18 是实现原码加减交替除法运算的基本硬件配置图。图中，X、Y、Q 均为n+1位寄存器，其中，X、Y 分别存放部分余数(第一次是被除数)和除数的绝对值，Q 存放商。控制门根据部分余数的符号位将 Y 或 Y 按位取反的数据送入加法器，使加法器完成加 Y 或减 Y 的运算，左移计数器控制部分余数和商左移的次数。原码商的符号位 Q_f 是由被除数原码的符号位 X_f 和除数原码的符号位 Y_f 异或运算得到的。

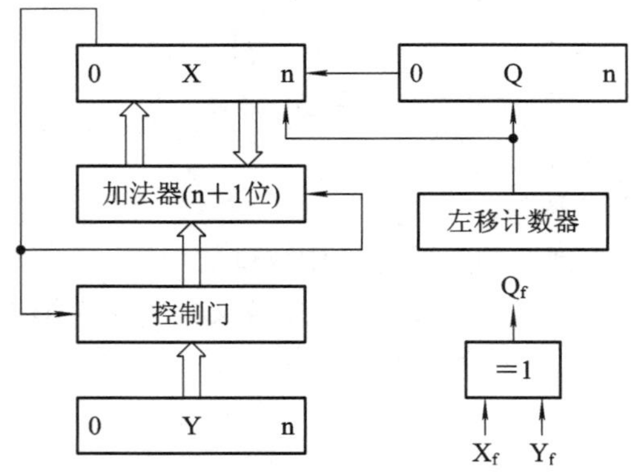

图 2-18 原码加减交替除法运算的基本硬件配置图

2.4.3　补码除法

前面讲过，补码运算最大的优势是符号位和数值位不用分别进行处理。补码除法也是符号位与数值位一样参与运算，商的符号位和数值位由统一的算法求得。

同样，这里我们还是以定点小数为例，说明除法的运算过程。定点小数的补码除法也必须满足下列约束条件：

(1) Y≠0。

(2) |X|＜|Y|。

X 的补码与原码的关系可以描述如下：

(1) 当 X≥0 时，$[X]_{补}=[X]_{原}$。

(2) 当 X＜0 时，$[X]_{补}=[X]_{反}$+“1”(“1”是最小数值位的取值，即“单位 1”)。

从(2)可以看出，当 X＜0 时，$[X]_{补}\approx[X]_{反}$，也就是对$[X]_{原}$的数值位要按位求反。

为了方便说明补码除法算法规则，我们先按照原码上商的思路来分析补码上商的规则。

1. 比较两个补码绝对值大小的方法

原码除法运算过程中，每次上商 q 的取值，实际上是由两个无符号数绝对值比较大小的结果来决定的。当两个有符号数用补码时，如何比较绝对值的大小呢？表 2-13 给出了两个 4 位补码 X 和 Y 的比较过程及结论。

表 2-13　两个补码绝对值大小的比较过程

X 与 Y	X	Y	$[X]_{补}$	$[Y]_{补}$	$[R]_{补}$运算	$[R]_{补}$	$[R]_{补}$与$[Y]_{补}$的符号	|X|＞|Y|?
同号	3	6	0011	0110	$[R]_{补}=[X]_{补}+[-Y]_{补}$	1101	相异	否
	−3	−6	1101	1010		0011	相异	否
	6	3	0110	0011		0011	相同	是
	−6	−3	1010	1101		1101	相同	是
异号	3	−6	0011	1010	$[R]_{补}=[X]_{补}+[Y]_{补}$	1101	相同	否
	−3	6	1101	0110		0011	相同	否
	6	−3	0110	1101		0011	相异	是
	−6	3	1010	0011		1101	相异	是

从表 2-13 可以看出，比较 $[X]_{补}$和$[Y]_{补}$绝对值大小的算法可以归纳如下：

(1) 当$[X]_{补}$和$[Y]_{补}$同号时，做减法运算，即$[R]_{补}=[X]_{补}+[-Y]_{补}$，若$[R]_{补}$与$[Y]_{补}$同号，则表示|X|＞|Y|；若$[R]_{补}$与$[Y]_{补}$异号则表示|X|＜|Y|。

(2) 当$[X]_{补}$和$[Y]_{补}$异号时，做加法运算，即$[R]_{补}=[X]_{补}+[Y]_{补}$，若$[R]_{补}$与$[Y]_{补}$异号，则表示|X|＞|Y|；若$[R]_{补}$与$[Y]_{补}$同号则表示|X|＜|Y|。

2. 补码除法与原码除法上商的比较

利用表 2-13，在比较部分余数和除数绝对值的大小后，商的数值位可以采用原码上商取值，表 2-14 是根据原码上商的原理，推导出补码上商原则的过程。

表 2-14 原码上商与补码上商的关系

$[R]_补$ 与 $[Y]_补$	$[R_{i+1}]_补$ 运算操作	$[R_{i+1}]_补$ 与 $[Y]_补$ 的符号位	够减否	原码数值位上商	补码数值位上商
同号	$[R_{i+1}]_补 = [R_i]_补 - [Y]_补$	相异	否	0	0
		相同	是	1	1
异号	$[R_{i+1}]_补 = [R_i]_补 + [Y]_补$	相同	否	0	1
		相异	是	1	0

比较表 2-14，可以发现，只要比较 $[R]_补$ 与 $[Y]_补$ 的符号位就可以确定补码的数值位上商的值，即若 $[R_{i+1}]_补$ 与 $[Y]_补$ 符号位相同，则补码上商"1"，否则补码上商"0"。因此，这个规则实际上是通过 $[R_{i+1}]_补$ 与 $[Y]_补$ 的符号位，决定此次做加法运算还是减法运算，并且决定上商的取值，因此这种除法又称为补码加减交替算法。

3. 补码商符的确定

在补码除法运算时，商的符号位是在计算过程中自动形成的。前面提到过，定点小数除法需要满足被除数 X 的绝对值必须小于除数 Y 的绝对值，即 $|X| < |Y|$，因此在 X 和 Y 的符号位取值情况不同时，由表 2-13 和表 2-14 很容易得到表 2-15。由表 2-15 可以看到，补码除法第一次上的商值实际就是商的符号位。

表 2-15 除法符号位的确定

$[X]_补$ 与 $[Y]_补$	$[R_1]_补$ 运算操作	$[R_1]_补$ 与 $[Y]_补$ 的符号位	够减否	补码商的符号位
同号	$[R_1]_补 = [X]_补 - [Y]_补$	相异	一定否	0
异号	$[R_1]_补 = [X]_补 + [Y]_补$	相同	一定否	1

若在补码除法运算时得到商的符号位与表 2-15 不一致，则说明定点小数除法溢出。有一种特殊情况需要单独处理，即商为"-1"的情况。

4. 商的校正

表 2-14 所讨论的补码商的获得是由原码商的分析得到的，这里主要讨论表 2-14 中的最后一列"补码数值位上商"。在表 2-14 中，若 $[X]_补$ 与 $[Y]_补$ 符号相同时，得到的商应该是正商，此时 $[X]_补 = [X]_原$，因此，按照这一列算法得到补码商是正确的；但是，若 $[X]_补$ 与 $[Y]_补$ 符号相异时，得到的商应该是负商，此时若按照表 2-14 中的最后一列"补码数值位上商"得到的实际上是商的反码值，在对精度要求不高的情况下，可以认为 $[X]_补 \approx [X]_反$，而实际上补码与反码之间的关系是：$[X]_补 = [X]_反 +$"单位 1"，也就是说，当得到的商是负数时，应对商做加"单位 1"的校正处理。

另外需要说明的是，若最后得到的部分余数与被除数异号，说明这一步出现了部分余数不够减的情况，则需要进行余数校正，余数校正的过程是：

(1) 若为正商，并且最后余数与除数异号，最后余数应做加除数校正。

(2) 若为负商，并且最后余数与除数同号，最后余数应做减除数校正。

5. 补码加减交替除法的运算规则

在满足定点小数除法约束条件的情况下，补码加减交替除法的运算步骤是：

(1) 判断。判断$[X]_{补}$与$[Y]_{补}$的符号位是否相同，决定步骤(2)的运算操作：

① 若符号位相同，步骤(2)做$[R_1]_{补}=[X]_{补}+[-Y]_{补}$运算。

② 若符号位不同，步骤(2)做$[R_1]_{补}=[X]_{补}+[Y]_{补}$运算。

(2) 求和。按照(1)的比较结果做加或减运算得到$[R_1]_{补}$。

(3) 判断。对部分余数$[R_i]_{补}$与$[Y]_{补}$的符号位进行比较：

① 若$[R_i]_{补}$与$[Y]_{补}$符号位相同，则上商"1"，步骤(5)做$+[-Y]_{补}$运算。

② 若$[R_i]_{补}$与$[Y]_{补}$符号位不同，则上商"0"，步骤(5)做$+[Y]_{补}$运算。

(4) 左移。部分余数和商分别左移一位。

(5) 求和。按照(3)的比较结果做加或减运算。

(6) 继续返回到(3)，直到补码商的位数与操作数位数相同。

其中，(1)和(2)是计算补码商符，(3)～(6)是计算商的数值位。

例 2-31　X=0.1011，Y=-0.1101，用补码加减交替算法计算 X÷Y 的商和余数。

解　$[X]_{补}=0.1011$，$[Y]_{补}=1.0011$，$[-Y]_{补}=0.1101$

其运算过程如下所示：

部分余数$[X/R_i]_{补}$	商$[Q]_{补}$	操作说明
00.1011		初始部分余数$[R_0]_{补}=[X]_{补}$，与$[Y]_{补}$异号
+ 11.0011		$+[Y]_{补}$
11.1110		$[R_1]_{补}$与$[Y]_{补}$同号，$q_0=1$
11.1100	1.	左移一位
+ 00.1101		$+[-Y]_{补}$
00.1001		$[R_2]_{补}$与$[Y]_{补}$异号，$q_1=0$
01.0010	1.0	左移一位
+ 11.0011		$+[Y]_{补}$
00.0101		$[R_3]_{补}$与$[Y]_{补}$异号，$q_2=0$
00.1010	1.00	左移一位
+ 11.0011		$+[Y]_{补}$
11.1101		$[R_2]_{补}$与$[Y]_{补}$同号，$q_3=1$
11.1010	1.001	左移一位
+ 00.1101		$+[-Y]_{补}$
00.0111		$[R_2]_{补}$与$[Y]_{补}$异号，$q_4=0$(余数不必纠正)
	1.0010	只有商左移一位

因此有

$$[Q]_{补}=1.0010,\ [R]_{补}=0.0111\times 2^{-4}$$

由于是负商，因此需要纠正，即

$$[X/Y]_{补}=[Q]_{补}+“1”=1.0010+0.0001=1.0011$$

$$X/Y=-0.1101，X/Y 的余数=0.0111\times 2^{-4}$$

6. 补码除法的硬件配置

图 2-19 是实现补码加减交替除法的基本硬件配置图。图中，X、Y、Q 均为 n+1 位寄存器，初始化时 X、Y 分别存放被除数和除数的补码，Q 初始化为 0 或被除数的低位数值；除法运算结束时 Q 存放商补码，X 存放余数的补码。控制门的控制信号是由部分余数和除数的符号位异或运算产生的，控制加法器执行部分余数加$[Y]_{补}$或加$[-Y]_{补}$的运算，左移计数器控制部分余数和商左移的次数。商的符号位是在运算过程中自动形成的。

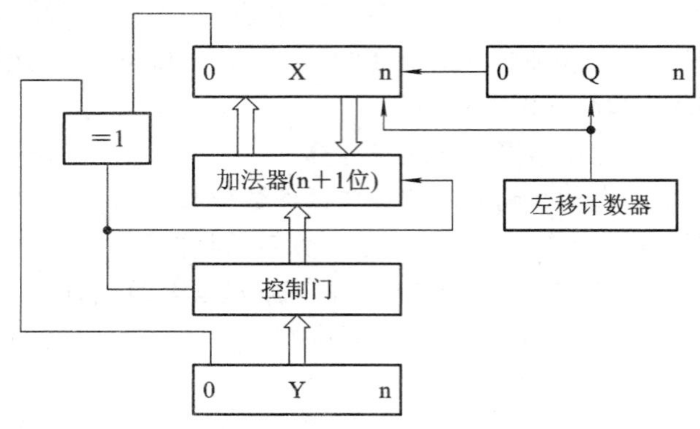

图 2-19 补码加减交替除法的基本硬件配置图

2.4.4 阵列除法器

阵列除法器可以提高除法运算的速度，而且其结构规整。这里介绍的是一个无符号的阵列除法器。构成阵列除法器的基本单元是一个加减法可控单元 CAS，该单元可以在控制信号 P 的控制下实现一位加法器或一位减法器功能。在 CAS 模块中，输入有三个，分别是 a、b 和 ci，其中，a 是被减数或被加数，b 是减数或另一个加数，ci 是来自低位的进位或借位；输出有两个分别是 co 和 s，co 是进位或借位信号，而 s 是本位的结果和或差。CAS 模块的 Verilog 代码如下：

```
module CAS(input a,b,ci,p,output co,s);
begin
{co,s}=a+(b^p)+ci;
end
endmodule
```

由 CAS 构成的无符号阵列除法器的结构如图 2-20 所示。

为了便于作图，图 2-20 中的 CAS 单元的各信号的标识如图 2-21 所示。各信号的功能与 CAS(input a,b,ci,p,output co,s)相同。

需要说明的是，数据在输入阵列除法器之前要将被除数 X($X=0.X_1X_2X_3X_4X_5X_6$)和除数 Y($Y=0.Y_1Y_2Y_3$)转换为无符号数再进行运算。为了便于运算过程的控制，在阵列除法器中实际上还是采用了有符号位，CAS 控制信号 P 的产生原理与原码运算过程中的相同，即当部分余数>0 时，应当上商 1；当部分余数<0 时，应当上商 0。而在无符号数除法运算过程中，可以看成始终是两个符号相反的数在做加法运算，所以当最高位 CAS 有进位时，说明部分余数的符号位是 0，即部分余数>0；当最高位 CAS 无进位时，说明部分余数的符号位是 1，即部分余数<0。因此可以根据最高位 CAS 进行运算。当最高位 CAS 的进位信号为 1 时，商 1，下一次做减法运算；当最高位 CAS 的进位信号为 0 时，商 0，下一次做加法运算，因此，可以用最高位 CAS 的进位信号作为每一次的商和下一次的运算控制信号 P。最后得到的商 $Q=0.Q_1Q_2Q_3$，余数 $R=0.00R_3R_4R_5R_6$。

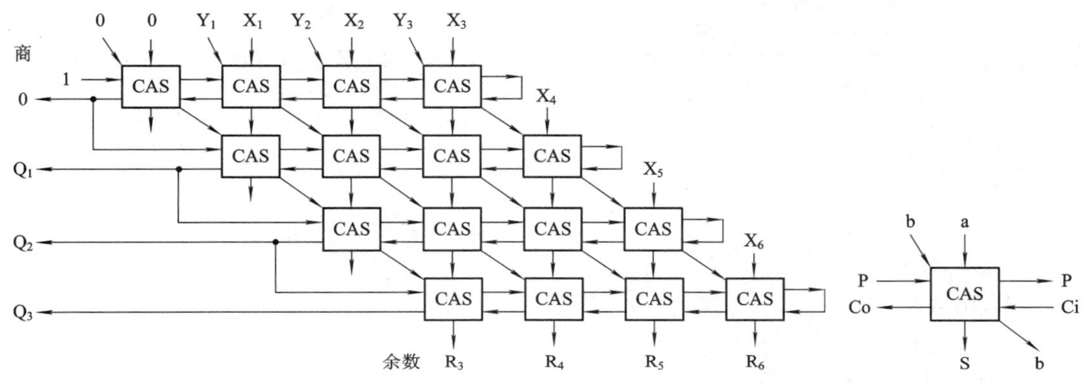

图 2-20　阵列除法器的结构

图 2-21　CAS 端口信号示意图

2.4.5　MIPS 中的除法

MIPS 指令集中有两条除法指令，如表 2-16 所示。除法运算的 32 位商保存在寄存器 Hi 中，32 位的余数保存在寄存器 Lo 中。

表 2-16　MIPS 除法汇编指令

功能	汇编指令	含　　义	说　　明
有符号数除法	div \$s1, \$s2	Lo=商(\$s1/\$s2) Hi=余数(\$s1/\$s2)	数据均为二进制补码
无符号数除法	divu \$s1, \$s2	Lo=商(\$s1/\$s2) Hi=余数(\$s1/\$s2)	数据均为无符号整数

2.5　浮点数的运算

相比定点数而言，在字长相同的情况下，浮点数具有表示范围宽，有效精度高的特点。浮点数更适合工程和科学计算，但是，浮点数的表示格式比定点数复杂，要对阶码和尾数分别进行处理，因此硬件成本高，运算时间长。计算机实现浮点运算常见的方法有：

(1) 浮点运算通过软件子程序实现。

(2) 由协处理器实现浮点运算。

(3) CPU 内部中包含浮点运算部件，指令系统包括浮点运算指令。

浮点数的运算实际上是由表示阶码的定点整数运算和表示尾数的定点小数运算两部分相互关联实现的。浮点数分为规格化浮点数和非规格化浮点数，本节仅讨论规格化浮点数的四则运算方法。

浮点数的一般表示方法是：$N=2^E\times(\pm M)$。其中，E 是阶码，M 是尾数。

2.5.1 浮点加减运算

假设两个浮点数 $x=2^{E_x}M_x$，$y=2^{E_y}M_y$，若 $s=x\pm y=2^{E_s}M_s$，则 s 的计算过程需要以下六个步骤：

(1) 判零。

(2) 对阶。

(3) 尾数加减。

(4) 尾数规格化。

(5) 尾数舍入。

(6) 溢出判断。

下面对每个步骤进一步说明：

(1) 判零：判断操作数中是否存在“0”。在 x 和 y 中有一个为 0 时，若加数 y(或是减数 y)为零，则结果就是被加数 x(或是被减数 x)，即 $s=x$；若被加数 x(或被减数 y)为零，则对于加法，运算结果就是加数 y，即 $s=y$；而对于减法，运算结果就是减数 y 的相反数，即 $s=-y$。因此，当操作数之一为零时，可以简化操作，免去后面不必要的操作。当 x 和 y 都是 0 时，运算结果为零。

(2) 对阶。在两个浮点数都不为 0 的情况下，在加减运算前，必须使 x 和 y 的小数点对齐后才能进行运算。在浮点数中，尾数是一个定点小数，阶码是一个定点整数，尾数的小数点位置会随着阶码的不同左右移动。当浮点数进行加减运算时，只有两个阶码相同的浮点数，其尾数的权值才相同，即两个尾数的小数点位置才能对齐，这样的尾数才能直接加减。因此，当两浮点数进行加减运算时，必须将它们的阶码调整为一样大，这个调整阶码的过程称为对阶，这是浮点数加减运算中关键的一步。

两个浮点数对阶的原则是：小的阶码向大的阶码对齐。即阶码大的浮点数阶码和尾数保持不变；阶码小的浮点数阶码要增加到和另一个操作数的阶码一致，同时该浮点数的尾数做右移运算。小阶向大阶对齐的原因是：小阶码增大数值时，尾数部分有右移舍去的是低位部分。如果让大阶码向小阶码转换，则大阶浮点数对应的尾数部分应当左移，将会失去尾数的高位部分，这显然是不合理的。

确定两个浮点数阶码的大小，可以通过多种方法实现：一种是通过硬件比较器；另一种是通过减法进行比较。

在计算中常采用减法运算，即计算 $\Delta E=E_x-E_y$，若 $\Delta E=0$，则 $E_x=E_y$；若 $\Delta E<0$，则 $E_x<E_y$；否则 $E_x>E_y$。

在比较了阶码的大小后，阶码的调整与尾数的移位可按如下方式进行：

① 若 $E_x>E_y$，则将操作数 y 的尾数右移 ΔE 位，y 的阶码加 ΔE，使得 $E_y=E_x$。

② 若 $E_x<E_y$，则将操作数 x 的尾数右移 $|\Delta E|$ 位，x 的阶码加 $|\Delta E|$，使得 $E_x=E_y$。

对阶操作完成后，取 E_x 和 E_y 中的大阶码作为浮点加减运算结果的暂时阶码，后续过程还会对这个阶码进行调整。

例 2-32　设 $X=2^{101}\times 0.11010$，$Y=2^{011}\times(-0.11010)$，阶码(5 位)和尾数(6 位)都是补码形式，试完成 X 和 Y 对阶。

解

$$[X]_{浮}=00101\ 0.11010,\quad [Y]_{浮}=00011\ 1.00110$$

$$[E_x]_{补}=00101\quad [M_x]_{补}=0.11010$$

$$[E_y]_{补}=00011\quad [M_y]_{补}=1.00110$$

$$[\Delta E]_{补}=[E_x-E_y]_{补}=[E_x]_{补}+[-E_y]_{补}$$

$$=00,0101+11,1101=00,0010\quad (\text{双符号位运算})$$

$$[\Delta E]_{补}>0$$

对阶：$E_x>E_y$，E_y 向 E_x 对齐，即 $E_y=E_x$。

$[M_y]_{补}$ 右移 ΔE 位，即 $[M_y]_{补}=1.11001(10)$。

(3) 尾数加减。对阶后的两个浮点数已经完成了尾数小数点对齐的工作，这时就可以执行尾数的加减操作。尾数加减遵循定点小数的运算规则。

(4) 尾数规格化。设经过尾数加减运算得到的中间结果是：$s=2^{E_s}M_s$。尾数规格化的目的是判断 M_s 是否是规格化尾数，若非规格化尾数则需要对其进行规格化。当浮点数的基数为 2 时，尾数 M 的规格化形式为

$$\frac{1}{2}\leqslant|M_s|<1$$

这里以双符号位尾数补码为例进行讨论：

① 当 $M_s>0$ 时，M_s 的取值范围为 $\frac{1}{2}\leqslant M_s<1$，其补码规格化的形式为 $[M_s]_{补}=00.1xxxxx$。

② 当 $M_s<0$ 时，M 的取值范围为 $-1\leqslant M_s<-\frac{1}{2}$，其补码规格化的形式为 $[M_s]_{补}=11.0xxxxx$。

因此，对于补码尾数而言，规格化的特征是：数值最高位和符号位一定是相异的，这非常有利于硬件的实现。

这里需要讨论当 $M<0$ 时，$M_s=-0.5$ 和 $M_s=-1$ 两种情况：

① 当 $M_s=-0.5$ 时，其补码规格化的形式为 $[-0.5]_{补}=11.100\cdots0$，不满足补码尾数规格化的特征，因此 -0.5 不是规格化尾数。

② 当 $M_s=-1.0$ 时，其补码规格化的形式为 $[-1.0]_{补}=11.000\cdots0$，满足补码尾数规格化的特征，因此 -1.0 是规格化的尾数。

浮点数经过尾数加减后，其双符号的补码运算结果与对应的规格化操作如表 2-17 所示。表 2-17 中的左规表示尾数 M_s 向左移动，右规表示尾数 M_s 向右移动，直到尾数部分满足补码的规格化形式为止。当尾数左规 n 位时，阶码 E_s 应做减 n 的操作，当尾数右规 n 位时，阶码 E_s 应做加 n 的操作。

表 2－17 补码尾数规格化操作

M_s取值情况	M_s溢出判断	尾数 M_s 规格化操作过程	阶码 E_s对应操作
00.0xxxx	无溢出	左规 n 位	－n
00.1xxxx	无溢出	已规格化	无操作
01.0 xxxx	溢出	右规 1 位	＋1
01.1 xxxx	溢出	右规 1 位	＋1
10.0 xxxx	溢出	右规 1 位	＋1
10.1 xxxx	溢出	右规 1 位	＋1
11.0 xxxx	无溢出	已规格化	无操作
11.1 xxxx	无溢出	左规 n 位	－n

例如，若浮点运算 s 的结果为：尾数为 00.0010，阶码为 4，则属于第一行的情况，要进行左规操作，于是尾数左移两位 00.1000，阶码减 2，s 的最终结果为：尾数为 00.1000，阶码为 2。浮点数 s 的实际值并没有改变，只是表示形式变化了。

(5) 舍入。在对阶和规格化的过程中，浮点数的尾数会发生右移操作，这就会将尾数的低位数据移出，为了减少运算误差，提高运算精度，需要进行尾数的舍入处理。常用的舍入方法有“0 舍 1 入”法和“恒置 1”法两种。

① “0 舍 1 入”法的舍入规则是：当舍去部分的最高位为 1 时，对保留数做最低位加 1 校正；否则保留数不变。“0 舍 1 入”法减少了单次舍入误差，但加 1 运算会增加运算时间，而且有可能造成尾数的再次右规操作。

② “恒置 1”法的舍入规则是：只要低位数字非零，就将保留数的最低位“置 1”。“恒置 1”法的优点是舍入速度快，不存在尾数再次右规的情况，但是单次舍入产生的误差较大。

例 2－33 对$[X]_{原}=1.1010011$，$[Y]_{补}=1.1010100$ 分别用“0 舍 1 入”和“恒置 1”法进行舍入处理，要求保留 5 位数(包含 1 位符号位)。

解 “0 舍 1 入”法：

$$[X]_{原}=1.1010011，X=-0.1010\quad 011$$

舍去的部分是 011，因此，$X=-0.1010$，$[X]_{原}=1.1010$。

$$[Y]_{补}=1.1010100，Y=-0.0101\quad 100$$

舍去的部分是 100，因此，$Y=-(0.0101+0.0001)=-0.0110$，$[Y]_{补}=1.1010$。

“恒置 1”法：

$$[X]_{原}=1.1010011，X=-0.1010\quad 011$$

舍去的部分非零，因此，$X=-0.1011$，$[X]_{原}=1.1011$。

$[Y]_{补}=1.1010100$，$Y=-0.0101\ 100$，舍去的部分非零，因此，$Y=-0.0101$，$[Y]_{补}=1.1011$。

(6) 溢出判断。由于浮点数的字长是有限的，因此和定点数一样，浮点数也需要进行溢出判断。经过以上步骤得到的浮点运算结果，需要根据阶码的取值情况进行溢出判断，对几个特殊数据的分析已经在 2.1.3 节中详细说明，这里只对溢出的情况进行说明，对阶码的判别分为以下三种情况：

① 阶码下溢：做机器 0 处理，无溢出。

② 阶码未溢出：无溢出。

③ 阶码上溢：做浮点数溢出处理，将溢出标志"置 1"。

例 2-34　已知 $X=2^{10}\times 0.11010$，$Y=2^{11}\times(-0.11110)$，若阶码和尾数都采用补码表示，阶码 4 位(含符号位)，尾数 6 位(含符号位)，求 $X\pm Y=?$

解　$[X]_{浮}=0010\ 0.11010$，$[Y]_{浮}=0011\ 1.00010$

因此：

$$[E_x]_{补}=0010,\quad [M_x]_{补}=0.11010$$

$$[E_y]_{补}=0011,\quad [M_y]_{补}=1.00010$$

① 判零：X 和 Y 都为非零，因此需要后续处理。

② 对阶：

$$[\Delta E]_{补}=[E_x-E_y]_{补}=[E_x]_{补}+[-E_y]_{补}=00010+11101=11111$$

$$[\Delta_E]_{补}<0,\ E_x<E_y$$

$$[E_{x+y}]_{补}=[E_{x-y}]_{补}=[E_y]_{补}=0011$$

$$[M_x]_{补}=0.01101(0)$$

③ 尾数运算：

$$[M_{x+y}]_{补}=00.01101+11.00010=11.01111$$

$$[M_{x-y}]_{补}=00.01101+00.11110=01.01011$$

④ 规格化：

$[M_{x+y}]_{补}$已经是一个规格化数，因此：

$$[X+Y]_{浮}=0011\ 1.01111$$

$[M_{x-y}]_{补}$需要右规一位：

$$[M_{x-y}]_{补}=0.10101\ (1),\quad [E_{x-y}]_{补}=00011+0001=00100$$

因此：

$$[X-Y]_{浮}=0100\ 0.10101$$

⑤ 舍入：当加法运算对阶和规格化时，末位丢 0，故不需要舍入操作；

当减法运算规格化时，尾数最末位丢 1，若采用"0 舍 1 入"法，则有

$$[M_{x-y}]_{补}=0.10101+0.00001=0.10110$$

$$[X-Y]_{浮}=0100\ 0.10110$$

⑥ 溢出判断。阶码均无溢出，因此：

$$[X+Y]_{浮}=0011\quad 1.01111\qquad X+Y=2^{11}\times(-0.10001)$$

$$[X-Y]_{浮}=0100\quad 0.10110\qquad X-Y=2^{100}\times(0.10110)$$

2.5.2　浮点乘除运算

1. 浮点乘法运算

假设两个浮点数为 $x=2^{E_x}M_x$，$y=2^{E_y}M_y$，浮点乘法运算的规则是 $x\times y=2^{(E_x+E_y)}\cdot(M_x\times M_y)$，即乘积的尾数是两数的尾数之积，乘积的阶码是相乘两数的阶码之和。浮点乘法运算过程中也存在规格化与舍入和溢出判别等步骤。浮点数乘法运算分为以下六个步骤：

(1) 0 操作数检查。对乘法运算而言，若有一数为 0，则乘积为 0，无需后续运算。

(2) 阶码加法运算。阶码加法运算遵循定点整数的运算规则。在计算机中，阶码通常用补码或移码形式表示，补码运算在 2.2 节已经详细讨论过了，这里主要讨论移码加减运

算规则。

机器字长为 n 的移码定义为

$$[x]_{移}=2^{n-1}+x,\ -2^{n-1}\leqslant x<2^{n-1}-1$$

则有

$$[x]_{移}+[y]_{移}=2^{n-1}+x+2^{n-1}+y=2^{n-1}+(2^{n-1}+(x+y))$$
$$=2^{n-1}+[x+y]_{移} \qquad (2-25)$$

可见如果直接用移码计算阶码之和时，结果的最高位多加了一个 1，要想得到正确的移码结果，还必须对结果的符号位执行一次求反操作。

若对式(2-25)进行如下变换：

$$[x+y]_{移}=[x]_{移}+[y]_{移}-2^{n-1}=[x]_{移}+[y]_{移}+2^{n-1}$$
$$=[x]_{移}+2^{n-1}+y+2^{n-1}=[x]_{移}+2^{n}+y=[x]_{移}+[y]_{补}$$

这样就可以得到：

$$[x+y]_{移}=[x]_{移}+[y]_{补} \qquad (2-26)$$

同理有

$$[x-y]_{移}=[x]_{移}+[-y]_{补} \qquad (2-27)$$

以上两式表明在执行移码加减时，对加数或减数 y 来说，应将其移码的符号位取反后再进行运算就可以得到移码运算结果。

式(2-26)和式(2-27)是在运算结果不溢出的情况下才成立的，与其他机器码运算相同，移码加减运算也需要考虑溢出。移码溢出的判别可以采用双符号位，最高符号位恒用“0”表示，移码加减运算后结果溢出判别分下面两种情况：

① 当移码的双符号位为 1x 时，表示溢出。若双符号位为 10，表示结果上溢；若双符号位为 11，表面结果下溢。

② 当移码的双符号位为 0x 时，表明结果没有溢出。若双符号位为 01，表示结果为正；若双符号位为 00，表示结果为负。

例 2-35　$x=+011$，$y=-110$，求$[x+y]_{移}$和$[x-y]_{移}$，并判断是否溢出。

解　　$[x]_{移}=01\ 011$，$[y]_{补}=11\ 010$，$[-y]_{补}=00\ 110$

因此：

$$[x+y]_{移}=[x]_{移}+[y]_{补}=01\ 011+11\ 010=00\ 101$$

结果正确，$x+y=-011$。

$$[x-y]_{移}=[x]_{移}+[-y]_{补}=01\ 011+00\ 110=10\ 001$$

结果上溢。

(3) 尾数乘法运算。尾数乘法运算遵循定点小数乘法的运算规则。

(4) 尾数规格化。对于乘法运算，由于两个操作数都是规格化数，因而尾数乘积的绝对值会大于等于 1/4，所以乘法结果最多左规一位。若尾数采用补码表示，-1.0 是规格化尾数，只有在两个尾数都是-1.0 的情况下，$(-1.0)\times(-1.0)=1$，需要右规一位；若尾数用原码表示，乘法结果不会出现右规的情况。

(5) 舍入。对于两个 n 位的尾数相乘，乘积为 2n 位。通常取乘积的高 n 位，对于舍去的低 n 位，可以按照“0 舍 1 入”法或“恒置 1”法进行舍入处理。

当尾数用原码表示时，舍入规则比较简单。前面已经做过说明，这里再讨论一下补码采用“0 舍 1 入”法时的输入规则。当尾数用补码表示时，所用的舍入规则，应该与用原码表示时产生相同的处理效果。具体规则是：

① 当丢失的各位均为 0 时，不必舍入。

② 当丢失的最高位为 0 且其余各位不全为 0 时，或者丢失的最高位为 1 且以下各位均为 0 时，则舍去丢失位上的值。

③ 当丢失的最高位为 1 且以下各位不全为 0 时，则对尾数最低位作加“1”的修正操作。

例 2-36　设$[x_1]_{补}=11.01010000$，$[x_2]_{补}=11.01010011$，$[x_3]_{补}=11.01011000$，$[x_4]_{补}=11.01011001$，采用“0 舍 1 入”法且只保留小数点后 4 位有效数字，计算各数舍入操作后的值。

解　执行舍入操作后，其结果值分别为

$$[x_1]_{补}=11.0101（不舍不入）$$
$$[x_2]_{补}=11.0101（舍）$$
$$[x_3]_{补}=11.0101（舍）$$
$$[x_4]_{补}=11.0110（入）$$

（6）溢出判别。阶码溢出判别的方法与定点加减法溢出判别的方法相同。

2. 浮点除法运算

浮点除法运算的规则是 $x\div y=2^{(E_x-E_y)}\times(M_x\div M_y)$，商的尾数是相除两数的尾数之商，商的阶码是相除两数的阶码之差，浮点除法运算过程中也存在规格化、舍入和溢出判别等步骤。浮点数的除法运算分为以下五个步骤：

（1）0 操作数检查。对除法运算，若除数为 0，则做出错处理；若除数非 0，被除数为 0，则商为 0，无需后续运算。

（2）阶码减法运算。阶码减法运算遵循定点整数的运算规则。

（3）尾数除法运算。尾数除法运算遵循定点小数的运算规则。需要注意的是，由于阶码是可以调节的，因此尾数的定点除法不必要求$|M_x|<|M_y|$。

（4）尾数规格化。由于被除数的尾数可能大于除数的尾数，因此当$|M_x|>|M_y|$时，整数部分可能出现 1，需要对尾数进行右规。若尾数用原码表示，不会出现需要左规的情况，但是若尾数采用补码表示，$M_x=(0.10)_2$，$M_y=(-1.0)_2$，则 $M_x\div M_y=(-0.10)_2$，$[M_x\div M_y]_{补}=1.10$ 不是规格化数，需要左规一位。

（5）溢出判别。阶码溢出的判别方法与定点加减法溢出判别的方法相同。

例 2-37　设有浮点数 $x=2^{-5}\times0.1110011$，$y=2^{3}\times(-0.1110010)$，阶码用 4 位（含移位符号位）移码表示，尾数（含 1 位符号位）用 8 位补码表示。求$[x\times y]_{浮}$。要求用补码完成尾数乘法运算，舍入操作采用“0 舍 1 入”法。

解　移码采用双符号位，尾数补码采用单符号位，则有

$$[X]_{浮}=0\ 011\ 0.1110011，\quad [Y]_{浮}=1011\ 1.0001110$$
$$[M_x]_{补}=0.1110011，\quad [M_y]_{补}=1.0001110$$
$$[E_x]_{移}=00\ 011，\quad [E_y]_{移}=01\ 011，\quad [E_y]_{补}=00\ 011\ （双符号位）$$

① 0 操作数检查：无 0 操作数。

② 求阶码和：

$$[E_{x\times y}]_{移}=[E_x+E_y]_{移}=[E_x]_{移}+[E_y]_{补}=00\ 011+00\ 011=00\ 110$$

③ 尾数乘法运算。可采用补码乘法实现，即有

$$[M_x \times M_y]_补 = [M_x]_补 \times Y = 11.00110011001010$$

④ 规格化处理：乘积的尾数符号位与最高数值位符号不同，已是规格化的数，不需要处理，因此有

$$[E_{x\times y}]_移 = 00\ 110$$

$$[M_{x\times y}]_补 = 11.00110011001010$$

⑤ 舍入处理：尾数为补码，最高舍去位为 1，按舍入规则，故尾数为 1.0011010。

⑥ 溢出判别：$[E_{x\times y}]_移 = 00\ 110$，未溢出。

最终结果为

$$[x\times y]_浮 = 0\ 110,\ 1.0011010$$

其真值为

$$x\times y = 2^{-10} \times (-0.1100110)$$

2.5.3 浮点运算器

从前面浮点运算的过程可以看到，由于浮点数包含阶码和尾数两部分的运算，而且还含有尾数的规格化部分的处理，因此运算所花费的时间比定点数的时间更长，这样就需要采取一系列的有效措施加快浮点数的运算速度。在浮点运算器中加入流水线的思想能够提高浮点运算的整体速度。

浮点数的阶码运算部件能够完成定点整数加减运算；尾数运算部件则能够进行定点小数的加、减、乘、除四种运算；除此之外，浮点运算器还应当完成对阶、规格化、舍入和判溢的功能。图 2－22 是浮点运算器的内部结构示意图。

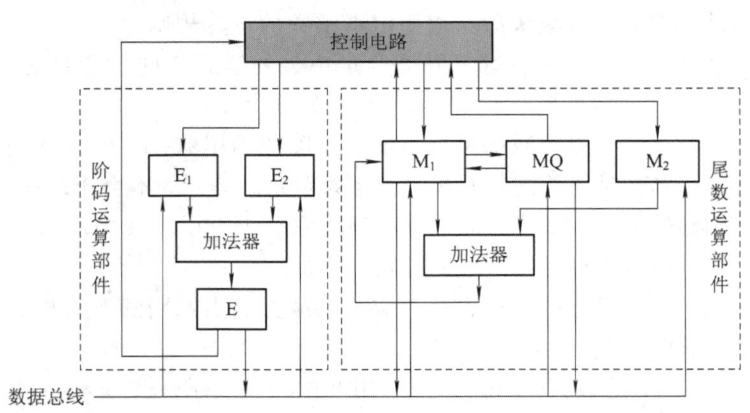

图 2－22　浮点运算器的内部结构示意图

图 2－22 中的浮点运算器包括三个部件，分别是阶码运算部件、尾数运算部件和控制电路。在运算初始化时，通过数据总线把两个操作数的阶码和尾数分别送到 E_1、E_2、M_1 和 M_2 寄存器，然后在控制电路的控制下按照浮点运算操作步骤控制阶码运算部件和尾数运算部件进行加、减、乘、除运算。

在执行浮点加减运算时，先求阶差，即 $E=E_1-E_2$，控制器根据 E 的正负及阶差的绝对值选择其中的大阶，并对小阶的尾数进行右移操作完成对阶；然后控制器控制尾数运算部件进行加减运算，即 $M_1=M_1\pm M_2$，并根据运算结果对尾数和阶码进行规格化、舍入和

判溢处理的相关操作。

浮点乘除运算比浮点加减运算要简单，分别由阶码运算部件求阶的和或差，即 $E=E_1 \pm E_2$，由尾数运算部件实现尾数的乘法或除法运算。在执行乘法运算时，采用求和、右移操作，最后实现 M_1，$MQ=M_1 \times M_2$，乘积在 M_1 和 MQ 中；在执行除法运算时，采用求和、左移操作，最终结果 $M_1 \div M_2 = MQ$(商)/M_1(余数)，最后对尾数进行规格化和舍入操作，并相应地调整阶码。

浮点运算器如果采用流水线结构可以有效地提高运算速度，关于浮点运算器流水线的工作原理可以参考第 6 章流水线处理器部分的内容。

2.5.4　MIPS 中的浮点运算

MIPS 机器中采用 IEEE754 的单精度和双精度两种浮点数格式。MIPS 的编译器用 float 表示单精度，用 double 表示双精度，与 C 语言编译器相同。

下面的结构体定义了 MIPS CPU 上两种浮点数类型的域。采用大端对齐的方式进行数据存储。

```
#if BYTE_ORDER==BIG_ENDIAN
struct ieee754dp_konst{                    //双精度浮点数
    unsigned sign:1;                       //符号位
    unsigned bexp:11;                      //阶码
    unsigned manthi :20;                   //尾数高位
    unsigned mantle:32;                    //尾数低位
}
struct ieee754sp_konst{                    //单精度浮点数
    unsigned sign:1;                       //符号位
    unsigned bexp:8;                       //阶码
    unsigned manthi :23;                   //尾数高位
}
```

MIPS 机器中专门为浮点数提供了数据传输、运算、转换及测试指令，这里简单说明浮点运算类的指令，主要包括表 2-18 列出的双精度浮点数运算指令。

表 2-18　MIPS 中的双精度浮点数运算指令

功　能	汇编指令	操　作
加法	add. d fd,fs1,fs2	fd=fs1+fs2
减法	sub. d fd,fs1,fs2	fd=fs1−fs2
乘法	mul. d fd,fs1,fs2	fd=fs1×fs2
除法	div. d fd,fs1,fs2	fd=fs1÷fs2
求倒数	recip. d fd,fs	fd=1/fs
求平方根倒数	reqrt. d fd,fs	fd=1/squarerootof(fs)
乘加	madd. d fd,fs1,fs2,fs3	fd=fs2×fs3+fs1
乘减	msub. d fd,fs1,fs2,fs3	fd=fs2×fs3−fs1
乘加后取相反数	nmadd. d fd,fs1,fs2,fs3	fd=−(fs2×fs3+fs1)
乘减后取相反数	nmsub. d fd,fs1,fs2,fs3	fd=−(fs2×fs3−fs1)

表 2-18 中的所有指令都有单精度和双精度两个版本。不同精度的数据在指令上通过在操作码上加上“.s”或“.d”来区分。表 2-18 中只给出了双精度的版本，需要注意的是，这两种格式不可以混用，也就是说，源和目标都为单精度或双精度。

习　题

1. 名词解释：

真值、机器数、定点数、浮点数、IEEE-754 标准、规格化浮点数、汉字内码、区位码、字模码。

2. 试列表分析字长为 8 位的定点整数，当其分别表示无符号数、原码、补码、反码和移码时，机器数与真值的对应关系；如果是定点小数呢？

3. 已知$[X]_{补}=x_{n-1}x_{n-2}\cdots x_1 x_0$，证明真值$X=-x_{n-1}\times 2^{n-1}+ x_{n-2}\cdots x_1 x_0$。

4. 证明$[-X]_{补}=-[X]_{补}$。

5. 若$X=-0.x_1x_2\cdots x_n$，求$[X]_{补}$。

6. 设机器字长分别为 8 位和 16 位，写出下列二进制数的原码、反码和补码：

(1) 95；(2) −131；(3) 0.125；(4) −0.785。

7. 分别写出下列十进制数的 IEEE754 单精度浮点数和双精度浮点数的机器码：

(1) +3/4；(2) 3/64；(3) −3/64；(4) 73.5；(5) 725.625；(6) 25.5。

8. 将下列数转换成 8 位二进制的原码、补码、反码、移码：

(1) 25/128；(2) −38/64；(3) −127；(4) −1；(5) 0。

9. 设机器字长为 16 位，采用补码整数表示，写出最大数和最小数的机器码及其对应的真值。

10. 设机器字长为 8 位，分别采用补码小数和原码小数表示，写出最大和最小数的机器码及其对应的真值。

11. 已知 X=0.1011，Y=0.0101，试求：

$[X]_{补}$、$[-X]_{补}$、$[Y]_{补}$、$[-Y]_{补}$、$[X/2]_{补}$、$[X/4]_{补}$、$[2X]_{补}$、$[Y/2]_{补}$、$[Y/4]_{补}$、$[2Y]_{补}$、$[-2Y]_{补}$。

12. 写出当如下机器码分别为原码、补码、反码和移码时，其对应的真值。

(1) 1.0010；(2) 0,1110；(3) 1,1111；(4) 1,0000；(5) 1.0000。

13. 写出当机器字长为 16 时，下列数的定点数和浮点数表示形式，浮点数表示时阶码为移码、尾数为补码的形式。其中，数值部分取 10 位，数符取 1 位，浮点数阶码取 5 位(含 1 位阶符)。

(1) −101；(2) 1023。

14. 写出下面数的 IEEE 754 标准的单精度和双精度浮点数的 16 进制表示。

(1) 1；(2) −1；(3) 75.875；(4) 5001.575。

15. 设机器字长为 16 位。当定点表示时，数值位取 15 位，符号位取 1 位；当浮点表示时，阶码取 6 位，其中，阶符取 1 位，尾数取 10 位，数符取 1 位，基数为 2，试求：

(1) 当定点原码整数表示时，最大正数、最小负数各是多少？

(2) 当定点原码小数表示时，最大正数、最小负数各是多少？

(3) 当规格化浮点数阶码和尾数都采用原码表示时，其最大浮点数、最小浮点数各是多少？绝对值最小的非 0 数是多少？

16. 设机器字长为 16 位，阶码取 7 位，其中，阶符取 1 位；尾数取 9 位，其中，数符取 1 位。若尾数和阶码均用补码表示，说明在尾数规格化和不规格化两种情况下，它所能表示的最大整数、非零最小正数、绝对值最大的负数、绝对值最小的负数各是多少？写出它们的机器数表示，并给出对应十进制的值。若阶码用移码，尾数仍用原码，上述各值又是多少？

17. 若浮点数 X 按照 IEEE 754 标准的单精度二进制存储格式为$(81340000)_{16}$，求其真值的十进制值。

18. 已知 X＝－0.10001，Y＝＋0.11001，试求：

(1) $[X]_{补}$，$[2X]_{补}$，$[X/2]_{补}$$[-X]_{补}$；

(2) $[Y]_{补}$，$[2Y]_{补}$，$[Y/2]_{补}$$[-Y]_{补}$；

(3) X＋Y；

(4) X－Y。

19. 设机器字长 N＝8，用变形补码计算 X＋Y 和 X－Y，并指出结果是否溢出？

(1) X＝0.111111　Y＝－0.101101；

(2) X＝1010000　Y＝1001010；

(3) X＝－0.110011　Y＝0.101101；

(4) X＝－101　Y＝－1100111；

(5) $X=\frac{123}{128}$　$Y=-\frac{5}{32}$；

(6) X＝－79　Y＝－82。

20. 利用原码和补码乘法运算规则，计算下列两个数的乘积：

(1) x＝0.11011　y＝－0.10111；

(2) x＝－0.10101　y＝－0.10011；

(3) x＝25　y＝－36。

21. 利用原码和补码除法运算规则，计算下列两个数的商和余数：

(1) x＝0.10011　y＝－0.11001；

(2) x＝－0.00011　y＝－0.10001；

(3) x＝96　y＝－64。

22. 某机浮点数字长 32 位，其中阶码 8 位，补码表示；尾数 24 位，补码表示，并且为规格化数。用浮点运算完成下列计算：

(1) $\left(-\frac{23}{128}\times 2^{-1}\right)-\left(-\frac{15}{64}\times 2^{-2}\right)$；

(2) 180.25×23.5。

23. MIPS 机器可以实现哪些定点和浮点运算？

第 3 章　存 储 系 统

在冯·诺依曼结构计算机中，存储器是用于存储程序和数据的设备，CPU 运行程序时所需要的指令和数据都来自于存储器，因此存储器的存取速度对整个计算机系统的速度有着直接的影响。在计算机中，存储系统通常是由多种性能不同的存储器采用分级结构组织的，这样做可以有效地提高存储系统的性能，对提升整个计算机系统的性价比至关重要，存储系统在计算机整机中的地位举足轻重。

本章主要讲述主存储器的基本构成和工作过程，接着围绕提高主存储器性能这条主线，重点介绍并行存储器、高速缓冲存储器的内部结构和工作原理，使读者掌握构建存储器多级体系结构的方法。

3.1　概　　述

随着半导体技术的快速发展，现代计算机系统已经不再是以运算器为中心的传统冯·诺依曼机，而是以存储器为中心的。程序在执行过程中的指令、数据、结果以及外部设备很多时候都需要和存储器进行数据交换，因此存储器是信息交换的中心，存储器的速度对计算机的运行速度有着直接影响。

3.1.1　存储器的分类

按照分类原则的不同，存储器有多种分类方法。这里从存储介质、存取方式、在计算机系统中的作用等几个角度讨论各类存储器的特点。

1. 按照存储介质分类

计算机中的信息都是以二进制形式存储的，因此从理论上来说，存储介质是指能寄存和区分“0”、“1”两种状态的物质或元件，这两种稳定的状态分别用于表示二进制代码的 0 和 1。目前主要的存储元件有半导体存储器、磁表面存储器和光盘存储器。

1）半导体存储器

存储元件由半导体器件组成的存储器称为半导体存储器。半导体存储器都是采用超大规模集成电路工艺制造的，具有集成度高、功耗低和速度快的特点。用于内存的半导体存储器在断电情况下是无法存储数据的，因此是一种易失性的存储器。半导体存储器常用作主存储器。

2）磁表面存储器

磁表面存储器是指在金属或塑料基体的表面涂上一层很薄的磁性材料作为记录介质的存储器，或称为磁载体。载体表面的磁性材料具有两种不同的磁化状态，在磁头的作用下，使记录介质的局部区域产生相应的磁化状态，用以记录“0”或“1”信息。工作时，磁层随磁载体高速运转，用磁头在磁层上进行读出或写入操作。根据磁载体形状的差异，磁表面存储器可分为磁卡、磁鼓、磁带和磁盘。磁表面存储器具有存储容量大、位价低、非破坏性读出、信息可以长期保存的特点，但是由于其结构和工作原理使得数据的存取速度远低于半导体存储器，因此，一般作为外存使用。

3）光盘存储器

光盘存储器是指采用激光在记录介质（磁光材料）上进行读/写操作的存储器，其基本原理是用激光束对记录膜进行扫描，使介质材料发生相应的光效应或热效应，如使被照射表面的光反射率发生变化或出现融坑等。按照写入次数的不同，光盘可以分为只读光盘（Compact Disk，Read Only Memory，CD－ROM）、写入（Write Once Read Many，WORM）和可擦写光盘。可擦写光盘由于性价比不高，使用并不广泛。由于光盘具有非易失的特点，主要用于保存不需要修改的文档。

2. 按数据存取方式

存储器中数据被访问的方式，称为数据存取方式。按照数据存取方式分类，存储器可以分为随机存取存储器（Random Access Memory，RAM）、顺序存取存储器（Sequential Access Memory，SAM）和直接存取存储器（Direct Access Memory，DAM）。

1）随机存取存储器

RAM 中的数据既可以读出，也可以写入。这种存储器的特点是：存储器的任一存储单元的内容都可以随机存取；访问各存储单元所需的读写时间完全相同，与被访问单元的地址是无关的。通常，用存取周期来表明 RAM 的工作速度。RAM 按照其存储元的存储原理不同可以分为静态 RAM（Static RAM）和动态 RAM（Dynamic RAM），存储元是指能够存储一位二进制信息的基本单元电路。

2）顺序存取存储器

在顺序访问存储器中，信息是按照顺序在存储介质上依次存放的，访问数据所需的时间与信息所在的位置密切相关。例如，磁带就是一种典型的顺序存放的存储器，需要访问数据块的时间与读写磁头当前的位置和数据块在磁带中的存储位置有关，要使磁带正转或反转，按顺序找到所需的数据块，然后再由读写磁头顺序的进行读写。这种按顺序访问的存储器访问速度慢，由于其每位的价格低，只能用于外部辅助存储器。

3）直接存取存储器

直接访问存储器在访问信息时，先将读写部件直接定位到某一小范围区域，再在该区域中顺序查找需要的数据，其访问时间也是与数据所在的位置密切相关的。磁盘就是直接访问存储器。在磁盘中，每个盘面都以盘心为中心划分出多个同心圆磁环，即磁道，每个磁道被划分成多个扇区，信息按位依次存放在扇区中。磁盘信息的存取分为两个阶段：第一个阶段，磁头沿盘面径向移动定位到信息所在的磁道上；第二个阶段，磁头沿磁道顺序读写信息。可以看出，直接存取存储器数据的访问方式介于 RAM 和 SAM 之间，它存取数据的第一阶段直接定位存储器中一个小范围的局部区域，相比磁带的顺序寻址节省了时间，第二阶段在一个局部范围内顺序寻找所需的数据。在这种方式下，数据的存取虽然也与数据存放的位置有关，但是其存取速度远快于顺序存取方式。硬盘是最常见的直接存取存储器，通常作为计算机的联机外部存储器使用。

3. 按在计算机中的作用

按照存储器在计算机系统中作用，存储器可以分为主存储器、外存储器和高速缓冲存储器。

1）主存储器

主存储器(也称为主存、内存)用于存放计算机运行时的程序和数据，是 CPU 可以直接访问的存储器，目前一般由半导体存储器构成。

2）外存储器

外存储器(也称为辅助存储器、外存)用于存放各种程序和数据。外存的信息只有加载到主存才能被 CPU 访问。外存储器主要由磁表面存储器组成。

3）高速缓冲存储器

高速缓冲存储器(Cache)是介于 CPU 和主存之间的小容量高速存储器。Cache 的内容实际上是主存中一个小的副本，用于存放 CPU 运行时最活跃的程序块和数据块。Cache 的功能是提高 CPU 访问主存的等效速度，通常由双极型半导体存储器组成，具有速度快、位价低、容量小的特点。

3.1.2 主存储器的性能指标

主存储器是由半导体存储器构成的，其主要的性能指标是容量、速度和每位的价格(位价)。

1. 存储容量

存储器容量是指存储器存放的二进制代码的总位数，主存储器容量的计算公式如下：

存储容量＝存储单元个数×存储字长(bit)

存储单元的个数由存储器地址线的位数决定，存储字长是指每个地址对应的存储单元可以存储的二进制位数，与存储器的数据线位数有关。

存储容量的常用单位有位(bit)和字节(Byte)，表示容量大小的常用单位之间关系如下：

1 B＝8 bit，1 KB＝1024 B，1 MB＝1024 KB，1 GB＝1024 MB，1 TB＝1024 GB

例如，一个有 12 根地址线、8 位数据线的存储器，其容量是 $2^{12}\times 8=32$ Kb＝4 KB。

2. 存储速度

描述存储器速度的参数有存取时间、存取周期和主存带宽。

(1) 存取时间是指主存从接收到读出或写入命令开始，直到完成数据的读出或写入操作所需的时间。存取时间又可以分为读时间和写时间。

(2) 存储周期是指连续两次读或写操作之间最短的间隔时间。存储周期除了包含完成读出和写入数据的时间外，还包括了存储器内部的恢复时间，可见，存储周期大于存取时间。

(3) 主存带宽是指每秒主存可读或写的数据量，其单位为字节每秒(B/s)或位每秒(b/s)。带宽除了和存储周期有关外，还与主存一次可读/写的二进制位数有关。带宽反映了主存的数据吞吐率，也称为主存的数据传输率。

3. 位价

位价是指存储器中每一位的价格，其单位是元/b。

要提高存储器的性价比，就要不断地降低成本，提高存储容量和存储速度。

3.1.3 存储器的体系结构

随着计算机技术的不断提高，对存储器性能的要求也越来越高。人们总是希望存储器具有容量大、速度快和成本低的特性，而实际上，速度快的存储器成本高、容量小，而容量大、成本低的存储器往往速度又比较慢，图 3-1 说明了存储器这三个指标之间的关系。表 3-1 列出了常用的不同类型存储器的存取时间和特点。为了解决存储器容量、速度和价位之间的矛盾，需要构建多层次的存储系统。存储系统是指将各种性能不同的存储器按照一定的体系结构组织起来，使其存放的程序和数据按照不同层次分布在各级存储器中，形成一个统一的存储系统。

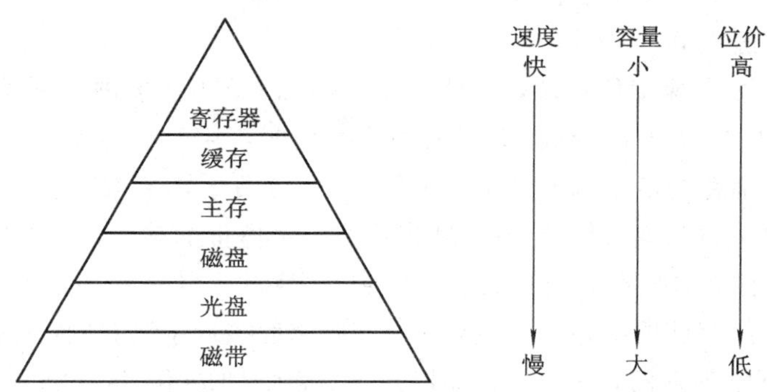

图 3-1 各种存储器速度、容量和位价之间的关系

表 3-1 常用存储器存取时间和基本特点

类型	存取时间(典型)	价格($/GB)	易失性	应用的部件
触发器	< 100 ps	NA	易失	寄存器
SRAM	0.5～3 ns	$500～ $1000	易失	Cache
DRAM	50 ～ 70 ns	$10～ $20	易失	主存
Flash	5～ 50 ms	< $1	非易失	外部存储器
磁盘	5 ～20 ms	< $0.1	非易失	外部存储器

在实际应用中，目前普遍采用缓存、主存和辅存组成的三级存储层次结构，如图 3-2 所示。

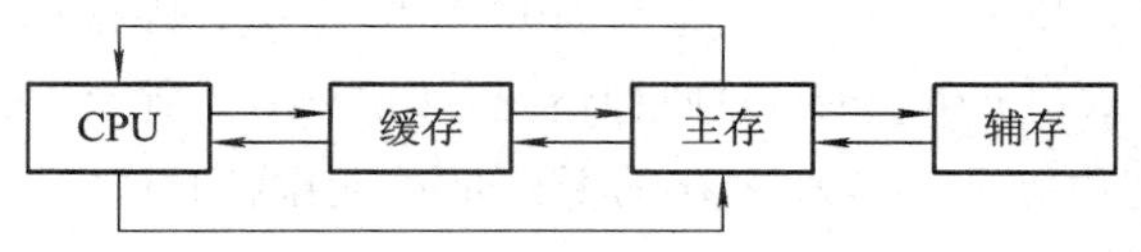

图 3-2 三级存储层次结构

从图 3－2 可以看出，CPU、缓存和主存之间可以直接进行数据交换，辅存通过主存与 CPU 间接进行数据交换。这种存储结构可以分为缓存-主存和主存-辅存两个层次。

缓存-主存层次简称为 Cache 存储器，主存-辅存层次简称为虚拟存储器。

1. 缓存-主存层次

缓存-主存层次主要解决 CPU 和主存之间速度不匹配的问题。由于缓存的速度比主存快 5～10 倍，缓存中的内容只是主存中内容一个小的副本，这个层次的设计思路是只要尽可能地将 CPU 欲访问的主存内容调入缓存，CPU 便可以直接从缓存中获得所需的信息，从而提高 CPU 访问主存的速度。但是由于缓存的容量比较小，因此，需要不断地将缓存中的信息替换成新的主存信息。缓存-主存之间的数据交换是由硬件自动完成的，不需要人为干预。

从 CPU 的角度来看，缓存-主存层次的数据访问速度接近缓存的速度，存储容量和位价接近于主存的，因此解决了主存储器速度和价格之间的矛盾。

2. 主存-辅存层次

辅存的速度比主存速度低得多，而且辅存不能和 CPU 直接进行数据交换，但是它的容量要比主存大很多，而且位价低，用于存放大量暂时不用的程序和数据。当 CPU 需要用到这些信息时，将辅存的信息调入到主存中供 CPU 访问。主存-辅存层次之间的数据交换由硬件和操作系统共同管理，使得主存-辅存形成一个虚拟的整体，称之为虚拟存储器。

从整体上看，主存-辅存层次的访问速度接近主存的，容量和位价是接近辅存的。

综上所述，三级存储层次的总体效果是：存取速度接近于缓存的，存储容量是辅存的，存储器的价位接近于辅存的，解决了存储器速度、容量和成本三者之间的矛盾。现代计算机系统几乎都采用这样的三级存储层次结构。

存储层次的构建是基于程序局部性原理的，程序局部性原理将在本章后续部分介绍。

3.1.4　数据的地址与数据的存储顺序

为了对存储器中众多的存储单元加以区分，给每个存储单元进行编号，这个编号称为存储单元的地址。不同机器的存储字长是不相同的，例如，在 C 语言程序中有 char、int 和 long 型的数据类型，其中，char 型数据占用 1 个字节，int 型占用 4 个字节，long 型占用 8 个字节。为了满足对多种数据类型的处理要求，通常用 8 位二进制数表示一个字节，存储字长通常是字节的整数倍。为了提高存储器中数据访问的灵活性，计算机系统中既可以按存储字为单位进行访问，也可以按字节为单位进行数据访问。例如，某计算机的存储字长是 32 位的，访问时可以一次访问 32 位数据，也可以对每个存储字中包含的 4 个字节分别进行访问。这种情况下字地址是 4 的整数倍，双字节地址是 2 的整数倍，字节地址任意。例如，32 位数据 0x12345678 存放在主存地址 4000h 单元中，数据的存储顺序有大端模式(Big-endian)和小端模式(Little-endian)两种情况，如图 3－3 所示。

图 3－3(a)中，高位字节存放在主存的低地址单元中，低位字节存放在主存的高地址单元中，这种数据存放方式称为大端模式。图 3－3(b)中，低位字节存放在主存的低地址单元中，高位字节存放在主存的高地址单元中，这种数据存放方式称为小端模式。

地址	数据
4000h	0x12
4001h	0x34
4002h	0x56
4003h	0x78

(a) 大端模式

地址	数据
4000h	0x78
4001h	0x56
4002h	0x34
4003h	0x12

(b) 小端模式

图 3－3 数据的存放顺序

3.2 主存储器的内部结构

存储器中存储一位(1 bit)二进制代码的电路称为存储元；n 位存储元构成一个存储字，每个存储字都有一个唯一的编号表示，这个编号称为存储单元的地址。存储字是作为一个整体进行存取的，n 称为存储字长；存储器是由存储字按照一定规则组合在一起的一个存储体。

3.2.1 存储芯片的内部结构

半导体存储器具有体积小、速度快的特点，因此主要用于计算机的主存储器。

为了实现对存储体中存储单元数据读出或写入操作，存储芯片需要有地址译码器、驱动电路、读/写控制电路等。存储芯片的内部结构如图 3－4 所示。

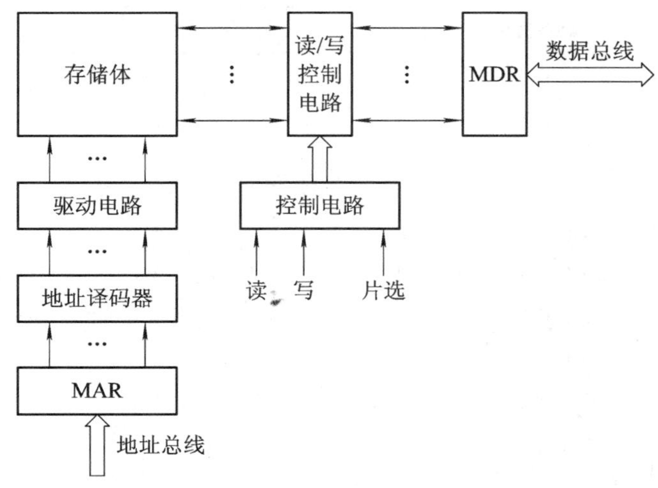

图 3－4 存储芯片的内部结构

存储地址寄存器 MAR 用于缓存来自地址总线的地址信号，并将其送入地址译码器，经译码后生成某个存储单元的选通信号，使得该单元能够被访问；控制电路根据存储芯片的片选信号、读/写控制信号实现对芯片的控制，MDR 是数据缓冲器，用来缓存来自 CPU 的写入数据或从存储器读出的数据，一般具有三态控制功能。

3.2.2 半导体存储芯片的译码驱动方式

存储芯片的译码方式分为一维地址译码方式和二维地址译码方式。

1. 一维地址译码方式

一维地址译码方式中只有一个地址译码器，如图 3-5 所示。译码器的输出称为字选线，字选线选择某个字的所有位。采用这种译码方式的存储体中所有字都是按照“一条线”的方式排列的。存储阵列中每一行的所有位对应一个字，共用一根字选择线，每一列对应不同字的同一位，且与公用的位线相连接。图 3-5 中所示的是一个 16×8 位的存储体。也就是说，该存储器有 16 个字，每字的字长是 8 位，当地址信号 $A_3A_2A_1A_0$ 为 0000 时，第 0 根字选线被选中，可以对图中第 0 行的 8 位代码执行读出或写入操作。一维地址译码结构简单，但是只适用于容量较小的存储芯片。

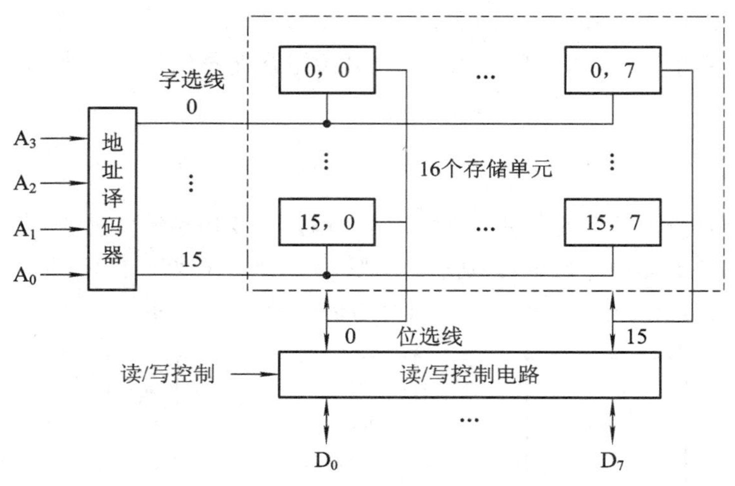

图 3-5 一维地址译码方式

2. 二维地址译码方式

图 3-6 是二维地址译码方式示意图。存储体中的存储单元是按照阵列方式排列的，这种方式需要 X 和 Y 两个地址译码器，其中 X 称为行译码器，Y 称为列译码器。图 3-6 中的两个译码器都是 5-32 译码器，只有 X 译码器和 Y 译码器同时选中的行、列交叉位置的存储单元才被选中。例如，当地址线全为 0 时，译码输出 X_0 和 Y_0 选中，存储矩阵中的第 0 行、第 0 列对应的字被选中。

二维地址译码方式可以大量减少译码器选通线的数量，例如，对于容量为 1K 的存储器，一维地址译码方式需要 2^{10} 共 1024 条选通线，而二维地址译码方式只需要 2^5+2^5 共 64 条选通线。

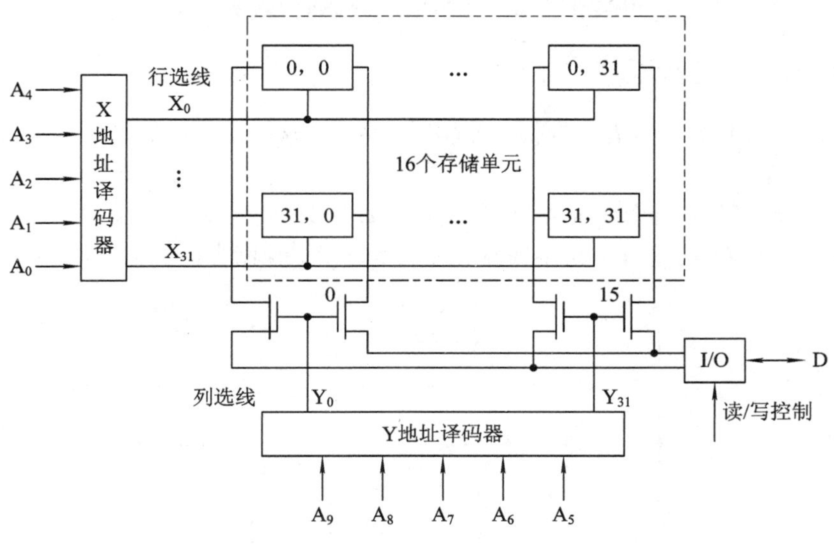

图 3－6　二维地址译码方式

3.2.3　主存储器与CPU的连接

主存储器是计算机内部的重要组成部件，它用来存储CPU运行期间所需要的指令和数据，是CPU需要频繁访问的部件。主存储器和CPU是通过总线(总线包括数据总线、地址总线和控制总线)连接的，两者的连接示意图如图3－7所示。CPU通过使用地址寄存器AR和数据寄存器DR与主存储器之间进行数据传输。CPU对存储器的操作有读和写两种，从存储器中提取信息的操作称为读操作，将信息写入存储器的操作称为写操作。

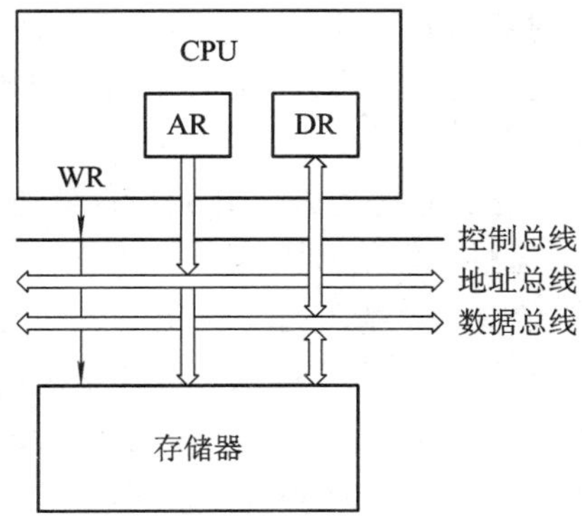

图 3－7　主存储器与CPU的连接示意图

3.3　随机访问存储器RAM

半导体存储器根据功能可以分为随机存储器(RAM)和只读存储器(ROM)。RAM根据存储原理的不同可以分为静态RAM(SRAM)和动态RAM(DRAM)两大类。存储器有

MOS 型和双极型之分，这里只介绍 MOS 型半导体存储器。

3.3.1 SRAM 的工作原理

静态存储器(SRAM)具有速度快、成本高的特点，这是由其存储元的结构决定的。

1. 静态存储元

SRAM 的基本存储元由六个 MOS 管组成，如图 3-8 所示。其中，T_1～T_4构成一个基本触发器电路，T_5和 T_6是两个受字选择线控制的开关，控制存储元的读出和写入操作。

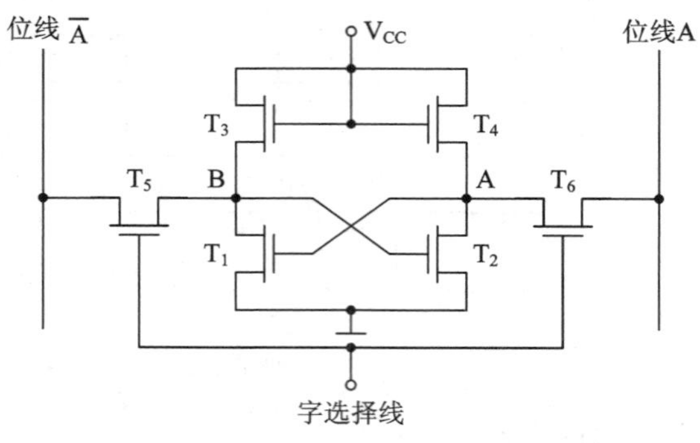

图 3-8 静态存储元的内部结构

六管电路有两个稳定的状态，是由图 3-8 中 A、B 两点的电平决定的，这两点的电平总是互为相反的，因此我们可以用 A 点状态表示其存储的 0、1 信息。若假设触发器的状态为“1”，即当 A 点为高电平时，分析电路的状态：由于 A 点为高电平，T_1管导通，B 点为低电平；B 点为低电平使得 T_2管可靠截止，又保证了 A 点的高电平得以维持。相反，如果 A 为低电平，这个状态也可以可靠地维持。

当存储元未被选中时，字选择线低电平，使 T_5、T_6管截止，触发器与位线隔离，原状态保持不变。当字选择线为高电平时，T_5和 T_6管导通，该存储元被选中，可以进行读或写操作。

当执行读出操作时，只要字选择信号有效，则 T_5、T_6导通，A、B 两点的状态分别通过 T_6、T_5送到位线 A 和位线 $\overline{A}$，即将存储的数据读出。

写入时，若要写入“1”，则位线 A 为高电平，位线 $\overline{A}$ 为低电平，迫使 B 点为低电平，不管触发器原来处于何种状态，一定会使 T_2管截止，T_1管导通，使 A 点为高电平；若要写入“0”，则位线 A 为低电平，位线 $\overline{A}$ 为高电平，迫使 A 点为低电平，不管触发器原来处于何种状态，一定会使 T_1管截止，T_2管导通，使 A 点为低电平。

2. SRAM 芯片 Intel 2114

Intel 2114 是一个 1K×4 位的 SRAM 存储芯片，其外部特性示意图如图 3-9 所示。图中，A_0～A_9是 10 个地址输入端，I/O_1～I/O_4是 4 位的双向数据输入/输出端口，$\overline{CS}$是片选信号(低电平有效)，$\overline{WE}$是写允许信号(低电平写，高电平读)；V_{CC}和 GND 是电源和接地端。

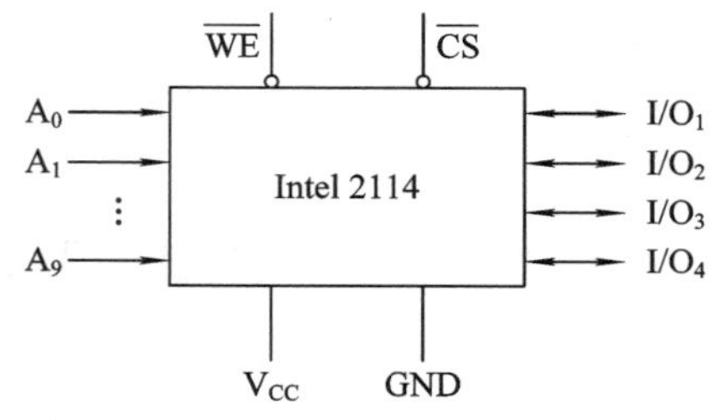

图 3-9 Intel 2114 芯片的外部特性示意图

Intel 2114 的内部结构示意图如图 3-10 所示。图中存储阵列是 64×64 的，即 64 行、64 列，即由 4096 个图 3-8 所示的六管存储元组成。存储阵列中的行译码信号由行地址 $A_3 \sim A_8$ 译码后产生，64 列被分成四组，每组 16 列，各组中列号相同的存储元构成一个存储单元字长的 4 位。当对某个存储单元进行读或写操作时，只有行和列地址共同有效才被选中。

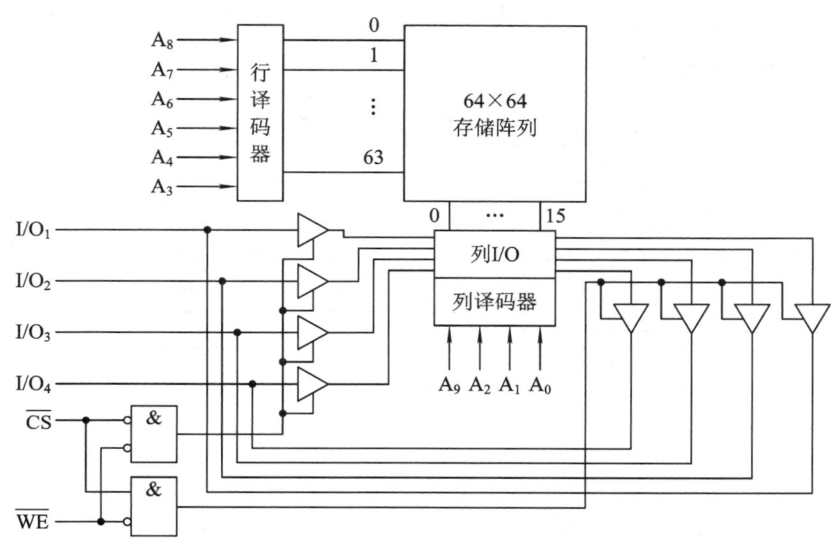

图 3-10 Intel 2114 芯片的内部结构示意图

当$\overline{CS}=0$，$\overline{WE}=1$ 时，执行读出数据的操作，输出三态门打开。例如，当地址 $A_9 \sim A_0$ 为全 1 时，对应的行地址 $A_8 \sim A_3=111111$，$A_9 A_2 A_1 A_0=1111$，则行译码后 63 行被选中，列译码后 4 组中每组的第 15 列被选中，即分别选中 15、31、47 和 63 列的存储元，选中的 4 个存储元的状态经过 4 个输出三态门送到 $I/O_1 \sim I/O_4$ 端。

当$\overline{CS}=0$，$\overline{WE}=0$ 时，执行写入数据的操作，输入三态门打开。例如，当地址 $A_9 \sim A_0$ 为全 0 时，对应的行地址 $A_8 \sim A_3=000000$，$A_9 A_2 A_1 A_0=0000$，则行译码后 0 行被选中，列译码后 4 组中每组的第 0 列被选中，即分别选中 0、16、32 和 48 列的存储元，选中的 4 个存储元经输入三态门被写入 $I/O_1 \sim I/O_4$ 数据。

3. SRAM 的读/写周期时序

为了能够可靠地对芯片进行读/写操作，必须按照芯片要求的时序关系提供地址、数据和控制信号，这里以 Intel 2114 RAM 为例说明 SRAM 的读/写周期时序。

1）读周期时序

图 3-11 是 Intel 2114 芯片的读周期时序。由于在整个读周期的过程中$\overline{WE}$始终为高电平，因此，图中没有画出该信号。

在读操作时需要准备好要读取的存储单元地址，然后给出控制信号$\overline{CS}=0$，$\overline{WE}=1$，经过一段时间后，指定的存储单元数据就会被放到芯片的数据输出端口。当数据读取完毕后，可以撤除控制信号，然后更换地址执行下一次的读/写操作。数据读出的过程中主要的时间参数有如下几个：

(1) t_{RC}：读周期。它是指连续两次读操作所需要的最短时间间隔。

(2) t_A：读时间。它是指从地址有效开始到输出数据稳定所需的时间。t_A时间后可以读取数据，显然 $t_A < t_{RC}$。

(3) t_{CO}：从$\overline{CS}$有效到数据稳定所需的时间。

(4) t_{CX}：从$\overline{CS}$有效到数据开始有效所需的时间，但此时的数据尚不稳定。

(5) t_{OTD}：从$\overline{CS}$无效到数据变为高阻的时间，即$\overline{CS}$无效后数据还需要维持的时间。

(6) t_{OHA}：地址改变后输出数据维持的时间。

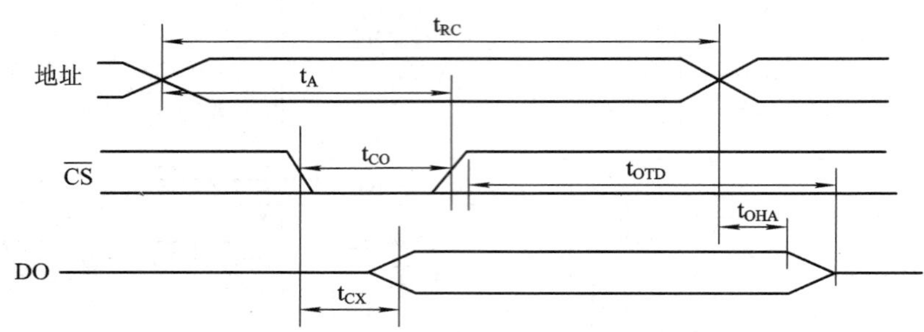

图 3－11 Intel 2114 芯片的读周期时序

2）写周期时序

图 3－12 是 Intel 2114 芯片的写周期时序。当需要改变存储单元的数据时，在准备好单元地址和要写入的数据后，给出控制信号$\overline{CS}$=0，$\overline{WE}$=0，经过一段时间后，可将数据写入指定的存储单元中，随后可以撤除控制信号，更换输入地址和数据执行下一次的读/写操作。

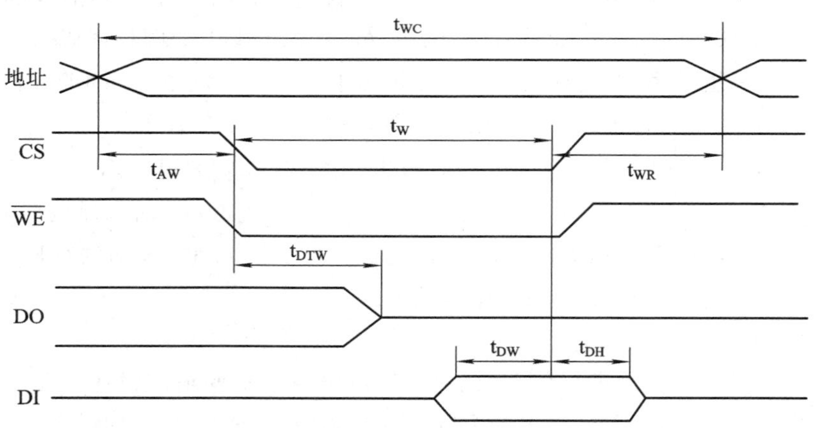

图 3－12 Intel 2114 芯片的写周期时序

数据写入过程中主要的时间参数有如下几个：

(1) t_{WC}：写周期。它是指连续两次写操作所需要的最短时间间隔。

(2) t_W：写时间。它是指地址和片选有效后，输入数据可靠写入存储单元所需的时间。t_W是写周期的主要时间参数，显然 $t_W < t_{WC}$。

(3) t_{AW}：在地址有效后，需要经过至少 t_{AW}才能给出写命令。这是因为地址有效到存储芯片内的地址译码输出稳定是需要时间的，如果在稳定前发出写命令会造成误写入操作。

(4) t_{WR}：写恢复时间。它是指在$\overline{CS}$和$\overline{WE}$都撤销后，必须等待的时间。这个时间结束后才允许改变地址进入下一个读写周期。因此地址有效的时间，即写周期时间应至少满足：$t_{WC}=t_{AW}+t_{W}+t_{WR}$。

(5) t_{OTW}：从$\overline{WE}$有效到数据输出变为三态的时间。这是双向数据传输的需要，当$\overline{WE}$变低后，数据输出三态门将被关闭，使输出呈现高阻态，随后才能将写入数据的三态门打开，将输入数据送到芯片内部，t_{OTW}是这一转换过程所需要的时间。

(6) t_{DW}：数据有效的时间。它是指从输入数据稳定到允许撤销$\overline{CS}$和$\overline{WE}$信号，数据应至少维持的时间。

(7) t_{DH}：$\overline{WE}$撤销后数据保持的时间。

不同芯片的读写周期参数可以从芯片手册上查到。在访问芯片时，所给出的地址、数据和控制信号应当满足器件读/写周期的时序要求。

SRAM 的最大优点是访问速度快，常用于高速数据存储应用中，但是它的成本很高，功耗大。

3.3.2 DRAM 的工作原理

DRAM 减少了存储元中的晶体管数量，可以实现更廉价的随机存储器，但是这种电路不能无时限地保存其状态，因此被称为动态存储器。

1. DRAM 存储元

DRAM 存储元是指存储元上的信息是动态变化的。因为 DRAM 存储元中的信息是依靠电容存储的，电容总会存在泄漏通路，如果时间过长，会造成电容上的电荷泄漏，导致存储信息的丢失，为了避免这种“动态”造成的数据变化，需要定时对所有存储元进行刷新。早期的 DRAM 存储元是从六管静态存储元简化而来的，称为四管存储元，后来又进一步简化为单管存储元。

1) *四管动态存储元*

图 3-13 是四管动态存储元的内部结构。这个电路是依靠 T_1 和 T_2 管的栅极对地电容 C_1 和 C_2 来存储信息的。假设 C_1 充电到高电平使 T_1 导通，而 C_2 放电使 T_2 截止，A 点处于高电平时，存储信息为“1”；相反，若 C_2 充电到高电平使 T_2 导通，而 C_1 放电使 T_1 截止，A 点低电平时，存储信息为“0”。下面对动态存储元的工作状态进行分析。

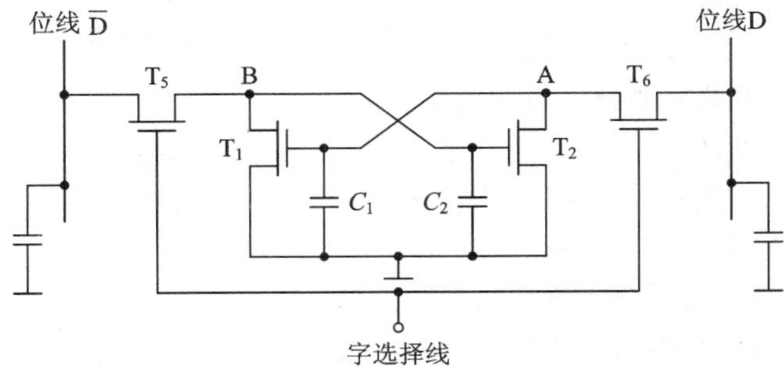

图 3-13 四管动态存储元的内部结构

(1) 保持：当字选择信号为低电平时，T_5 和 T_6 管截止，将存储元和两个位线 D 和位线

$\overline{D}$隔离开，电容 C_1 和 C_2 基本上无放电回路，但是存在泄露电流，可以使信息暂存数毫秒。

(2) 写入：当字选择信号为高电平时，T_5 和 T_6 管导通，然后分别在 D 和 $\overline{D}$ 上加相反的电平，对 C_1 和 C_2 进行充放电。例如，当写入"1"时，使 D 为高电平、$\overline{D}$ 为低电平，则通过 T_6 对 C_1 充电至高电平，而 C_2 分别通过 T_1 和 T_5 两条放电回路放电至低电平。

(3) 读出：由于电容上的电平是变化的，为了能够正确的读出存储信息，在读操作前需要对 D 和 $\overline{D}$ 进行预充电，使两个位线的分布电容都充电到高电平后断开充电回路；然后使字选择信号为高电平，使 T_5 和 T_6 导通，通过 A 和 B 点是否存在电流确定存储的信息。若存储的信息是"1"，即 C_1 为高电平，则 T_1 导通、T_2 截止，则位线 $\overline{D}$ 上预充的高电平会通过 T_5 和 T_1 放电，使 $\overline{D}$ 电平下降，$\overline{D}$ 上有电流流过，认为读出数据"1"；与此同时，D 的高电平会对 C_1 充电，可以补充泄漏的电荷。若存储的信息是"0"，则对 C_2 进行充电，对 C_1 进行放电，D 上有电流流过，读出数据"0"。由此可以看出通过读操作，可以实现存储元数据回写的功能。

由于四管动态存储元所用元件较多，使得半导体芯片的集成度受到限制。

2) 单管动态存储元

图 3－14 是简化后的单管动态存储元电路。该电路中只有一个电容和一个 MOS 管，其中，T 实现对存储元的读写控制，电容 C 用于存储信息。假设电容 C 充电到高电平时，存储信息"1"，当电容放电到低电平时，存储信息"0"。

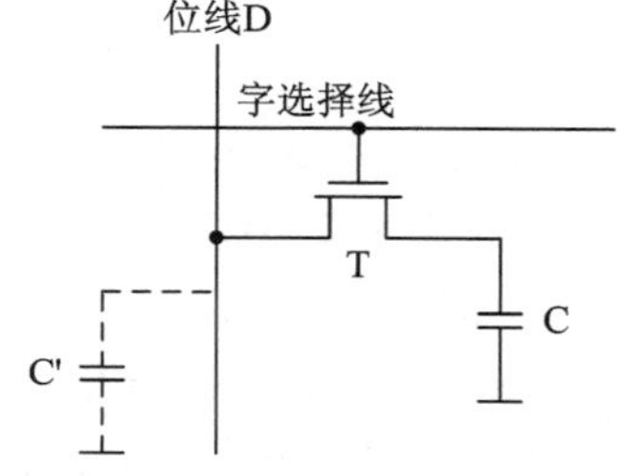

图 3－14　单管动态存储元电路

(1) 保持：字选择线为低电平，使 T 截止，C 无放电回路，但存在泄露电流。

(2) 写入：字选择线加高电平，T 管导通，写入信息加在位线 D 上，当写入"1"时，D 为高电平，对 C 充电到高电平；当写入"0"时，D 为低电平，C 通过 T 放电。

(3) 读出：先对位线 D 预充电，使位线上的分步电容充电到参考电平 V_m；然后对字选择线加高电平，使 T 导通。若 C 存储信息为 0，则位线 D 将通过 T 向电容 C 充电，D 本身的电平将下降，由 C 与 C' 的电容值决定最终的电平；若 C 存储信息为 1，则电容 C 将通过 T 向位线 D 放电，使 D 电平上升。因此根据位线 D 电平的变化方向和幅度来确定存放的信息。

单管动态存储元的读出是破坏性的，在刷新时，需要读后再刷新，这个刷新过程是由芯片内的外围电路自动实现的。与四管动态存储元相比，单管动态存储元结构简单，可以有效地提高集成度，但是其刷新电路比较复杂。

2. DRAM 芯片 4116

DRAM 芯片 4116 是一个 16K×1 位存储芯片，其外部特性示意图如图 3－15 所示。图中，A_0～A_6 是 7 个地址输入端，$\overline{RAS}$ 和 $\overline{CAS}$ 分别是行信号选择和列信号选择，D_{IN} 是数据输入端，D_{OUT} 是数据输出端，$\overline{WE}$ 是写允许信号(低电平写，高电平读)；V_{CC}、V_{BB}、V_{SS} 提供 DRAM 正常工作和刷新时所需的电平；GND 是接地端。

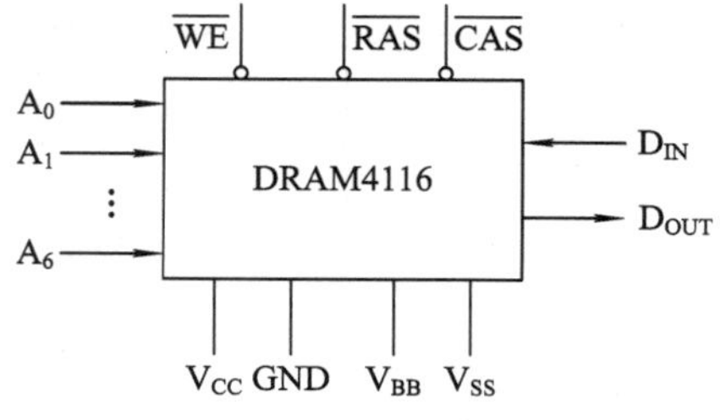

图 3－15　4116 芯片的外部特性示意图

4116 芯片的容量是 16K×1 位，内部由两个 64×128 的矩阵组成，如图 3－16 所示。每个矩阵配有行、列地址译码器和基准单元，两矩阵共用 128 个读出/再生放大器，可实现对 128 行数据的读出和刷新操作。

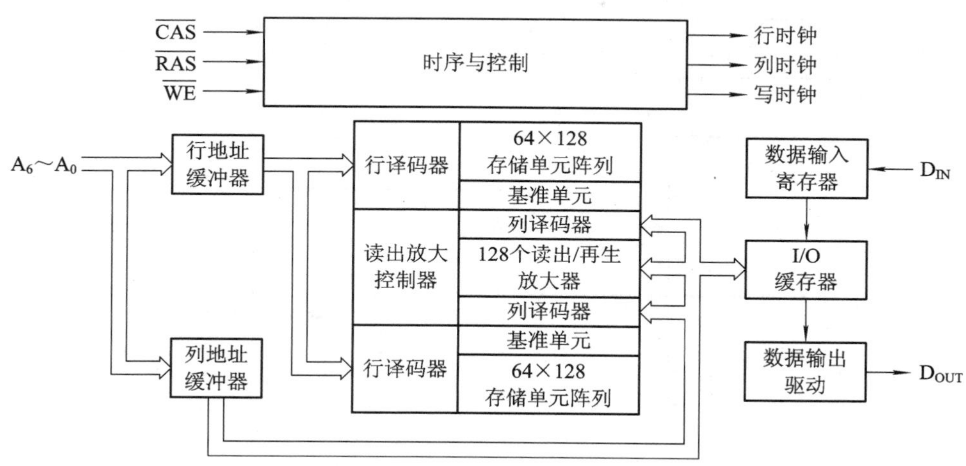

图 3－16 4116(16K×1 位)芯片的内部结构示意图

16K×1 的容量需要 14 位地址编码，为了减少芯片引脚的数量，芯片只有 7 根地址线 A_6～A_0，因此需要分两次将 14 位的地址送入芯片。首先在行选信号$\overline{RAS}$控制下，将输入的 7 位地址作为行地址，锁存到行地址缓存器，译码后产生 2 组行地址选择线，每组 64 根。然后在列选择信号$\overline{CAS}$的控制下将输入的 7 位地址作为列地址锁存到列地址缓存器，译码后产生列地址选择线，选中 128 列中的 1 列。在$\overline{WE}$信号的控制下实现对每个存储单元的读/写操作。

执行读出操作时，在$\overline{RAS}$和$\overline{CAS}$的控制下将行、列地址分别存入行、列缓存器中。行地址译码后 128 行中某一行中的所有 128 个 MOS 管均导通，并将各自存储电容的状态送到 128 个读出放大器，列地址译码后选中 128 列放大器中的 1 列，该列上的列地址选择管导通，即可将该放大器的状态经 I/O 缓冲器输出到 D_{OUT}端。

执行写入操作时，输入信息 D_{IN}通过数据输入寄存器后，经 I/O 缓冲器送到读/写线上，只有被选中的列地址选择管导通，将读/写线上的信息写入到选中行的存储电容中。

3. DRAM 的读/写周期时序

DRAM 芯片在使用时，需要按照芯片技术手册上的时序要求，提供数据、地址和控制信号。

1) 读周期时序

图 3－17 是 DRAM 芯片的读周期时序。对图中几个主要的时间参数说明如下：

(1) t_{CRD}：读工作周期，即连续两次发出行选择信号之间的最短时间间隔。

(2) $t_{a\overline{RAS}}$：行地址有效到数据出现在 D_{OUT}上所需的时间，也是读时间。

(3) $t_{a\overline{CAS}}$：列地址有效到数据出现在 D_{OUT}上所需的时间。

(4) $t_{RD-\overline{CAS}}$：读控制信号有效到列地址$\overline{CAS}$有效的时间间隔，这个间隔是为了确保数据读出无误。

（5）$t_{hRD-\overline{CAS}}$：在$\overline{CAS}$无效后，$\overline{WE}=1$ 还应维持的时间。

（6）$t_{h\overline{CAS}-OUT}$：在$\overline{CAS}$无效后，D_{OUT}上数据维持的时间。

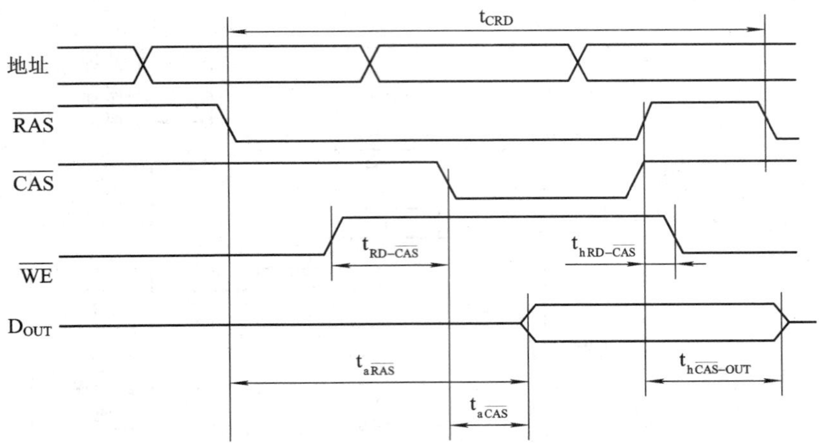

图 3-17　DRAM 芯片的读周期时序

2）写周期时序

图 3-18 是 DRAM 芯片的写周期时序。

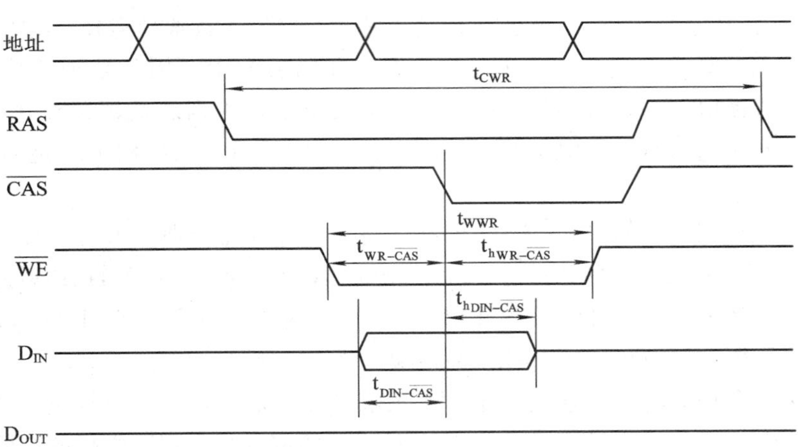

图 3-18　DRAM 芯片的写周期时序

对图 3-18 中的几个时间参数说明如下：

（1）t_{CWR}：写工作周期，即两次发出行选择信号之间的最短时间间隔。

（2）t_{WWR}：写入时间，它是指从$\overline{WE}=0$ 开始，到将 D_{IN}上的数据可靠写入指定数据单元所需的时间。

（3）$t_{WR-\overline{CAS}}$：为了确保写入数据准确无误，$\overline{WE}=0$ 的时间应先于$\overline{CAS}=0$ 的时间。

（4）$t_{DIN-\overline{CAS}}$：为了确保写入数据准确无误，输入数据 D_{IN}应先于$\overline{CAS}=0$ 的时间段。

（5）$t_{hWR-\overline{CAS}}$：在$\overline{CAS}$有效后，写控制$\overline{WE}=0$ 还应维持的时间。

（6）$t_{hDIN-\overline{CAS}}$：在$\overline{CAS}$有效后，D_{IN}上数据还应当维持的时间。

由此可见，为了保证数据的正常写入，$\overline{WE}$和$\overline{CAS}$有效持续时间要大于写入数据 D_{IN}有效的时间。

4. DRAM的刷新

DRAM的存储元是依靠电容存储数据的，由于电容泄漏电流的存在，存储元的信息不能长时间保存，因此必须在一定的时间段中对存储元的信息进行刷新操作。刷新的过程实质是将原存储信息读出后重新写入的过程。

由于程序在执行时对存储单元的访问是随机的，那些长时间得不到访问的单元其存储信息会消失，因此，必须规定在一定的时间间隔内，对DRAM芯片的全部存储元执行一遍刷新操作。这个时间间隔称为刷新周期，也称为再生周期，一般是2 ms。DRAM芯片的刷新操作是由其内部的刷新控制电路自动控制完成的，在刷新时是逐行进行的，一次刷新一行中的全部存储元。常用的刷新有集中、分散和异步三种方式。为了说明这三种刷新方式的不同，我们假设对内部结构为128×128的存储芯片进行刷新，设刷新周期是2 ms，存取周期是0.5 μs，则整个刷新周期中共有4000个存取周期。

1）集中刷新

集中刷新方式是指在4000个存取周期中取连续的128个存取周期，对存储器进行逐行刷新，如图3-19所示。这种刷新的特点是芯片的刷新操作集中在64 μs内，在这个时间段中，CPU是不能访问DRAM的，这个时间又称为“死时间”，而64 μs对CPU来说是一个相当长的时间。集中刷新方式中DRAM的死时间率=128/4000=3.2%。

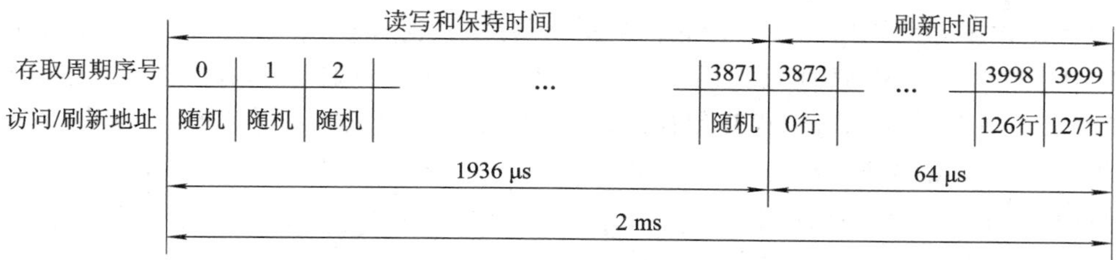

图3-19　DRAM集中刷新方式时间分配示意图

2）分散刷新

分散刷新方式是指将4000个存取周期分为2000个基本周期，每个基本周期中包含两个存取周期时间段，其中一个供CPU访问存储器，另一个用于存储器自身的逐行刷新，如图3-20所示。分散刷新虽然将死时间分散了，但是死时间率=1/2=50%，整个系统的效率降低了。

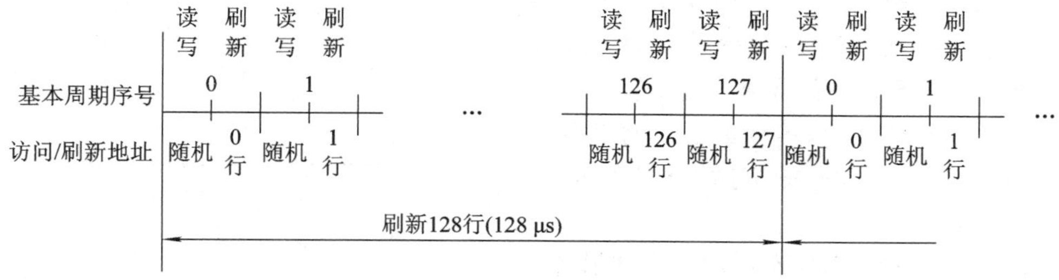

图3-20　DRAM分散刷新方式时间分配示意图

3）异步刷新

异步刷新方式是指将 4000 个存储周期分为 128 个时间段，每个时间段 15.5 μs（2 ms/128=15.6 μs 取存取周期的最大整数倍），即 31 个存取周期，每个时间段中 30 个存取周期用于存储器的读取或保持，1 个存取周期对 DRAM 中的一行执行刷新操作，如图 3-21 所示。这种刷新方式的死时间率=1/31=3.22%。相较于前两种方式，异步刷新方式不但分散了死时间，而且提高了存储器的工作效率。

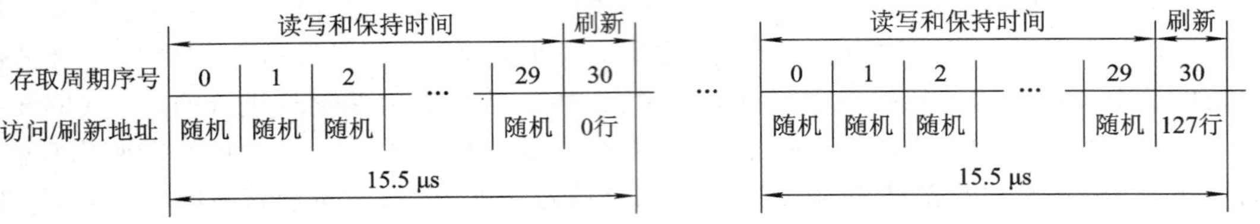

图 3-21 DRAM 异步刷新方式时间分配示意图

3.4 只读存储器 ROM

读存储器中的数据只能读出不能写入，即 ROM 中的内容是不能更改的。通常 ROM 用于存放固定不变的程序和数据，如基本 BIOS 程序、字库等，它与 RAM 共同构成主存储器。ROM 按照其工作原理可以分为多种类型：只读的掩膜只读存储器（Mask ROM，MROM）、可编程一次的可编程只读存储器（Programmable ROM，PROM）、紫外线可擦除的可编程只读存储器（Erasable Programmable ROM，EPROM ）、电可擦除的可编程只读存储器（Electrically Erasable Programmable ROM，EEPROM）、快速擦写存储器（Flash Memory）等。

3.4.1 掩膜型只读存储器 MROM

MROM 是芯片制造商根据用户提供的信息事先将信息存储到芯片中，这种芯片中的信息是固定不变的，即只能读出而不能写入新的信息。

图 3-22 是掩膜 MOS 只读存储器的内部结构。当某一字线（高电平）被选中时，该线上所有连接 MOS 管的位都将导通，使位线上输出低电平，而没有 MOS 管的位线输出高电平。在图 3-22 中，字线 W_0 存储的数据为“010”。

MROM 一般用于存放固定程序或数据，如固定不变的微程序代码或用于显示字符的字模点阵代码等。

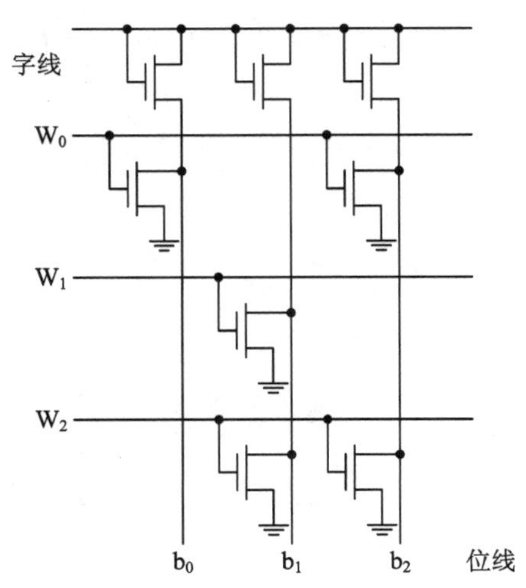

图 3-22 掩膜 MOS 只读存储器的内部结构

3.4.2　可编程一次的只读存储器 PROM

PROM 在出厂时，所有的信息全部为 0，由用户在使用前将所需信息写入芯片的存储器中，这种写入是不可逆的，某单元写入 1 后，不能再将其改写为 0，因此只能执行一次写入操作。

常见的 PROM 是熔丝型的，图 3-23 是一个 4×4 PROM 的工作原理示意图，图 3-23(a)是其内部结构示意图，图 3-23(b)为熔丝型开关和读/写放大电路。PROM 芯片在出厂时，在图 3-23(a)中的行列交叉点处连接一段熔丝，即易熔材料，即存储数据“0”，如图 3-23(b)所示，若该位需要写入 1，则使一个较大的电流通过该熔丝，使其熔断，显然这个过程是不可逆的。

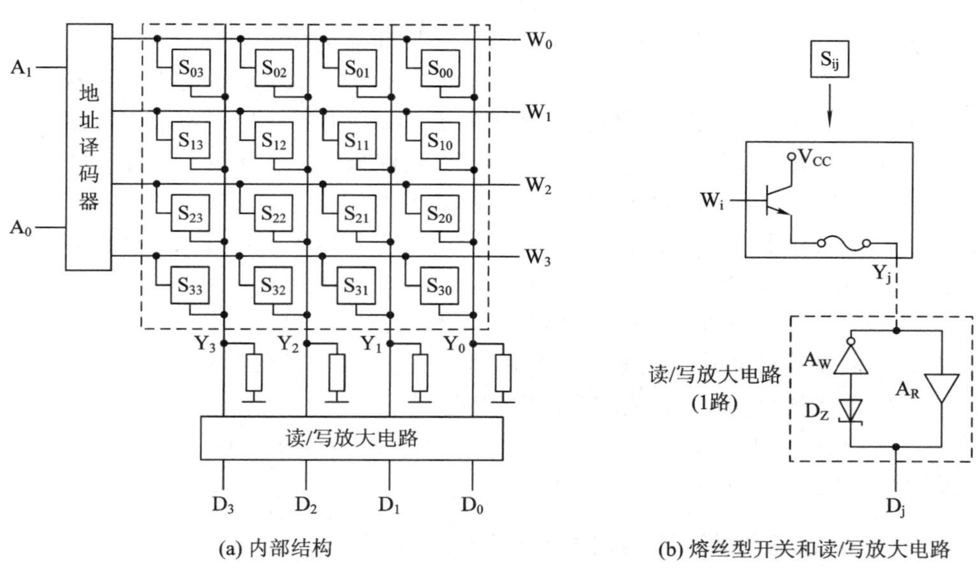

图 3-23　熔丝型 4×4 PROM 的工作原理示意图

在出厂时，所有的熔丝开关都是连通的，这样，当给出的地址信号选中任一根字线 $W_i=1$，会使连接到 W_i 的所有开关均处于导通状态，$W_i=1$ 的信号被施加到 $Y_3 \sim Y_0$，使输出 $D_3D_2D_1D_0=0000$，相当于所有的存储元都存储 0。若通过编程熔断其中一些开关的熔丝，则相应开关不能导通，相当于向相应的存储元写入“1”。如熔断开关 S_{03} 的熔丝，则当给出地址信号 $A_1A_0=00$ 时，由于 S_{03} 不能导通，使 Y_3 处于高电平，输出 $D_3D_2D_1D_0=1000$，即相当于给 S_{03} 存储元写入 1。

由于熔丝熔断的过程是不可逆的，因此只能进行一次性编程。

3.4.3　紫外线可擦除可编程只读存储器 EPROM

EPROM 是指紫外线可擦除可编程的只读存储器，EPROM 存储元的开关结构如图 3-24(a)所示。采用的晶体管是叠层栅注入 MOS 管，MOS 管的结构如图 3-24(b)所示。叠层栅晶体管是在普通 MOS 管的基础上，增加了一个多晶硅栅，这个栅极埋在二氧化硅绝缘层内，没有外部引线，称为浮栅；另一个栅极 G 的引出线与 W_i 相连，称为控制栅。当浮栅中没有注入电子时，$W_i=1$，叠层栅晶体管导通；当浮栅中注入电子后，叠层栅晶体管不能导通。其编程过程就是将电子注入浮栅，而擦除过程就是使浮栅中的电子回到衬底。

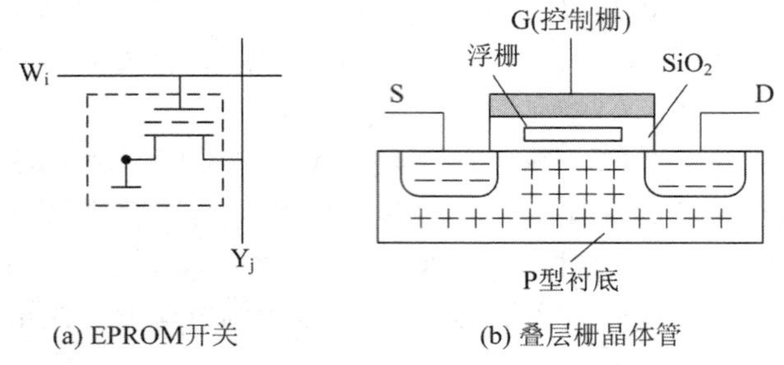

(a) EPROM开关　　(b) 叠层栅晶体管

图 3-24　EPROM 的存储原理

在编程时，需要在叠层栅晶体管的漏极和源极之间加上高电压(如+25 V)，然后给控制栅 G 上加高电压正脉冲(如+25 V，50 ms 宽的正脉冲)。漏源间的高电压形成足够强的电场，会使导电沟道形成雪崩，产生很多高能电子。这些电子在控制栅极高电压正脉冲的吸引下，一部分将击穿二氧化硅薄层，注入浮栅，使浮栅带上负电荷。当外部的高电压撤销后，由于二氧化硅绝缘层的包围，这些电子也不容易泄露掉，可以长期保存。一旦浮栅注入电子，即使控制栅极加上正常的工作高电平，也不足以抵消浮栅负电荷的影响并形成导电沟道，叠层栅 MOS 管不能导通。

在 EPROM 芯片上方都会有一个石英窗口，用于擦除编程信息。将带有石英窗口的芯片放置在光子能量较高的紫外光下照射几分钟，浮栅中的电子就会获得足够的能量，穿过二氧化硅绝缘层回到衬底中，恢复成出厂时的初始状态。

EPROM 的编程、擦除都需要使用专门的编程工具和擦除工具，编程信息可保存 10 年。擦除是整片擦除，一般可擦写几百次。

3.4.4　电可擦除可编程只读存储器 EEPROM

EEPROM 是电可擦除可编程只读存储器的简称，也称为 E^2PROM。它是一种可以进行电全部擦除或部分擦除的 PROM，比 EPROM 的使用更为方便灵活。

EEPROM 构成的可编程开关如图 3-25(a)所示。其中，T_1 是普通的 NMOS 管，T_2 是一个浮栅隧道氧化层 MOS 管，这里将其简称为 EEPROM 晶体管。EEPROM 晶体管的结构如图 3-25(b)所示。

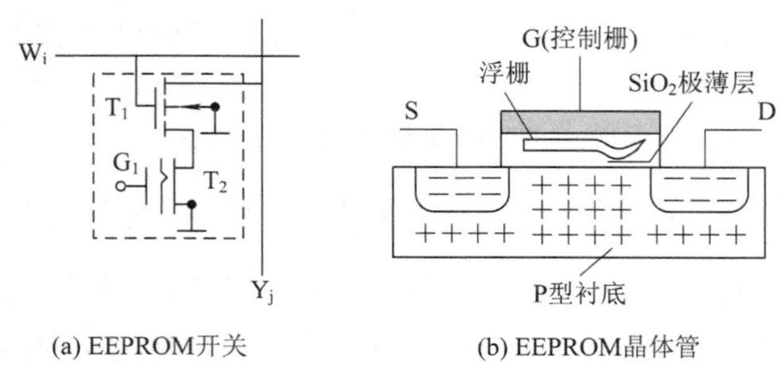

(a) EEPROM开关　　(b) EEPROM晶体管

图 3-25　EEPROM 的存储原理

EEPROM 晶体管与 EPROM 采用的叠层栅 MOS 管结构类似，也有两个栅极：一个栅极 G_1 有引出线，是控制栅，也称为擦写栅；另一个栅极埋在二氧化硅绝缘层内，没有引出线，是浮栅。所不同的是，EEPROM 晶体管中的浮栅与漏极区(D)之间的二氧化硅层极薄，称为隧道区。

在编程时，使 $W_i=1$，Y_j 端接地，T_2 的擦写栅 G_1 接高电压正脉冲(如+21 V)。由于 W_i 端接高电平，所以 NMOS 管 T_1 导通，EEPROM 晶体管 T_2 的漏极接近地电位，此时在擦写栅高电压正脉冲的作用下，EEPROM 晶体管的隧道区被击穿，形成隧道，电子通过隧道注入浮栅。正脉冲过后，浮栅中积有的电子能长期保存。

在擦除时，使 $W_i=1$，T_2 的擦写栅 G_1 接地，Y_j 接高电压正脉冲(如+21 V)。$W_i=1$，所以 T_1 导通，Y_j 端的高电压正脉冲通过导通的 T_1 管加到 T_2 的漏极，形成隧道，浮栅中的电子通过隧道返回衬底。

在正常工作时，擦写栅 G_1 接+3 V 电压，若浮栅没有电子，EEPROM 晶体管导通，图 3-25(a)所示的开关可以导通；若浮栅积有电子，则 EEPROM 晶体管不能导通，开关也不能导通。

3.4.5 闪存 FLASH

FLASH 综合了 EPROM 和 EEPROM 的优点，不但具有 EPROM 高密度、低成本的优点，而且具有 EEPROM 电擦除及快速的优点。

FLASH 构成的可编程开关的结构如图 3-26(a)所示，只使用了一个叠层栅 MOS 管，这里简称为 FLASH 晶体管。FLASH 晶体管的结构如图 3-26(b)所示，其结构与 EPROM 的叠层栅 MOS 管结构类似，都有外部引出的控制栅和埋在二氧化硅绝缘层内的浮栅。所不同的是，FLASH 晶体管的浮栅与衬底之间的绝缘层更薄，与源区的重叠部分是源区的横向扩散形成的，面积极小。

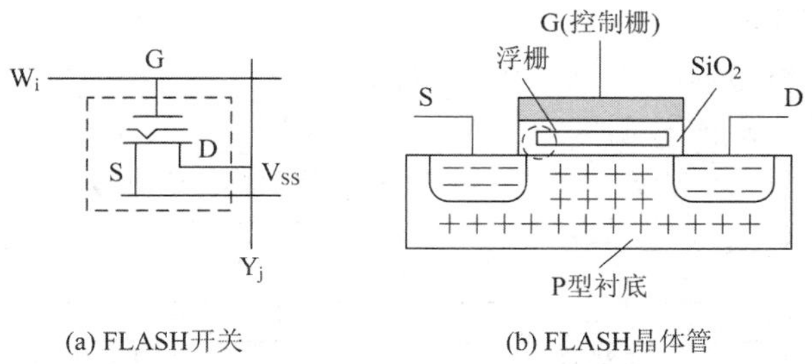

(a) FLASH开关　　(b) FLASH晶体管

图 3-26 FLASH 的存储原理

FLASH 开关的编程方法与 EPROM 相同，利用雪崩效应使电子注入浮栅。在编程时，控制栅加+12 V 高电压，FLASH 晶体管的源-漏之间形成+6～+7 V 的偏置电压，晶体管强烈导通形成雪崩，电子注入浮栅。

FLASH 开关的擦除方法与 EEPROM 类似，利用隧道效应使浮栅中的电子返回衬底。擦除时，控制栅接低电平，源极接+12 V、宽度为 100 ms 的正脉冲，浮栅与源极间的重叠区形成隧道效应，电子由隧道返回衬底。擦除时，所有源极接在一起的晶体管一起被擦除。

正常工作时，$W_i=1$，若浮栅内没有电子，晶体管导通；若浮栅内积有电子，则晶体管不能导通。

按照结构特点，EPROM、EEPROM 和 FLASH 都是浮栅型编程元件，都可以反复编程，并且编程后信息都能够长期保存。但由于 EPROM 的擦除需要专门的工具，应用不方便，已逐步被 EEPROM 和 FLASH 所取代。目前，采用 EEPROM 和 FLASH 工艺的器件，内部通常配置有升压电路来提供编程和擦除电压，因此它们可以工作于单一电源供电。在现有的工艺水平上，它们的擦写寿命可达到 10 万次以上。

3.5 半导体存储器扩展

在设计主存储器时，需要满足系统对存储器容量的需求。存储器的总容量＝存储器字数×存储单元字长＝字数×字长。存储器字数是指存储器中存储单元的个数，与存储器地址线的宽度有关，例如，有 10 根地址线，那么存储单元的最大数量是 $2^{10}=1024$ 个；存储单元字长是指每个存储单元可以存储的代码位数，该位数往往是由存储器数据线的位数决定的。主存可以按字节编址(8 bit)，也可以按字编址，字的长度可以是变化的，16 位机的字长是 16 位，32 位机的字长是 32 位，通常字长是字节的整数倍。在确定了存储器的总容量后，还要确定存储器中 RAM 和 ROM 各自的容量。

市场上的半导体存储芯片，其容量常常与实际的需求有差距，需要采用扩展的方法构成满足容量要求的存储器。例如，用 1K×1 位的 RAM 构成 4K×8 位的存储器，常用的扩展方法是位扩展和字扩展。下面我们介绍选用 1K×1 位的 RAM 存储芯片构成 4K×8 位的扩展过程。

3.5.1 位扩展

位扩展是指将现有芯片扩展成一个能够满足存储器字长要求的模块，该模块的字数与存储芯片的字数是一致的。

要求设计的存储器总容量是 4K×8，因此字长是 8，选用的芯片是 1K×1 位的，则位扩展的目标就是要构成一个 1K×8 的模块。1K×1 位的 RAM 芯片有 10 根地址线 $A_9 \sim A_0$，1 根数据线 D，还有读写线 $\overline{WE}$ 和片选线 $\overline{CS}$。具体扩展方法如图 3-27 所示。

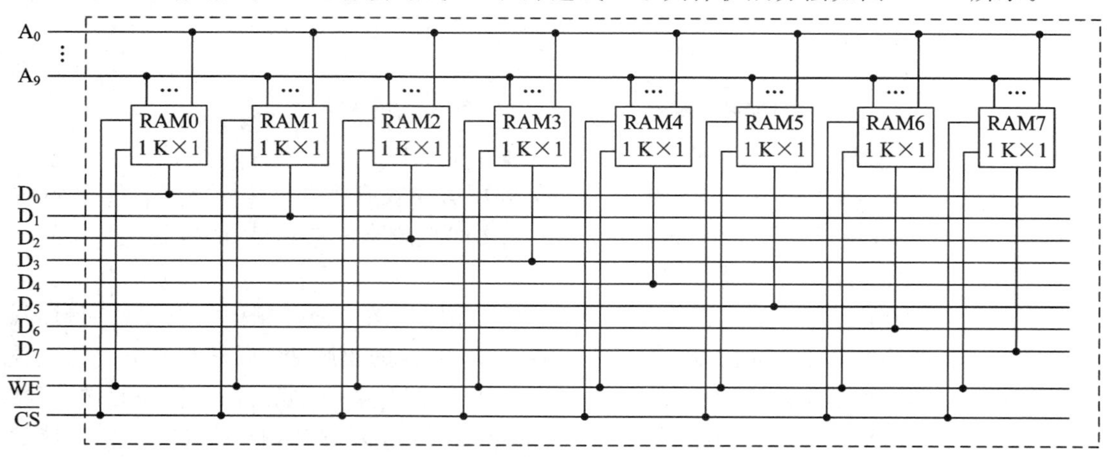

图 3-27 位扩展法构成 1K×8 位模块

从图 3-27 中可以看出构成模块的 8 个存储芯片的各类信号的连接方法如下：

(1) 各芯片数据信号独立，分别作为模块的 $D_7 \sim D_0$，构成模块 8 位数据。

(2) 读/写线 $\overline{WE}$ 并联。

(3) 片选线 $\overline{CS}$ 并联。

(4) 各芯片的地址信号 $A_9 \sim A_0$ 并联。

位扩展后得到的模块的容量是 1K×8 位，其信号有：

(1) $D_7 \sim D_0$：8 位数据。

(2) $A_9 \sim A_0$：10 位地址。

(3) $\overline{WE}$：读写控制。

(4) $\overline{CS}$：片选信号。

3.5.2　字扩展

字扩展是指用满足存储单元字长的芯片或模块构成存储器，以满足存储器的字数要求。例如，用 1K×8 的模块构成 4K×8 的存储器，需要四个模块。这四个模块构成的存储器的地址应当是连续的，因此，这四个模块的地址空间分配如表 3-2 所示。分析表 3-2，可以利用 $A_{11}A_{10}$ 控制产生四个模块的片选信号 $\overline{CS_0} \sim \overline{CS_3}$，如图 3-28 所示。

表 3-2　字扩展时存储器各模块的地址

地址(十六进制)	$A_{11}A_{10}$	$A_9 \sim A_0$	选中的模块
000H … 3FFH	00	00 0000 0000 … 11 1111 1111	0 号
400H … 7FFH	01	00 0000 0000 … 11 1111 1111	1 号
800H … BFFH	10	00 0000 0000 … 11 1111 1111	2 号
C00H … FFFH	11	00 0000 0000 … 11 1111 1111	3 号

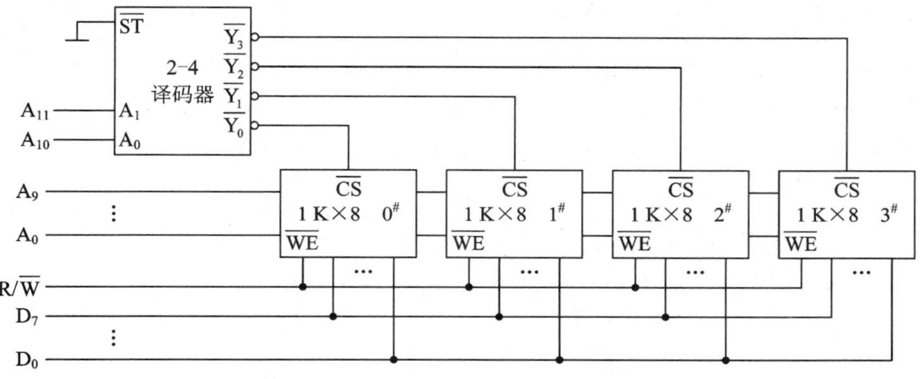

图 3-28　字扩展法构成 8K×8 位模块

从图 3 - 28 中可以看出，在进行字扩展时，各存储模块间的各类信号的连接方法如下：

(1) 数据信号并联。

(2) 读写线$\overline{WE}$并联。

(3) 地址信号分为两部分：

① 10 根片内地址 $A_9 \sim A_0$ 并联。

② 2 根片外地址 $A_{11}A_{10}$ 控制 2 - 4 译码器产生四个模块的片选信号$\overline{CS}$。

按照主存容量正确选择存储芯片的数量以构成满足存储单元数量和存储单元字长的要求。假定一个主存的容量为 M×N 位，若使用 S×T 位的芯片构成，则所需存储芯片的数量 S 为 S=(M/S)×(N/T)。

3.5.3 存储器扩展举例

例 3 - 1 某 CPU 共有 16 根地址线，8 根数据线，并用$\overline{MREQ}$(低电平有效)作为访存控制信号，用 $R/\overline{W}$ 作为读写命令信号(高电平为读，低电平为写)。现有的存储芯片是：ROM(4K×4 位)和 RAM(4K×8 位)，还有 74138 译码器和其他门电路(门电路自定)。试从上述规格中选用合适的芯片，要求最小 8K 地址为系统程序区，紧接着的 24K 地址为用户程序区，构成存储器。要求：

(1) 指出选用的存储芯片类型及数量。

(2) 详细画出存储器与 CPU 的连线图。

解 (1) 由于最小 8K 地址是系统程序区，系统程序可以是固定功能的程序，因此可以选择 ROM，24K 地址的用户程序区必须是 RAM。

本题目中说明有 16 根地址线，8 根数据线，因此最大的寻址空间是 $2^{16}=64$ KB，每个存储单元的字长是 8 位。由此选择芯片：

① ROM：选择 4K×4 位芯片 4 片，扩展构成 8K×8 ROM。

② RAM：选择 4K×8 位芯片 6 片，构成 24K×8 的 RAM 存储空间。

(2) 16 根地址线，8 根数据线，因此 CPU 的寻址空间是 64K×8b，这 64K 的地址分配情况如表 3 - 3 所示。

表 3 - 3 例 3 - 1 中各芯片的地址分配情况

地址(十六进制)	$A_{15}A_{14}A_{13}A_{12}$	$A_{11} \cdots A_0$	存储芯片
0000 … 0FFF	0000	0000 0000 0000 … 1111 1111 1111	0～1# ROM
1000 … 1FFF	0001	0000 0000 0000 … 1111 1111 1111	2～3# ROM

续表

地址(十六进制)	A_{15} A_{14} A_{13} A_{12}	$A_{11}\cdots A_0$	存储芯片
2000 … 2FFF	0010	0000 0000 0000 … 1111 1111 1111	0# RAM
3000 … 3FFF	0011	0000 0000 0000 … 1111 1111 1111	1# RAM
4000 … 4FFF	0100	0000 0000 0000 … 1111 1111 1111	2# RAM
5000 … 5FFF	0101	0000 0000 0000 … 1111 1111 1111	3# RAM
6000 … 6FFF	0110	0000 0000 0000 … 1111 1111 1111	4# RAM
7000 … 7FFF	0111	0000 0000 0000 … 1111 1111 1111	5# RAM

从表 3-3 可以看出，在整个存储器中，$A_{15}=0$，可以用于控制 74138 的$\overline{ST_C}$，$A_{14}\sim A_{12}$用于控制产生各芯片的片选控制信号，$\overline{MREQ}$为低电平时表示访问存储器，因此可以用来控制$\overline{ST_B}$，R/$\overline{W}$ 用于控制 6 个 RAM 的读写控制信号$\overline{WE}$，CPU 和存储器连接逻辑图及片选逻辑如图 3-29 所示。

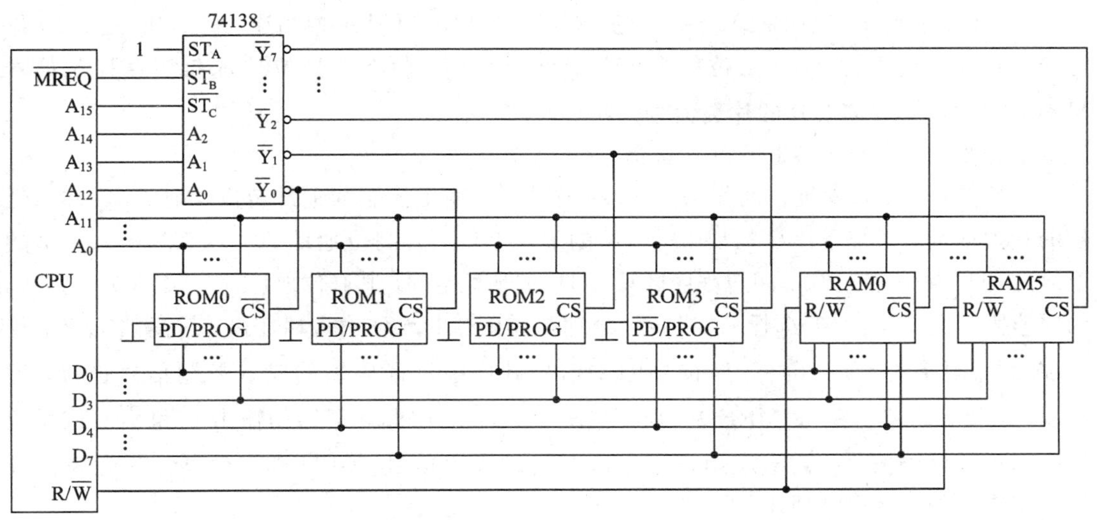

图 3-29 例 3-1 的 CPU 和存储器连接逻辑图

例 3-2 设 CPU 有 16 根地址线，8 根数据线，并用$\overline{MREQ}$作为访存控制信号(低电平有效)，用$\overline{WR}$作为读/写控制信号(高电平为读，低电平为写)。现有存储芯片：1K×4 位 RAM；4K×8 位 RAM；8K×8 位 RAM；2K×8 位 ROM；4K×8 位 ROM；8K×8 位 ROM 及 74LS138 译码器和各种门电路。画出 CPU 与存储器的连接图，要求：

(1) 主存地址空间分配如下：

6000H～67FFH 为系统程序区；

6800H～6BFFH 为用户程序区。

(2) 合理选用上述存储芯片，说明各选几片。

(3) 详细画出存储芯片的片选逻辑图。

解 第一步，先将 16 进制地址范围写成二进制地址码，并确定其总容量，如下所示：

A_{15}	A_{14}	A_{13}	A_{12}	A_{11}	A_{10}	A_9	A_8	A_7	A_6	A_5	A_4	A_3	A_2	A_1	A_0	
0	1	1	0	0	0	0	0	0	0	0	0	0	0	0	0	
…	…															系统程序区 2K×8位
0	1	1	0	0	1	1	1	1	1	1	1	1	1	1	1	
0	1	1	0	1	0	0	0	0	0	0	0	0	0	0	0	
…	…															用户程序区 1K×8位
0	1	1	0	1	0	1	1	1	1	1	1	1	1	1	1	

第二步，根据地址范围的容量以及该范围在计算机系统中的作用，选择存储芯片。

根据 6000H～67FFH 为 2K×8 位的系统程序区，应选 1 片 2K×8 位的 ROM，若选 4K×8 位或 8K×8 位的 ROM，都超出了 2K×8 位的系统程序区范围。

根据 6800H～6BFFH 为 1K×8 位的用户程序区的范围，应选 2 片 1K×4 位的 RAM 芯片扩展成为 1K×8 位的用户程序区。

第三步，分配 CPU 的地址线。

将 CPU 的低 11 位地址 A_{10}～A_0 与 2K×8 位的 ROM 地址线相连；将 CPU 的低 10 位地址 A_9～A_0 与 2 片 1K×4 位的 RAM 地址线相连。剩下的高位地址与访存控制信号$\overline{MREQ}$共同产生存储芯片的片选信号。

第四步，控制产生各芯片的片选信号。

这里选择 1K 的地址空间作为 3-8 译码器每个输出控制的地址范围，则 A_9～A_0 为低位的片内地址；系统程序区需要 2 个 1K 的地址空间，其高位地址 $A_{15}A_{14}A_{13}A_{12}A_{11}A_{10}$ 的取值为 0110 00～0110 01；用户程序区只有 1K 的地址空间，其高位地址 $A_{15}A_{14}A_{13}A_{12}A_{11}A_{10}$ 的取值固定为 0110 10。选择 $A_{12}A_{11}A_{10}$ 分别与译码器的地址输入端连接，最高的三位地址 $A_{15}A_{14}A_{13}$ 固定为 011，与 CPU 的$\overline{MREQ}$信号共同控制译码器的输入控制信号连接，即 A_{14}、A_{13} 接 ST_A 端，A_{15} 和$\overline{MREQ}$分别连接$\overline{ST_B}$和$\overline{ST_C}$。因此译码器的输出$\overline{Y_0}$和$\overline{Y_1}$对应系统程序芯片的译码信号，$\overline{Y_2}$对应用户程序区芯片的译码信号。CPU 和存储器连接逻辑图及片选逻辑图如图 3-30 所示。

当然，也可以选择 2K 地址作为译码器的输出控制范围，各芯片片选信号如何产生，请读者自行分析。

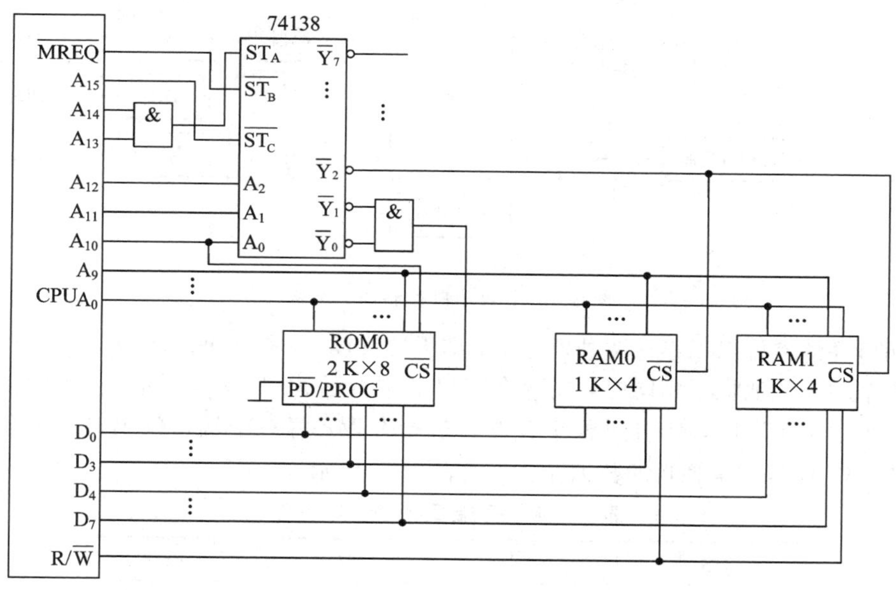

图 3－30　例 3－2 的 CPU 和存储器连接逻辑图及片选逻辑图

3.6　高速存储器

在计算机系统中，主存储器是信息交换的中心，一方面 CPU 频繁地访问主存，从中读取指令、存取数据；另一方面各种外围设备也会频繁地与主存交换信息。因此，存储器的速度是影响计算机系统速度的一个重要因素，计算机的发展对存储器的速度不断地提出更高的要求。

虽然可以采用更高速的存储器作为主存，但是高速存储器芯片的价格会很高，况且目前半导体存储器速度的提升在半导体工艺和材料方面遇到了瓶颈。本节主要介绍通过改善存储器内部结构达到提高存储器速度的几种常见方法。

3.6.1　双端口存储器

常规的存储器每次操作只能访问一个存储单元的数据，这是由于常规存储器只有一个访问端口，即存储器内部所需的地址寄存器 AR、地址译码器、数据寄存器 DR 和读/写控制电路只有一套，实际上就是单端口存储器，因此每次只能接收一个地址，并在控制信号的作用下实现对该地址中内容的存取操作。这种单端口存储器在 CPU 执行双操作数指令的访存指令时，就需要分两次读取操作数，工作速度较低。如果能够从硬件的角度增加访问存储器端口数量就可以提高存储器的速度。图 3－31 所示的是双端口存储器的结构。

从图 3－31 可以看到，双端口存储器有左、右两个端口，每个端口都有一套地址寄存器、地址译码器、数据寄存器和控制电路，这样存储器就可以对存储器中两个不同的单元进行各自独立的读/写操作。

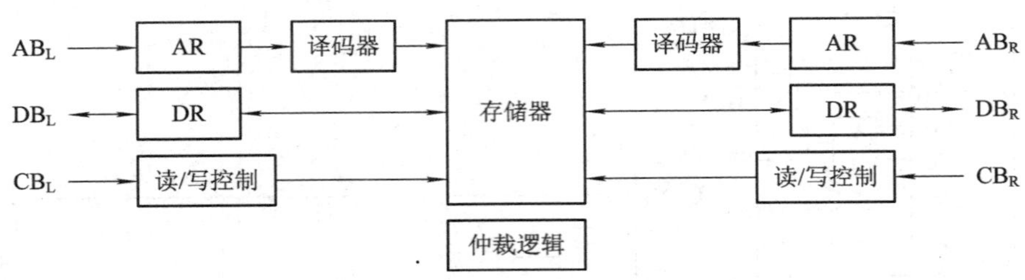

图 3－31 双端口存储器的结构

双端口存储器可以工作在两种模式下，即无冲突读/写和有冲突读/写。

当两个端口的地址不相同时，在两个端口上进行的读/写操作一定不会发生冲突。当任一端口被选中驱动时，就可对整个存储器进行存取，每一个端口根据其控制信号$\overline{CS}_x$、$\overline{OE}_x$ 和 $R/\overline{W}_x$ 信号决定各自的数据操作，如表 3－4 所示。

表 3－4 各端口的读/写操作

$\overline{CS}_x$	$\overline{OE}_x$	$R/\overline{W}_x$	操作
1	x	x	无操作
0	0	1	读
0	x	0	写

当两个端口同时存取存储器同一存储单元时，便会发生读/写冲突。为了解决冲突发生时两个端口应当执行的操作，双端口存储器中专门设置了仲裁逻辑，根据左右两个端口的地址和片选信号决定其中的一个端口优先进行读/写操作，而另一个端口的操作会被延迟。仲裁逻辑通过增加两个控制信号$BUSY_L$和$BUSY_R$实现对两个端口的控制，$BUSY_X$信号为 0 的端口正常工作，$BUSY_X$信号置 1 的端口会暂停工作，直到该$BUSY_X$为 0 时才开放此端口。表 3－5 是仲裁逻辑根据控制信号对两个端口的控制情况。

表 3－5 端口操作判断依据

端口	$\overline{CS_L}$　$\overline{CS_R}$	$(A_0\sim A_m)_L$与$(A_0\sim A_m)_R$	$BUSY_L$	$BUSY_R$	端口仲裁
无冲突	1　1	X　X	0	0	无冲突
	0　1	任意　X	0	0	无冲突
	1　0	X　任意	0	0	无冲突
	0　0	不相等	0	0	无冲突
根据地址有效顺序仲裁	0　0	$(A_0\sim A_m)_L$先于$(A_0\sim A_m)_R$有效 50 ns	0	1	左端口优先
	0　0	$(A_0\sim A_m)_R$先于$(A_0\sim A_m)_L$有效 50 ns	1	0	右端口优先
	0　0	$(A_0\sim A_m)_L$与$(A_0\sim A_m)_R$在 50 ns 内匹配	0 1	1 0	随机选择

续表

端口	$\overline{CS}_L$　$\overline{CS}_R$	$(A_0 \sim A_m)_L$ 与 $(A_0 \sim A_m)_R$	$BUSY_L$	$BUSY_R$	端口仲裁
根据片选有效顺序仲裁	$\overline{CS}_L$ 先于 $\overline{CS}_R$ 有效 50 ns	相等	0	1	左端口优先
	$\overline{CS}_R$ 先于 $\overline{CS}_L$ 有效 50 ns	相等	1	0	右端口优先
	$\overline{CS}_L$ 与 $\overline{CS}_R$ 50 ns 内匹配	相等	0 1	1 0	随机选择

双端口存储器常作为通用寄存器组，能快速地为运算器提供双操作数或快速地实现寄存器间的数据传送。双端口存储器的另一种应用是在以存储器为中心的计算机中，让其中一个端口通过存储总线与 CPU 连接，使 CPU 能快速访问主存，另一个端口通过系统总线与 I/O 设备或 IOP 连接，这种连接方式具有较大的信息吞吐量。在多机系统中可以采用双端口存储器作为各 CPU 的共享存储器，实现多 CPU 之间的通信。

3.6.2　单体多字存储器

单体多字存储器通过增加每个存储单元字长来提高存储器速度，其结构如图 3 - 32 所示。

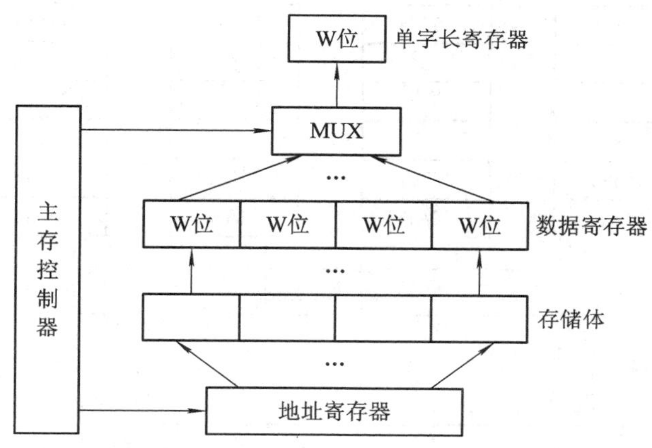

图 3 - 32　单体多字存储器的结构

图 3 - 32 中的存储体是由多个并行存储器共同构成的，这些存储器共用一个地址寄存器，即按同一地址码并行地访问各自对应的单元。假设一个由 4 个存储器构成的并行存储体的总容量为 4 MB，若存储器的访问单位为字节，W＝8 则需要 22 位的存储单元地址。主存控制器将存储地址的高 20 位 $A_{21} \sim A_2$ 送地址寄存器，4 个存储器同时访问各自存储体中地址与 $A_{21} \sim A_2$ 相同的存储单元，并将数据送到各自对应的数据寄存器，数据寄存器的 4×W 位数据通过一个四选一数据选择器输出数据，该数据选择器将主存控制器的低 2 位地址 $A_1 \sim A_0$ 作为地址选择信号，从 4×W 位数据寄存器中选择一个 W 位数据。

四个存储体中地址相同的各个单元可以视为一个大的存储单元，因而称为单体多字存储器。这个存储单元中的 W 位数据是通过存储器低位地址选择输出的，这样，只有高位地址 A 变化时才需要访问存储体，否则只需要从数据寄存器中访问数据就可以了，大大提高了访问速度。

单体多字并行主存系统适用于向量运算一类的特定环境。在执行向量运算时，一个向量包含多个标量操作数，可以按同一地址分别存放于 n 个并行主存中。

3.6.3　多体交叉存储器

多体交叉存储器是指用多个存储体构成一个存储器的方式，有高位地址交叉和低位地址交叉两种方式。

1. 高位地址交叉

在 3.5 节中，构成存储器的各存储模块在扩展时，用低位地址作片内地址，高位地址作为译码器的地址选择信号产生各模块的片选信号，这种地址译码方案称为高位地址交叉。例如，用 4 个独立的 64K×8 位的存储模块，构成一个 256K×8 位的存储器时，可以采用如图 3－33 所示的高位地址交叉方式，在这种方式构成的存储器中，4 个储存体 M_0～M_3 自身单元的地址是连续的，并且与相邻存储体之间的地址也是连续的。高位地址交叉方式存储器又称为顺序存储器。

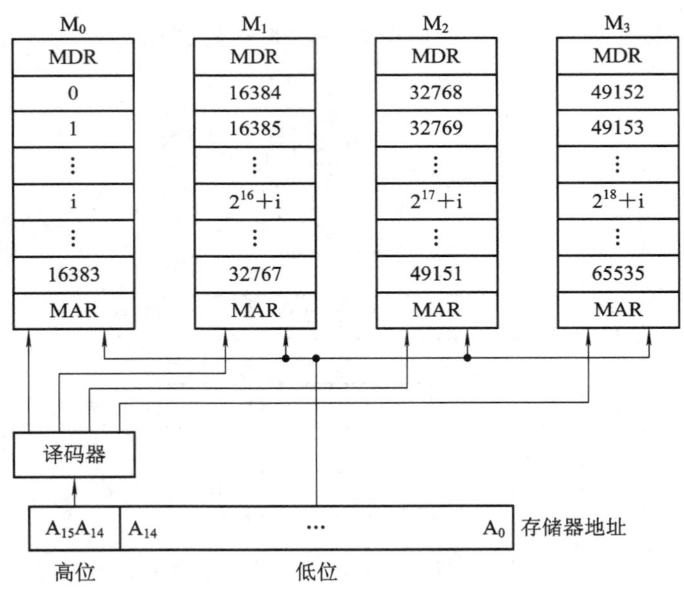

图 3－33　高位地址交叉方式存储器

在高位地址交叉译码方案中，每个存储模块都有自己的地址寄存器、数据寄存器和控制电路，因此，实际上高位地址交叉方式的每个存储体已经具备了并行的工作条件。然而，由于程序的连续性和局部性原理，程序执行过程中被访问的指令序列和数据大多数情况下是分布在一个物理地址连续的存储区域中，这种译码方案下地址连续的存储区域往往分布在同一个存储模块中，因此程序运行时，会连续地访问同一个存储模块，使存储器的带宽受到了限制。高位地址交叉方式主要用于扩大存储器的容量。

2. 低位地址交叉方式

低位地址交叉方式存储器的内部结构如图 3-34 所示。与高位地址交叉方式不同的是，存储器的高位地址作为各个存储体的体内地址，而存储体的地址译码信号是由低位地址控制产生的，译码后，整个存储器中相邻单元的地址被分布在 4 个不同的存储体中，M_0 存储体的地址编址序列是 0，4，8，12，…，65532；M_1是 1，5，9，13，…，65533；M_2是 2，6，10，14，…，65534；M_3是 3，7，11，15，…，65535。这样一段连续的程序或数据将交叉地存放在几个存储体中，在高位地址相同的情况下，即体内地址相同的情况下，4 个物理地址连续的存储单元分别位于 4 个不同的存储体中，这样就具备了存储体并行的条件。

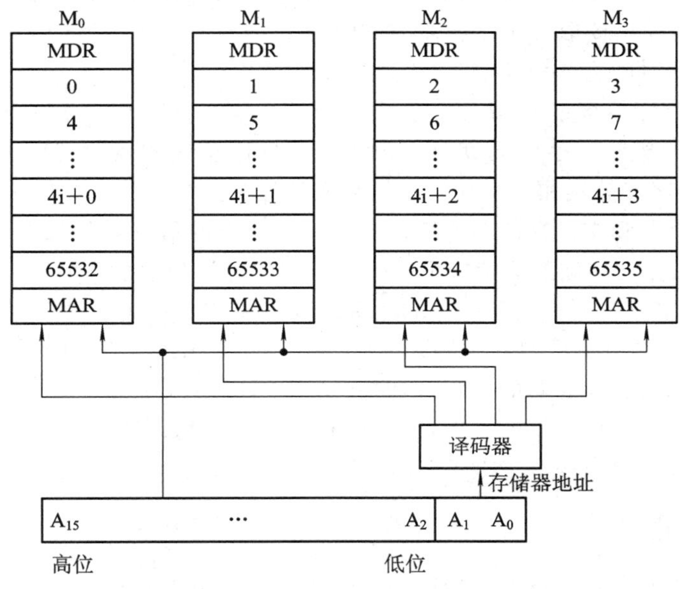

图 3-34 低位地址交叉方式存储器结构

一个低位地址交叉的四体存储器如果能够按照如图 3-35 所示的方式，在一个存取周期中分时启动 4 个存储体，那么在下一个存储周期中就可以获得 4 个存储体的数据，这样

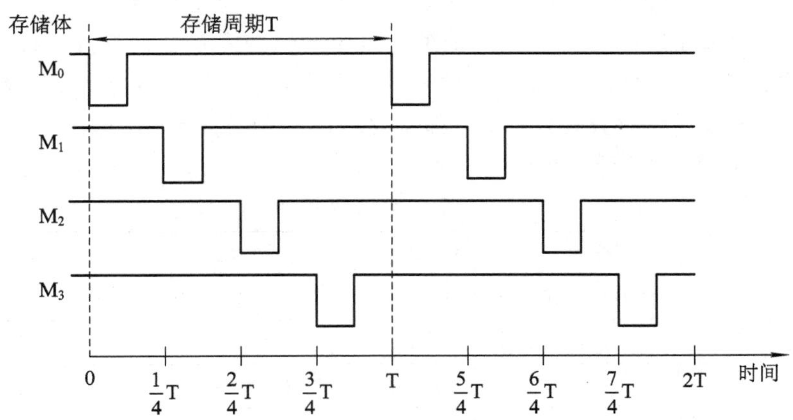

图 3-35 四体交叉存储器分时工作示意图

可以有效地提高存储器带宽。图 3-35 中有 4 个存储体，故模数 N 等于 4，若每个存储体的存取周期为 T，则各存储体分时启动读/写功能，时间相隔为$\frac{1}{4}$T，这样在下一个存取周期中将可访问 4 个不同的存储体。

采用低位地址交叉方式工作的存储器实际上是一种流水线方式工作的并行存储器，在连续工作的情况下，虽然每个存储体的工作速度不变，但是整个存储器的速度可以提高 n 倍(n 是存储体的个数)。

假设低位地址交叉存储器的模块数为 n，每个存储体的存储周期为 T，存储字长和数据总线位数一致，总线传输周期为 τ，则采用如图 3-34 所示的方式分时存取时，在满足 $T \geqslant n\tau$ 的条件下，连续读取 n 个字所需的时间为 $t=T+(n-1)\tau$，同样条件下采用高位地址交叉方式所需的时间为 $t=nT$ 。

例 3-3 设存储器容量为 32 字，字长为 64 位，模块数 m＝4，分别用顺序方式和低位地址交叉方式进行组织。存储周期 T＝200 ns，数据总线宽度为 64 位，总线传送周期 τ＝50 ns。请问顺序存储器和交叉存储器的带宽各是多少？

解 顺序存储器和交叉存储器连续读出 m＝4 个字的信息总量都是：$q=64\times4=256$ 位。顺序存储器和交叉存储器连续读出 4 个字所需的时间分别是：

$$t_1=mT=4\times200\ \text{ns}=800\ \text{ns}=8\times10^{-7}\ \text{s}$$

$$t_2=T+(m-1)\tau=200\ \text{ns}+150\ \text{ns}=350\ \text{ns}=3.5\times10^{-7}\ \text{s}$$

顺序存储器和交叉存储器的带宽分别是：

$$W_1=q/t_1=256\div(8\times10^{-7})=32\times10^{7}(\text{b/s})$$

$$W_2=q/t_2=256\div(3.5\times10^{-7})=73\times10^{7}(\text{b/s})。$$

3.6.4 相联存储器

在此之前介绍的所有对存储器的访问，都要在提供存储单元的地址后才能进行，这是大多数存储器的按地址访问方式。

当存储器中存放如表 3-6 所示的学生成绩表时，我们往往想按照指定信息查找相关信息，例如，查询姓名是“刘涛”的所有成绩，即按照内容对存储器进行访问。表 3-6 中信息的存储和检索依赖的是表中的内容，如果采用按地址访问的存储器，那么一定要知道需要检索内容的准确地址，但是这个物理地址和表中的信息内容没有逻辑关系，因此如果采用常规方法去存储和检索信息，就要编写程序按照地址顺序读取存储的信息，并与指定信息进行比较，来判断是否存在指定信息，如果存在匹配信息则输出相关信息，这种用软件查找信息的方式需要花费较长的时间。

表 3-6 学生成绩表

物理地址	学号	姓名	语文	数学	英语
n	2017070101	白静	85	98	97
n+1	2017070102	刘涛	82	95	92
n+2	2017070103	张峰	70	85	83
n+3	2017070104	胡伟	83	79	75

相联存储器又称为CAM(Content Addressed Memory)，是一种能够按照存储内容进行访问的存储器。将表3-6中的信息存放在相联存储器中，再用“姓名”字段的内容作为关键字，同时对表中的所有记录查找姓名为“刘涛”的信息，可以快速地输出这个学生的语文、数学和英语成绩。

相联存储器由存储体、检索寄存器、屏蔽寄存器、比较器、符合寄存器、数据寄存器及控制线路(地址寄存器和地址译码器)等组成，其内部结构如图3-36所示。相联存储器的基本原理是把存储单元所存内容的某一部分作为检索项(即关键字项)，去检索存储器的每一个单元，然后对存储器中与该检索项相符合的存储单元内容进行读出或写入。

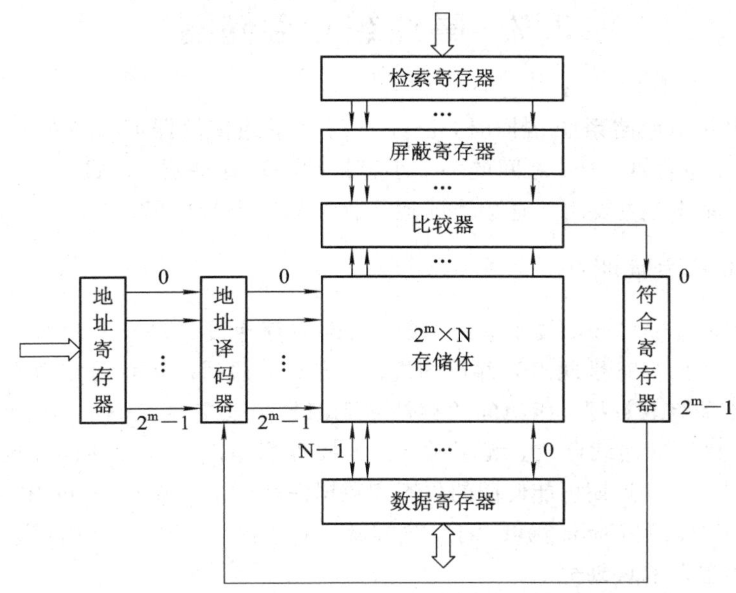

图3-36 相联存储器的内部结构

图3-36中各组成部分分述如下：

(1) 存储体的单元数为2^m、字长为N(单元数可以看成是表3-6中的记录数，N是每个记录中所有字段位的总和)。

(2) 地址寄存器和地址译码器在控制电路的控制下依次产生$0\sim2^m-1$的存储单元地址，经地址译码后选中需要访问的存储单元。

(3) 检索寄存器用来存放检索字，其位数为N，即与存储体的字长相等。

(4) 屏蔽寄存器用来存放屏蔽码，其位数为N。屏蔽寄存器中为“1”的位称为屏蔽位，是索引寄存器不需要查找的位，前面提到的索引项是检索寄存器与屏蔽寄存器按位取反后进行逻辑与运算得到的。

(5) 符合寄存器的位数为2^m，即与存储单元的个数相同，每一位与存储体的一个存储单元相对应，即符合寄存器的位数就是相联存储器的单元个数，它是用来存放检索结果的。符合寄存器的每一位是一个标志位，若标志位为1，表示该位对应的存储单元中存在与索引项相匹配的内容；若标志位为0，表示该位对应的存储单元中没有与索引项相匹配的内容。

(6) 比较器是把检索项和从存储体中读出的某个单元内容的相应位进行比较，如果有某个存储单元和检索项符合，就把符合寄存器的相应位置“1”，表示单元存在索引项。

(7) 数据寄存器用来存放存储体中读出的数据，或者存放向存储体中写入的数据。

为了能够实现快速存取，相联存储器的主要部分(即存储体)由高速半导体存储器构成，因此相联存储器比传统存储器成本高出许多。在计算机系统中，相联存储器主要用于在虚拟存储器中存放分段表、页表和快表；在高速缓冲存储器中，相联存储器作为存放 Cache 的目录表，因为在这两种应用中，都需要快速按内容查找信息。

3.7 高速缓冲存储器

本章概述中介绍存储系统结构时，已经对高速缓冲存储器 Cache 的功能做了简要说明。Cache 是位于主存和 CPU 之间的一个小容量的高速存储器，Cache 中存放的信息是主存中局部信息的副本，主要用于存放当前运行程序的指令和代码。

3.7.1 Cache 工作原理

从理论上讲，通过 Cache 技术提高 CPU 访问主存速度是基于程序局部性原理。程序局部性是指程序在执行时呈现出局部性的规律，即在一段时间内，CPU 访问存储器时，无论是存取指令还是存取数据，所访问的存储单元都趋于聚集在一个较小的连续区域中。指令的顺序执行、数组的连续存放、程序循环、堆栈等都是产生局部性的原因。根据程序局部性原理，只要将 CPU 近期可能使用的程序和数据提前从主存调入 Cache 中，就能做到在短时间内 CPU 只需要访问 Cache 就可以了，这样就达到了提高 CPU 访问内存速度的目的。

1. Cache 和主存的块划分

正是由于程序局部性原理，Cache 和主存数据交换时应当以块为单位整体进行，因此 Cache 和主存的存储空间都被划分成若干个大小相同的数据存储块。Cache 和主存的地址划分如图 3-37 所示。

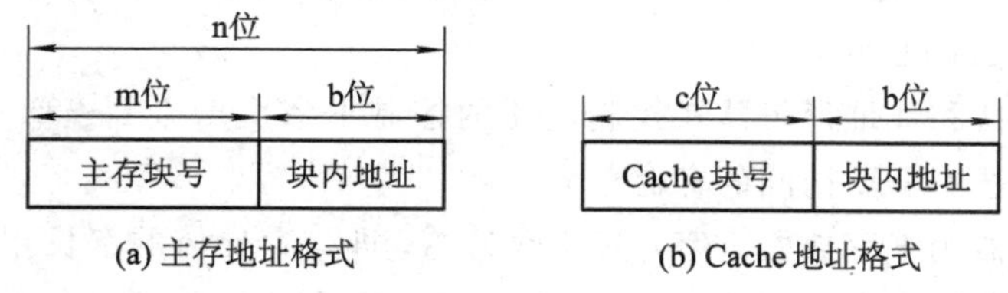

图 3-37 Cache 和主存的地址划分

假设某计算机的主存和 Cache 都是按字节编址，主存容量为 1 MB，按每块 512B 划分，Cache 容量为 8 KB。按照图 3-37 中的地址划分，主存地址的位数 n=20 位，块内地址的位数 b=9 位(每块 512B)，主存的块号位数 m=20－9=11 位，所以主存被划分成 2^{11}(2048)个块；同样地，Cache 的块与主存块一样大，即 Cache 的 b=9，Cache 的总地址位数是 13 位，所以 Cache 块号的位数 c=13－9=4 位，即 Cache 被划分成 2^{4}(16)个块。

2. Cache 的主要性能指标

Cache 主要的性能指标有命中率、Cache-主存系统的平均访问时间和 Cache 的效率。

1）Cache 的命中率

Cache 的容量和块大小是影响 Cache 效率的主要因素，通常用“命中率”来衡量 Cache 的效率。命中率是指 CPU 从 Cache 获得信息的百分比，式(3-1)是命中率 h 的表达式：

$$h=\frac{N_c}{N_c+N_m} \tag{3-1}$$

式中，N_c 是程序执行期间从 Cache 获得数据的次数；N_m 是访问主存的次数。

一般而言，Cache 的容量越大，CPU 的命中率就越高，但是当 Cache 的容量达到一定时，命中率的提高与容量的增大并无明显关系，Cache 的命中率还与块的大小、替换算法和映射方式有关，因此 Cache 的容量取总成本和命中率的折中值。

2）Cache-主存系统的平均访问时间和 Cache 的效率

若用 t_c 表示 Cache 的访问时间，用 t_m 表示主存的访问时间，则由 Cache 和主存构成的存储系统，即 Cache-主存系统的平均访问时间 t_a 可由式(3-2)计算得到：

$$t_a=ht_c+(1-h)t_m \tag{3-2}$$

从理论上分析，t_a 越接近 t_c 越好。若用 e 表示效率，则有式(3-3)：

$$e=\frac{t_c}{t_a} \tag{3-3}$$

因此，提高 t_a 可以通过降低 t_c、降低 t_m，或提高 Cache 的命中率 h 等几项措施来实现。

这里只讨论最后一种情况，与 Cache 命中率相关联的因素有以下几个：

(1) 程序在执行过程中的地址流分布情况。

(2) Cache 失效时的替换算法。

(3) Cache 的容量和块大小。

不同的程序其地址流的分布是不同的，在这一点上硬件控制是无能为力的，Cache 替换算法在后面专门进行分析，这里只讨论命中率与 Cache 的容量和块大小的关系。

Cache 的命中率会随着其容量的增加而提高。在 Cache 容量比较小时，命中率提高得非常快，但是随着容量的增加，命中率提高的速度会逐渐降低，当 Cache 容量增大到无穷大时，命中率有望达到100%，但永远不可能达到，其关系曲线可以用 $h=1-S^{-0.5}$ 表示，S 是 Cache 的容量。

Cache 中块大小的选择也是一个因素，根据程序局部性原理，如果块容量太小会造成 h 比较低；但是如果块容量太大，则进入到 Cache 中的许多数据可能根本用不上，而其程序局部性的作用也会逐渐减弱，因此块大小的选择有一个最佳值。

近年来，计算机中从单一 Cache 转向多个 Cache，一方面增加 Cache 的级数；另一方面将 Cache 细分为指令 Cache 和数据 Cache。

例 3-4　已知 CPU 在执行一段程序时，Cache 完成存取的次数为1900次，主存完成的次数为100次，已知 Cache 的存取周期为50 ns，主存的存取周期为250 ns。求 Cache 的命中率、Cache 的效率和 Cache-主存系统的平均访问时间。

解　命中率为

$$h=\frac{N_c}{N_c+N_m}=\frac{1900}{1900+100}=95\%$$

平均访问时间为

$$t_a = ht_c + (1-h)t_m = 0.95 \times 50 + (1-0.95) \times 250 = 60\ \text{ns}$$

Cache 的效率为

$$e = \frac{t_c}{t_a} = \frac{50}{60} = 83.3\%$$

3. Cache 的内部结构

Cache 工作过程的原理框图可以用图 3-38 描述。

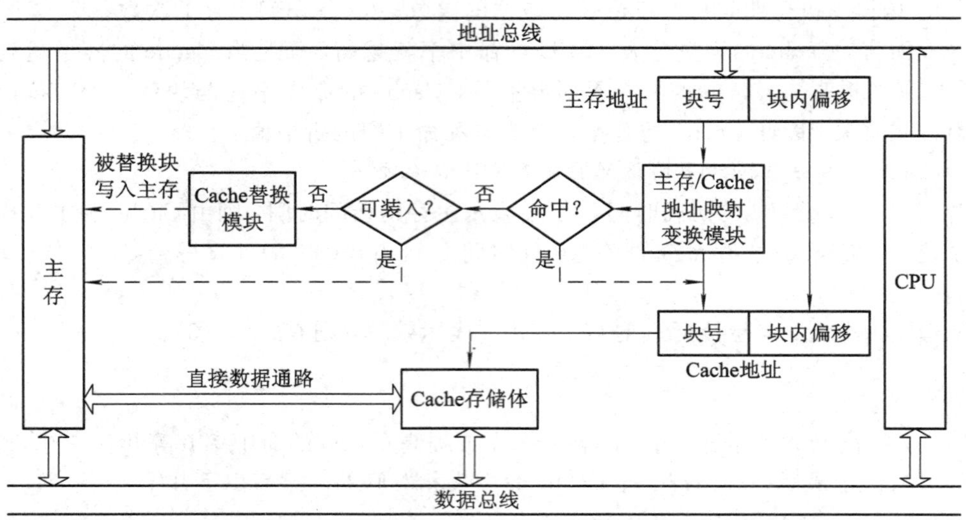

图 3-38　Cache 工作过程的原理框图

从图 3-38 可以看出，为了实现 Cache 功能，Cache 的内部结构中除了具有 Cache 存储体外，主要还有主存-Cache 地址映射和变换模块以及 Cache 替换算法模块。

主存-Cache 地址映射和变换模块的功能是根据 CPU 给出的主存地址判断所存取的数据块是否已经加载到 Cache 中了，也就是判断 Cache 是否命中，如果命中则该模块就按照地址映射规则将 CPU 给出的主存地址转换成 Cache 地址。常用的地址映射规则有全相联映射、直接映射和组相联映射。

Cache 替换算法模块在 Cache 没有命中且 Cache 中又没有空块的情况下，根据所选择的替换策略确定 Cache 中的哪个块要被替换到主存中去。常用的替换算法有先进先出(FIFO)和最近最少使用(LRU)算法。

为了实现 Cache 的功能，需要解决以下几个问题：

(1) 主存块与 Cache 块之间的对应关系。

(2) 如何判断 Cache 是否命中。

(3) 主存地址如何转换成 Cache 地址。

(4) Cache 中没有空块时如何进行块替换。

(5) Cache 与主存的一致性如何解决。

4. Cache 的读/写过程

Cache 的读操作过程如图 3-39 所示。首先 CPU 给出需要访问的主存地址，Cache 可以从地址总线上获得该地址，然后由主存-Cache地址映射和变换模块根据主存地址查找目录表后判断该地址的信息是否已经调入Cache中，会出现两种情况：① 如果命中，则由地址映像和变换模块将主存地址转换为Cache地址，然后直接访问Cache地址就可以将信息通过数据总线送给CPU，同时取消本次访问主存的操作；② 如果没用命中，根据程序局部性的原理，需要将本次没有命中的主存信息块装入Cache中，在装入Cache之前还需要判断Cache中是否存在空块，如果存在空块，则将主存块直接调入Cache中即可，如果不存在空块，则Cache替换模块需要按照替换算法将Cache中的某个块替换出去，即根据需要将这个Cache块写回到主存中，这样做的目的是使Cache腾出空块，然后将主存中本次没用命中的块加载到Cache中。

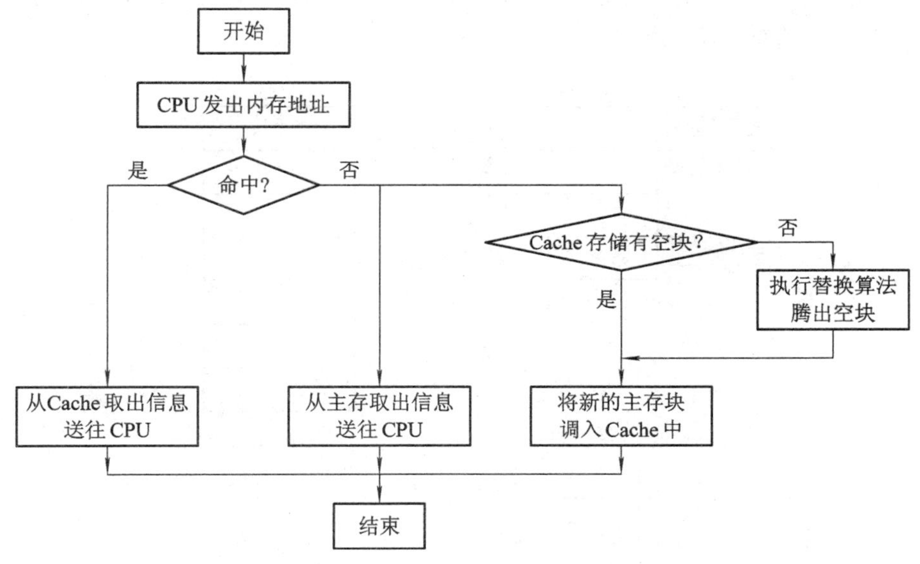

图 3-39 Cache的读操作过程

Cache的写操作过程比较复杂。从理论上说，Cache是主存的局部副本，因此Cache和主存的内容应当是一致的。如果程序中需要对主存的数据进行写操作，在命中的情况下写入Cache的同时也写入主存会降低Cache-主存的访问速度，为了不影响访问速度可以只写入Cache，但是这样又会造成Cache和主存内容不一致的问题。

3.7.2 Cache-主存地址映射和变换

在Cache的工作过程中，判断Cache是否命中，并将主存地址转换为Cache地址是一个非常重要的环节，命中的判别及地址变换过程都与主存和Cache的地址映射方式有关。

地址映射是将主存的地址块放入Cache块的规则。地址变换是将主存地址转换成Cache地址的过程。地址映射方式决定了地址变换的算法。常见的地址映射方式有全相联映射、直接映射和组相联映射。

为了便于叙述，假定某计算机的主存和Cache的地址表示如图3-40所示。主存和Cache的块号分别用B和b表示，块内偏移地址分别用W和w表示；主存和Cache按字编址，每块有2^b个字，主存有2^m个块(块编号$0\sim2^m-1$)，Cache有2^c个块(块编号$0\sim2^c-1$)。

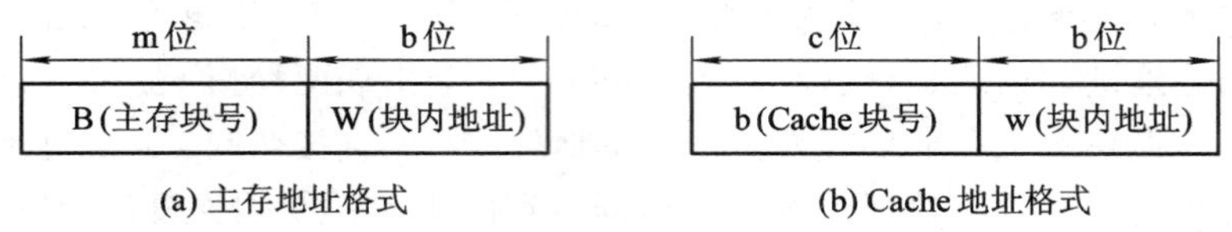

图 3-40 主存和 Cache 的地址表示

1. 全相联映射

全相联映射方式如图 3-41 所示。在这种映射方式中主存块放入 Cache 块的规则是“没有规则”，即主存的每一个块可以放入到 Cache 的任意一块中去。也就是说，主存中的一块有可能被放到 Cache 的 2^c 个块的任何一块中，而对 Cache 而言，其每一块的内容有可能是主存 2^m 块中的每一块。

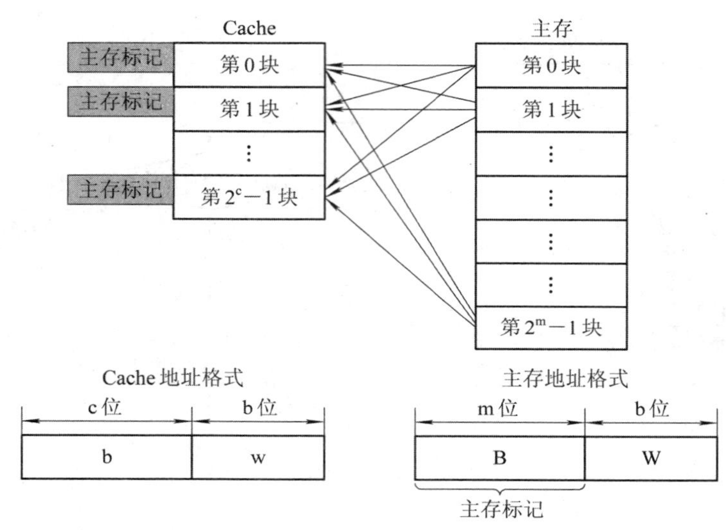

图 3-41 全相联映射方式

将主存块放入 Cache 后，还需要能够在程序运行时根据主存的地址从 Cache 块中找到所需的数据。为了能够将主存地址变换成 Cache 地址，每个 Cache 块都需要将其存放的主存块号进行标记。Cache 的相关硬件在得到主存地址后，根据主存地址中的主存块号与每个 Cache 块的主存标记进行比较，来判断这次访问是否命中。

全相联映射方式的地址变换过程如图 3-42 所示。在实际的 Cache 中，每个 Cache 块的主存标记被集中地存放在一个称为目录表的存储器中，其结构如图 3-42 所示。目录表中每个存储字的内容包括 Cache 块号、主存标记、有效标记、写入标记等字段。目录表的长度与 Cache 块数是一样的，即 2^c 个。目录表中的 Cache 块号字段是按照顺序编码的，从 0 到 2^c-1，主存标记字段标记该 Cache 块当前存放的主存块号，有效位用来标记目录表中的各个存储字是否是有效，如果有效位为“1”，表示目录表中该存储字中存放的主存块号字段和 Cache 块号字段的映射关系是有效的；否则这种映射关系就是无效的，即这个块是空的。系统初始化的时候目录表是空的，因此所有的有效位被设置成“0”。写标记位用于指示该 Cache 块中的内容是否进行过“写”操作，当该位为“1”时，表明该块的内容被修改过。

这样做的目的是在Cache更新替换此块时，决定是否将此块写入主存中。如果被替换的块在Cache中没有被改写过，替换时直接在该位置写入新块即可，如果被改写过则需要将块先写入到主存中，然后再将新块内容写入该位置。

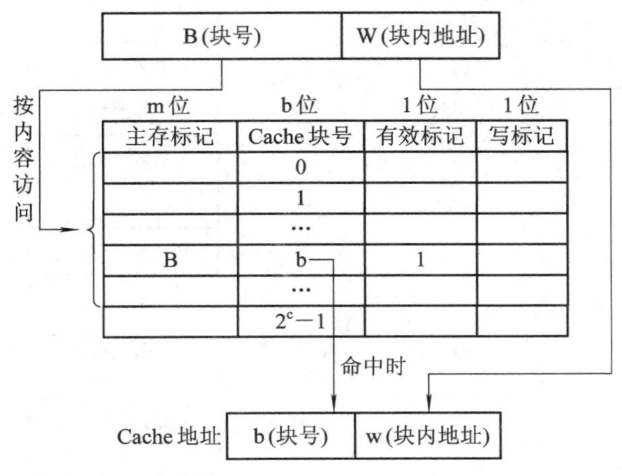

图 3-42 全相联映射方式的地址变换过程

从图3-42可以看出，在全相联映射方式中，判断是否命中、完成主存地址到Cache地址的变换，都需要查找Cache的目录表。要根据主存地址中的块号B，与目录表中的所有存储字的每一个主存标记字段依次进行比较，如果某个存储字的有效位为"1"，且主存标记字段的内容与此次访问的主存块号B一致，说明本次访问命中了，相应的Cache块号b就是该存储字中Cache块号字段的值，这样就实现了主存块号B到Cache块号b的转换，而Cache的块内地址w与主存的块内地址W是一样的，由此完成了主存地址到Cache地址的转换。如果在整个目录表中没有找到与主存块号B相同的主存标记，就说明没有命中。

采用全相联映射的最大优点是Cache的块冲突率最小，Cache的利用率高；但是由于在进行命中判断和地址变换时，需要一个按内容进行访问的相联存储器，因此目录表成本很高，而且地址变换花费的时间较长，影响了Cache的访问速度。

2. 直接映射

在直接映射方式中，主存中的一块只能映射到Cache中的一块去，如图3-43所示。这种映射方式将主存进行了分组，每组的大小与Cache的大小是一样的，主存的地址被划分成组号G(m-c位)、组内块号B(c位)和块内偏移W(b位)，主存被分成了2^{m-c}个组。

在图3-43中，主存中每组的第i块只能映射到Cache的第i块。因此主存的一块只能放入到Cache的一块中，Cache中某块的内容可能是主存中组内块号与Cache块号相同的2^{m-c}组中的任意一个，即Cache中的0号块，可以存放主存中每个组的0号块信息，Cache中的1号块，可以存放主存中每个组的1号块信息。

根据直接映射的规则，在命中的情况下，主存地址的低两个字段就是Cache的地址，即主存的组内块号B和块内偏移W字段分别是Cache的组内块号b和块内偏移w字段。

直接映射方式的地址变换过程如图3-44所示。首先用主存的组内块号B直接作为地址去访问目录表中的一个存储字，在存储字有效位为1的情况下，若主存标记字段的值与主存的组号G一样，则说明此地址命中，Cache的地址就是主存地址中的低位部分(B字段

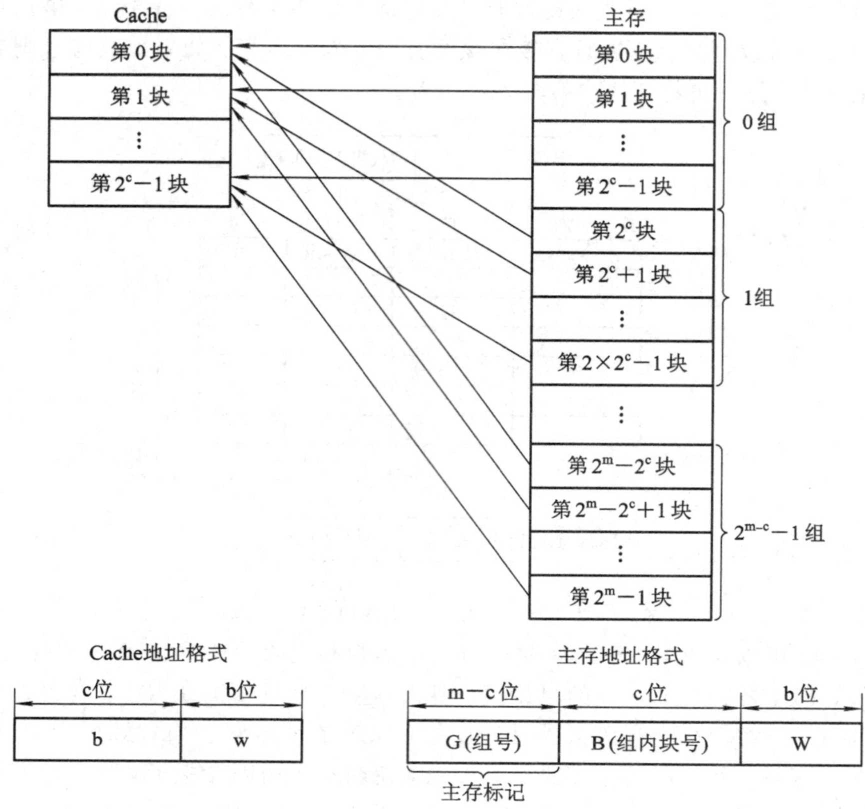

图 3-43 直接映射方式

和 W 字段)。用这个 Cache 地址直接访问 Cache 把数据送往 CPU 即可；其他情况则表示 Cache 没有命中，必须对此 Cache 块进行替换。

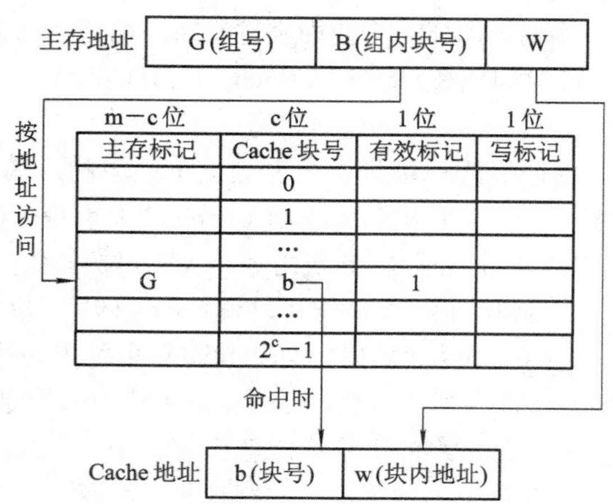

图 3-44 直接映射方式的地址变换过程

直接映射方式的优点是硬件实现很简单，目录表的访问是采用地址访问方式，因此不需要相联存储器，访问的速度较快。实际上，在命中的情况下，由于主存地址的低位部分就是 Cache 地址，是不需要进行地址变换的。直接映射方式的缺点是 Cache 的块冲突率比较高。当 CPU 需要频繁访问主存中的两个组内块号相同的数据时，即使 Cache 中有许多空块，由于映射规则的原因也无法使用，而 Cache 需要反复进行替换操作，降低了 Cache 的命中率。

例 3-5　假设主存储器容量为 512 KB，Cache 容量为 4 KB，每个块为 16 个字，每个字 32 位。

(1) Cache 地址有多少位？可以容纳多少块？

(2) 主存地址有多少位？可以容纳多少块？

(3) 写出直接映射方式下主存地址中各字段的位数。

(4) 在直接映射方式下，主存的哪些块能够映射到 Cache 中的第 5 块(0 号块为第 1 块)？

解　假设主存和 Cache 都是按照字编址的，由于每个字是 32 位，因此每个字是 4B。

(1) 不论任何映射方式，Cache 最基本的地址格式划分为块号 b 和块内偏移 w 两个字段，都需要确定 b 和 w。

Cache 容量为 4 KB，Cache 的字容量为 4 KB/4B＝1K 字＝2^{10}字，因此 Cache 的地址一共有 10 位。

每个块为 16 个字，因此块内偏移地址为 4 位。

Cache 块号的位数为 10－4＝6 位，因此 Cache 可以容纳的块数为 2^6＝64 块。

Cache 的基本地址格式为

块号 b	块内偏移地址 w
6b	4b

(2) 不论任何映射方式，主存最基本的地址格式划分为块号 B 和块内偏移 W 两个字段，都需要确定 B 和 W。主存容量为 512 KB，主存的字容量为 512 KB/4B＝128K 字＝2^{17}字，因此主存的地址一共有 17 位。

主存块和 Cache 块的大小是一样的，因此其块内偏移地址 B 也为 4 位。

主存块号的位数为 17－4＝13 位，因此主存可以容纳的块数为 2^{13}＝8192 块。

主存的基本地址格式为

块号 B	块内偏移地址 W
13b	4b

(3) 在直接映射方式下，Cache 的地址格式就是基本格式，而主存的地址格式中对基本主存地址格式中的 B 进行了分组，每组的大小与 Cache 大小一致，因此主存地址是由组号 G、组内块号 B、块内偏移 W 构成的。由于 B 的位数和 b 是一样的，则 B＝6，G＝13－6＝7，因此主存地址格式由基本地址格式变化为

组号 G	组内块号 B	块内偏移地址 W
7b	6b	4b

(4) 在直接映射方式下，主存与 Cache 的映射关系是：主存地址中的 B 字段只能映射到 Cache 地址中 b 字段与其相等的块中，因此 Cache 的第 5 块，即 b＝100 的块只能存放

B=100 的块，满足映射关系的主存块地址为 xxxxxxx000100，即主存每组中的第 5 块，即第 5 块，第 64+5 块，第 128+5 块，…，第 8128+5 块都可以映射到 Cache 的第 5 块。

3. 组相联映射

组相联映射方式是目前 Cache 中用的比较多的，它是全相联映射和直接映射的折中，如图 3-45 所示。组相联映射是把 Cache 和主存都进行分组，主存中每组的块数和 Cache 的组数相同，主存的组内块号和 Cache 的组之间是直接映射关系，例如主存 X 组的第 Y 块，只能直接映射到 Cache 的第 Y 组，但是可以放在 Cache Y 组中的任意一块，即在 Y 组内是全相联映射的。

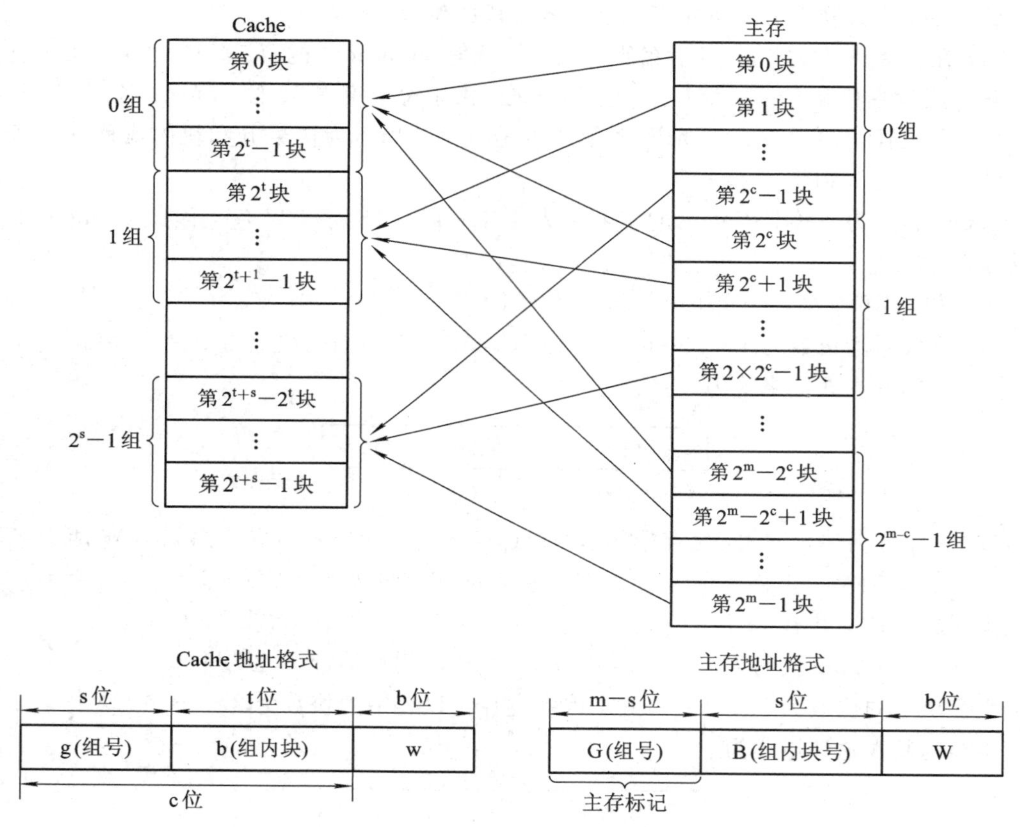

图 3-45 组相联映射方式

图 3-46 是两路(Cache 的每组中有两块)组相联映射方式的地址变换过程。图 3-46 中主存地址的 G 字段是主存标记，B 对应 Cache 的组号，根据组号直接访问目录表中 Cache 某个组的存储字(该存储字存储了该组中两个块的索引信息)，然后用主存地址的组号 G 分别与该存储器中存放的两个块主存标记进行比较，若有某个主存标记字段与主存地址的 G 字段是相同且有效标记为“1”，说明此次访问命中，否则没有命中。在命中的情况下该块的 Cache 组内块号就是 Cache 的组内块号 b，主存的 B 字段的值就是 Cache 的组号 g，主存的 W 字段就是 Cache 的 w 字段，这样就完成了主存地址到 Cache 地址的变换。若没有命中，则按照内存地址对主存单元进行读写。

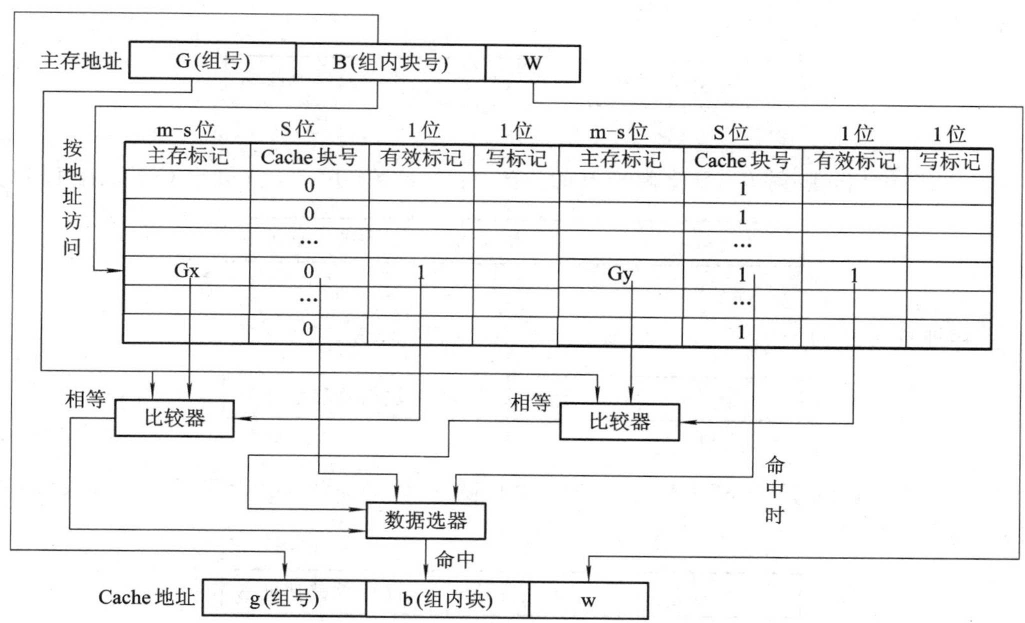

图 3-46 组相联映射方式的地址变换过程

组相联映射如果只有一个分组，即 Cache 的 g 字段长度为 0 位，就是全相联映射；组相联映射如果每个分组中只有一个块，即 Cache 的 b 字段长度为 0 位，就是直接映射。

组相联映射方式具有直接映射中地址变换速度快的特点，同时又具有全相联映射中 Cache 块冲突率低的特点，因此得到广泛应用。

例 3-6 假设主存储器容量为 2 MB，Cache 容量为 16 KB，每个块为 32 个字，每个字 32 位，访存地址为字地址。

(1) 写出全相联映射方式下，主存的地址格式。

(2) 写出直接映射方式下，主存的地址格式。

(3) 写出两路组相联方式下，主存的地址格式。

(4) 若主存容量位 2M×32 位，其他条件不变，写出四路组相联映射方式下，主存的地址格式。

解 由于采用字(32 位，4 字节)地址编址，Cache 容量为 16 KB/4=4K 字，12 位地址长度；主存容量为 2 MB/4=512K 字，19 位地址长度。每个块长为 32 个字，因此块内偏移地址 5 位。

(1) 全相映射方式下，主存地址格式为

块号 B	块内偏移地址 W
14b	5b

(2) 直接映射方式下，B=b，因此先要确定 Cache 的地址格式为

块号 b	块内偏移地址 w
7b	5b

因此主存地址格式为

组号 G	组内块号 B	块内偏移地址 W
7b	7b	5b

(3) 两路组相联映射方式下，由于 B 的位数＝g 的位数，因此，先确定 Cache 地址格式为

组号 g	组内块号 b	块内偏移地址 w
6b	1b	5b

主存地址格式为

组号 G	组内块号 B	块内偏移地址 W
8b	6b	5b

(4) 主存容量位 2M×32 位，主存地址总长度为 21 位，四路组相联方式下 Cache 的地址格式为

组号 g	组内块号 b	块内偏移地址 w
5b	2b	5b

主存地址格式为

组号 G	组内块号 B	块内偏移地址 W
11b	5b	5b

例 3－7 设某计算机的 Cache 采用 4 路组相联映射，若主存储器容量为 2 MB，Cache 容量为 16 KB，每个块 8 个字，每个字 32 位，访存地址为字地址。请回答如下问题：

(1) 若采用字节编址方式，主存地址多少位？各字段如何划分？

(2) 设 Cache 起始为空，CPU 从主存单元 0，1，…，100。一次读出 101 个字，并按此顺序重复 8 次，问命中率是多少？若 Cache 速度是主存的 5 倍，采用 Cache 后速度提高了多少倍？请分以下两种情况进行讨论：

① 主存一次读取一个字。

② 主存一次读取一个字块。

解 (1) 采用字节编址，因此主存地址总长为 21 位，Cache 地址总长为 14 位。每个块 8 个字，每字 32 位(4 个字节)，因此每个块 32 个字节，块内偏移地址 5 位。四路组相联方式下 Cache 的地址格式为

组号 g	组内块号 b	块内偏移地址 w
7b	2b	5b

Cache 分为 128 个组，每组中可以存放四个块，主存地址格式为

组号 G	组内块号 B	块内偏移地址 W
9	7	5

(2) 分为以下两种情况。

① 第一种情况：主存一次读取一个字，即主存为顺序存储器，0～100 这 101 个字分布在 4 个块中(101/32)，4 个块被映射到 Cache 的不同组中。每个字在第一次读取时都不会命中，后面的 7 次都可以命中，因此命中率为

$$h=\frac{7}{8}=87.5\%$$

设 Cache 的存取周期为 T，则主存的周期为 5T。

则有 Cache 的访问时间为

$$T_a=0.875T+0.125*5T=1.5T$$

无 Cache 的访问时间为 5T，所以速度提高倍数=5T/1.5T=3.3 倍。

② 第二种情况：如主存一次读取一个字块，即主存采用 8 体交叉存储器，0～100 这 101 个字分布在每个存储体的 0～12 个单元中，需要读取 13 个字块，这些块被映射到 Cache 的不同组中。每个字块在第一次读取时都不会命中，后面的 7 次都可以命中，因此命中率为

$$h=\frac{101-13+101\times 7}{101\times 8}=98.39\%$$

设 Cache 的存取周期为 T，则主存的周期为 5T。

则有 Cache 的访问时间为

$$T_a=0.9839\times T+0.0161\times 5T=1.0644T$$

无 Cache 的访问时间为 5T，所以速度提高倍数为 5T/(1.0644T)=4.697 倍。

3.7.3 Cache 替换策略

根据程序局部性原理的特征：程序在运行中，总是频繁地使用那些最近被使用过的指令和数据。当 CPU 在 Cache 中未能命中时，就需要把未命中的主存块加载到 Cache 中，而当允许存放该块的位置被占用时就需要采用替换规则，将 Cache 中的块放入到主存去，为给要加载的主存块腾出空位。从前面的分析中可以看出，Cache 是否需要替换算法与地址映射方式有关，对直接映射的 Cache 来说，由于主存块与 Cache 块是一对一的关系，在未命中时只需要简单地替换出主存对应位置的块即可。对全相联和组相联映射的 Cache 来说，由于主存块与 Cache 块是一对多的关系，就需要按照替换算法确定 Cache 中被替换的块号。

综合考虑到命中率、实现的难易程度、替换的速度等各种因素，替换策略可以分为随机算法(RAN)、先进先出算法(FIFO)、最近最少使用算法(LRU)等。

1. 随机算法

随机算法是指随机地确定 Cache 中被替换的块号。实际上是通过一个随机数产生器，依据所产生的随机数，确定替换块号。这种方法虽然简单，也易于实现，但命中率比较低。

2. 先进先出算法

先进先出算法是指选择那些可以被替换块中最先调入的块进行替换。按照这个规则，有可能出现最先调入并多次命中的块被替换掉，因此不符合局部性规律。这种方法的命中率比随机法好些，但还不令人满意。

先进先出方算法实现起来比较容易，若 Cache 采用组相联方式，每组 4 块，给每块都

设定一个两位的计数器，当某块被装入或被替换时该块的计数器清 0，而同组的其他各块的计数器均加 1，当需要替换时就选择计数值最大的块被替换掉。

3. 最近最少使用算法

LRU 算法是指依据各块使用的情况，总是选择那个最近最少使用的块被替换。这种方法较好地利用了程序局部性规律。

实现 LRU 策略的方法有多种。这里介绍一个年龄计数器法。这种方法是为 Cache 的每一块都设置一个年龄计数器，年龄计数器的操作规则是：

(1) 对于被调入或者被替换的块，其计数器清“0”，而其他块的计数器则加“1”。

(2) 当访问命中时，将命中块的计数器清 0，其他所有块的计数值加“1”。

(3) 当需要替换时，则选择计数值最大的块替换。

LRU 算法在很多情况下表现很好，也被广泛地使用，但是在某些情况下会导致很差的性能。例如，在顺序访问一个比较大、但是无法全部装入 Cache 的数组元素时，会表现较差。

例 3-8 假设有三个编号分别为 1#、2#、3# 的小 Cache，每个 Cache 都有 4 个块，每块的大小都是 1 个字。1#、2#、3# Cache 分别采用全相联、直接和 2 路组相联(每组 2 块)的映射方式，都采用先进先出的替换策略。假设 Cache 初始状态为空，若按照 0、8、0、6、8 的块顺序依次访存，求每个 Cache 的命中率。

解 (1) 对 1# Cache 进行分析。当采用全相联映射时，主存中的块可以映射到 Cache 的任意一块中，当按照 0、8、0、6、8 的块顺序依次访存时，Cache 块中存放的主存信息块如图 3-47(a)所示，命中 2 次。

$$h=\frac{2}{5}=40\%$$

(2) 对 2# Cache 进行分析。当采用直接映射时，主存地址进行了分组，每组的大小与 Cache 大小一致，因此，主存地址格式为

组号 G	组内块号 B	块内偏移地址 W
X 位	2	0 位

主存的组内块号就是能够映射的 Cache 块号，当按照 0、8、0、6、8 的块顺序依次访存时，主存的组内块号依次为 00、00、00、10、00，因此 Cache 块中存放的主存信息块如图 3-47(b)所示。

$$h=\frac{0}{5}=0\%$$

(3) 对 3# 进行分析。当采用 2 路组相联映射时，Cache 和主存地址都进行了分组，Cache 每组有两块，因此 Cache 分为两组，主存中每组块数与 Cache 的组数相同，因此，主存地址格式为

组号 G	组内块号 B	块内偏移地址 W
X 位	1	0 位

主存的组内块号就是映射的 Cache 组号。当按照 0、8、0、6、8 的块顺序依次访存时，主存的组内块号依次为 0、0、0、0、0，因此这些主存块只能映射到 Cache 的 0 号组中去，

主存信息块在 Cache 中的映射情况如图 3-47(c)所示，命中 2 次。

$$h=\frac{2}{5}=40\%$$

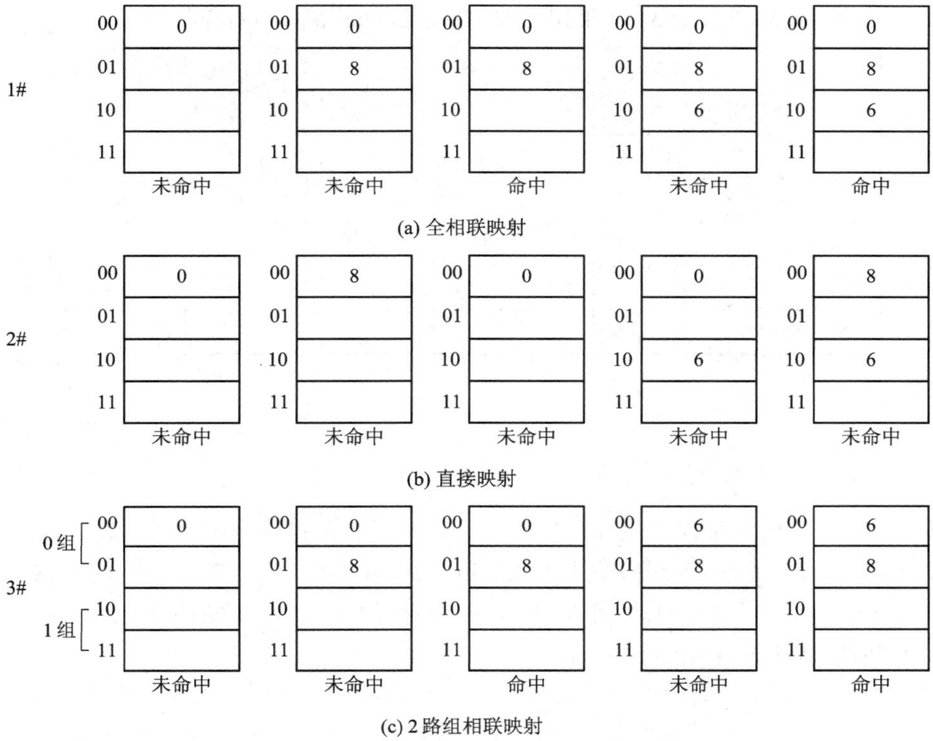

(a) 全相联映射

(b) 直接映射

(c) 2 路组相联映射

图 3-47 例 3-8 的三种 Cache 映射过程示意图

例 3-9 假设某机器的 Cache 为空，Cache 有 4 个块，采用全相联映射，CPU 访问主存的顺序如表 3-7 所示，分析分别采用 FIFO 和 LRU 算法的命中率。

表 3-7 例 3-9 的主存访问顺序

序号	1	2	3	4	5	6	7	8	9	10	11	12	13	14	15
主存地址	2	3	1	2	5	2	0	1	2	7	1	2	5	2	5

解 (1) 采用 FIFO 算法 Cache 块内容的变化过程如表 3-8 所示。

表 3-8 例 3-9 采用 FIFO 算法 Cache 块内容的变化过程

序号	1	2	3	4	5	6	7	8	9	10	11	12	13	14	15
请求块	2	3	1	2	5	2	0	1	2	7	1	2	5	2	5
1	2	2	2	2*	2	2*	3	3	1	5	0	0	2	2*	2
2		3	3	3	3	3	1	1*	5	0	2	2*	7	7	7
3			1	1	1	1	5	5	0	2	7	7	1	1	1
4					5	5	0	0	2	7	1	1	5	5	5*
是否命中	×	×	×	√	×	√	×	√	×	×	×	√	×	√	√

命中率 h＝6/15＝40％。

(2) 采用 LRU 算法 Cache 块内容的变化过程如表 3－9 所示，表中每个块编号的上角标是年龄计数器的值。

表 3－9　例 3－9 采用 LRU 算法 Cache 块内容的变化过程

序号	1	2	3	4	5	6	7	8	9	10	11	12	13	14	15
请求块	2	3	1	2	5	2	0	1	2	7	1	2	5	2	5
1	2^0	2^1	2^2	2^{0*}	2^1	2^0	2^1	2^2	2^0	2^1	2^2	2^0	2^1	2^0	2^1
2		3^0	3^1	3^2	3^3	3^4	0^0	0^1	0^2	0^3	0^4	0^5	5^0	5^1	5^0
3			1^0	1^1	1^2	1^3	1^4	1^0	1^1	1^2	1^0	1^1	1^2	1^3	1^4
4					5^0	5^1	5^2	5^3	5^4	7^0	7^1	7^2	7^3	7^4	7^5
是否命中	×	×	×	√	×	√	×	√	√	×	√	√	×	√	√

命中率 h＝8/15＝53.3％。

3.7.4　Cache 与主存的一致性

由于 Cache 的内容是部分主存的副本，因此理论上它应与主存完全一致，然而当 CPU 进行写操作时，如果命中 Cache，若只对 Cache 执行写操作，会出现 Cache 内容和主存内容不一致的问题，这里讨论 CPU 对主存内容进行写操作时可以采取的措施。

1. 写回法(Write-back)

写回法是指在 CPU 写命令时，只写入 Cache，并用标志予以注明，直到该 Cache 块从 Cache 中替换出去时，根据标志位决定是否修改相应的主存块。这种方法不需要在快速写入 Cache 的同时，插入慢速的主存写操作，可以快速地执行程序，但是会造成 Cache 与主存的内容不一致，可能会使其他对该块数据共享的程序导致错误。

2. 写直达法(Write-through)

写直达法是指 CPU 在向 Cache 写入数据的同时，也把数据写入主存的相应单元中，使得主存和 Cache 始终保持一致。写直达法的特点是简单、可靠，不需要设置修改位，但由于 CPU 每次更新时都要插入慢速的主存写入操作，因此，这种方法降低了 Cache 的效率，而有些写入过程是不必要的，例如一些暂存的中间结果。

3. 写一次法(Write once)

写一次法是基于“写回法”和“写直达”法之间的策略，即仅第一次 Cache 写命中时同时写入主存(即写直达法)，之后每次的写命中都执行写回法。

这种方法对于多处理器系统又会带来新的问题，因为各处理器都有独立的 Cache，并且都共享主存。即使采用写直达法，也无法保证所有处理器 Cache 数据的一致性。

3.7.5　MIPS 中的高速缓存

在 MIPS CPU 中，指令和数据各自有相应的一级高速缓存，分别称为 I－Cache 和 D－Cache，这样读取一条指令和存取一个数据的操作就可以同时进行了。

在 MIPS CPU 中还可以配置嵌套的多级高速缓存。缓存级别从 L1 级到 L3 级，L1 是一个小而快且距离 CPU 最近的一级主高速缓存。访问 L1 未命中时，不是直接从主存查找而是先查找二级缓存 L2，L2 通常比 L1 要大几倍也慢几倍。高速缓存的级数取决于主存和 CPU 速度的差距，差距越大的情况下增大 Cache 的级数可以减少上一级高速缓存未命中时的代价。

MIPS CPU 中 Cache 的配置情况经历了从外加到片上集成，从 L1 级到 L3 级的多级结构，从小容量到大容量的变化过程。部分 MIPS CPU 中配置的高速缓存情况如表 3－10 所示。

表 3－10　部分 MIPS CPU 中 Cache 配置情况举例

CPU 型号 （频率：MHz）	L1 级				L2 级			L3 级		
	容量		N 路组相联	片上集成	容量	N 路组相联	片上集成	容量	N 路组相联	片上集成
	指令	数据								
R3000(33)	32K	32K	1	否						
R3052(33)	8K	2K	1	是						
R4000(100)	8K	2K	1	是	1M	1	否			
R10000(250)	32K	32K	2	是	4M	2	否			
R50000(200)	32K	32K	2	是	1M	1	否			
RM7000(250)	16K	16K	4	是	256M	4	是	8M	1	否

MIPS 中的替换策略只采用 LRU 算法。

早期的 MIPS CPU 使用简单的写直达法保持 Cache 和主存储器的一致性。后来的 MIPS CPU 由于速度太快而不能使用这种方法，因为这种方法会使机器陷入存储系统的写操作中。解决的方法是采用写回法，就是把要写的数据只写到 Cache 中，并且给对应的 Cache 块做一个标记，保证在某个时候把它写回到主存中去。

如果当前 Cache 中没有要写地址所对应的数据，写回法可以采用以下两种不同的处理方式：

（1）可以采取直接写到主存中而不管 Cache。

（2）把未命中的数据块读入 Cache，然后再直接写 Cache，这种方式称为写分配（Write Allocate）。

写分配虽然看起来似乎是在浪费时间；但是它可以使整个系统的设计变得简单，因为在程序运行时读写主存都是以块为单位进行操作的。

从 MIPS R4000 开始，MIPS CPU 拥有片上 Cache，而且都支持写直达法和写回法两种工作模式，块的大小都支持 16 字节和 32 字节。

1. 解释下列名词：

RAM、ROM、存取时间、存取周期、存储元、存储器带宽、存储器体系结构、双端口存储器、相联存储器、大端对齐、小端对齐、二维地址译码、刷新周期。

2. 说明存取周期和存取时间的区别。

3. 半导体存储器芯片的译码驱动方式有几种?

4. ROM 芯片分为哪几类?

5. 试说明 RAM、ROM 和 CAM 的异同点。

6. 某 256K×4 位的动态 RAM 芯片，采用地址复用技术，则除了电源和地引脚外，该芯片还应有哪些引脚? 各为多少位?

7. SRAM 和 DRAM 分别依靠什么原理存储信息? 从功耗、速度、集成度、价格等方面对这两种类型的芯片进行比较。

8. 什么是刷新? 为什么要刷新? 说明刷新的方法和特点。

9. 64K×1 位 DRAM 芯片通常制成两个独立的 128×256 阵列。若存储器的读/写周期为 0.5 μs，则对集中式刷新而言，其“死区”时间是多少? 如果是一个 256K×1 位的 DRAM 芯片，希望能与上述 64K×1 位 DRAM 芯片有相同的刷新延时，则它的存储阵列应如何安排?

10. 某 256K×1 位的 DRAM 芯片，其内部结构是两个独立的 256×512 阵列。若存储器的读写周期为 0.5 μs，若集成式刷新方式，其“死区”时间是多少? 若采用异步刷新方式，则相邻两行的刷新时间间隔是多少?

11. 一个容量为 256K×32 位的存储器，其地址线和数据线的总和是多少? 当选用下列不同规格的存储芯片时，各需要多少片?

1K×16 位，2K×4 位，4K×8 位，8K×4 位，4K×32 位，16K×16 位

12. 画出用 2K×4 位的存储芯片组成一个容量为 64K×8 位的存储器逻辑框图。要求将 64K 分成 4 个页面，每个页面分 16 组，指出共需多少片存储芯片。

13. 假设某存储器地址长为 22 位，存储器字长为 16 位，试问:

(1) 该存储器能存储多少字节信息?

(2) 若用 64K×4 位的 DRAM 芯片构成该存储器，需多少片芯片?

(3) 请设计并画出该存储器的逻辑电路图。

14. 已知某 16 位机的主存采用 16K×8 位的 SRAM 芯片构成该机所允许的最大主存空间，并选用模块板结构形式，该机地址总线为 20 位，请问:

(1) 若每个模块板为 64K×16 位，共需几个模块板?

(2) 每个模块板内共有多少块 SRAM 芯片? 请画出一个模块板内各芯片连接的逻辑框图。

(3) 该主存共需要多少 16K×8 位的 SRAM 芯片? CPU 如何选择各个模块板?

15. 用 32K×8 位的 RAM 芯片和 64K×4 位的 ROM 芯片设计 256K×8 位存储器，要求地址 30000H 到 3FFFFH 地址空间为只读存储器，其他区域为可读写区域。

16. 设 CPU 共有 16 根地址线，8 根数据线，并用 $\overline{\text{MREQ}}$(低电平有效)作为访存控制信号，R/$\overline{\text{W}}$ 作为读写命令信号。现有下列存储芯片:

ROM: 2K×8 位，4K×4 位，8K×8 位。

RAM: 1K×4 位，2K×8 位，4K×8 位。

74138 译码器和其他门电路(门电路自定)。

试从上述规格中选用合适芯片构成满足要求的存储器，画出 CPU 和存储芯片的连接图。要求：

(1) 最小 4K 地址为系统程序区，4096～65535 地址范围为用户程序区；

(2) 指出选用的存储芯片类型及数量；

(3) 画出存储器的逻辑图。

17. 某存储器容量为 14 KB，有 8 根数据线，其中，0000H～1FFFH 为系统程序区，2000H～37FFH 为用户程序区，$R/\overline{W}$ 是读写控制信号。可选的存储芯片有 4 KB 的 EPROM 和 2K×8 的 RAM。

(1) 指出选用的存储芯片类型及数量；

(2) 画出存储器构成的逻辑图。

18. 双端口存储器与两个独立存储器有何不同？

19. 为什么采用单体多字存储器能够提高存储器的访问速度？

20. 存储器译码时采用的低位地址交叉和高位地址交叉译码方案分别适用于什么情况？

21. 设有四个模块组成的四体存储器，每个体的存储字长为 32 位，存取周期为 200 ns。假设数据总线宽度为 32 位，总线传输周期为 50 ns，试求顺序存储和多体交叉存储的存储器带宽。

22. 假设 CPU 执行某段程序时，共访问 Cache 2500 次，访问主存 50 次。已知 Cache 的存取周期为 50 ns，主存的存取周期为 200 ns。求 Cache-主存系统的命中率、效率和平均访问时间。

23. 已知 Cache 的命中率 h=0.98，Cache 的速度是主存的 5 倍，已知主存的存取周期为 200 ns，求 Cache-主存系统的效率和平均访问时间。

24. 某机主存容量为 128 MB，Cache 容量为 32 KB，主存与 Cache 按 64 B 的大小分块。

(1) 分别写出主存与 Cache 采用直接映射和全相联映射时主存与 Cache 地址的结构格式并标出各个字段的位数。

(2) 若 Cache 采用组相联映射，每组块数为 4。写出主存与 Cache 地址的结构格式并标出各个字段的位数，回答：一个主存块可以映射到多少个 Cache 块中？一个 Cache 块可与多少个主存块有对应关系？

25. 设 Cache 的容量为 2^{14} 块，每块为 8B，字长为 2B，主存容量是 Cache 容量的 256 倍，其中，有如下所示的数据。

地址(十六进制)	数据(十六进制)
0	1234
1	AB89
10004	9A13
1FFFC	4F2A
FFFFF8	0156

采用如下的映射方式，主存中的这些数据分别可以装入到 Cache 的什么位置？Cache

目录表的内容是什么？

(1) 全相联映射；

(2) 直接映射；

(3) 两路组相联映射。

26. 某计算机 Cache 由 64 个块构成，采用四路组相联映射方式，主存有 4096 个块，每块由 128 字组成，访问地址为字地址。

(1) 主存和 Cache 地址各有多少位？

(2) 主存和 Cache 地址的划分情况，并标出各部分的位数。

27. MIPS 机器的 Cache 具有哪些特点？

第4章　总线技术

总线是计算机中连接各部件的桥梁，它的性能直接影响到整机系统的性能。本章介绍总线的基本概念、总线的结构、总线的传输时序以及常用的总线标准。

4.1　总线概述

总线是计算机中各个部件之间传送信息的公共数据通路，是计算机系统的互联机构。总线不仅是一组数据传输线，而且还包括总线接口和总线控制器。通过对各个设备的编址，计算机可以在总线控制器的控制下实现多个部件之间的数据和控制信息交换。

总线最明显的两个特点是共享性和独占性。共享性是指总线可以被所有部件使用，即连接在总线上的任何两个部件都可以通过总线实现数据传输；独占性是指一旦一个部件占用总线与其他部件进行数据通信时，此刻其他部件就不能占用总线。

4.1.1　总线分类

按照不同的分类原则，常见的总线分类方法有以下几种。

1. 按照总线的结构层次分类

按结构层次进行划分，总线可以分为片内总线、局部总线、系统总线和外部总线。

1）*片内总线*

片内总线是指位于芯片内部，连接各基本逻辑单元的线路，如CPU的内部总线。

2）*局部总线*

局部总线用于芯片一级的连接。例如，在ISA总线和CPU总线之间增加的一级总线或管理层就是局部总线，这样做的目的是将一些高速外设，如图形卡、硬盘控制器等从ISA总线脱离而通过局部总线直接挂接到CPU总线上，使CPU能够与这些设备快速交换数据。

3）*系统总线*

系统总线是指通过主板上的扩展插槽与各扩展板相连的总线，是计算机中用于部件一级的互联总线，通过系统总线可以将计算机的各个部件连接成一个计算机系统。通常所说的总线一般指系统总线，如ISA、PCI等。

4）外部总线

外部总线是指连接多个计算机系统之间或连接计算机系统与其他设备之间的总线，也称为通信总线，是设备一级的互联总线。例如，连接计算机的网线、计算机和打印机之间的 USB 总线和 RS232 总线等。

2. 按照总线的功能分类

按照计算机中传输信息的功能划分，总线可分为数据总线、地址总线和控制总线。不同型号的 CPU 芯片，其数据总线、地址总线和控制总线的条数是不同的。

(1) 数据总线(DB)用来传送数据信息，是双向的。CPU 既可通过 DB 从内存或外部设备读入数据，又可通过 DB 将 CPU 的数据送至内存或输出设备。DB 的宽度决定了 CPU 和其他设备之间每次交换数据的位数。

(2) 地址总线(AB)用于传送 CPU 发出的地址信息，是单向的。地址总线的信息明确指出与 CPU 交换信息的内存单元或 I/O 设备地址。地址总线的宽度决定了 CPU 的最大寻址能力，地址线越多寻址范围就越大。例如要访问 1 MB 存储器中的任一单元，需要给出 1M 个地址，即需要给出 20 位地址($2^{20}=1M$)。

(3) 控制总线(CB)用来在主机和外部设备之间传送控制信号、时序信号和状态信息等。CPU 可以通过控制总线向内存或外部设备发出控制命令，如 Read(读)、Write(写)等，内存或外部设备可以将自身的状态通过控制总线发送给 CPU，如 Ready(就绪)等。总线的控制信号越多，总线的控制功能越强，总线协议也越复杂。

常见的总线控制信号如下：

① 时钟(CLK)：用于同步各种操作。

② 复位(Reset)：用于初始化所有部件。

③ 总线请求(HOLDR)：用于某些设备提出总线控制权的申请。

④ 总线允许(HOLDA)：表示提出总线控制权申请的设备已获得了总线控制权。

⑤ 中断请求(INTR)：表示某设备提出中断请求。

⑥ 中断应答(INTA)：表示中断请求已被允许。

⑦ 存储器写：将数据总线上的数据写入存储器的指定单元中。

⑧ 存储器读：将存储器指定单元中的数据送至数据总线。

⑨ I/O 写：将数据总线上的数据写入指定设备端口中。

⑩ I/O 读：将指定设备的数据送至数据总线。

3. 按照数据传输格式分类

按照总线传输的数据格式，可将总线分为并行总线和串行总线。

1）并行总线

并行总线是指用多位数据线同时传输多位数据，如图 4-1 所示。可以同时传输的数据位数称为并行总线的数据宽度，并行总线的数据宽度可以是 8、16 或 32 位。并行总线由于数据传输位数较多，因此适用于短距离(小于 5 m)的快速数据传输。

2）串行总线

串行总线只使用一根数据线传输数据，一次只能传送一位数据。例如，8 位的数据是逐位通过一根数据线传输的。由于成本低，串行总线适合远距离的数据传输，常用作外部总线的通信线路。常见的串行总线有 SPI、I^2C、USB 及 RS232 等。

4. 按照时序控制方式分类

按照总线的时序控制方式，可将总线分为同步总线和异步总线。

1）同步总线

同步总线方式中有一个统一的公共时钟信号，这个时钟信号是由总线控制器发出的。由这个公共的时钟信号确定控制信号、地址信号和数据信号在总线上传送的时间关系。同步总线适用于连接在总线上的部件速率差异不大的情况，这种方式具有控制简单、数据传输率高的特点。

2）异步总线

异步总线方式的特点是没有一个统一的公共时钟。总线上各部件之间的数据传输是通过交换应答信号实现的，一次数据传输的操作时间不确定，是由各部件的动作时间决定的。异步总线方式适用于总线上各设备速度差异较大的场合，其通信控制电路比较复杂。

4.1.2 总线性能指标

衡量总线性能的指标有总线宽度、总线工作频率和总线带宽。

1. 总线宽度

总线的宽度又称为总线位宽，是总线能同时传送的二进制数据的位数，即数据总线的位数。总线宽度常用位(bit)表示，如8位、16位、32位、64位等。

2. 总线工作频率

总线的工作频率是指总线每秒传输数据的次数，是总线工作速度的重要指标。总线工作频率通常用MHz表示，如PCI总线的标准工作频率是33 MHz。

3. 总线带宽

总线的带宽也称为总线数据传输速率，即单位时间内总线上传送数据的位数，通常用每秒传输数据的字节数表示，常用的总线带宽单位是b/s(bit/s)或MB/s。总线带宽与总线宽度和总线工作频率的关系是：

总线带宽＝总线宽度×总线工作频率

例4-1 某总线在一个总线中并行传输4个字节的数据，假设总线的工作频率是33 MHz，求该总线的带宽是多少？

解 总线的宽度是4个字节，即32位。

$$总线带宽＝总线宽度×总线工作频率＝4B\times 33\times 10^6/s＝132\ (MB/s)$$

4.1.3 总线设计规范

总线是计算机系统中连接各个部件的一组公共的信号线。只有严格按照总线规范设计的部件和设备接口才能与总线正确连接并可靠传送信息。常见的总线设计规范有以下四个。

1. 物理规范

物理规范又称为机械特性，是指总线给出的部件在物理连接时表现出的一些特性，如连线的类型、数量、接插件的几何尺寸、形状、引脚个数及排列顺序等。

2. 功能规范

功能规范是指总线中每一根传输线的名称和功能，不同的传输线其功能不同，如地址总线用来传输地址信息，数据总线用来传输数据信息，控制总线用来传输操作过程中的命令、状态等。

3. 电气规范

电气规范是指每一根信号线上的信号传输方向及表示信号有效的电平范围，通常规定，由主设备(如 CPU)发出的信号称为输出信号，传入主设备的信号称为输入信号。地址线一般为输出信号，数据线为双向信号，对控制线而言有输入有输出，但其中每一根都是单向的。通常数据信号和地址信号定义高电平为逻辑 1、低电平为逻辑 0，控制信号则没有约定，例如，$\overline{WE}$表示低电平有效、Ready 表示高电平有效。不同总线的高电平、低电平的电平范围也无统一的规定，通常都符合 TTL 电平的定义。

4. 时间规范

时间规范又称为时序规范，指总线中任一条传输线在什么时间内有效，有效持续多久，以及各信号之间的时序关系，通常用时序图说明总线中各信号时序关系之间的约定。例如，CPU 通过总线对存储器进行访问时，主设备就要按照存储器所需的读/写时序控制总线中的地址、数据和控制信号的变化顺序。

任何系统和模块的研制、开发都必须遵从相应的总线规范，总线技术随着计算机结构的改进也在不断地发展和完善。

4.2 系统总线结构

计算机硬件系统中的部件，如 CPU、存储器以及各种输入/输出设备等都是通过系统总线连接起来的。根据连接方式的不同，系统总线的结构有三种基本类型：单总线结构、双总线结构和多总线结构。

4.2.1 单总线结构

单总线结构如图 4－1 所示。它是用一组单一的总线将 CPU、内存和 I/O 设备连接起来的总线结构。

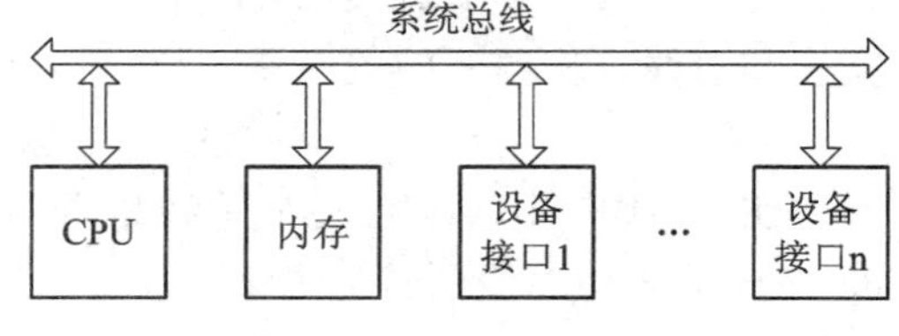

图 4－1 单总线结构

在单总线结构中，由于所有的部件和设备都是通过一条总线连接的，因此需要传输数据的设备在使用总线时应该迅速获得总线控制权；而当不再使用总线时，能迅速放弃总线控制权，否则，一条总线由多种部件共用，可能导致很大的时间延迟。

在单总线结构中，当 CPU 执行取指令的操作时，将存储器的地址和存储器读控制信息一起送至总线上，这时，总线上的信息被传送到所有挂接的部件和设备上，只有与总线上地址相同的存储单元将其存放的指令代码通过数据总线传送给 CPU。

取出指令之后，CPU 会检查操作码，以确定该指令下一步要执行的具体操作。对采用单总线的计算机而言，操作码规定了要执行的具体操作，访问对象是内存还是 I/O 设备，以及数据是流进 CPU 还是流出 CPU 等。

在单总线结构中，每个部件或设备都有被指定的地址范围，如存储器地址和 I/O 地址等，总线通过传送这个地址决定在一次数据传输过程中与 CPU 进行通信的具体设备，因此，CPU 对内存和 I/O 的通信方式都是一样的。

单总线结构简单、使用灵活、易扩充。但是，由于所有的部件都是通过同一组系统总线进行通信，必须分时使用总线，即某一时间只能允许一对部件之间传送数据，这样使得计算机性能受到总线速度的限制。

4.2.2 双总线结构

在计算机工作期间，CPU 要不断地访问内存，如取指令、取操作数、存结果等，因此 CPU 和内存之间的数据通信会非常频繁。双总线就是在单总线结构的基础上，在这两个最繁忙的部件之间增加一组高速的存储总线，以减轻系统总线的负担，如图 4-2 所示。

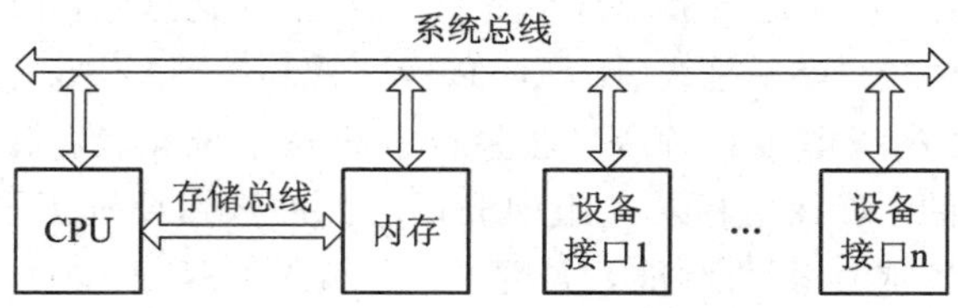

图 4-2 双总线结构

双总线结构保持了单总线系统简单、易于扩充的优点，又提高了系统的吞吐量。在这种结构中，内存仍可通过系统总线直接与外设之间实现 DMA(直接存储器访问，后续章节中讨论)操作，而不必经过 CPU。显然，双总线系统效率的提高是以增加硬件复杂度为代价的。

4.2.3 多总线结构

高性能的总线应该能够同时兼容高速和低速设备，多总线结构正是在这样的需求下发展起来的，图 4-3 所示的是目前大多数微型计算机主板上所采用的多总线结构。

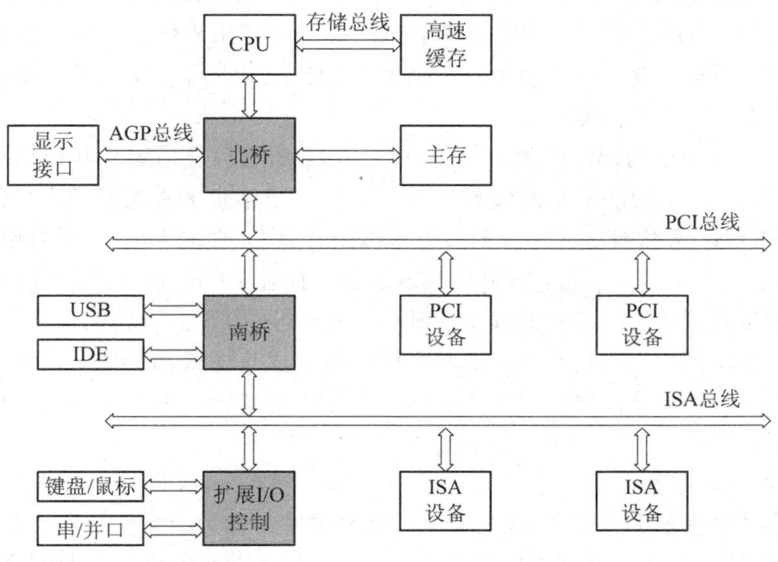

图 4-3 多总线结构

多总线结构涉及多种类型的总线，例如，在图 4－3 中，连接 CPU 和高速缓存的存储总线、连接北桥与显示器的 AGP 总线、连接高速 I/O 设备的 PCI 总线以及连接低速设备的 ISA 总线，从图 4－3 可以看到，实现各种总线之间的通信还需要控制电路，如图中的北桥、南桥和扩展 I/O 控制器。

其中，北桥也称为主桥(Host Bridge)，北桥芯片负责 CPU 与内存之间的数据交换，并控制 AGP、PCI 数据在其内部的传输，是主板性能的主要决定因素。北桥芯片的主要功能之一是控制内存，而内存标准与处理器一样变化比较频繁，所以不同芯片组中北桥芯片肯定是不同的，这并不是说所采用的内存技术完全不一样，而是不同芯片组的北桥芯片间可能存在一定的差异。

南桥(South Bridge)芯片是主板芯片组的另一重要组成部分，南桥芯片负责 I/O 总线之间的通信，如 PCI 总线、ISA 总线、USB、LAN、ATA、SATA、音频控制器、键盘控制器、实时时钟控制器、高级电源管理等，这些技术相对来说比较稳定，所以不同芯片组中南桥芯片可能是一样的。现在主板芯片组中北桥芯片的数量要远远多于南桥芯片。南桥芯片的发展方向主要是集成更多的功能，如网卡、RAID、IEEE 1394，甚至 Wi－Fi 无线网络等。

图 4－3 中的扩展 I/O 控制器用来实现各种其他接口与 ISA 总线之间的数据通信。

多总线结构的高性能是以增加硬件复杂度为代价获得的。

4.3 总线仲裁

总线可以被所有连接在其上的部件或设备使用，但是在任何时刻，只能有一个部件或设备可以通过总线进行数据传输，这样就需要一个控制机构来仲裁总线的使用权。因为总线是一组公共的通信线路，所以当总线上的某一个部件要与另一个部件进行通信时，就应该发出请求信号。在同一时刻，可能有多个部件都要求使用总线，这时总线控制部件就要依据一定的仲裁原则，即按一定的优先级别次序，来决定由哪个部件使用总线。总线仲裁一般采用优先级或公平的策略。

获得了总线使用权的部件称为主设备(或主方)，由主设备指定与其通信的另一方称为从设备(或从方)。由主设备掌管总线控制权，发出总线地址和控制命令(写操作时还需要数据)，才能开始传送数据。在单 CPU 计算机中，CPU 通常掌管总线的使用权，例如，CPU 取指令时，CPU 是主设备，存储器是从设备。有时 I/O 设备之间、I/O 设备与主存之间需要进行大量数据传输，这时 DMA 控制器和 IOP 也会成为主设备。

根据总线控制部件所在的位置，控制方式可以分成集中式和分散式两类。总线控制逻辑基本集中在一处的，称为集中式总线控制。总线控制逻辑分散在各部件内部的，称为分散式总线控制。

1. 集中式总线仲裁

集中式总线仲裁方式将总线仲裁逻辑集中放置在一个称为中央仲裁器的部件中，专门管理总线控制权的分配问题。所有连接在总线上的设备都可以发出总线请求信号，当总线控制器检测到有总线请求时，根据仲裁原则发出总线授权信号确定哪个设备掌管总线控制权。

集中式总线仲裁有链式查询方式、计数器定时查询方式、独立请求方式三种方式。

1）链式查询方式

在如图4-4所示的链式查询方式中，所有设备都通过以下三个信号与中央仲裁器连接。

（1）BB(Bus Busy 总线忙)：该线有效，表示总线正被某设备使用。

（2）BR(Bus Request 总线请求)：该线有效，表示至少有一个外设要求使用总线。

（3）BG(Bus Grant 总线授权)：该线有效，表示总线控制部件响应总线请求(BR)。

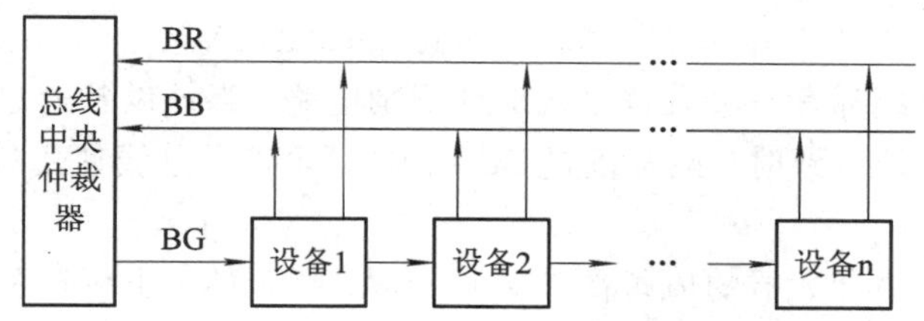

图4-4　链式查询方式总线仲裁

需要使用总线控制权的设备，可以通过BR向中央仲裁器提出总线请求，中央仲裁器收到BR=1后，若检测到BB=0时，会送出总线授权BG=1信号。BG按照设备优先级别的高低，依次串行地通过每个I/O接口。如果收到BG=1信号的设备无总线请求，则该设备会给下一个设备送出BG=1信号；如果接到BG=1信号的设备有请求，则该设备会将BG=0信号传给下一个设备，这样该设备就获得了总线控制权，并阻止了优先级别比它低的设备获得总线控制权。

获得总线控制权的设备成为主设备，并将BB设置为1，此时该设备可以在总线上发出从设备的地址、控制信号和数据，开始一次总线的数据传送。当数据传送结束后，主设备设置BB=0表示释放总线控制权，完成一次总线的使用。

链式查询方式的主要特征是BG信号的传送方式，它是串行地从一个设备接口传送到下一个设备接口。显然，在查询链中离中央仲裁器距离最近的设备其总线优先权最高，距离越远的设备总线优先权越低。

链式查询方式的优点是控制线少，仲裁逻辑简单，可扩充性好；其缺点是对查询链的电路故障很敏感，如果查询链中的第i个设备接口中的链线路电路出故障，那么第i个以后的设备都不能正常工作。另外，查询链的优先级是固定的，如果优先级高的设备出现频繁的请求，那么优先级较低的设备就可能长期不能使用总线。

2）计数器定时查询方式

计数器定时查询方式中各设备的总线使用优先级是比较灵活的。在计数器定时查询方式中，对设备的授权是由设备的总线地址指定的，因此要为总线上的每一个设备分配一个总线地址，并且各设备的总线地址是连续的，这个地址由中央仲裁器内部的一个计数器产生，计数器的位数n与设备数N之间应当满足$2^n>N$的关系。计数器定时查询方式中各设备与中央仲裁器的连接方式如图4-5所示，图中BR和BB信号作用与链式查询方式相同。

当连接在总线上的某些设备要求使用总线时，都通过BR线发出总线请求。总线控制器接到请求信号以后，在BB线为“0”的情况下让计数器开始计数，并将计数值通过设备总线地址发向各设备。

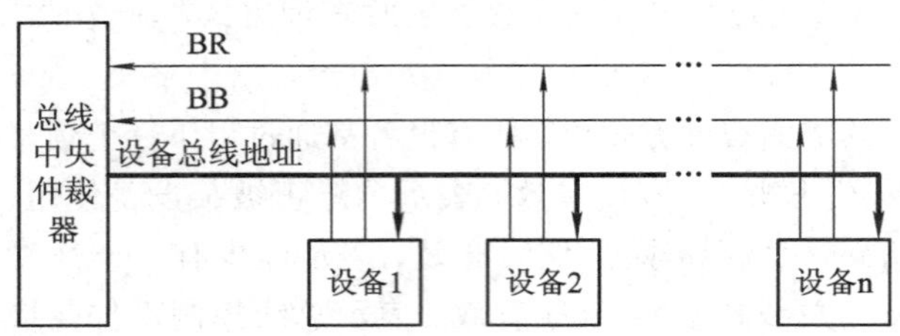

图 4-5 计数器定时查询方式总线仲裁

每个设备接口内部都有一个设备总线地址判别电路，当该设备的总线地址与中央仲裁器发出的设备总线地址一致时，该设备置 BB 线为“1”，获得总线使用权，中央仲裁器中止计数查询。

总线中央仲裁器中计数器的值每次计数可以从“0”开始，也可以从中止点开始。如果每次从“0”开始，则各设备的优先次序与链式查询法相同，优先级的顺序是固定的。如果计数器的值每次都从中止点开始，则每个设备使用总线的优先级是相等的，这种方式对于中央仲裁器控制每个设备的优先级是非常方便的。计数器的初值也可用程序来设置，这样可以方便地改变优先次序。显然这些灵活性是以增加设备地址总线为代价的，相比链式查询方式，定时器查询方式的扩充性稍差，并且最大设备数受限于计数器的位数。

3）独立请求方式

独立请求方式如图 4-6 所示。在独立请求方式中，每一个共享总线的设备均有一对总线请求线 BR_i 和总线同意线 BG_i。当某个设备 i 要求使用总线时，便发出相应的请求信号 BR_i，由中央仲裁器内部的排队电路根据一定的优先次序决定响应哪个设备的请求，并对该设备发出授权信号 BG_i。

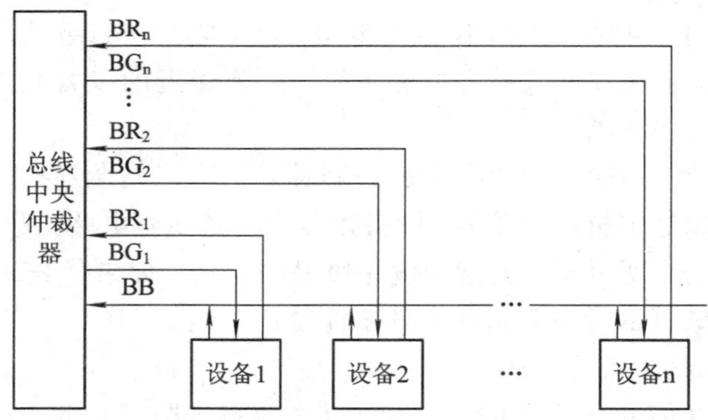

图 4-6 独立请求方式总线仲裁

独立请求方式的优点是响应时间快，即确定优先响应设备所花费的时间少。独立请求方式对优先次序的控制也很灵活，既可以采用固定方式，例如，BR_0 优先级最高、BR_1 次之……BR_n 最低；也可以通过程序来改变优先次序，还可以用于屏蔽某些请求等。相比前两种仲裁方式，独立请求方式的缺点是所需控制线多，若设备数为 N，则需要的控制信号线为 2N+1(还有 1 条 BB 线)。如果设备数为 16，则链式查询需要控制线是 3 根线，计数查询需 4+2=6 根线，而独立请求方式需要 33 根线。

2. 分布式总线仲裁

与集中式仲裁方式相比，分布式总线仲裁不需要设置中央仲裁器，各个设备内部都有专用的仲裁电路和设备号，各设备之间通过这些分散在各设备中的仲裁电路确定总线使用权的归属，如图4-7所示。

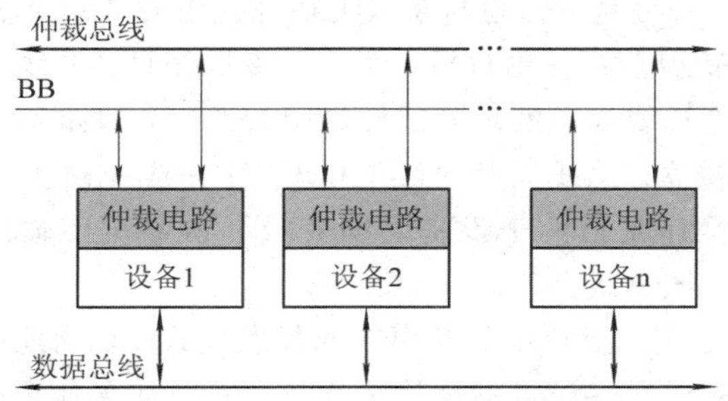

图4-7 分布式总线仲裁

分布式仲裁方式也是以设备优先级作为仲裁的依据，设备地址号越大优先级越高。当设备有总线请求时，就把每个设备唯一的设备地址号发送到共享的仲裁数据总线上，所有设备的内部仲裁电路都会将总线上的设备号与自己的设备号进行比较，并最终确定总线控制权的归属。

首先需要说明的是，每个设备内部的仲裁逻辑是由纯组合电路构成的，分布式仲裁总线上的所有信号均采用集电极开路(OC门)输出，提供信号的逻辑“线或”功能。

当仲裁开始时，每个竞争者通过自己的仲裁逻辑把仲裁号送往仲裁总线，每个竞争者内部的组合逻辑将自己的仲裁号与仲裁总线上的信号“线或”后的结果进行比较，并且能根据下面的规则修改起初送往仲裁总线的仲裁号：当仲裁逻辑发现自己仲裁号的任一位比总线上的值低即本身送的值为“0”，而总线的返回结果为“1”，则将仲裁号中比这位低的所有位都从总线上撤除。若总线上的值又返回“0”，则仲裁逻辑又将其撤除的低位重新送到总线上。经过一段稳定时间后，保留在仲裁总线上的值即为所有竞争者中最大的仲裁号，该竞争者获得总线所有权。当仲裁结束后，总线上所有成员都清楚是哪个设备获得了总线控制权。

例如，两个仲裁号分别为101 0011和011 1100的设备竞争总线控制权。它们将各自的仲裁号送往总线并监视总线状态，开始时，前一个请求者将撤走其低5位，留在总线上的值为1000000，而后一个请求者将其所有位撤出总线，这时总线上保留的值为1000000。这样，前一个请求者又重新将其低5位值送到总线上，后者则无动作，总线上的最高位仍保持为1。由此可见，经过一段稳定时间后，留在总线上的仲裁号为101 0011，前一个请求者获得总线所有权。

4.4 总线的通信方式

计算机中各设备之间的一次信息交换都是在一个总线操作周期完成的，一个总线周期通常分为以下四个阶段。

(1) 总线请求和仲裁阶段：当有多个设备提出总线请求时，必须由仲裁机构仲裁，确定总线控制权的归属。

（2）寻址阶段：取得总线使用权的设备成为主设备，经总线发出本次要访问的存储器或 I/O 端口的地址和控制信号。

（3）传送数据阶段：主设备与从设备之间进行数据传送。

（4）结束阶段：主设备将有关信息从总线上撤除，并交出总线的控制权。

当共享总线的部件获得总线使用权后，就开始传送信息。总线控制权的仲裁已经在前面讲过了，这里主要讨论总线如何实现各部件之间的通信，即如何实现数据传输。

首先介绍几个基本概念。总线周期通常是指 CPU 完成一次主存或 I/O 设备的访问操作所需要的时间。总线操作是指两个设备之间完成一次数据传输的完整过程。通常情况下，一个总线周期对应一次总线操作。

总线上的数据传输方式主要有单周期模式和猝发模式。单周期模式是指一个总线周期只传输一个数据，传输完成后主设备就释放总线控制权，如果还要传输下一个数据，则需要重新获得总线控制权。猝发模式是指主设备获得总线控制权后，可以进行多次的数据传输，这种方式在总线寻址时只需要提供目的首地址，访问的数据 1、数据 2、…、数据 n 的地址会自动在首地址的基础上按照一定的规则产生。

当共享总线的部件获得总线使用权后，就开始传输信息。一次数据传输的过程是在一个主设备与一个或多个从设备之间进行的，为了使不同工作速度的从设备与主设备能够可靠地传送信息，就必须进行通信联络。总线的通信方式通常分为同步控制方式（同步通信）、异步控制方式（异步通信）以及半同步控制方式三种。

1. 同步通信

同步通信又称为无应答通信，是指通信联络信号由一个公共的时钟信号决定。这个公共的时钟信号可以让总线控制部件发送到每一个部件，也可以让每个部件自己产生，但各自产生的时钟信号必须与总线控制部件发出的时钟信号进行同步。由于采用了公共时钟，每个功能模块什么时候发送或接收信息都由统一时钟规定。

读操作和写操作是总线最基本的两种操作，读操作是指主设备从其他设备中获得数据，也就是说，数据是从设备流向主设备的，例如，当 CPU 读取指令时，CPU 从内存中取得数据作为执行的指令；写操作是指主设备输出数据到从设备，即数据流动的方向是从主设备到从设备，如 CPU 将运算结果写入到存储器中。

图 4-8 所示是数据由从设备流向主设备（如从主存到 CPU）的总线同步读操作，一个总线周期包含三个时钟周期，即 $T_0 \sim T_2$。在 T_0时刻，主设备（如 CPU）将从设备的地址放到地址总线上，同时在控制线指出操作的性质（图中是$\overline{RD}$，表示数据读入）。与地址码一致

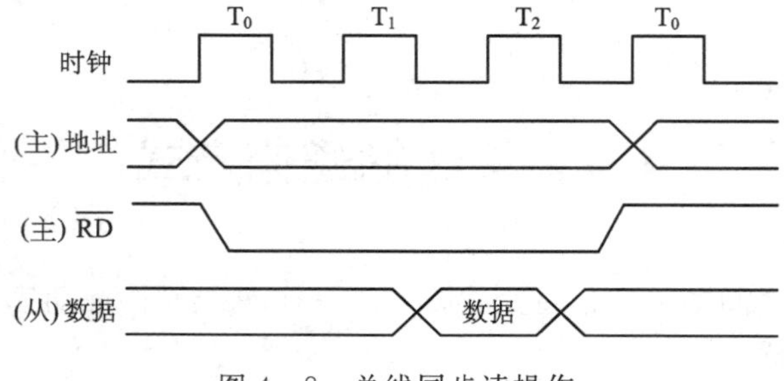

图 4-8　总线同步读操作

的从设备(如存储器)在收到地址码和控制信号后，在 T_1时刻按主设备的要求把数据放到数据总线上；然后，主设备在 T_2时刻接收数据总线上的数据。此次总线周期结束，再开始一个新的数据传送的过程。

在同步控制方式下，发送和接收双方都在统一的公共时钟下进行操作，时序简单、控制方便。同步控制方式适用于总线长度较短、各部件或设备的存取时间比较接近的情况，具有较高的传输频率。如果各设备之间速度相差很大，则同步传输时钟信号需要以最慢部件的存取时间为依据来设定，这样快速设备的时间就被浪费了。

2. 异步通信

为了克服同步方式的缺点，让速度差异大的设备之间能够进行数据传输，可以采用异步通信方式。异步通信方式在部件之间进行通信时没有公共的时间标准，允许总线上各部件有各自的时钟，数据传输的过程用“应答方式”(也称为握手方式)联络，即总线上后一事件出现的时刻取决于前一事件的出现。例如，采用异步通信方式时，当 CPU 发出读数据命令后，并不急于从总线上取数据，CPU 并不限定设备传送数据的时间，而是一直等待，当输入设备把数据放到数据总线上后，给 CPU 发送一个 READY 信号，用来通知 CPU 数据已经准备好，CPU 收到 READY 信号后，从总线上取得数据，并向输入设备发送一个“数据已接收”的信号，通知输入设备撤销 READY 信号和发往总线上的数据。

根据应答信号(即请求和回答信号)的建立和撤销是否具有相互依赖的关系，异步方式通信又分为如图 4-9 中所示的非互锁方式、半互锁方式和全互锁方式三种。

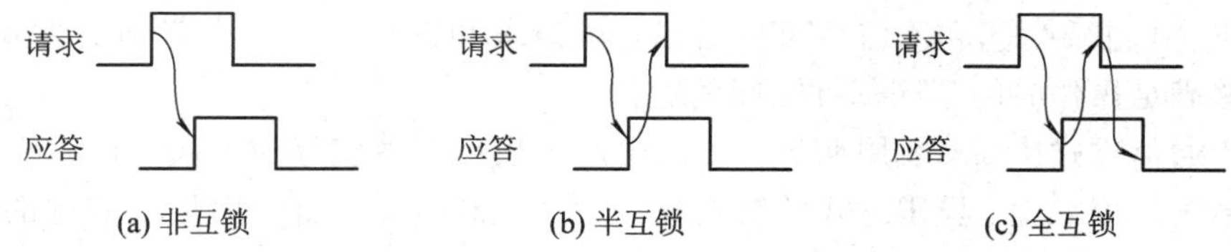

图 4-9 异步通信的三种方式

在图 4-9 中，假设请求信号由设备 1 发出，应答信号由设备 2 发出。

在图 4-9(a)中，设备 1 在将请求信号置为有效(置 1)后自动延时一段时间就将请求信号撤销(置 0)；设备 2 在检测到请求信号后，将应答信号置为有效，随后也是在延时一段时间后自动撤销应答信号。这里只有设备 2 应答信号的上升沿是由设备 1 请求信号的上升沿引起的，但是两个信号的撤销都由设备自身决定，不存在依赖关系，因此称为非互锁方式。

在图 4-9(b)中，设备 1 在接收设备 2 应答信号的上升沿后，知道它的请求已被接收后才主动撤销请求信号。但是应答信号的撤销还是由自身决定的，与请求信号没有互锁关系，这种方式称为半互锁方式。

在图 4-9(c)中，相比图 4-9(b)而言，设备 2 的应答信号是在检测到设备 1 请求信号撤销后才撤销的，因此，这种方式称为全互锁方式。

在异步通信联络系统中，不需要规定统一的公共时钟信号。采用异步通信的总线周期长度是可变的，因而各种快速和慢速的功能模块都能连接到同一总线上，但这是以增加总线的复杂性和成本为代价的。

图 4-10 为一次异步数据传输的例子，说明了主设备与从设备采用全互锁方式，实现读数据的过程。

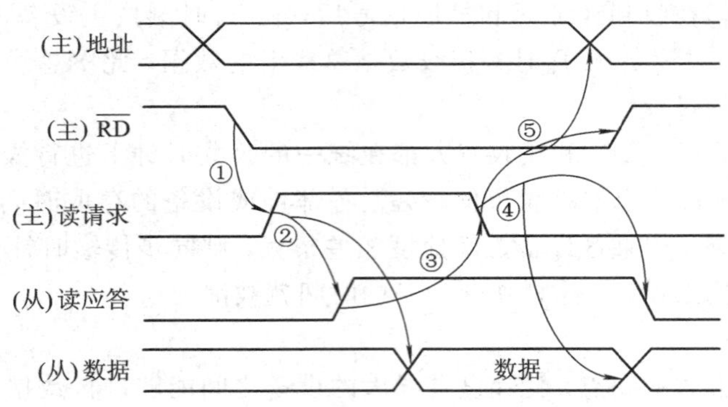

图 4-10 异步通信控制过程

首先主设备发出从设备的地址和读控制信号，随后主设备将读请求信号置为高电平，通知从设备启动数据传输(图中①)；从设备检测到请求信号的上升沿，得知此次需要为主设备提供数据，从设备开始准备数据，然后将准备好的数据送到数据线，并同时将读应答信号置为高电平，告知主设备可以读取数据总线上的数据了(图中②)；主设备收到读应答上升沿后，读取数据总线上的数据，并将读请求置为低电平(图中③)；从设备检测到读请求的下降沿，得知主设备已经将数据取走，将读应答信号置低电平，并释放数据总线(图中④)；主设备在读请求信号下降沿之后，将读控制信号和地址信号撤销，准备开始下一次总线传输(图中⑤)。

从图 4-10 中②、③和④信号可以看出，读请求和读应答是以全互锁的方式工作的，因此它能够满足操作时间不同部件之间的通信。

在异步通信方式中，总线周期的长度是由两个通信部件实际速度决定的，而且应答方式提高了系统的可靠性。异步方式的缺点是传输过程较复杂，由于增加了应答的时间，对于固定速度的设备而言，速度还是受到了影响。

在现代计算机中，高速设备和低速设备可以使用不同的时序控制信号，分别采用不同速率的同步方式传送数据，这也是一种可取的方案。

3. 半同步控制方式

半同步控制方式结合了同步和异步方式的特点。半同步方式中采用公共的时钟信号，对大多数存取速度相近的部件采用同步控制方式，而对那些速度比较慢的部件则可以增加应答信号，使总线周期增加 1 个或多个“等待”周期，这样就可以满足存取时间较长设备的要求。

在半同步控制方式中，总线上的地址、命令、数据信号都是严格参照系统的要求在时钟信号的上升沿发出的，而数据接收方都会根据应答信号在系统时钟的某个下降沿检测应答信号，用于判断数据发送方是否已经将数据准备好(即将送到数据总线上)，如果还没有准备好，则总线周期会自动加入“T_W”延时周期，在下一个时钟信号下降沿继续检测应答信号；如果已经准备好，则总线周期进入下一个时钟状态的操作。

图 4-11 是在半同步控制方式下，主设备读数据的过程。主模块在 T_0 上升沿发出地址；T_1 上升沿发出读控制信号；T_1 下降沿检测从设备数据准备是否就绪的 $\overline{WAIT}$ 应答信号，若 $\overline{WAIT}=0$，说明从设备的数据没有准备好，总线周期加入等待状态 T_W，在 T_W 的下降沿继续检测 $\overline{WAIT}$，此时 $\overline{WAIT}=1$ 说明从设备已经将数据送到了数据总线，随后进入

T_2状态读取数据后，结束传输。若从设备工作速度较慢，无法在 T_2时刻提供数据，则必须在 T_2之前通过$\overline{WAIT}$信号通知主设备，使其进入等待状态。主设备在 T_1下降沿测得$\overline{WAIT}$=0，则不会立即从数据线上取数，这样一个时钟周期、一个时钟周期地等待，直到主设备测得$\overline{WAIT}$=1 时，主设备才把此刻的下一周期作为正常周期 T_2，去获取数据。

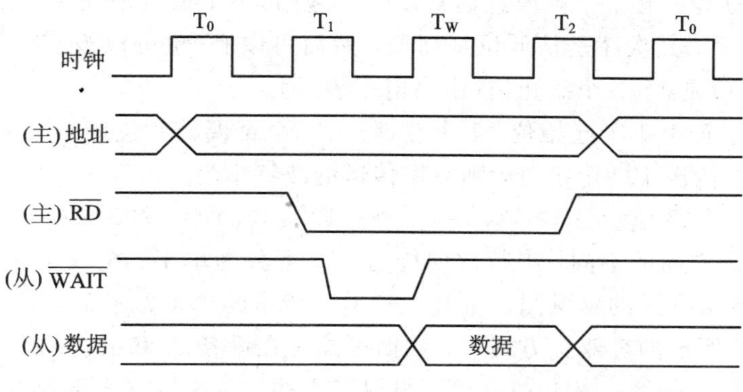

图 4 - 11　半同步控制过程

4.5　总线的信息传送

总线上的信息用电位的高低或脉冲的有无代表信息位的“1”或“0”。通常，总线信息的传送有两种基本方式：串行传送和并行传送。此外，还有并串行传送及分时传送。

1. 串行传送

串行传送是指数据从低位到高位的顺序依次按位传送数据的方式，如图 4 - 12 所示。在这种方式下，发送部件和接收部件之间只有一条传输线，一次只能传送一位数据(它们之间还有一条“数据地”连接)。由于信息在 CPU 内部通常是并行处理的，以串行方式进行数据传输时，发送部件必然具有并-串转换的功能(也称为拆卸)，而接收部件则有串-并转换的功能(称为装配)。当传送数据位为“1”时，发送部件发送一个正脉冲，传送数据位为“0”时，则无脉冲。图 4 - 12 所示的是将七位数据“1000101”采用串行方式传送的示意图。

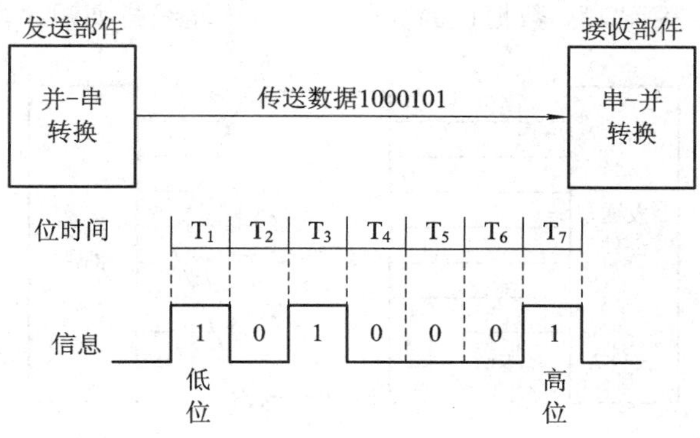

图 4 - 12　串行传送

在串行传送方式中，传送一位二进制位的时间称为“位时间”。“位时间”是由同步脉冲的周期决定的，其长短取决于数据传输率。每秒钟传送的二进制位数称为波特率，其单位是(b/s)。例如，某串行总线的波特率是 9600 b/s，则位周期为 1/9600＝0.000104(s)＝104 μs。

串行传送方式可以分为同步方式和异步方式两种。在异步串行传送过程中，被传送的一个单位的信息称为一帧。一帧信息通常以一个起始位(由低电平表示)开头；接着是数据位，通常有 5～8 个，其次序是从低位到高位；然后可以有(也可以没有)一个校验位(奇校验或偶校验)；最后是 1～2 个终止位(由高电平表示)。

若一个串行字符由 1 个起始位、7 个数据位、1 个奇偶校验位和 1 个停止等 10 个数据位构成，线路每秒传送 120 个字符，则数据传送的波特率为

$$10\ 位/字符\times 120\ 字符/秒 = 1200\ 位/秒 = 1200\ \text{b/s}$$

根据数据传送方向的不同，串行数据传送方式可分为单工、全双工和半双工三种，图 4－13 是这三种传送方式的示意图。在图 4－13(a)所示的单工方式下，数据只能从 A 传向 B；在图 4－13(b)所示的全双工方式下，数据可同时在设备 A 和 B 之间传送，但要求设备之间具有两组数据传输线；图 4－13(c)是半双工方式，在这种方式下只有一根数据线，数据可分时在设备 A 和 B 之间双向传送。

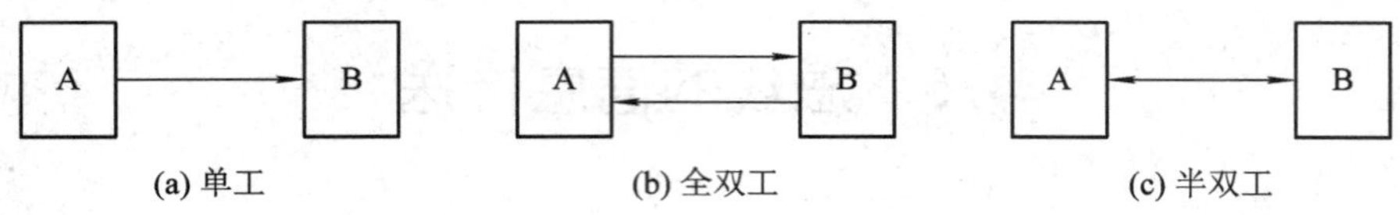

图 4－13　三种串行数据传送方式

串行传输的特点是只需一条传输线，成本低。当远距离传输时，如几百米甚至几千米以上，采用这种方式比较经济，但是串行传送速度慢，常用于主机与外设的连接，如键盘、鼠标、U 盘等。

2. 并行传送

并行传送是指一个信息的所有位是同时传送的，即每位数据都有各自的传输线，一次传输整个信息，如图 4－14 所示。图中所示为发送部件把八位二进制数据 11000101 通过一组固定的八位传输线送到接收部件的相应位。并行传送每一位的数据用电位表示，通常低电平表示“0”，高电平表示“1”，数据位的高低次序由传输线排列顺序决定。

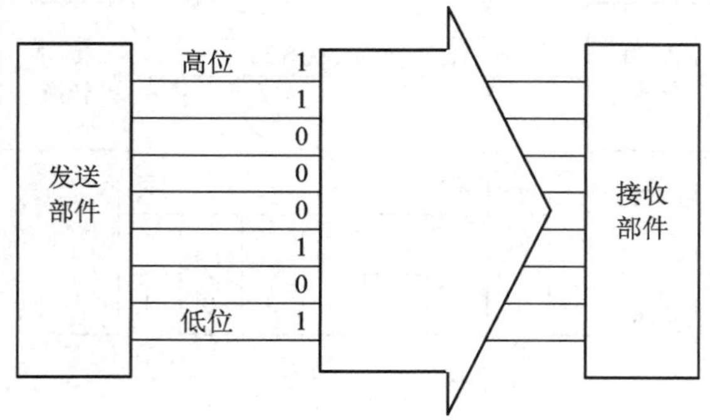

图 4－14　并行传送

并行传送的优点是传送速度快，但是这种方式要求线数多，成本高，因此，适用于近距离数据传送。

3. 并串行传送

并串行传送是指将被传送信息分成若干组，组内采用并行传送，组间采用串行传送。如果需要传送的数据比较长，而并行传送的数据线位数较少时，可以采用这种传送方式。这种方式是对传送速度与传输线数量进行折中的一种方式。例如，在准 16 位的 8088 微机中，CPU 内部的数据通路都是 16 位的，而系统总线只有 8 位，CPU 与主存或外设之间进行通信时就只能采用并串行传送方式，即将 16 位的信息分成两次 8 位数据进行传送。

4. 分时传送

分时传送有两种含义：一是采用总线复用，是指在某个传输线上既传送地址信息又传送数据信息，其目的是为了减少信号线的数量。为此，需要将总线的时间分片，以便在不同的时间间隔完成传送地址或数据的任务。二是指共享总线的部件分时使用总线。总线资源是系统的公共资源，连接在总线上的部件可以有很多，但在一个特定时间片内，总线通常只为一个源部件和一个目的部件提供服务，因此当多个部件要求使用总线时，只能由总线控制器按时间片分时提供服务。

4.6 总线标准简介

计算机系统中各种功能模块种类繁多，而且同一种功能的模块可以由多个不同的厂商生产，同一个厂商生产的模块也存在型号和功能的差异。为了能够方便地将各种模块与计算机相连，各个部件或设备都采用标准化的形式连接到总线，并按标准化的方式实现总线上的信息传输。这些标准化的形式可以看做计算机系统与模块、模块与模块之间一个互联的标准界面，统称为总线标准。这个界面对它两端的模块都是透明的，即各端只需要根据总线标准完成自身模块或设备的接口功能要求即可。常见的有 ISA、PCI、USB 总线标准等，采用这些标准的总线为 ISA 总线、PCI 总线、USB 总线等。

有了总线标准，不同厂商就可以按照同样的标准和规范生产各种不同功能的芯片、模块和设备，用户也可以根据功能需求选择不同厂家生产的、基于同种总线标准的模块和设备，甚至可以按照标准，自行设计功能特殊的专用模块和设备，以满足自己的需求。采用总线标准后可使芯片级、模块级、设备级等各级别的产品都具有兼容性和互换性，以使整个计算机系统的可维护性和可扩充性得到保证。

主板上的处理器与主存之间的总线经常采用特定的专用总线，连接各种 I/O 模块的 I/O 总线和主板上的总线通常是标准总线。按照总线标准设计的接口可以看成是通用接口，对硬件设计而言可以使各模块的设计相对独立，对软件而言便于接口软件的模块化设计。

这里介绍几种常见的总线标准。

4.6.1 ISA 总线

ISA(Industrial Standard Architecture)总线是 IBM 公司 1984 年为推出 PC/AT 机而

建立的系统总线标准，所以也称为 AT 总线。早期的 80286、80386 和 80486 微型机大多使用 ISA 总线。图 4-15 所示的主板上有 1 个 8 位和 5 个 16 位的 ISA 总线插槽。

图 4-15 主板上的 ISA 总线插槽

ISA 总线包括 16 根数据线、24 根地址线、12 根中断请求线、7 组共 14 根 DMA 请求与响应信号线以及其他控制线。ISA 总线共有 98 个引脚，不支持总线仲裁，ISA 总线上的数据传输必须通过 CPU 或 DMA 控制器。ISA 总线的结构如图 4-16 所示。

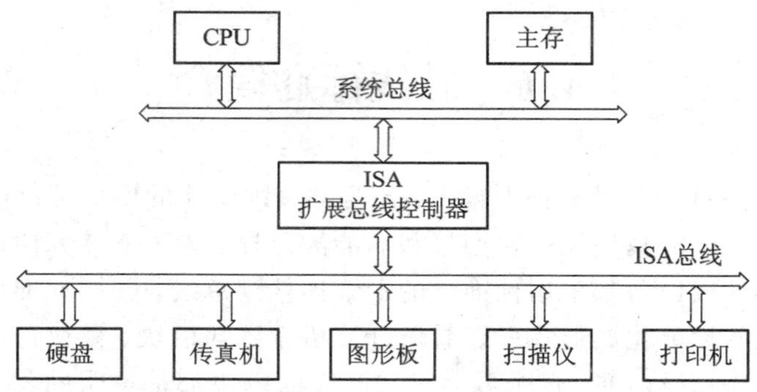

图 4-16 ISA 总线的结构

ISA 总线主要有以下几个特点：

(1) 最高总线频率为 8 MHz，共有 98 根信号线。数据线和地址线分离，数据线宽度为 16 位，可以进行 8 位或 16 位数据的传送，最大数据传输率为 16 MB/s。

(2) 支持 64K I/O 地址空间、16M 主存地址空间的寻址，支持 15 级硬中断、7 级 DMA 通道。

(3) 是一种简单的多主控总线。除了 CPU 外，DMA 控制器、DRAM 刷新控制器和带处理器的智能接口控制卡都可成为总线主控设备。

(4) 支持 8 种总线事务类型：存储器读、存储器写、I/O 读、I/O 写、中断响应、DMA 响应、存储器刷新、总线仲裁。

4.6.2 EISA 总线

EISA(Extended Industrial Standard Architecture)总线是 Compaq、AST、EPSON、Olivetti、NEC 等九家公司为了打破 IBM 的垄断，于 1988 年 9 月推出的总线标准。EISA

是在ISA总线基础上扩充的开放总线标准，可以与ISA完全兼容。图4-17所示的是3个EISA总线插槽。

图4-17 EISA总线插槽

EISA总线在原来ISA的基础上增加了64个逻辑信号引脚和26个电源、地线引脚，电源和接地引脚之间的信号引脚数不多于4个，以此降低引脚间的串扰。EISA总线支持多处理器结构，具有较强的I/O扩展能力和负载能力，支持多总线主控，传输频率为33 MB/s，适用于高速图像处理、多媒体和网络服务等。由于EISA总线是由兼容商推出的，技术标准完全公开，市场相继有上百种EISA板卡问世。

EISA总线的特点如下：

(1) 时钟频率为8.33 MHz。共有198根信号线，在原ISA总线的98根线的基础上扩充了100根线，可与原ISA总线完全兼容。

(2) 具有分立的数据线和地址线。数据线宽度为32位，具有8位、16位、32位数据传输能力，所以最大数据传输率为33 MB/s。地址线的宽度为32位，所以寻址能力达4 G。

(3) 支持多总线主控和猝发传输方式，可以有效提高总线的数据传输率。

EISA总线虽然是一个高性能的32位标准总线，但是由于兼顾了ISA的电气特性，妨碍了其速度的进一步提高。

4.6.3 VESA局部总线

VESA(Video Electronic Standard Association)总线是1992年由60家附件卡制造商为了解决CPU与外设之间进行大量、高速数据传输及处理问题而联合推出的，是一个32位的标准计算机局部总线。所谓局部总线，就是CPU总线的扩展，即将外部设备通过局部总线控制器再与CPU总线相连，使得总线时钟与CPU时钟相同，从而达到外设与CPU同步工作的目的。VESA总线用于CPU或加以缓冲的CPU总线，不需要专用的芯片就可以实现。VESA总线的主要目的是用于视频图像的高速数据传输，以提高用户的视频感受。1992年8月发布了VESA Local Bus(简称VESA局部总线或VL-BUS)。VL-BUS将外设通过CPU的局部总线并以CPU速度运行，解决了总线带宽不足的问题。图4-18中所示的是具有VESA总线插槽的主板。

图 4-18 具有 VESA 总线插槽的主板

VL-BUS 总线定义了 32 位数据线，且可通过扩展槽扩展到 64 位，使用 33 MHz 时钟频率，最大传输率达 132 MB/s，可与 CPU 同步工作，是一种高速、高效的局部总线，可支持 386SX、386DX、486SX、486DX 及奔腾微处理器。

VL-BUS 总线的最大缺陷是必须依靠处理器工作，而且最多只能有 3 个扩展槽。因此，当新的 CPU 推出后，VL-BUS 总线就消失了。

4.6.4 PCI 总线

20 世纪 90 年代后，随着图形处理技术和多媒体技术的广泛应用，在以 Windows 为代表的图形用户接口(GUI)进入微型机之后，要求微型机具有高速的图形及 I/O 运算处理能力，这对总线的速度提出了挑战。原有的 ISA、EISA 总线已远远不能满足要求，成为整个系统的主要瓶颈。PCI(Peripheral Component Interconnect)总线是一种高性能的 32 位局部总线，它由 Intel 公司于 1991 年底提出，并联合 IBM、Compaq、AST、HP 等 100 多家公司成立了 PCI 集团。PCI 插槽是主板上最多数量的插槽类型，PCI 总线是当前流行的总线之一。

PCI 是一个与处理器无关的高速外围总线，从 PCI 局部总线的结构上看，PCI 局部总线是在 ISA 总线和 CPU 总线之间新增加一级总线，由 PCI 局部总线控制器相连接，这个局部总线控制器也称为桥(Bridge)。桥也称为桥连器，实际上这是一个用于总线转换的部件。其功能是连接两条计算机总线，作为总线之间相互通信的桥梁。它可以把一条总线的地址空间映射到另一条总线的地址空间，因此系统中每一台总线主设备都能看到同样的一份地址表。对于整个存储系统，有了整体性统一的直接地址表，就可以大大简化编程模型。桥本身的设计既可以简单，也可以相当复杂。在 PCI 规范中，桥的设计有以下三种方案：

(1) 主桥，是指 CPU 至 PCI 的桥。

(2) 标准总线桥，是指 PCI 到标准总线如 ISA、微通道之间的桥。

(3) PCI 桥，是指 PCI 与 PCI 之间的桥。

其中，主桥称为北桥(North Bridge)，在主板上的物理位置靠近 CPU，处于上方故称北桥；其他的桥称为南桥(South Bridge)，在主板上的物理位置位于主板的下方，故称为南桥。因此一些高速外设，例如图形显示适配器、网络适配卡和磁盘控制器等设备就可以从 ISA 总线上脱离出来，通过 PCI 局部总线直接挂在 CPU 总线上，这样就可以与高速的 CPU 总线相匹配。典型的 PCI 总线结构框图如图 4-19 所示。

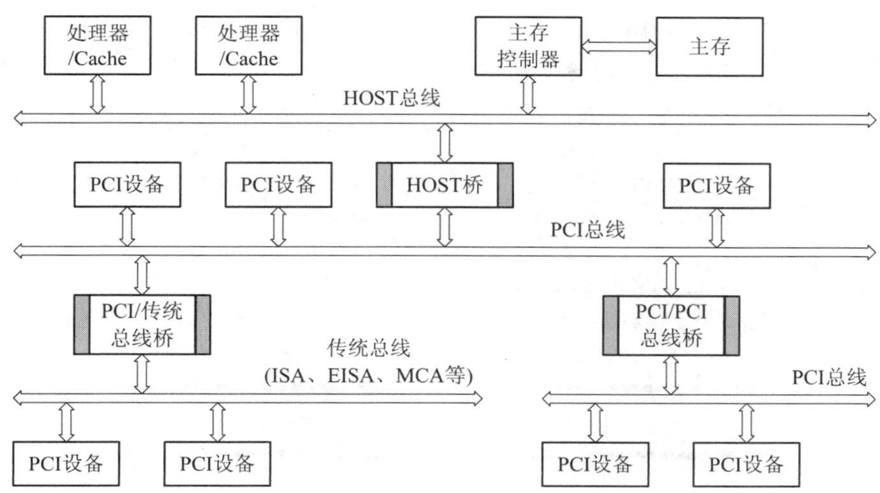

图 4-19　PCI 总线结构框图

图 4-19 中的 HOST 总线也称为“宿主”总线，用于连接主存和 CPU(可以是多个)。PCI 总线用于连接各种高速的 PCI 设备。PCI 设备可以是主设备，也可以是从设备，或兼而有之。系统中允许有多条 PCI 总线，它们可以通过 HOST 桥与 HOST 总线相连，也可以使用 PCI/PCI 桥与已和 HOST 总线相连的 PCI 总线相连，从而使整个系统的 PCI 总线负载均衡。

PCI 总线的基本传输机制是猝发式传送，利用桥可以实现总线间的猝发式传送。在执行写操作时，桥把上层总线的写周期先缓存起来，然后在合适的时间在下层总线上生成写周期，即延迟写。在读操作时，桥可以早于上层总线，直接在下层总线上进行预读。在延迟写和预读操作中，桥的作用都是使所有的数据根据 CPU 的需要出现在总线上。

PCI 局部总线位宽为 32 位，在频率为 33 MHz 下工作，可以扩展到 64 位，数据传输率为 133 MB/s～246 MB/s。图 4-20 所示的是 3 个 5 V 的 PCI 总线插槽。

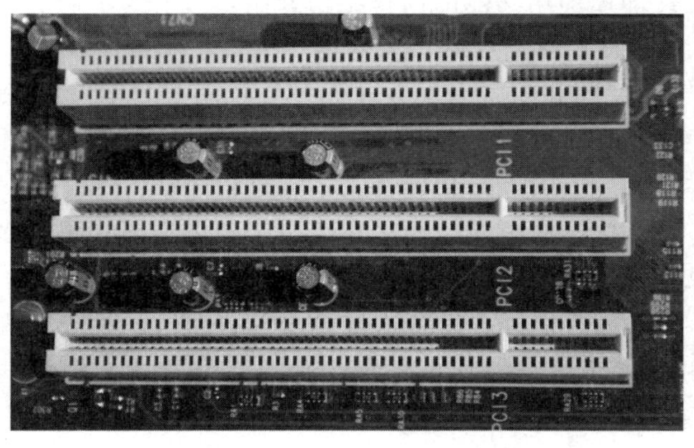

图 4-20　PCI 总线插槽

PCI 总线支持 5 V 和 3.3 V 两种供电方式。图 4-21 是这两种供电方式下 PCI 板卡和插槽的外观示意图。

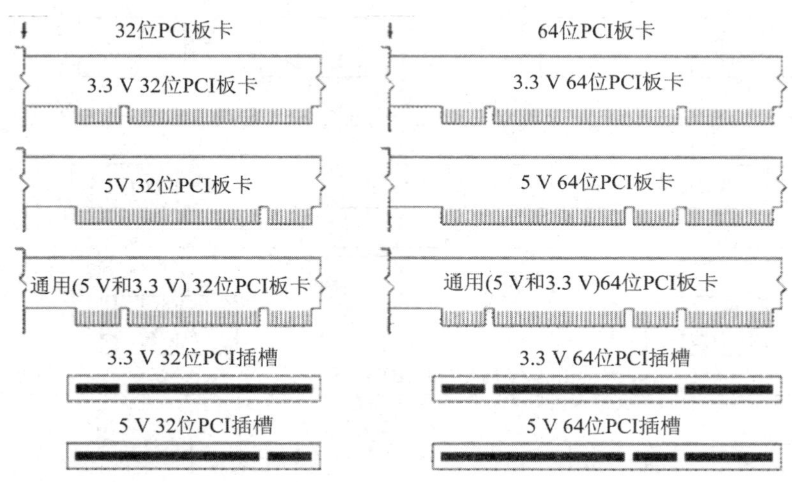

图 4-21 PCI 板卡和插槽的外观示意图

PCI 总线具有如下特点：

(1) 高速性。PCI 总线以 33 MHz 的时钟频率操作，采用 32 位数据总线，数据传输速率可高达 132 MB/s。1995 年 6 月推出的 PCI 总线规范 2 中定义了 64 位、66 MHz 的 PCI 总线标准。2010 年发布的 PCI-E 3.0 总线，能支持高达 2.5/5/8 GHz 的总线频率，采用 128b/130b 的编码方式，其最大带宽可达 65 GB/s。

(2) 可靠性。PCI 总线独立于处理器的结构将中央处理器子系统与外围设备分开。这样用户可以根据需要增添外围设备，不会由于各设备时钟频率的不同而导致性能的下降。与原先常用的 ISA 总线相比，PCI 总线增加了奇偶校验错(PERR)、系统错(SERR)、从设备结束(STOP)等控制信号及超时处理等可靠性措施，提高了数据传输的可靠性。

(3) 复杂性。PCI 总线强大的功能增加了硬件设计和软件开发的实现难度。硬件上要采用大容量、高速度的 CPLD 或 FPGA 芯片来实现复杂的总线功能，软件上则要根据所用的操作系统，开发支持即插即用功能的设备驱动程序。

(4) 自动配置。PCI 总线规范规定 PCI 插卡可以自动配置。PCI 定义了三种地址空间：存储器空间、输入/输出空间和配置空间，每个 PCI 设备中都有 256 个字节的配置空间用于存放自动配置信息，当 PCI 插卡插入系统，BIOS 将根据读到的有关该卡的信息，结合系统的实际情况为插卡分配存储地址、中断和某些定时信息。

(5) 共享中断。PCI 总线的中断信号采用低电平有效方式，因此多个中断源可以共享一条中断线，而 ISA 总线是边沿触发方式。

(6) 扩展性好。如果需要把许多设备连接到 PCI 总线上，而总线驱动能力不足时，可以采用多级 PCI 总线，这些总线上均可并发工作，每个总线上均可挂接若干设备。因此 PCI 总线结构的扩展性是非常好的。由于 PCI 的设计是要辅助现有的扩展总线标准，因此与 ISA、EISA 及 MCA 总线完全兼容。

(7) 多路复用。在 PCI 总线中，为了优化设计采用了地址线和数据线共用一组物理线路的方式，即多路复用，减少了元件和管脚个数，提高了效率。

(8) 严格规范。PCI 总线对协议、时序、电气性能、机械性能等指标都有严格的规定，保证了PCI的可靠性和兼容性。

4.6.5 USB串行总线

USB(Universal Serial Bus)串行总线是一种新型接口标准，是连接外围设备的机外总线。USB串行总线是在1994年由Intel、Compaq、Digital、IBM、Microsoft、NEC、Northern Telecom等七家著名的计算机和通信公司组成的USBIF(USB Implement Forum)共同提出的。USB使得在计算机上添加串行设备非常容易，只需将设备插入计算机的USB端口中，系统会自动识别和配置。USB接口标准已经经历了第一代USB 1.0、第二代USB 2.0和第三代USB 3.0的发展。

USB标准化组织USB IF于1996年1月正式提出USB 1.0标准，频宽为1.5 Mb/s，不过因为当时支持USB的外围设备很少，所以主板商一般不把USB Port直接设计在主板上。

USB 2.0技术规范是由Compaq、Hewlett Packard、Intel、Lucent、Microsoft、NEC、Philips共同制定、发布的，该规范把外设数据传输速度提高到了480 Mb/s，是USB 1.1设备的40倍，2000年制定的USB 2.0标准是真正的USB 2.0，被称为USB 2.0的高速版本，理论传输速度为480 Mb/s。

USB 3.0是最新的USB规范，该规范是由英特尔等公司发起的。USB 3.0的最大传输带宽高达5.0 Gb/s(640 MB/s)，引入全双工数据传输。5根线路中2根用来发送数据，另2根用来接收数据，还有1根是地线，即USB 3.0可以同步全速地进行读/写操作。

USB的连接方式非常简单，只需要使用一条4芯线缆即可，其中，一根是电源线VBus，一根是地线GND，其余两根是用于差分信号传输的数据线D+和D-。USB接口如图4-22所示，分为标准USB接口、Mini USB接口、Micro USB接口，每种又有A和B之分。标准USB接口引脚定义分别如表4-1和表4-2所示。

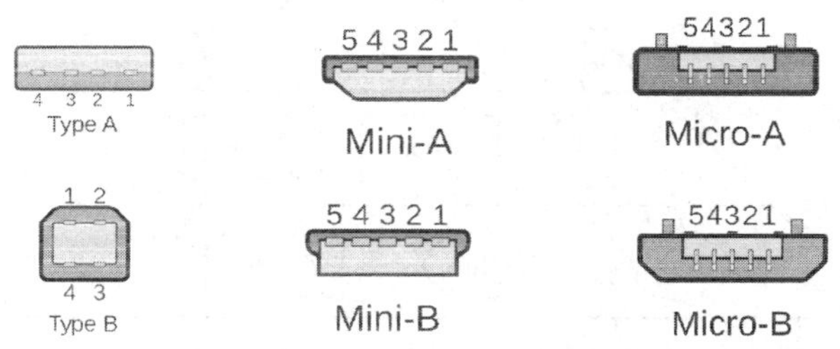

图4-22 USB接口类型

表4-1 标准USB接口引脚定义

引脚编号	名称	电缆颜色	功 能
1	VBus	红(橙)	+5 V
2	D+	白(金)	数据线+
3	D-	绿	数据线-
4	GND	黑(蓝)	地

表 4-2 Mini/Micro USB 接口引脚定义

引脚编号	名称	电缆颜色	功　能
1	VBus	红	+5 V
2	D+	白	数据线+
3	D−	绿	数据线−
4	ID	无	USB 主设备连接地 USB 从设备不连接
5	GND	黑	地

USB 接口标准统一，通用性很好，通过一根电线就可以将模块与计算机连接起来。图 4-23 是采用星型拓扑的 USB 总线拓扑结构。从图 4-23 可以看出，USB 总线系统是由主机和各种 USB 设备组成的。USB 系统中只有一个主机，其余的都是 USB 设备。USB 设备分为两类：一种是 Hub，向 USB 提供更多的连接点；另一种是实现具体功能的终端设备(即 Node)，如打印机、游戏操纵杆等。为 USB 器件连接主机系统提供主机接口的部件称为 USB 控制器。USB 控制器是一个由硬件、软件和固件(Firmware)组成的复合体。一块具有 USB 接口的主板通常集成了一个称为 Root Hub 的部件，它为主机提供一到多个可以连接其他 USB 外设的扩展接口。USB 设备作为 USB 外设，它必须保持和 USB 协议的完全兼容，并可以回应标准的 USB 操作。USB 协议定义了控制传输、同步传输、中断传输和块传输四种不同的传输类型。

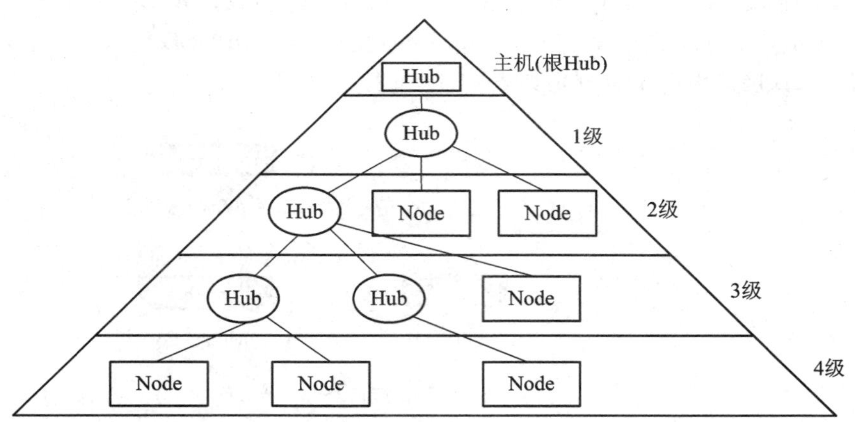

图 4-23 USB 总线的拓扑结构

USB 主机在 USB 总线中具有下列关键作用：

(1) 检测 USB 设备的键入或去除状态。

(2) 管理主机与 USB 设备之间的控制流。

(3) 管理主机与 USB 设备之间的数据流。

(4) 收集 USB 设备的状态与活动属性。

(5) 提供有限的电源，驱动 USB 设备。

USB总线采用总线枚举的方法来标记和管理外设所处的状态，当一台USB外设初次连接到USB系统中后，通过下面八个步骤来完成它的初始化：

(1) USB外设所连接的Hub检测到所连接的USB外设并自动通知主机及其端口状态的变化，这时外设还处于禁止(Disabled)状态。

(2) 主机通过对Hub的查询以确认外设的连接。

(3) 当主机检测到有一台新的USB外设连接到了USB系统后，激活这个Hub的端口，并向Hub发送一个复位该端口的命令。

(4) Hub将复位信号保持10 ms，为连接到该端口的外设提供100 mA的总线电流，这时该外设处于Powered状态，清空它的所有寄存器并指向默认地址。

(5) 在外设分配到唯一的USB地址以前，其默认信道均使用主机的默认地址。然后主机通过读取外设协议层的特征字来了解该外设的默认信道所使用的实际最大数据有效载荷宽度(即外设在特征字中所定义的在DATA0数据包中数据字段的长度)。

(6) 主机分配一个唯一的USB地址给该外设，并使它处于Addressed状态。

(7) 主机开始使用EndPoint 0信道读取外设ROM中所存储的器件配置特征字。

(8) 基于器件配置特征字：主机为该外设指定一个配置值，这时，外设即处于配置状态了，它所有的端点也处于配置值所描述的状态。从外设的角度来看，这时该外设已处于准备使用的状态。

USB是一种快速的、双向的、同步传输的、廉价的并可以进行热拔插的串行接口。USB接口使用方便，可以连接多个不同的设备，而过去的串口和并口只能接一个设备。速度快是USB技术的突出特点之一，全速USB接口的最高传输率可达12 Mb/s，比串口快了整整100倍，而执行USB 3.0标准高速USB接口速率更是达到5.0 Gb/s，这使得高分辨率、真彩色的大容量图像的实时传送成为可能。USB接口支持多个不同设备的串列连接，一个USB接口理论上可以连接127个USB设备。USB接口的连接方式也十分灵活，既可以使用串行连接，也可以使用集线器(Hub)把多个设备连接在一起，再同计算机的USB接口相接。普通的使用串口、并口的设备都需要单独的供电系统，而USB设备则不需要。正是由于USB的这些特点，使其获得了广泛的应用。

习 题

1. 名词解释：总线、主设备、从设备、总线仲裁、波特率。
2. 总线上传送的信息分哪几种类型？各有什么特点？
3. 总线有哪些主要的性能指标？
4. 总线的设计规范有几个？其具体含义是什么？
5. 什么是总线标准？设立总线标准有什么好处？
6. PCI总线具有什么特点？
7. 单总线结构的缺点是什么？为什么要采用多总线结构？
8. 说明总线结构对计算机系统性能的影响。
9. 总线的控制方式有哪几种？分别适用什么情况？

10. 为什么要进行总线仲裁？

11. 集中式总线仲裁方式有几种？简述它们的实现原理。

12. 常用的总线控制方式都有哪几种？各自有什么优缺点？

13. 假设总线的时钟频率为50 MHz，总线的传输周期为4个时钟周期，总线的宽度为16位，试求总线的数据传输率。若想提高一倍数据传输率，可采取什么措施？

14. 画图说明在异步串行传输方式下，发送两个8位二进制数据(69H，38H)的过程。要求字符格式为：1位起始位，8位数据位，1位奇校验位，1位终止位。

15. 在一个16位总线中，时钟频率为50 MHz，总线数据传输的周期是4个时钟周期传输一个字。请问：

(1) 总线的数据传输率是多少？

(2) 为了提高数据传输率，将总线的数据线改为32位，总线的数据传输率是多少？

(3) 在(1)的情况下，将时钟频率加倍，求总线的数据传输率是多少。

16. 在异步串行传输方式下，起始位为1位，数据位为8位，偶校验位为1位，如果波特率为1200 b/s，这时的比特率是多少？

17. 设计一个能够在七个8位寄存器之间传送数据的总线结构，要求：

(1) 能够对任意寄存器的初值进行设置；

(2) 将任意指定寄存器的内容传送给另一指定寄存器；

(3) 可以将任意寄存器的值送给其他所有寄存器；

(4) 合理选择所需器件并画出完整的电路图。

18. PCI总线在性能方面有哪些特点？

19. 简述USB总线的性能特点，说明USB有哪些常见的接口类型。

第5章 指令系统

计算机是通过执行程序完成各种任务的。使用高级语言编写的程序经过编译转换为可以由硬件直接识别并执行的机器指令序列，每条指令控制硬件实现一种规定的操作。本章介绍了CISC和RISC两大指令系统的特点、指令的一般格式、指令的基本类型、MIPS指令系统的特点和指令类型，重点讲述了指令和数据的寻址方式及其特点，并举例说明了常用的C语言程序转换为MIPS汇编程序的过程。

5.1 指令系统概述

指令是指示计算机硬件执行某项运算或操作的命令，由二进制代码表示。一台计算机能够识别的所有指令的集合称为该机的指令系统。程序是完成某种特定功能的指令的有序集合。计算机硬件最终执行的程序都是由这台机器能够识别的指令构成的。对于计算机来说，一个计算机指令系统的实现是计算机硬件设计的目标，而指令又是计算机程序的基本构成单位，因此可以说指令系统是计算机软件和硬件之间的接口。

指令系统的发展存在两种趋势：首先是为了缩小机器语言与高级语言的语义差距而有利于软件编程的指令系统，这类机器的指令功能复杂、种类多，能够直接处理的数据类型也多，这就构成了复杂指令系统计算机(Complex Instruction Set Computer，CISC)。CISC的结构复杂，硬件的研制周期长，开发成本高，系统性能较低。CISC的特点如下：

(1) 具有庞大的指令系统。

(2) 采用可变长度的指令格式。

(3) 指令的寻址方式繁多。

(4) 指令系统中包括一些特殊用途的指令。

后来，通过系统测试人们发现，在CISC计算机中有80%的复杂功能指令的使用频率只有20%，而使用频率达到80%的指令，只占所有指令的20%，这就造成了硬件资源的大量浪费。在这种情况下，诞生了精简指令系统计算机(Reduced Instruction Set Computer，RISC)。RISC的发展方向是精简指令系统，优化硬件设计，提高运行速度，从而提高了机器的性能。与CISC相比，RISC的主要优点是：

(1) 指令数量较少，一般选用使用频率高的简单指令。

(2) 指令长度固定，指令格式种类少，寻址方式种类少。

(3) 大多数指令都在一个机器周期内完成。

(4) 通用寄存器数量多，大部分指令都在寄存器之间进行数据传输，只有存数和取数指令访问存储器。

本书介绍的基于 MIPS 架构的计算机指令系统属于 RISC。

5.2 指令的格式

5.2.1 指令的基本格式

指令包含操作码和地址码两部分，其基本格式为

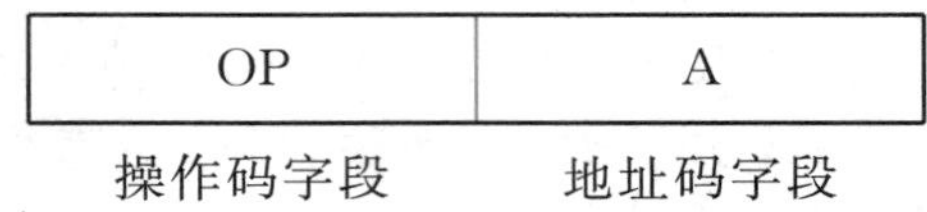

操作码 OP 用于指明本条指令的具体操作功能。例如，指令系统中可以有算术加法指令、算术减法指令、逻辑与运算指令、逻辑或运算指令，还可以有存数或取数指令，也有分支跳转指令，每一条指令的操作码都被分配一个确定的二进制代码来表示。操作码字段的长度可以是固定的，也可以是可变长度的。

地址码 A 用于表示指令在执行过程中所需要的数据或操作结果在计算机中存放的地址或位置。例如，地址码可以表示加法运算指令的两个操作数和运算结果所在的地址、程序的转移地址、子程序的起始地址等。地址码字段通常可以有 1～3 个。

指令字的长度是指一条指令包含的二进制的位数，即操作码的长度加上地址码的长度。在一个机器的指令系统中，各指令的长度可以不相同。通常指令的长度被设计为字节的整数倍。例如，在奔腾机的指令系统中，最短的指令是 1 个字节，最长的指令是 12 个字节。

5.2.2 指令的操作码格式

操作码用来指示机器要执行的具体操作，每一条指令都有一个确定的操作码，计算机硬件通过对操作码的译码确定指令需要完成的功能，以便产生该指令在后续执行过程中相关部件所需的控制信号。操作码的位数越多所能够表示的基本动作就越多。操作码在设计上主要有固定长度操作码和可变长度操作码两种编码方式。

1. 固定长度操作码

固定长度操作码是指指令中操作码的位数是固定的，并且集中放在指令字的固定位置。操作码在指令字中的位数越多，能够表示的指令的数量也就越多。例如，某机器的操作码长度固定为 8 位，则最多能够表示 $2^8=256$ 条不同的指令。

操作码的长度固定便于硬件规整，缩短指令译码的时间，广泛应用于指令字长较长的大中型计算机、超小型计算机以及 RISC 中。例如，IBM 370、采用 MIPS 指令集的嵌入式系统都采用定长的操作码。

2. 可变长度操作码

可变长度操作码是指操作码长度不是固定不变的，操作码的长度随着地址码字段个数的不同而发生变化。这种做法可以有效地降低指令字的长度，在字长较短的微型机中被广泛使用，如 PDP－11、Intel 80x86 系列等。

操作码长度不固定会增加指令译码部件的设计难度，增加译码的时间。通常采用操作码长度的变化是通过操作码字段的扩展来实现的，操作码字段会随着地址码数量的减少而增加，因此，不同地址数的指令其操作码的长度是不一样的。若在一个指令系统中，操作码和三个地址码字段的长度均为 4 位，则图 5－1(a)、(b)给出了两种操作码扩展的形式。

OP	A3	A2	A1	
0000 0001 ⋮ 1110	A3	A2	A1	4位长度操作码15条 (三地址指令)
1111	0000 0001 ⋮ 1110	A2	A1	8位长度操作码15条 (二地址指令)
1111	1111	0000 0001 ⋮ 1110	A1	12位长度操作码15条 (一地址指令)
1111	1111	1111	0000 0001 ⋮ 1111	16位长度操作码16条 (零地址指令)

(a) 第一种

OP		A3		A2		A1	
0	000 001 ⋮ 111	A3		A2		A1	4位长度操作码15条 (三地址指令)
1	000 000 ⋮ 111	0	000 001 ⋮ 111	A2		A1	8位长度操作码64条 (二地址指令)
1	000 000 ⋮ 111	1	000 000 ⋮ 111	0	000 001 ⋮ 111	A1	12位长度操作码512条 (一地址指令)
1	000 000 ⋮ 111	1	000 000 ⋮ 111	1	000 000 ⋮ 111	0000 0001 ⋮ 1111	16位长度操作码8192条 (零地址指令)

(b) 第二种

图 5－1　两种操作码的扩展编码方法示意图

图 5-1(a)和图 5-1(b)操作码的指令字长都是 16 位，两种方式操作码的扩展标志是不同的。在图 5-1(a)中，当 D_{15}～D_{12}位为 0000～1110 时，表示这是一个三地址的指令，三个地址字段分别用 A3、A2、A1 表示，三地址指令最多有 15 条；当 D_{15}～D_{12}位为 1111 时，表示这个操作码是可扩展的，若 D_{11}～D_8位从 000～1110 取值，则说明这是一个二地址指令，二地址指令最多有 15 条，若 D_{11}～D_8位为 1111，则表示操作码继续扩展为一地址指令、零地址指令。图 5-1(b)的操作码在 $D_{15}=0$ 时，表示是一个三地址的指令，三地址指令最多只有 8 条；当 $D_{15}=1$ 时，是操作码的扩展标志，若指令字的 $D_{15}D_{11}$位为 10，说明这是一条二地址指令，D_{14} D_{13} D_{12} D_{10} D_9 D_8位可以从 000000 到 111111 编码，共 64 种编码状态，二地址指令可以最多达到 64 条；若 $D_{15}D_{11}$位为 11，则操作码扩展成一地址或零地址指令。这个例子说明，扩展标志不同，指令中各种地址的指令数量可以有很大差别。

操作码扩展编码的方法有很多，选择哪种编码方法要根据这种编码方法的平均操作码长度是否最短或指令信息的冗余量是否最小来决定。

5.2.3 指令的地址码格式

指令的地址码字段用于描述指令在执行过程中需要的数据和得到的结果存放在计算机的什么位置。这个字段主要涉及的问题有两个：一个是表明指令中地址的个数；另一个是所需要的操作数地址是以什么样的方式给出的，即数据的寻址方式。这里先讨论第一个问题，第二个问题在本章的 5.3 节详细讨论。

指令格式中地址码字段的地址个数可以分为三地址、二地址、一地址和零地址四种格式。

1. 三地址指令

三地址指令的格式为

OP	A_3	A_2	A_1

指令中的 A_3、A_2、A_1分别表示两个源操作数和一个目的操作数的地址。例如，指令执行的操作可以是：

$$(A_1)OP(A_2)\rightarrow A_3$$

即 A_1、A_2地址指示的数据进行 OP 运算后结果存入 A_3指示的地址中。这种指令的特点是指令执行后，两个源操作数的内容保持不变，但是由于需要三个地址，因此指令中地址字段的长度较长，使得指令字长比较长。三地址指令常用于指令字长较长的大、中型机中，微、小型机很少使用。MIPS 机器的 R 型指令采用三地址指令。

2. 二地址指令

二地址指令的格式为

OP	A_2	A_1

指令中只出现两个地址，在表示运算类的指令时，指令 A_2、A_1中的一个地址，既是源操作数地址又是目的操作数的地址。例如，指令执行的操作可以是：

$$(A_1)OP(A_2)\rightarrow A_2$$

即 A_1、A_2地址指示的数据进行 OP 运算后的结果又存入 A_2中，A_2的内容发生了改变。这种情况下就把 A_1称为源操作数，把 A_2称为目的操作数。这是最常用的指令格式，适用于微、小型机。

3. 一地址指令

一地址指令的格式如下：

OP	A_1

指令中只出现一个操作数地址，这类指令可以用于表示只有一个操作数的指令。例如，操作数的自增、自减操作，指令执行的操作可以是：

$$OP(A_1) \rightarrow A_1$$

一地址指令也可以表示两个操作数的指令，另一个操作数是隐含的。例如，可以采用累加器ACC作为指令中隐含的操作数：

$$(A_1)OP(ACC) \rightarrow ACC$$

4. 零地址指令

零地址指令的格式如下：

OP

指令中只有操作码，这类指令可以用于表示不需要操作数的机器控制类指令(如空操作或停机等指令)，也可以隐含表示指令中所需要的操作数，如累加器的专用指令。

从上面的描述中可以看出，采用隐含方式指定指令中的操作数地址能够有效地减少指令中地址的个数，缩短指令字长。

上述几种指令格式只是几种通用的形式，每个机器可以根据实际情况选择其中的几种。通常微、小型计算机使用二地址和一地址指令，而大、中型机为了满足功能性和编程灵活性使用三地址指令。

这里讨论的指令中数据的地址，既可以表示主存地址，也可以表示I/O设备地址，还可以用编号的形式表示具体的寄存器。

5.3 寻址方式

寻址方式是指确定将要执行的下一条指令的地址或当前正在执行指令所需数据地址的方法。寻址方式决定了指令的格式和指令的功能。寻址方式可分为指令寻址和数据寻址。

5.3.1 指令寻址

在C语言中，程序设计的三种基本结构是顺序、分支和循环，实际上，循环是分支的特例，分支的含义是程序不会顺序执行下一条语句，而是需要跳转到特定位置继续执行。与此类似，指令在执行的过程中其寻址方式也有两种：顺序寻址和跳跃寻址。

1. 顺序寻址

执行程序时，通常情况下指令是一条一条按顺序执行的。在计算机中有一个程序计数器(Program Count，PC)用来指示将要执行的指令在主存中的地址。每一条指令从主存中取出后，PC就会自动加“1”指向下一条指令的地址，这里的“1”是指当前取出指令的长度，因此利用 PC 的自动加“1”功能就可以实现指令的顺序寻址了。

2. 跳跃寻址

跳跃寻址是指程序在执行过程中遇到分支转移、子程序调用等程序控制类的指令或中断等情况发生时，需要重新设置 PC 的值，使程序从指定的位置开始执行，从而改变原有程序的执行顺序。例如，当执行类似于 C 语言中的 goto 语句的无条件转移指令“JMP 2000”时，不论原来 PC 的值如何，都将 PC 的值强制设置为 2000。

指令的跳跃寻址是实现分支和循环程序、子程序调用等所必需的，是通过跳转类指令的功能实现的，指令转移的地址由数据寻址中的直接寻址或相对寻址等产生。

5.3.2 数据寻址

确定指令执行时所需数据存放的位置，称为数据寻址。这里把指令格式中地址字段表示的地址称为形式地址，记作 A。通过形式地址 A 和寻址方式可以计算出指令需要的操作数(用 Data 表示)在计算机中的地址，这个地址被称为有效地址，用 EA 表示。计算机中的数据可以存放在指令、寄存器、主存和 I/O 设备中。I/O 设备中数据的寻址方式在第 7 章中讲解，这里讲述的数据存放在指令、寄存器和存储器中。指令中涉及的操作数所在的位置与指令的执行速度有很大的关系。对二地址指令而言，若指令中所需的数据都在寄存器中，称为 RR 型指令，是执行速度最快的指令；若二地址指令数据有一个存在寄存器，另一个存在存储器，这种指令称为 RS 型指令；若二地址指令所需的两个操作数都在存储器中，这种指令称为 SS 型指令，这种指令执行的速度是最慢的。对于 RISC 机器而言，大多数指令都采用 RR 型，只有访存指令采用 RS 型，不支持 SS 型指令。

这里以一地址指令为例说明指令中涉及的操作数寻址方式，对于多地址指令，每个操作数都可以采用不同的寻址方式。

1. 立即寻址

如果操作数直接存放在指令中，即形式地址 A 就是操作数本身，这种寻址方式称为立即寻址，其指令如图 5-2 所示。

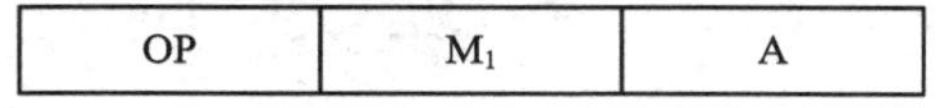

图 5-2 立即寻址方式的指令

由于数据的寻址方式很多，因此指令中用一个专用的字段表示具体的寻址方式，在这里假设用 M_1 表示立即寻址。立即寻址方式中形式地址 A 通常表示的是一个补码，该数的范围与 A 字段的位数有关。如果操作数用 Data 表示，则 Data＝A，A 就称为立即数。

立即寻址的优点是，只要取出指令也就取得操作数，因此执行速度块，常用于对主存单元或寄存器的初始化操作。

2. 寄存器寻址

寄存器是 CPU 内部的数据存储部件，它的特点是存取速度快，数量有限。寄存器寻址方式的指令如图 5-3 所示，图中 M_2 表示寄存器寻址，R_i 是寄存器的编号。

寄存器寻址方式中 EA＝R_i，寄存器 R_i 的内容就是操作数，即 Data＝(R_i)。

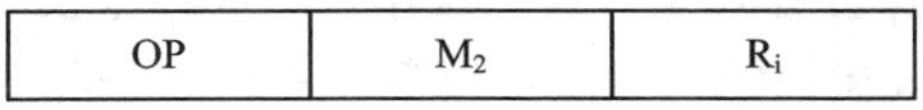

OP	M_2	R_i

图 5-3 寄存器寻址方式的指令

寄存器寻址方式的特点是指令执行阶段不用访问内存，因此执行速度快，而且由于寄存器数量有限，A 字段的位数少，有效地降低了指令字长。

3. 存储器寻址

如果操作数存放在主存中，则可以采用以下类型的寻址方式。

1）直接寻址

在直接寻址方式中，指令字中的形式地址 A 就是操作数 Data 存放在主存中的地址，即 EA=A，Data=(A)。由于 A 是地址，因此 A 是一个无符号数。直接寻址的指令格式和寻址过程如图 5-4 所示。

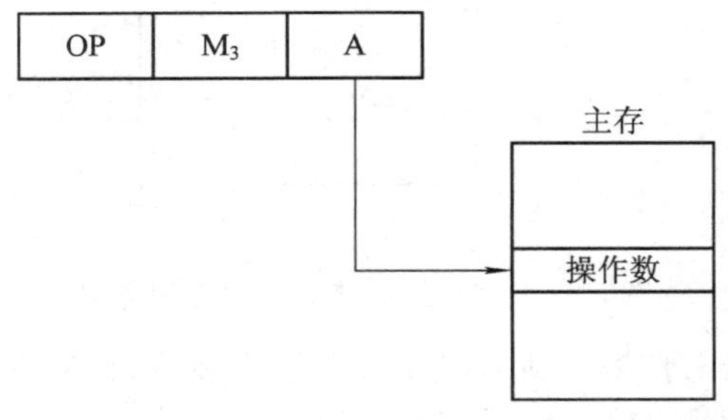

图 5-4 直接寻址过程示意图

直接寻址的特点是操作数的地址不需要进行计算，在指令执行的过程中只需要访问主存一次。但是由于受 A 字段位数的限制，存储器的寻址范围是有限的，而且由于操作数的地址固定在指令中，要改变操作数的位置，需要改变指令中的 A 值。

2）间接寻址

间接寻址与直接寻址相比，其获得数据至少需要访问两次存储器，第一次访问存储器得到的是操作数存放的地址，第二次访问主存才能取得操作数，即 EA=(A)，Data=((A))。间接寻址的指令格式和寻址过程如图 5-5 所示，其中，M_4 表示间接寻址方式。

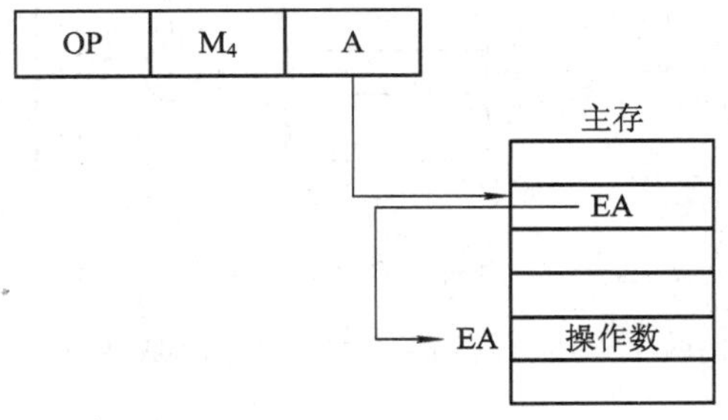

图 5-5 间接寻址过程示意图

采用间接寻址方式可以将主存单元作为数据指针，通常情况下主存的字长要远大于指令中形式地址 A 的位数，这就有效地扩大了操作数的寻址范围；另外，间接寻址还可以提高编程的灵活性，只要修改指针的内容就可以获得不同的操作数。但是由于间接寻址在指令执行过程中至少需要访问两次内存，故执行指令所需的时间较长。

在有些计算机中允许多次间址，通常利用间址单元的最高位作为间址的标志，若该位为 1 则表示需要继续间址，否则表示其内容就是 EA。

3）寄存器间接寻址

与间接寻址方式相比，寄存器间接寻址方式中操作数的 EA 存放在某个寄存器中，因此 EA=(Ri)。寄存器间接寻址的指令格式和寻址过程如图 5-6 所示，其中，M_5 表示寄存器间接寻址。

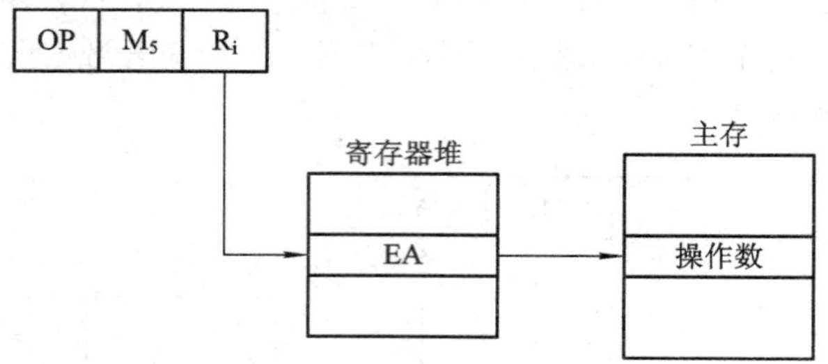

图 5-6　寄存器间接寻址过程示意图

由于寄存器编号所需的位数较少，因此寄存器间接寻址方式具有指令字长短、操作数寻址范围大的特点。寄存器间接寻址只需要访存一次。

4）基址寻址和变址寻址

基址寄存器寻址过程如图 5-7 所示。从图中可以看出，在这种寻址方式中，EA 是将指令中的形式地址 A 和某个基址寄存器内容相加得到的，即 EA=A+(R_{Bi})。指令格式中 R_{Bi} 是基址寄存器的编号，如果系统中只有一个基址寄存器，可以将指令格式中的 R_{Bi} 字段省去。

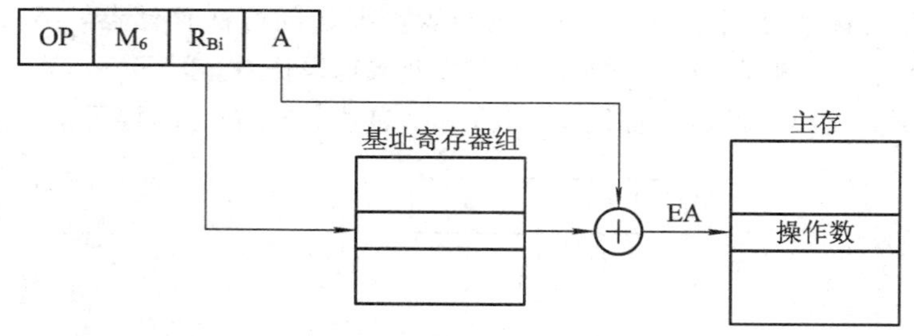

图 5-7　基址寄存器寻址过程示意图

若将基址寄存器中 R_{Bi} 改为变址寄存器的编号 R_{xi} 就成为了变址寻址，因此对于变址寻址方式，EA=A+(R_{xi})。

基址寻址和变址寻址方式的过程虽然相似，但是使用的场合却不相同。基址寻址方式是提供给操作系统使用的，基址寄存器设定在固定值后，就可以将用户程序放置在内存的某一指定区域，基址寄存器在程序执行过程中是不可以改变的，而指令中的形式地址 A 是变化的。变址寻址方式是提供给用户使用的，用户可以根据需要修改变址寄存器的值，常用于处理数组问题。变址寻址在处理数组问题时，形式地址 A 往往用于指向某个数组的首地址，而通过循环程序修改变址寄存器的值使得程序可以访问该数组的不同元素。

5）相对寻址

相对寻址方式寻址过程如图 5-8 所示。从图中可以看出，在这种寻址方式中，EA＝A＋(PC_i)。相对寻址常用于程序转移类的指令，转移的目标地址是从当前指令地址再偏移 A 的位置。A 是一个补码，A 的取值范围决定了指令可以跳转的范围。例如，当 A 为 8 位时，相对寻址指令的范围为(PC)－128～(PC)＋127。

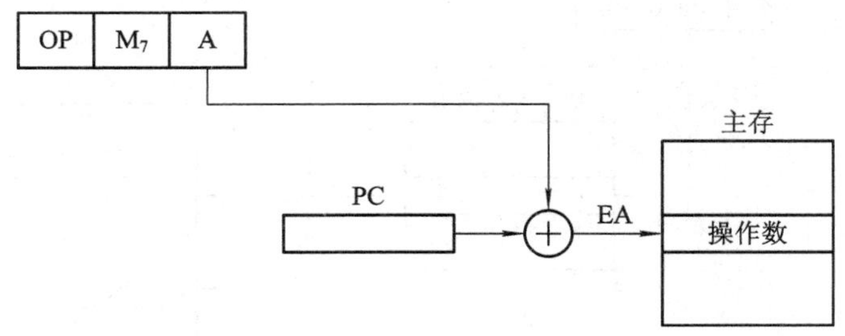

图 5-8 相对寻址方式寻址过程示意图

例 5-1 相对寻址的转移指令占三个字节，第一个字节为操作码，第二和第三字节为相对位移量(补码表示)，而且数据在存储器中采用小端对齐存储方式，每当 CPU 从存储器中取出一个字节时，自动完成 PC←(PC)＋1 操作。假设下面无条件转移汇编指令的第一个字节地址为 2000H，* 表示相对寻址方式。试分析这两条指令的第二和第三字节的机器代码。

(1) JMP *8。

(2) JMP *－7。

解 需要说明的是，在通常情况下，汇编指令中转移指令的偏移量都是相对于当前指令的第一个字节而言的。

对于 JMP *8，实际转移的目标是 2000H＋08H＝2008H，相对寻址指令在指令取出后 PC＝2000H＋3H＝2003H，因此有(2003H)＋A＝2008H，A＝0005H。小端对齐方式下指令的第二字节为 05H，第三字节为 00H。

对于 JMP *－7，实际转移的目标是 2000H－7H，因此有(2003H)＋A＝2000H－7H，A＝－AH＝FFF6H，指令的第二字节为 F6H，第三字节为 FFH。

6）组合寻址

组合寻址是将两种不同的寻址方式组合起来使用的寻址方式。例如，常见的有间接基址、基址间接、变址间接、间接变址、基址变址等。这里以间接基址和基址间接为例进行说明。

间接基址就是先间接寻址后再进行基址寻址，EA＝(RB)＋(A)，其寻址过程如图 5-9(a)所示；基址间接就是先基址寻址后再进行间接寻址，EA＝((RB)＋A)，其寻址过程如图 5-9(b)所示。

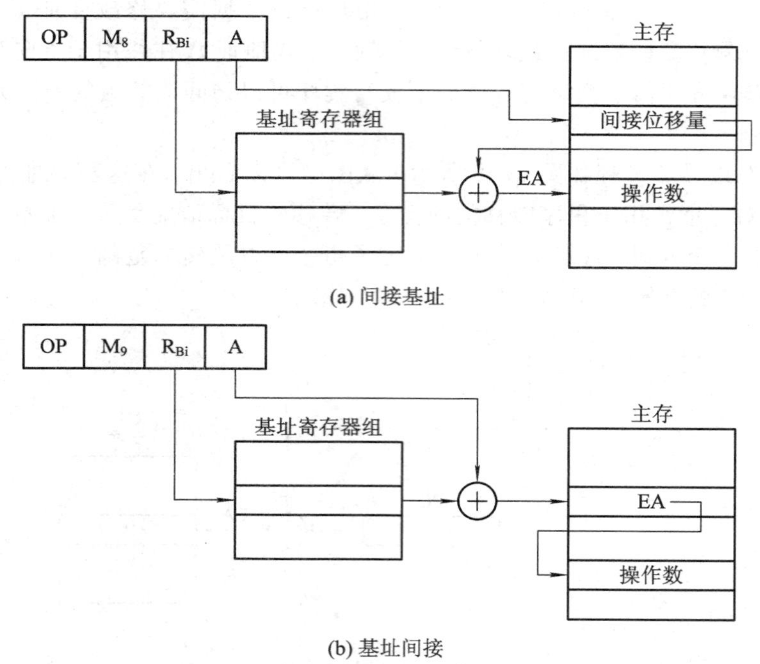

(a) 间接基址

(b) 基址间接

图 5-9　组合寻址过程示意图

7）堆栈寻址

堆栈是一个特殊的存储区域，用于保存程序在运行过程中传递的参数和一些返回地址。堆栈初始化以后用户不可以对其随意进行操作，否则会造成系统崩溃。堆栈分为硬件堆栈和软件堆栈。硬件堆栈的存储空间是固定不变的；软件堆栈的存储空间可以根据需要分配在内存中，是最常用的堆栈形式。

这里以软件堆栈为例，说明堆栈的工作过程。软件堆栈最主要的特点是其栈底是固定的，数据只有一个出入口，这个出入口称为栈顶，栈顶的变化情况是由一个专用的栈顶指针(Stack Pointer，SP)指示的，因此堆栈寻址可以看成是一种隐含寻址，其操作数的地址总是隐含在 SP 中，堆栈寻址对存储器的访问实质是寄存器间接寻址。堆栈中数据的运行方式是先进后出。

图 5-10 是一个栈顶从高端地址开始生成(栈底地址比栈顶大)的堆栈，把累加器 ACC 的数据进栈(PUSH ACC)的过程。当数据进栈时，栈顶指针 SP 会减小，若 SP 指示的是实栈顶，即在 SP 指示的单元数据是有效数据的情况下，数据的进栈过程是先移动栈顶指针 SP 指向空闲的存储单元，即 SP←(SP)－Δ；然后再将需要存储的数据放入堆栈，即 M((SP))←data。这里需要对“Δ”说明一下，“Δ”是堆栈中一个数据占用的存储空间地址的个数，与堆栈中每个数据的位数和存储器的编址方式有关。假设堆栈中的每个数据是 16 位，若存储器以 16 位编址，则 Δ=1；若存储器以 8 位编址，则 Δ=2。图 5-10(a)是堆栈初始化时的情况，图 5-10(b)和(c)分别是执行进栈指令 PUSH ACC 前后堆栈中的内容和 SP 变化情况。

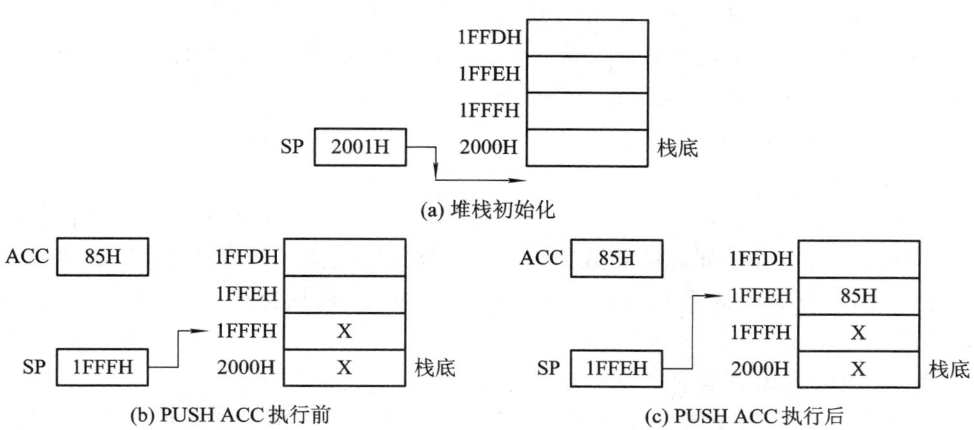

图 5-10 进栈寻址过程示意图

图 5-11 是一个栈顶从高端地址开始生成的堆栈，将数据从堆栈取出放入 ACC 的过程，即数据出栈(POP ACC)的过程。当数据出栈时，若 SP 指示的是实栈顶，数据的出栈过程是先将数据送到指定的存放位置 dst，即 dst←M((SP))；然后再移动栈顶指针 SP，释放该数据在堆栈占用空间，即 SP←(SP)+Δ。图 5-11(a)、(b)分别是执行出栈指令 POP ACC 前后堆栈内容、SP 和 ACC 的变化情况。执行出栈指令后 ACC 的内容是 85H。

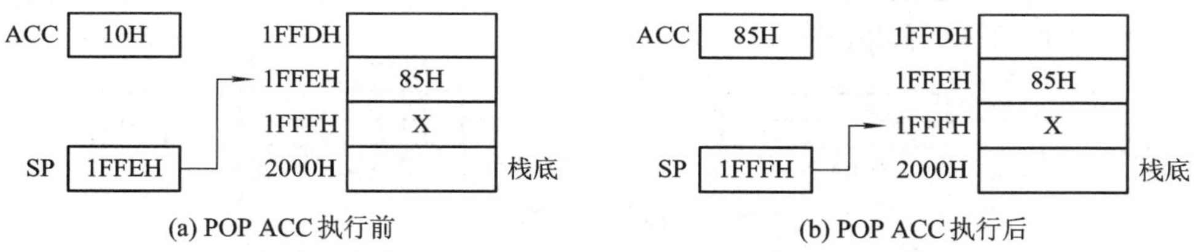

图 5-11 出栈寻址过程示意图

若图 5-10 和图 5-11 所示的栈顶是空栈顶(即 SP 指示的堆栈单元数据是无效的)，则 PUSH ACC 的过程变为

M((SP))←(ACC)

SP←(SP)-1

则 POP ACC 的过程变为

SP←(SP)+1

ACC←M((SP))

对于栈顶指针从低端地址开始生成堆栈(栈底地址比栈顶小)和栈顶指针为空栈顶和实栈顶的情况，请读者自行分析进栈和出栈的具体操作。

5.4 指令的分类

采用 C 语言编程时，常用的语句有赋值语句、分支语句、循环语句、函数调用语句，以及必不可少的各种运算符和输入输出函数，这些语句功能的实现都是通过计算机的指令系统来支持的。与 C 语言类似，按照机器指令实现的功能分类，可以把指令系统中的指令划分为数据传送类指令、算术/逻辑运算类指令、移位类指令、程序控制类指令、输入/输出类指令和其他指令等。

1. 数据传送类指令

数据传送类指令是最基本的指令类型，主要用于实现两个寄存器之间、寄存器与主存单元之间以及两个主存单元之间的数据传送。这类指令主要包括寄存器间传送指令、存储器的存数指令(LOAD)、取数指令(STORE)、堆栈指令、数据交换指令、数据块传送指令、置 1 和清零指令等。

2. 算术/逻辑运算类指令

算术/逻辑运算类指令的主要功能是实现数据加工。这类指令主要包括算术运算指令、逻辑运算指令。

算术运算类指令处理的数据类型可以是定点整数、浮点数或 BCD 码，主要包括定点数和浮点数的加、减、乘、除、增 1、减 1、求补、比较等指令；逻辑运算类指令包括两个数据的按位与、或、非、异或运算指令。

3. 移位类指令

移位类指令是指对存放的二进制“位”数据进行移动操作的指令。这类指令可以分为算术移位指令、逻辑移位指令和循环移位指令三种，每种又可以分为左移和右移两种。各种移位类指令的数据过程如图 5－12 所示。

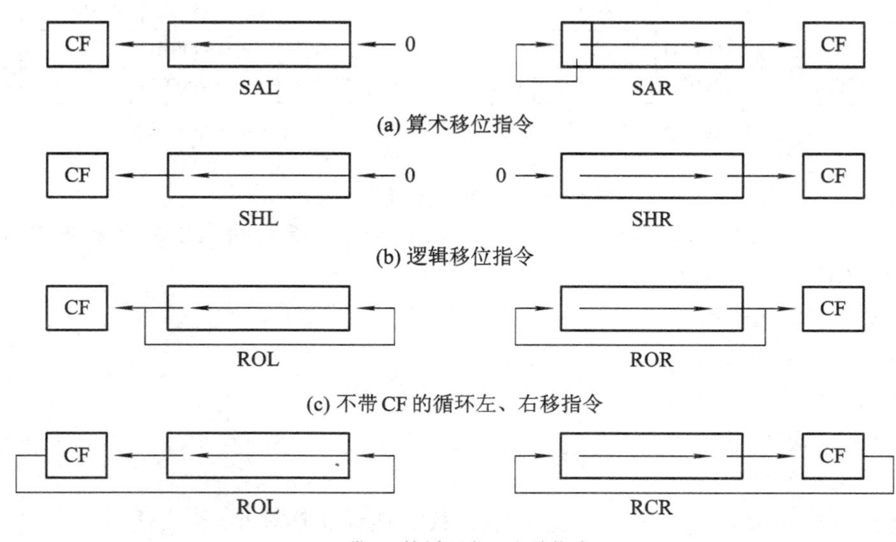

图 5－12 移位类指令的数据过程

1) 算术移位指令

算术移位指令是指对有符号数进行移位，在移位的过程中符号位始终保持不变。算术左移(SAL)1 位在不产生溢出的情况下，相当于执行乘 2 的操作，算术右移(SAR)1 位相当于执行除 2 的操作。执行算术移位指令时，数据位的移动过程如图 5－12(a)所示。图中的

CF 是进位标志。例如，对于数据 1101，执行算术左移 1 位的结果是 1010，算术右移 1 位的结果是 1110。

2）逻辑移位指令

逻辑移位指令相当于对无符号数进行操作，不存在符号位的问题。逻辑左移指令(SHL)和逻辑右移指令(SHR)都是在移空的位补“0”。执行逻辑移位指令时，数据位的移动过程如图 5-12(b)所示。例如，对于数据 1101，执行逻辑左移 1 位的结果是 1010，逻辑右移 1 位的结果是 0110。

3）循环移位指令

循环移位指令按照在移位的过程中是否带进位 CF，可以分两类：

(1) 不带进位 CF 的循环左、右移(ROL，ROR)指令，如图 5-12(c)所示。例如，对于数据 1101，执行循环左移 1 位的结果是 1011，循环右移 1 位的结果是 1110。

(2) 带进位 CF 的循环左、右移(RCL，RCR)指令，如图 5-12(d)所示。例如，对于数据 1101，在 CF=1 时，执行带 CF 循环左移 1 位的结果是 1011，带 CF 循环右移 1 位的结果是 1110；在 CF=0 时，执行带 CF 循环左移 1 位的结果是 1010，带 CF 循环右移 1 位的结果是 0110。

4. 程序控制类指令

程序在执行的过程中，因为算法的需要，程序不能按顺序逐条执行指令，需要改变程序执行顺序，即将程序指针跳转到某个指定的地址再继续执行下去，这种改变程序顺序执行的指令称为程序控制类指令。程序控制类指令可分为转移类指令、子程序调用指令和返回指令。

1）转移类指令

转移类指令分为无条件转移指令和有条件转移指令。无条件转移指令不受任何条件的限制直接将程序指针 PC 指向新的指令地址。C 语言中的 goto 语句对应的机器指令就是无条件转移指令。有条件转移指令需要根据现行指令执行结果对标志位的影响决定程序指针 PC 是否发生转移，常用的判断转移的条件有进位标志 CF、结果为零标志 ZF、结果为负 SF、溢出标志 OF 和奇偶校验标志 PF 等。C 语言中常用的 if、for 和 while 语句就是通过条件转移指令来实现的。

2）子程序调用和返回指令

编程时，为了提高代码的利用率，常常将一些实现特定功能和通用功能的代码段编写成子程序，当需要实现这些功能时只需要执行子程序的调用指令即可。

子程序调用指令(CALL 指令)一般与返回指令(RETURN 指令)配合使用。CALL 指令用于使程序指针 PC 从当前的程序位置转移到子程序的首地址；RETURN 指令是子程序的最后一条指令，用于使 PC 在子程序执行完毕后返回到原程序 CALL 指令后的位置继续执行。图 5-13 是 CALL 指令和 RETURN 指令改变程序执行顺序的示意图。在图 5-13 中，主程序中执行 CALL SUB1 指令，这条指令会将当前 PC 指令的值保存到堆栈中，然后将程序指针 PC 转向子程序 SUB1 的首地址，在执行 SUB1 程序的最后一条指令RETURN 时，该指令会将之前保存到堆栈中的 PC 值重新赋给 PC，使 PC 回到主程序 CALL SUB1 的下一条指令继续执行。

转移指令和子程序调用指令都可以改变程序的执行顺序，但是两者存在很大的差别：

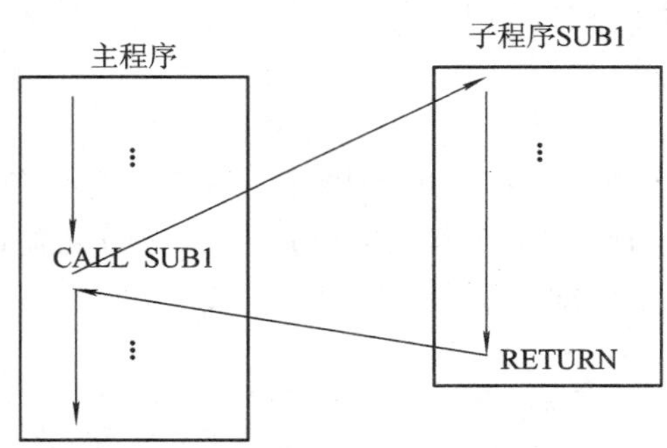

图 5-13 CALL 指令和 RETURN 指令执行过程示意图

转移指令直接使程序转移到新的地址后继续执行，不存在返回的问题；而子程序调用指令将程序转向子程序后，在子程序执行完毕后需要返回到子程序调用指令的下一条指令，因此需要在 PC 转向子程序之前将程序断点地址保存到堆栈中，在子程序执行 RETURN 指令时再将保存在堆栈中的断点地址赋给 PC，使得程序能够顺利返回。转移指令是在同一个程序内实现程序跳转，而子程序调用实现的则是不同程序之间的转移。

5. 输入/输出类指令

输入/输出类指令用来实现主机与外部设备之间的信息交换，有以下两种编址情况：

(1) 在 I/O 设备独立编址的计算机中，需要定义专用的输入/输出指令，这类指令负责在主机和外部设备之间传送数据，同时将主机的命令传送给外设，将外设的状态传送给主机。

(2) 在 I/O 设备统一编址的计算机中，不需要输入/输出类的指令，可以通过访存指令实现对外设的访问。

关于 I/O 设备的独立编址和统一编址可以参考 7.2 节的相关内容。

6. 其他指令

除了上述五种指令，计算机的指令系统中通常还会包含特权指令、停机指令、空操作指令、开中断指令、关中断指令、状态位设置指令等。其中，特权指令是指具有特殊权限的指令，它主要用于系统资源的分配和管理，一般不直接提供给用户使用。

5.5 MIPS 32 指令简介

5.5.1 MIPS 中的寄存器组

在高级语言中大部分需要处理的数据都来自变量，变量在程序运行时放在主存中，因此变量的访问速度比较慢。对 CPU 来说，数据如果放在寄存器就可以直接操作，而且速度相比主存快很多，可以达到 1 ns，但是寄存器的数量非常有限。

MIPS 指令除了存数和取数指令之外，大多数指令的数据都涉及寄存器，因此这里首先介绍 MIPS 中的寄存器组。

MIPS CPU 寄存器包括 32 个通用寄存器、3 个特殊功能寄存器和 MIPS FPU 寄存器。

1. 通用寄存器

MIPS 中有 32 个 32 位的通用寄存器，每个寄存器可以用编号和名称两种方式进行访问，如表 5-1 所示。

表 5-1　MIPS 中的 32 个寄存器

寄存器编号	名　称	用　途
\$0	\$zero	固定值为 0
\$1	\$at	汇编器保留
\$2～\$3	\$v0～\$v1	函数调用返回值
\$4～\$7	\$a0～\$a3	函数调用参数
\$8～\$15	\$t0～\$t7	临时寄存器
\$16～\$23	\$s0～\$s7	通用寄存器
\$24～\$25	\$t8～\$t9	临时寄存器
\$26～\$27	\$k0～\$k1	操作系统保留
\$28	\$gp	全局指针
\$29	\$sp	堆栈指针
\$30	\$fp	帧指针
\$31	\$ra	函数调用返回地址

例如，寄存器编号为 16～23 的寄存器可以直接用 \$16～\$23 编号形式表示，也可以用 \$s0～\$s7 名称表示，通常情况下使用名称表示可以提高程序的可读性。MIPS 指令中对通用 32 个通用寄存器的寻址需要 5 位编码。

下面对每个寄存器的功能做一个基本说明：

(1) \$0：即 \$zero，在硬件上被设计为永远读出 0。这样做的目的是为了灵活实现一些基本功能。例如，实现 NOP 指令(空操作指令)，虽然 MIPS 本没有 NOP 指令，但由于对 \$0 寄存器的写入实际上无意义，因此可以作为空操作使用；MIPS 本身并没有两个寄存器之间的数据传输指令，但是利用 \$0 寄存器和另外一个寄存器执行加法或逻辑或指令就可以实现寄存器之间的数据传递，例如，指令 addu \$1，\$2，\$0 可以实现将 \$2＋\$0 的值传送给 \$1 的功能，实际上实现了将 \$2 的值传给 \$1。

(2) \$1：即 \$at，该寄存器为汇编保留，由于 I 型指令的立即数字段只有 16 位，在加载大常数时，编译器或汇编程序需要把大常数拆开，然后重新组合到寄存器中。例如，加载一个 32 位立即数需要 lui(装入高位立即数)和 addi 两条指令。MIPS 提供了拆散和重装大常数的伪指令，伪指令是由汇编程序来执行的，汇编程序必需一个临时寄存器来重组大常数，这是汇编保留 \$at 的原因之一。

(3) \$2～\$3(\$v0～\$v1)：用于子程序向调用程序返回非浮点结果或返回值。MIPS 对于子程序和调用程序之间的参数传递及返回有一套约定，可以利用这两个参数，也可以利用堆栈传递。

(4) \$4～\$7(\$a0～\$a3)：用来传递给子程序的前四个参数，如果参数多还可以使用堆栈。\$a0～\$a3 和 \$v0～\$v1 以及 \$ra 一起来支持子程序的调用，分别用于传递参数、返回结果和存放返回地址。当需要使用更多的寄存器时，就需要使用堆栈(Stack)了，MIPS 编译器总是为参数在堆栈中留有空间，用于参数存储的不时之需。

(5) \$8～\$15(\$t0～\$t7)：临时寄存器，子程序可以使用它们而不用保护。

(6) \$16～\$23(\$s0～\$s7)：保存寄存器，在过程调用过程中需要保护(被调用者保存和恢复，还包括 \$fp 和 \$ra)。MIPS 提供了临时寄存器和保存寄存器，减少了寄存器溢出。编译器在编译一个不调用其他过程的过程时，总是在临时寄存器分配完了才使用需要保存的寄存器。

(7) \$24～\$25(\$t8～\$t9)：作用与 \$t0～\$t7 相同。

(8) \$26～\$27(\$k0，\$k1)：为操作系统/异常处理而保留的，至少要预留一个。MIPS 有一个被称为异常程序计数器(Exception Program Counter，EPC)的寄存器，用于保存造成的异常指令地址。查看控制寄存器的唯一方法是把它复制到通用寄存器中，指令 MFC0 (Move from System Control)可以将 EPC 中的地址复制到某个通用寄存器中，通过跳转语句(JR)，程序可以返回到造成异常的那条指令处继续执行。MIPS 程序员都必须保留两个寄存器 \$k0 和 \$k1，供操作系统使用。

(9) \$28(\$gp)：是 MIPS 保留的一个为了简化静态数据访问的寄存器。全局指针 \$gp (Global Pointer)只保留静态数据区中运行时的地址，在存取位于 gp 值上下 32 KB 范围内的数据时，只需要一条以 gp 为基指针的指令即可。在编译时，数据须在以 gp 为基指针的 64 KB 范围内。

(10) \$29(\$sp)：MIPS 的堆栈指针。在 MIPS 中，硬件并不直接支持堆栈，但为了程序之间的相互调用方便，建议遵守这个约定。

(11) \$30(\$fp)：GNU MIPS C 编译器使用的帧指针(Frame Pointer)，而 SGI 的 C 编译器没有使用。

(12) \$31(\$ra)：用于存放返回地址。MIPS 在执行 JAL(Jump-and-link)指令时，用于将返回地址保存在 \$ra 中。在跳转到某个地址时，把下一条指令的地址放到 \$ra 中，用于支持子程序。

基于 MIPS32 架构的机器中有 32 个通用寄存器，虽然硬件并没有强制性指定寄存器使用表 5-1 中用途一列规定的规则，但是在实际使用中，这些寄存器的使用都遵循这一系列约定。这些约定与硬件确实无关，但如果想使用别人的代码、编译器和操作系统，建议最好遵循这些约定。

2. 特殊功能寄存器

特殊功能寄存器有 3 个。其中，HI 和 LO 两个寄存器用于存储整数乘/除和乘/加操作的结果；还有一个是特殊功能程序计数器 PC，是由特定指令直接操作的，对程序员不可见。

3. FPU 寄存器

MIPS 的 CPU 还有 32 个浮点寄存器，通常记为 \$f0～\$f31，每个都是 32 位的，用于存放单精度和双精度浮点数。单精度浮点数只占用一个浮点寄存器；双精度浮点数是一种需要占用两个浮点寄存器，即偶数-奇数对，并使用偶数寄存器编号作为寄存器组的名称，例如，用 $f2 和 $f3 组成的一个双精度寄存器，称为 $f2。MIPS 中有单独针对浮点寄存器的存指令(swcl)、取指令(lwcl)，以及单精度和双精度的算术运算指令。

5.5.2 MIPS的指令格式

MIPS 处理器有三种指令格式，分别是 R 型、I 型和 J 型。其中，R(Register)型指令中的数据都来自 3 个寄存器；I(Immediate)型是与立即数有关的指令；J(Jump)型是与控制转移相关的指令。

1. R 型指令

R 型指令的格式如图 5-14 所示。其指令格式分为 6 个字段，这种类型的指令主要对存放在寄存器中的数据执行算术、逻辑和移位运算。

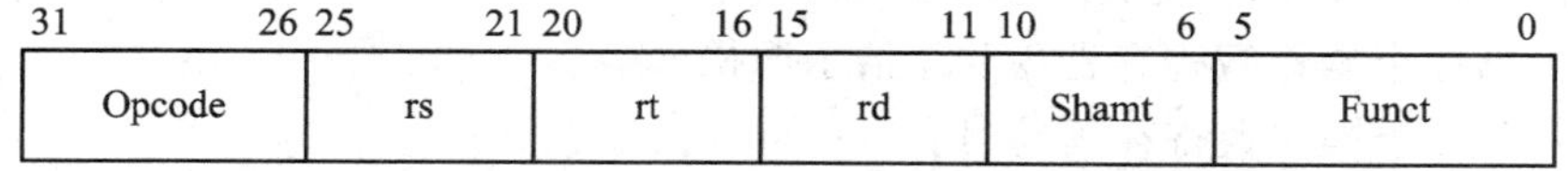

图 5-14 R 型指令的格式

R 型指令各字段的功能分别是：

(1) Opcode：操作码，R 型固定为 000000。

(2) rs：源操作数寄存器编号。

(3) rt：另一个源操作数寄存器编号。

(4) rd：目的操作数寄存器编号。

(5) Shamt：移位指令的移位次数编码，非移位指令此字段为 0。

(6) Funct：对 R 型指令的子功能操作码。

常见的 R 型指令的 Funct 字段取值如表 5-2 所示。

表 5-2 常用 R 型指令 Funct 字段取值

指令	ADD	ADDU	SUB	SUBU	AND	OR	XOR	NOR	SLL	SRL	SLT
Funct	20H	21H	22H	23H	24H	25H	26H	27H	00H	02H	2AH

例如，汇编指令 ADD $8，$9，$10 实现的功能是 $8⇐($9)+($10)，即将 $9 和 $10 寄存器中的数据相加，结果存入 $8 寄存器中。ADDU 指令对应的机器码如图5-15 所示。

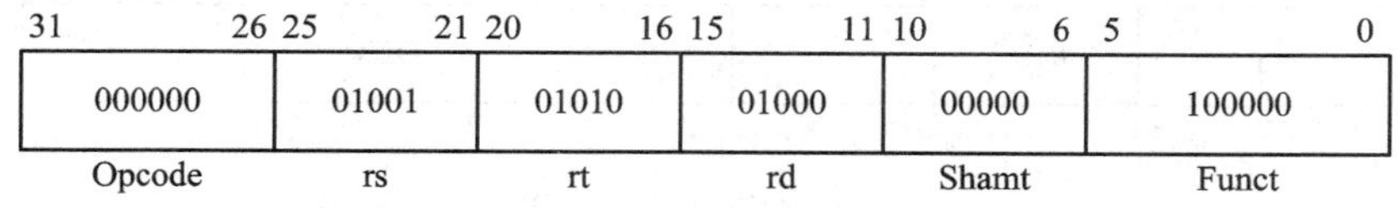

图 5-15 ADDU 指令的机器码

从图 5-15 中可以看出，操作码 Opcode 字段为全 0；两个源操作数分别是 $9 和 $10，因此 rs 字段和 rt 字段分别是 $9 和 $10 通用寄存器的二进制编码 01001 和 01010；目的操作数是 $8，因此 rd 字段的编码是 01000；Shamt 字段为全 0；Funct 字段为 100000，表示这是 R 型指令中的加法操作指令。因此，汇编指令 ADD $8，$9，$10 对应的机器码的十六进制表示为 012A4020H。

MIPS 汇编指令 SUB　$8，$9，$10 的机器码是 012A4022H，请读者自行分析。

2. I 型指令

如果仅有 R 型指令，在编程中就无法实现对寄存器和存储器中变量的初始化，因此就需要一类指令能够对立即数进行操作，这类指令就是 I 型指令，即含有立即数的指令。I 型指令的格式如图 5－16 所示。

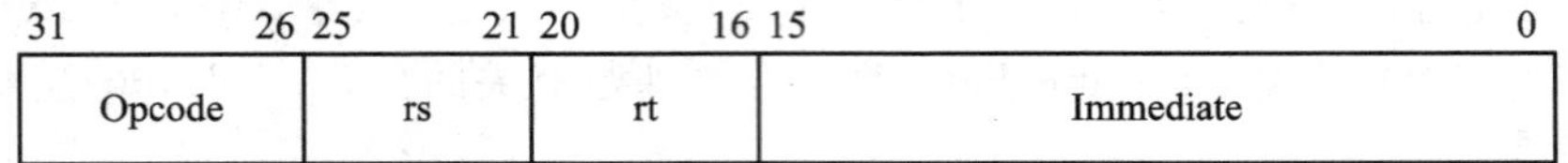

图 5－16　I 型指令的格式

I 型指令分为 4 个字段，各字段的含义如下：

(1) Opcode：操作码，表明该指令的基本功能。

(2) rs：第一个操作数寄存器编号，指示源操作数。

(3) rt：第二个操作数寄存器编号，指示目的操作数。

(4) Immediate：立即数或偏移量。

例如，汇编指令 ADDI \$t8,\$s3,100 实现 \$8←(\$9)＋100 的功能，分析指令格式中各字段的取值情况。ADDI 的操作码是 001000B，名称为 \$s3 对应的寄存器编号是 \$19，因此 rs 字段取值为 10011B；名称为 \$t8 的寄存器对应的寄存器编号是 \$24，因此 rt 字段取值为 11000B；Immediate 字段是 100 的二进制补码 0064H。ADDI 指令对应的机器码如图 5－17 所示。

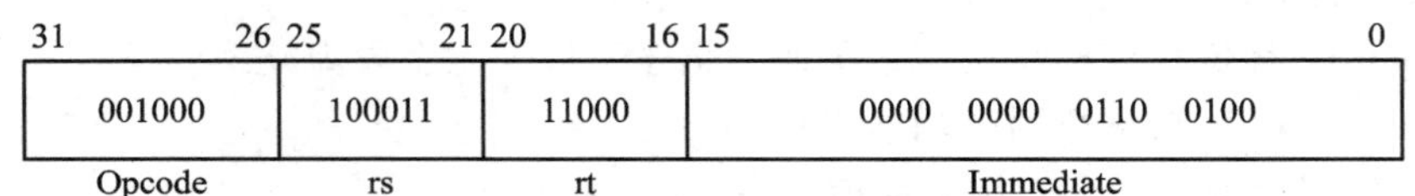

图 5－17　ADDI 指令的机器码

典型的 I 型指令还有存数指令 LW、取数指令 SW、不等转移指令 BNE、相等转移指令 BEQ 等。为了便于理解，可以将 LW 和 SW 的指令格式用图 5－18 表示。LW 指令和 SW 指令的 Opcode 字段分别是 1000011 和 101011。

31　　　26	25　　　21	20　　　16	15　　　　　　0
op	base	rt	Offset

图 5－18　便于记忆的 LW 和 SW 的指令格式

取数指令 LW 的汇编指令格式是 LW rt，offset(base)，其功能是 GPR[rt]←M[GPR(base)＋offset]。例如，lw \$t0，16(\$s2)。

存数指令 SW 的汇编指令格式是 SW rt，offset(base)，其功能是 M[GPR(base)＋offset]←GPR[rt]。

3. J 型指令

J 型指令是为了实现远距离的程序转移而设置的，其指令格式如图 5－19 所示。

J 型指令有无条件转移指令 J(Opcode＝02)和跳转并链接 JAL((Opcode＝03)两条指

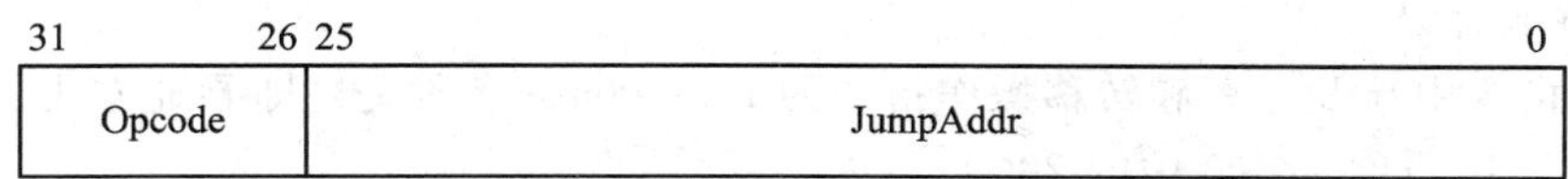

图 5-19 J型指令格式

令。J指令的功能是实现程序的转移。例如，J address实现无条件的程序转移，即将PC设置为一个新的32位地址，该32位地址的高4位取值是当前PC的最高4位，中间26位取值为JumpAddr，最低两位为00，这样程序就可以在PC所在的256MB范围内实现转移了。

JAL指令与J指令的区别在于，程序转移前先将下一条指令的地址保存到$ra寄存器中，然后再将PC取新的转移地址。JAL和JR指令配合使用可以实现函数的调用和返回功能。

5.5.3 MIPS的寻址方式

MIPS处理器是RISC类型指令系统，因此寻址方式比较简单，下面我们分析MIPS处理器的指令和数据寻址的特点。

1. 数据寻址

指令在执行过程中需要根据指令的功能对不同类型和长度的操作数进行处理。数值数据可以是整数，也可以是32位单精度或64位双精度的浮点数。MIPS32提供的基本数据类型如下：

(1) 位(b)：长度是1 bit。

(2) 字节(Byte)：长度是8 bit。

(3) 半字(Half Word)：长度是16 bit。

(4) 字(Word)：长度是32 bit。

(5) 双字(Double Word)：长度是64 bit。

1) 寄存器寻址

寄存器寻址是获取数据速度最快的数据寻址方式，MIPS中大多数指令的数据都涉及寄存器寻址。

(1) 所有R型指令格式中与运算相关的指令，3个操作数rs、rt和rd都是寄存器寻址方式。例如：

ADDU $s1, $t1, $t2

(2) 在I型指令中涉及运算和转移操作的指令，其rs和rt字段都是寄存器寻址方式。例如：

ADDI $s1, $t1, 2000 中的$s1和$t1

BEQ $t1, $t2, label 中的$t1和$s2

(3) I型指令中测试转移指令(如BLEZ, BGTZ, BLTZ, BGEZ等指令)中，rs字段是寄存器寻址方式。例如：

BGTZ $s1, -2 中的$s1

2）立即数寻址

在 I 型指令中涉及运算和转移操作指令的 Immediate 字段是立即寻址方式。例如：ADDI \$s1，\$t1，2000 中的 2000

3）基址寻址

MIPS 处理器对存储器中存放数据的访问只能使用存数指令 SW 和取数指令 LW，而且只提供一种寻址方式，即基址寻址。

在 I 型指令中 LW 和 SW 指令由 rs 和 Immediate 字段构成基址寻址方式。例如，LW \$s1，8(\$t1)指令中存储单元的地址是 \$t1+8，是基址寻址方式。

需要说明的是，数据在数据存储器中是按照字节存放的，处理器也是按照字节顺序依次访问存储器中的数据的，但是如果需要读出一个字，也就是 4 个字节，依次读出的内容分别是 mem[n]、mem[n+1]、mem[n+2]、mem[n+3]这 4 个字节，则这 4 个字节构成一个 32 位字数据的方式有大端和小端两种模式。

2. 指令寻址

MIPS 处理器的大多数指令都是顺序寻址方式，程序转移涉及的寻址方式有三种，分别是相对寻址、寄存器间接寻址和伪直接寻址。

1）相对寻址

I 型指令中的测试转移指令(如 BNE、BEQ、BLEZ、BGTZ、BLTZ、BGEZ 等指令)中，转移地址是用相对寻址方式获得的。例如，BEQ \$t1，\$t2,label，当 \$t1= \$t2 时，指令转移地址是 PC=PC+label。

2）寄存器间接寻址

R 型指令中的转移指令 JALR 和 JR ，转移地址存放在 rs 寄存器中。例如，JALR \$s1，\$s3 指令中将 PC+4 的值保存到 \$s1 中，然后执行 PC= \$s3。

3）伪直接寻址

对应 J 型指令中的 J 和 JAL 指令，转移地址是经过拼接形成的。例如，J label 指令执行时 32 位的转移地址是将 PC 的高 4 位和 26 位的 JumpAddr 字段左移 2 位拼接构成的，即PC={PC[31:28]，label≪2}。

5.6 常用 MIPS 汇编指令

5.6.1 数据传送类指令

数据传送类指令是将机器存放在寄存器、存储器和 I/O 设备的数据进行传递。MIPS 指令提供的数据传输类指令可以实现在寄存器之间、寄存器和存储器之间的数据传输，另外还提供了 I 型指令完成寄存器的初始化。

1. 寄存器到存储器

将数据从寄存器传送到存储器的指令称为存数指令。存数操作是指将存放在寄存器中的数据写入数据存储器的过程，也称为存储(Store)。存储的数据类型有字节(8 位)、半字和字(32 位)三种。常用的存数指令如表 5-3 所示。

表 5-3　常用的存数指令

助记符	功能说明	Opcode	汇编指令	操作描述（Verilog HDL 描述）
SB	存储字节	28H	SB rt,offset(rs)	Mem[G[rs]+offset][7:0]←R[rt][7:0]
SH	存储半字	29H	SH rt,offset(rs)	Mem[G[rs]+offset] [15:0]←R[rt][15:0]
SW	存储字	2BH	SW rt,offset(rs)	Mem[G[rs]+offset]←R[rt]

SW 和 SH 都要求访问的内存单元地址必须边界对齐；否则会出错。边界对齐分以下两种情况：

（1）半字地址必须是偶数地址（$A_0=0$）。

（2）字地址必须是四的整数倍（$A_1A_0=0$）。

例 5-2　假设寄存器 \$s0 = 00002000H，\$s1 = 12345678H，内存中起始地址为 00002000H 的数据存储情况如图 5-20 所示。试问分别执行以下三条指令后各内存单元会发生什么变化？

（1）SB \$s1,0(\$s0)指令；

（2）SH \$s1,2(\$s0)指令；

（3）SW \$s1,4(\$s0)指令。

地址	数据
2000H	01H
2001H	02H
2002H	03H
2003H	04H
2004H	05H
2005H	06H
2006H	07H
2007H	08H

图 5-20　例 5-2 存储单元原始数据

解　假设存储器采用大端对齐的方式。

（1）SB \$s1,0(\$s0)指令。这是一个字节存储指令，其功能是将 \$s1[7：0]的内容存入内存地址为 00002000H 的存储单元中，因此只有 00002000 单元的内容发生变化，即 Mem[00002000H]=78H。执行该指令后，存储单元的数据变化情况如图 5-21(a)所示。

地址	数据
2000H	78H
2001H	02H
2002H	03H
2003H	04H
2004H	05H
2005H	06H
2006H	07H
2007H	08H

(a) 指令 1

地址	数据
2000H	01H
2001H	02H
2002H	56H
2003H	78H
2004H	05H
2005H	06H
2006H	07H
2007H	08H

(b) 指令 2

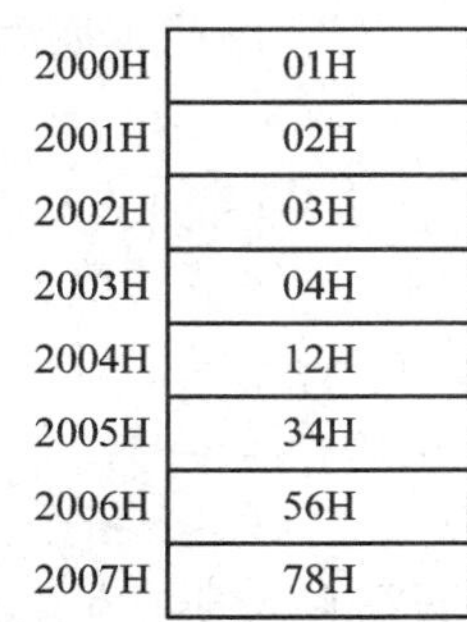

(c) 指令 3

图 5-21　例 5-2 存储单元的数据变化情况示意图

（2）SH \$s1,2(\$s0)指令。这是一个半字存储指令，是将 \$s1[15：0]的内容存入内存地址以 00002002H 开始的 2 个字节中，因此 00002002 和 00002003 单元的内容发生变化，即 Mem[00002002H]=5678H。执行该指令后，存储单元的数据变化情况如图 5-21(b)所示。

（3）SW \$s1,4(\$s0)指令。这是一个字存储指令，是将 \$s1 的内容存入内存地址以 00002004H 开始的 4 个字节中，因此 00002004 和 00002007 单元的内容发生变化，即

Mem[00002004H]= 12345678H。执行该指令后，存储单元的数据变化情况如图 5-21(c)所示。

2. 存储器到寄存器

将存储器的数据送入寄存器的过程称为取数，也称为加载(Load)。取数的数据类型有字节(8 位)、半字和字(32 位)三种。常用的取数指令如表 5-4 所示。

表 5-4 常用的取数指令

助记符	功能说明	Opcode	汇编指令	操作描述(Verilog HDL 描述)
LB	取字节	20H	LB rt, offset(rs)	R[rt] ←{24 位符号扩展, Mem[G[rs]+offset][7:0]}
LBU	取无符号字节	24H	LBU rt, offset(rs)	R[rt] ←{24'h0, Mem[G[rs]+offset][7:0]}
LH	取半字	21H	LH rt, offset(rs)	R[rt] ←{16 位符号扩展, Mem[G[rs]+offset][15:0]}
LHU	取无符号半字	25H	LHU rt, offset(rs)	R[rt] ←{16'h0, Mem[G[rs]+offset][15:0]}
LW	取字	23H	LW rt, offset(rs)	R[rt]←Mem[G[rs]+offset]

例 5-3 设存储器和寄存器的内容与例 5-2 相同，试问分别执行以下三条指令后 $s1 寄存器的取值有什么不同？

(1) LB $s1,0($s0)指令；

(2) LHU $s1,2($s0)指令；

(3) LW $s1,4($s0)指令。

解 (1) LB $s1,0($s0)指令。这是一个字节加载的指令，其功能是将内存地址为 2000H 的 8 位数据 01H 进行符号位扩展后，形成 32 位的数据，送往 $s1 寄存器。由于 01H 的符号为“0”，因此扩展后的数据为 00 00 00 01H。指令执行的结果是 $s1= 00 00 00 01H。

(2) LHU $s1,2($s0)指令。这是一个半字加载指令，其功能是将内存地址为 00002002H 的 2 个字节的数据经过无符号扩展后形成 32 位的数据送往 $s1 寄存器。由于 Mem[00002002H]=0304H，因此扩展后的数据为 00 00 03 04H。指令执行的结果是 $s1=00 00 03 04H。

(3) LW $s1,4($s0)指令。这是一个字加载指令，其功能是将内存地址为 00002004H 的一个字的数据存入 $s1 寄存器。指令执行的结果是 $s1= 05 06 07 08H。

3. 寄存器到寄存器

MIPS 指令集中并没有提供寄存器之间的数据传输指令，可以利用运算类的指令和 $zero 寄存器实现。例如，要将 $s1 的内容传送给 $t1，可以采用加法指令 ADDU $t1, $s1, $zero 或逻辑或运算指令 OR $t1, $s1, $zero 来实现。

4. 寄存器取立即数

MIPS 提供常用的将立即数送到寄存器的指令如表 5-5 所示。除此之外，常用 ADDI 和 ORI 指令行实现寄存器的初始化。

表 5－5 立即数到寄存器

助记符	功能说明	Opcode	汇编指令	操作描述（Verilog HDL 描述）
LUI	寄存器高位加载立即数	FH	LUI rt, imm	R[rt] ←{imm,16'h0}

例 5－4 用 MIPS 指令实现将寄存器 $s0 初始化为 12345678H。

解

```
LUI $s0, 0x1234
ORI $s0, 0x5678
```

5.6.2 算术运算和逻辑运算指令

MIPS 处理器提供了丰富的算术和逻辑运算类指令，这里介绍其中常用的指令。

1. 算术运算类指令

MIPS 的指令集包含整数和浮点运算指令，这里主要介绍整数运算指令。整数运算指令有符号数和无符号数之分。常用的算术运算指令如表 5－6 所示。

表 5－6 常用的算术运算指令

助记符	功能说明	Opcode /FUCTION	汇编指令	操作描述（Verilog HDL 描述）
ADD	加	0/20H	ADD rd,rs,rt	R[rd]=R[rs]+R[rt]
ADDU	无符号加	0/21H	ADDU rd,rs,rt	R[rd]=R[rs]+R[rt]（不考虑溢出）
ADDI	加立即数	8H	ADDI rt,rs,imm	R[rt]=R[rs]+SignExt(imm)
ADDIU	加无符号立即数	9H	ADDIU rt,rs,imm	R[rt]=R[rs]+SignExt(imm)（不考虑溢出）
SUB	减	0/22H	SUB rd,rs,rt	R[rd]=R[rs]−R[rt]
SUBU	无符号减	0/23H	SUBU rd,rs,rt	R[rd]=R[rs]−R[rt]（不考虑溢出）
MULT	乘	0/18H	MULT rs,rt	{ HI ,LO } →R[rs] ×R[rt]
MULTU	无符号数乘	0/19H	MULTU rs,rt	{ HI ,LO } →R[rs] ×R[rt]
DIV	除	0/1AH	DIV rs,rt	LO =R[rs] ÷R[rt](商) HI=R[rs] modR[rt](余数)
DIVU	无符号数除	0/1BH	DIVU rs,rt	LO =R[rs] ÷R[rt](商) HI =R[rs] modR[rt](余数)
SLT	小于置 1	0/2AH	SLT rd,rs,rt	R[rd]=R[rs]<R[rt]? 1:0
SLTU	无符号数小于置 1	0/2BH	SLTU rd,rs,rt	R[rd]=R[rs]<R[rt]? 1:0
SLTI	小于立即数置 1	AH	SLTI rt,rs,imm	R[rd]=R[rs]< SignExt(imm)? 1:0
SLTIU	无符号数小于立即数置 1	BH	SLTIU rt,rs,imm	R[rd]=R[rs]< SignExt(imm)? 1:0

需要说明的是，在表 5-6 中，SignExt(imm)表示对 16 位立即数 imm 进行符号位扩展得到 32 位的数据后再参与运算，也就是说，若 imm 的最高位 imm[15]=1，则扩展出的高 16 位为全“1”，若 imm[15]=0，则高 16 位为全“0”。例如，若 imm=8543H，则扩展的 32 位数为 FFFF8543H；若 imm=7543H，则扩展的 32 位数为 00007543H。类似地，后文中出现的 ZeroExt(imm)表示都是无符号扩展，即扩展的高位全部为“0”。

表 5-6 中乘法和除法运算指令用到了两个特殊的 32 位寄存器 HI 和 LO，在乘法运算时，生成的 64 位运算结果放在{HI, LO}中，除法运算时的商和余数也分别存放在 LO 和 HI 中，因此执行乘法和除法指令后要再用 MFHI 和 MFLO 指令读取存放在 HI 和 LO 中的结果。MIPS 中对这两个寄存器数据的存取指令如表 5-7 所示。

表 5-7 HI 和 LO 存取指令

助记符	功能说明	Opcode /FUCTION	汇编指令	操作描述 (Verilog HDL 描述)
MFHI	读 HI 寄存器	0/10H	MFHI rd	R[rd]=HI
MFLO	读 LO 寄存器	0/12H	MFLO rd	R[rd]=LO
MTHI	写 HI 寄存器	0/11H	MTHI rs	HI=R[rs]
MTLO	写 LO 寄存器	0/13H	MTLO rs	LO=R[rs]

2. 逻辑运算类指令

MIPS 指令集提供的逻辑运算类指令如表 5-8 所示。

表 5-8 逻辑运算类指令

助记符	功能说明	Opcode /FUCTION	汇编指令	操作描述 (Verilog HDL 描述)
AND	寄存器按位与	0/24H	AND rd,rs,rt	R[rd]=R[rs]&R[rt]
ANDI	立即数按位与	CH	ANDI rt,rs,imm	R[rd]=R[rs]&ZeroExt(imm)
OR	寄存器按位或	0/25H	OR rd,rs,rt	R[rd]=R[rs]|R[rt]
ORI	立即数按位或	DH	ORI rt,rs,imm	R[rd]=R[rs]|ZeroExt(imm)
XOR	按位异或	0/26H	XOR rd,rs,rt	R[rd]=R[rs]^R[rt]
XORI	立即数按位异或	EH	XORI rt,rs,imm	R[rd]=R[rs]^ZeroExt(imm)
NOR	按位或非	0/27H	NOR rd,rs,rt	R[rd]=~ (R[rs]|R[rt])

5.6.3 移位类指令

移位指令有逻辑移位和算术移位两种，详细的移位过程可以参看 5.4 节的内容。MIPS 指令集中的移位指令都是 R 型的，如表 5-9 所示。表中前三条指令移位的位数是由 R 型指令的 shamt 字段指示的，而后三条指令移位的位数是由 rs 字段所指示寄存器的低 5 位控制的。

表5-9 移位指令

助记符	功能说明	Opcode /FUCTION	汇编指令	操作描述 (Verilog HDL 描述)
SLL	逻辑左移	0/0H	SLL rd,rt,shamt	R[rd]=R[rt]≪shamt
SRL	逻辑右移	0/2H	SRL rd,rt,shamt	R[rd]=R[rt]≫shamt
SRA	算术右移	0/3H	SRA rd,rt,shamt	R[rd]=R[rt]≫shamt
SLLV	逻辑可变左移	0/4H	SLLV rd,rt,rs	R[rd]=R[rt]≪R[rs][4:0]
SRLV	逻辑可变右移	0/6H	SRLV rd,rt,rs	R[rd]=R[rt]≫R[rs][4:0]
SRAV	算术可变右移	0/7H	SRAV rd,rt,rs	R[rd]=R[rt]≫R[rs][4:0]

例5-5 若$s1=0x80808080，$s2=0x01020304H，则执行下列指令后$t1的内容是什么？

(1) SLL $t1,$s1,10 指令。

(2) SRL $t1,$s1,10 指令。

(3) SRA $t1,$s1,10 指令。

(4) SLLV $t1,$s1, $s2 指令。

解 由于$s1=1000 0000 1000 0000 1000 0000 1000 0000，则：

(1) SLL是逻辑左移指令，将$s1中的数据左移10位，相当于删除左边的10位二进制数，然后在右边补充10个0，结果为

0000 0010 0000 0010 0000 0000 0000 0000

因此

$t1=0x0202 0000

(2) SRL是逻辑右移指令，将$s1中的数据右移10位，相当于删除右边的10位二进制数，然后在左边补充10个0，结果为

0000 0000 0010 0000 0010 0000 0010 0000

因此

$t1=0x00202020

(3) SRA是算术右移指令，将$s1中的数据右移10位，相当于删除右边的10位二进制数，由于符号位是1，因此在左边补充10个1，结果为

1111 1111 1110 0000 0010 0000 0010 0000

因此

$t1=0xFFE02020

(4) SLLV是逻辑可变左移指令，左移的位数是由$s2寄存器的低五位值决定，$s2[4:0]=10100，即将$s1中的数据左移20位，并在右边补充20个0，结果为

0000 1000 0000 0000 0000 0000 0000 0000

因此

$t1=0x08000000

5.6.4 程序控制类指令

C 语言中的分支语句 if 和循环语句 for 都实现了程序的控制转移功能。实际上，循环也可以看做分支程序的一种，如利用 if 和 goto 语句就可以实现循环程序。在 MIPS 指令中，按照程序转移距离的远近可以分为短转移和长转移。

1. 短转移

短转移是指程序指针 PC 的转移范围是 2^{16}字(即 2^{18}B)。短转移指令是 I 型的，常用的短转移指令如表 5-10 所示。

表 5-10 短转移指令

助记符	功能说明	Opcode/rt	指令举例	操作描述（Verilog HDL 描述）
BEQ	等于转移	4H	BEQ rs,rt,offset	if (R[rs]==R[rt]) PC=PC+4+offset<<2
BNE	不等转移	5H	BNE rs,rt,offset	if (R[rs]! =R[rt]) PC=PC+4+offset<<2
BLEZ	小于等于 0 转移	6H	BLEZ rs,offset	if (R[rs]<=0) PC=PC+4+offset<<2
BGTZ	大于 0 转移	7H	BGTZ rs,offset	if (R[rs]>0) PC=PC+4+offset<<2
BLTZ	小于 0 转移	01/00H	BLTZ rs,offset	if (R[rs]<0) PC=PC+4+offset<<2
BGEZ	大于等于 0 转移	01/01H	BGEZ rs,offset	if (R[rs]>=0) PC=PC+4+offset<<2

表 5-10 功能描述中的 offset 字段实际上就是 I 型指令的 16 位 imm 字段，这个字段在跳转类指令中通常被称为转移偏移量，为了增加可读性，这里用 offset 表示，在跳转指令中这个字段要先左移 2 位之后进行符号位扩展，然后再与 PC 相加。短转移指令可以在±128 KB 范围内实现跳转。

表 5-10 中的指令都是条件转移指令，当条件满足时，程序跳转到指定位置继续执行，否则顺序执行下一条指令。

2. 长转移

长转移是指程序指针 PC 的转移范围大于或等于 2^{26}字(即 2^{28}B=256 MB)。常用的长转移指令如表 5-11 所示。

表 5-11 长转移指令

助记符	功能说明	Opcode /FUCTION	汇编指令	操作描述（Verilog HDL 描述）
J	跳转	2H	J Target	PC= Target
JAL	跳转并链接	3H	JAL Target	R[31]=PC+4;PC= Target
JALR	跳转并链接寄存器	0/9H	RALR rd, rs	R[rd]=PC+4;PC=R[rs]
JR	跳转寄存器	0/8H	JR rs	PC=R[rs]

表 5-11 中的 Target 都是指令中指示的 26 位立即数。在四条长转移指令中，J 是无条

件转移指令，JAL 和 JALR 是子程序调用时使用的指令。表 5-11 中的后两条指令可以将转移前的 PC 值保存在一个寄存器中，从子程序返回时要使用 JR 指令，将保存在寄存器中的返回地址送给 PC，因此子程序调用前后要将 JAL、JALR 和 JR 指令配合使用。

5.7 MIPS 指令与 C 语言程序的关系

高级语言中的语句最终要转换成机器指令才能在硬件上执行。本节通过一些将 C 语言语句转换成对应的 MIPS 程序说明这种关系。

在 C 语言中，每一个变量所占的存储空间是由其声明时的类型决定的，例如：

```
int a,b,c;
char s;
double t;
```

其中，a、b、c 分别是 3 个定点整数型的变量，每个变量占用 32 位存储空间；s 是字符型变量，占用 8 位存储空间；t 是双精度浮点型数据，占用 64 位存储空间。

对于存放在 MIPS 寄存器中的数据而言，数据是没有类型的，寄存器中数据的含义是由指令的操作来确定的。例如，指令 ADD $s0，$s1，$s2 执行有符号数加法运算，因此可以认为 $s1 和 $s2 存放的是 32 位有符号数，而 ADDU $s0，$s1，$s2 执行的是无符号数加法运算，因此可以认为 $s1 和 $s2 存放的是 32 位无符号数。

5.7.1 实现 C 语言简单变量的运算

例 5-6 对于 C 语言中的语句：

```
a=b+c
```

若有变量与寄存器之间的关系是：

a ⇔ $s0，b ⇔ $s1，c ⇔ $s2

则其等价的 MIPS 指令是：

```
ADD $s0, $s1, $s2
```

例 5-7 对于 C 语言中的语句：

```
d=e-f
```

若有变量与寄存器之间的关系是：

d ⇔ $s3，e ⇔ $s4，f ⇔ $s5

则其等价的 MIPS 指令是：

```
SUB $s3, $s4, $s5
```

例 5-8 对于 C 语言中的语句：

```
a = b+c+d-e;
```

若有：

a ⇔ $s0，b ⇔ $s1，c ⇔ $s2，d ⇔ $s3，e ⇔ $s4

则其等价的 MIPS 指令序列是：

```
ADD $t0, $s1, $s2 # temp = b+c
ADD $t0, $t0, $s3 # temp = temp+d
```

```
SUB $s0, $t0, $s4 # a = temp－e
```

从上面几个例子可以看出，C 语言的一条语句可以对应 MIPS 的一条或多条指令。

例 5－9 对于 C 语言中的语句：

```
a=b+10;
```

若有：

$$a \Leftrightarrow \$s0,\ b \Leftrightarrow \$s1$$

则对应的 MIPS 指令是：

```
ADDI $s0, $s1,10
```

ADDI 指令可以实现寄存器加常数的运算。

例 5－10 对于 C 语言中的语句：

```
a = b;
```

若有：

$$a \Leftrightarrow \$s0,\ b \Leftrightarrow \$s1$$

则对应的 MIPS 指令是：

```
ADD $s0, $zero, $s1
```

或

```
ORI $s0, $zero, $s1
```

利用 $zero 可以实现寄存器之间的数据传递。

5.7.2 实现 C 语言中的数组访问

例 5－11 设有 int A[100];，将下面 C 语言语句转换成 MIPS 指令：

```
g = h+A[3];
```

解：A 是一个有 100 个元素的整型数组，访问数组元素用 LW 指令，采用变址寻址的方式。若将变量 g、h 的值分别分配给 $s1、$s2，并且将数组 A[0]的首地址分配给 $s3，则其对应的 MIPS 指令序列如下：

```
LW $t0,12($s3)       # A[3]元素的值赋值给 $t0，12 为字节偏移量
ADD $s1, $s2, $t0    # g = h+A[3]
```

例 5－12 若将例 5－11 的 C 语言语句改为

```
A[10] = h+A[3];
```

给出其 MIPS 指令。

解 这条指令是将运算结果保存到存储器中，结果保存使用 sw 指令。

```
LW $t0,12($s3)       # $t0= A[3]
ADD $t0, $s2, $t0    # $t0= h+A[3]
SW $t0,40($s3)       # A[10] = h+A[3]
```

LW、SW 两条指令中的 12 和 40 分别是 A[3]和 A[10]相对于 A[0]元素地址的偏移量。

C 语言中运算的主要操作对象是变量，而 MIPS 指令中的操作对象是寄存器，这是因为寄存器的速度要比存储器快得多。在通常情况下，寄存器的速度是存储器访问速度的 100 倍。

5.7.3 实现 C 语言中的分支程序

C 语言中常用的分支语句有 if 和 switch，这里通过几个例子说明用 MIPS 指令实现 C 语言中的分支程序的方法。

1. 实现 if 语句

1）简单 if 语句的实现

```
if (g < h) goto Less;
```

若变量与寄存器的对应关系是：

g⇔ $s0，h⇔ $s1

则对应的 MIPS 指令序列是：

```
SLT $t0,$s0,$s1          # $t0 = 1 if g<h
BNE $t0,$zero,Less       # if $t0! =0 goto Less
```

2）实现 if …else 语句

```
if(i==j)
  f=g+h
else
  f=g-h
```

若变量与寄存器的对应关系是：

f ⇔ $s0，g ⇔ $s1，h ⇔ $s2，i ⇔ $s3 ，j ⇔ $s4

则其对应的 MIPS 指令为

```
      BNE $s3,$s4,Else
      ADD $s0,$s1,$s2
      J Exit
Else: sub $s0,$s1,$s2
Exit:
```

例 5-13 C 语言中实现求整型变量 x 和 y 中较大者的程序段如下所示：

```
if(x<y)
  max=y;
else
  max=x;
```

请写出实现该程序段的 MIPS 指令序列。

解 设变量 x、y 和 max 分别对应寄存器 $s0、$s1 和 $s2，则对应的 MIPS 汇编程序为

```
      SLT $t0, $s0, $s1         #若 $s0< $s1, $t0=1, 否则 $t0=0
      BGTZ $t0, Lab1            #若 $t0>0, 即 s0< $s1 则跳转到 Lab1
      ADD $s2, $s0, $zero       # $s2= $s0,
      J COMM
Lab1: ADD $s2, $s1, $zero       # $s2,= $s1
COMM:…
```

MIPS 程序中对 if(x<y)语句是通过 SLT 和 BGTZ 语句两条语句实现的。

下面的程序段也可以实现相同的功能：

```
SLT $t0, $s0, $s1         #若 $s0< $s1, $t0=1, 否则 $t0=0
BEQ $t0, $zero, Lab1      #若 $t0=0, 即 s0> $s1 则跳转到 Lab1
ADD $s2, $s1, $zero       # $s2,= $s0,
J COMM
```

```
Lab1：ADD $s2，$s0，$zero        # $s2，= $s1
      COMM：…
```

两个 MIPS 程序段功能相同，但使用的跳转指令不同，判断转移的条件就会不同，这一点要格外注意。从理解的难易度来说，第二个程序段更好些。

2. 实现 switch 语句

C 语言中的 switch 语句是多分支的判断语句。程序员可以根据某个变量的值选择不同的分支，而机器指令的一条判断指令只能形成两个分支，如果要形成多个分支必须进行多次判断。

例 5-14 编写 MIPS 程序段实现如下所示 C 语言的成绩段划分，其中，s 是百分制成绩，g 是成绩等级。

```
c=s/10;
switch(c);
{
  case 10:g=5;
        break;
  case 9:g=5;
        break;
  case 8:g=4;
        break;
  case 7:g=3;
        break;
  case 6:g=2;
        break;
  default:g=0;
}
……
```

解 假设 s、c 和 g 变量分别对应寄存器 $s0、$t0 和 $s1，且常数 10、9、8、7、6 依次保存在寄存器 $t1～t5 中，则对应的 MIPS 汇编程序为

```
    ADDI $t1,$zero,10
    DIV $s0,$t1              # $s0/10
    MFLO $t0                 # $t0= $s0/10
    BEQ $t0,$t1,L1           #若 $t0=10，则跳转到 L1
    BEQ $t0,$t2,L1           #若 $t0=9，则跳转到 L1
    BEQ $t0,$t3,L2           #若 $t0=8，则跳转到 L2
    BEQ $t0,$t4,L3           #若 $t0=7，则跳转到 L3
    BEQ $t0,$t5,L4           #若 $t0=6，则跳转到 L4
    ADDI $s1,$zero,0         #若 $t0<6 的处理
    J exit
L1：ADDI $s1,$zero,5
    J exit
```

```
    L2: ADDI $s1, $zero,4
        J exit
    L3: ADDI $s1, $zero,3
        J exit
    L4: ADDI $s1, $zero,2
        exit:…
```

汇编程序中另一种实现多路分支的有效方法是将多个指令序列的分支地址放在一个称为转移地址表的存储器中，这样程序在跳转的时候只需要查表就可以获得转移地址了。

用如图 5-22 所示的跳转表保存 L1～L5 这 5 个转移地址，假设已经将跳转表的首地址 2000H 保存在 $s3 中，则实现例 5-14 多路分支的 MIPS 程序段如下：

地址	内容
2000H	L1
2004H	L1
2008H	L2
200CH	L3
2010H	L4
2014H	L5

图 5-22 跳转表的内容

```
      ADDI $s0, $zero,62
      ADDI $t1, $zero,10        # $t1= 10
      DIV $s0, $t1              # $s0/10
      MFLO $t0                  # $t0= $s0/10
      ADDI $t1, $zero,5         #判断成绩是否小于 60
      SUB $t2, $t0, $t1
      BGTZ $t2,comm             #若成绩≥60，直接查跳转表
      ADDI $t0, $zero,5         #若成绩<60，$t0=5
comm: ADDI $t1, $zero,10
      SUB $t2, $t1, $t0         #t2=跳转表记录序号
      SLL $t3, $t2,2            #计算跳转记录与表首的偏移地址
      ADD $t3, $t3, $s3         #计算跳转记录单元地址
      LW $t4,0($t3)             # $t4=跳转地址
      JR $t4                    #跳转
L1:   ADDI $s1, $zero,5
      J exit
L2:   ADDI $s1, $zero,4
      J exit
L3:   ADDI $s1, $zero,3
      J exit
L4:   ADDI $s1, $zero,2
      J exit
L5:   ADDI $s1, $zero,1
exit: ……
```

用跳转表实现多路分支转移时要正确计算跳转地址后实现转移。

5.7.4 实现 C 语言中的循环程序

循环实际上是分支的一种特例，是指在一定条件下把一段程序段反复多次地执行。这里通过实现 C 语言中数组求和和排序程序说明 MIPS 循环程序的编写过程。

若数组 A[]是一个 int 型的数组，程序段如下：

```
do {g = g+A[i];
    i = i+j;
} while (i != h);
```

如假设变量与寄存器的对应关系是：

g，h，i，j，&A[0]

$s1，$s2，$s3，$s4，$s5

则其对应的 MIPS 程序段如下：

```
Loop: SLL $t1,$s3,2          # $t1= 4 * i
      ADDU $t1,$t1,$s5       # $t1=addr A+4i
      LW $t1,0($t1)          # $t1=A[i]
      ADD $s1,$s1,$t1        # g=g+A[i]
      ADDU $s3,$s3,$s4       # i=i+j
      BNE $s3,$s2,Loop       # if i! =h goto Loop
```

例 5-15 编写 MIPS 程序段实现如下 C 语言程序的功能：

```
main()
{
  int i,sum=0;
  for(i=1;i<=100;i++)
      sum+=i;
}
```

解 这段 C 语言程序实现计算 1～100 和的功能。假设变量 i 和 sum 分别对应寄存器 $s0 和 $s1，则对应的 MIPS 程序段如下：

```
        ADDI $s0, $zero, 0         # i=0
        ADDI $s1, $zero,0          # sum=0
        ADDI $t1, $zero,100        # $t1=循环的终止值 100
cont:   ADDI $s0, $s0,1            # i=i+1
        ADD $s1, $s1, $s0          # sum=sum+i
        BNE $s0, $t1,cont          # 若 i≠100，则转到 cont
```

从上面的程序可以看出，MIPS 汇编程序与 C 语言的语句基本是对应的，只是在循环终止条件判断时，由于不存在寄存器和立即数直接判断的机器指令，需要将立即数 100 存入寄存器中，然后再利用 BNE 指令进行循环条件的判断。

例 5-16 编写 MIPS 程序段实现如下 C 语言程序的功能：

```
int main(int argc, char * argv[])
{
  int a[10]={3,6,12,-10,25,90,101,-34,-100,26};
  int i,j,mark,t;
  for(i=0;i<9;i++)
  {
    mark=i;
```

```
    {
      for(j=i+1;j<10;j++)
          if(a[mark]>a[j])
              mark=j;
    }
    if(mark! =i)
    {
      t=a[i];
      a[i]=a[mark];
      a[mark]=t;
    }
  }
}
```

解 通过程序分析可以知道，这是一个用选择法对含有10个元素的一维数组实现排序的程序。

假设变量i、j和mark分别对应寄存器 \$t0、\$t1 和 \$t2，则对应的MIPS汇编程序如下：

```
  .data 0x2000                      #定义数据段
  A: .word 3,6,12,-10,25,90,101,-34,-100,26
  .text                             #定义代码段
       ADDI $t0, $zero,0            #i=0
       ADDI $t5, $zero,36
loop2: ADD $t2, $t0, $zero          #mark=i
       ADD $t1, $t0, $zero          #j=i+1
loop1: ADDI $t1, $t1,4
       LW $t6,A($t2)                # $t6=A[mark]
       LW $t7,A($t1)                # $t7=A[j]
       SLT $t8, $t7, $t6            # $t8= A[j]<A[mark]? 1:0
       BEQ $t8, $zero,cont1
       ADD $t2, $t1, $zero          # if A[j]<A[mark] mark=j
cont1: SLTI $t8, $t1,36
       BNE $t8, $zero,loop1         #j<10
       BEQ $t0, $t2,cont2
       LW $t6,A($t0)                #exchange A[j]<A[mark]
       LW $t7,A($t2)
       SW $t7,A($t0)
       SW $t6,A($t2)
cont2: ADDI $t0, $t0,4
       BNE $t0, $t5,loop2           #i<=9 loop2
```

数组A存储器在以地址0x00002000开始的存储器中，程序执行前后数组A的存储情况分别如图5-23(a)、(b)所示。

Data Segment

Address	Value (+0)	Value (+4)	Value (+8)	Value (+c)	Value (+10)	Value (+14)	Value (+18)	Value (+1c)
0x00002000	0x00000003	0x00000006	0x0000000c	0xfffffff6	0x00000019	0x0000005a	0x00000065	0xffffffde
0x00002020	0xffffff9c	0x0000001a	0x00000000	0x00000000	0x00000000	0x00000000	0x00000000	0x00000000
0x00002040	0x00000000	0x00000000	0x00000000	0x00000000	0x00000000	0x00000000	0x00000000	0x00000000

(a) 执行前

Data Segment

Address	Value (+0)	Value (+4)	Value (+8)	Value (+c)	Value (+10)	Value (+14)	Value (+18)	Value (+1c)
0x00002000	0xffffff9c	0xffffffde	0xfffffff6	0x00000003	0x00000006	0x0000000c	0x00000019	0x0000001a
0x00002020	0x0000005a	0x00000065	0x00000000	0x00000000	0x00000000	0x00000000	0x00000000	0x00000000

(b) 执行后

图 5－23　数组 A 的排序前后

5.7.5　实现子程序调用

在 C 语言程序中，通常将一个特定功能的任务编写成函数，这个函数实际上就是子程序。编写子程序可以避免程序编写的重复劳动，同时节省了程序的存储空间，在必要的时候只要调用函数即可。图 5－24 是子程序调用和返回的示意图。图中调用子程序的程序称为主程序或调用程序。主程序和子程序的称呼是相对的，在图 5－24 中，程序 Y 对于 X 是子程序，对于 Z 是主程序。

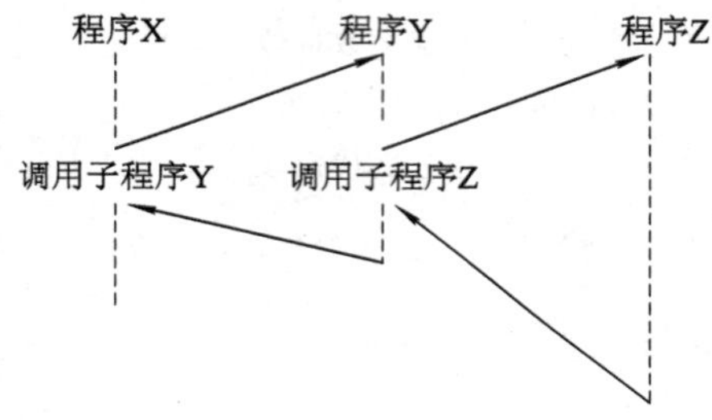

图 5－24　子程序调用和返回的示意图

子程序在调用和编写时应当注意以下几个原则：

(1) 子程序可以获取所需的入口参数。

(2) 主程序可以获取子程序返回的参数。

(3) 子程序可以被调用。

(4) 子函数调用结束后要回到主程序继续执行后续指令。

(5) 子程序可以使用通用寄存器存放自身局部数据且不能影响主程序的正确执行。

(6) 子程序要完成自身的特定功能。

这里先介绍 MIPS 指令中与子程序调用相关的寄存器和指令。

1. 保存子程序参数传递及返回地址的寄存器

(1) \$a0～\$a3(\$4～\$7)：四个用于存放子程序入口参数的寄存器，当入口参数过多时可以将其他参数存放在堆栈中。

(2) \$v0，\$v1(\$2，\$3)：两个返回参数寄存器。

(3) \$ra(\$31)：一个专用的返回地址寄存器，用于保存调用程序的返回地址。

2. 子程序相关指令

(1) 子程序调用指令：

JAL ProcedureAddress

这条指令可以将子程序调用指令的下一条指令的地址保存到 $ra，然后将子程序的首地址 ProcedureAddress 赋给 PC。

(2) 子程序返回指令：

```
JR $ra
```

JR 指令执行 PC= $ra，使得程序返回主程序继续执行。

下面就通过一个简单的例子进行说明。

现有如下的 C 语言程序：

```
main(){
...
  sum(a,b);    /*  */
...
}

int sum(int x, int y) {
       return x+y;
}
```

设主程序中变量 a、b 和寄存器 $s0、$s1 对应，则对应的子程序代码及其在主存中的存放情况如下：

```
地址(十进制显示 l)
1000 ADD   $a0,$s0,$zero    # x = a
1004 ADD   $a1,$s1,$zero    # y = b
1008 JAL sum                #jump to sum
1012 …                      #  next instruction
…
2000 sum: ADD $v0,$a0,$a1
2004 JR $ra          # new instr. "jump register"
```

主程序在使用 JAL 指令调用 sum 子程序前，先将子程序的入口参数 a 和 b 送到输入参数传递寄存器 $a0 和 $a1，然后执行 JAL sum 时将下一条指令地址 1012 保存到 $ra 寄存器，并设置 PC=2000(sum 的首地址)。

子程序 sum 将 a+b 的结果存入参数返回寄存器 $v0，然后通过指令 JR $ra 返回到主程序的 1012 位置继续执行主程序。

3. 子程序设计中应注意的问题

1) 工作寄存器的保存

子程序中也会用到一些通用寄存器用于数据处理，而这些寄存器在主程序中可能也被使用了。为了确保子程序调用结束后主程序还能正确执行，要求子程序必须做到对其用到的寄存器先保存再使用，在子程序返回前，还要对这些寄存器内容进行恢复，这些寄存器通常是利用堆栈进行保存的。子程序设计的流程如图 5-25 所示。

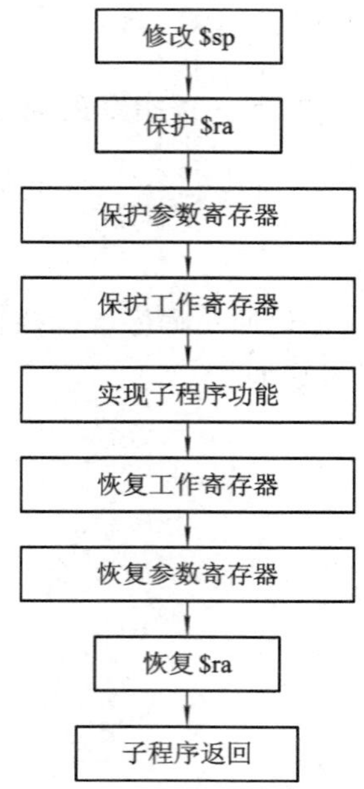

图 5-25 子程序设计的流程

分析下面的程序：

```
int Leaf(int g, int h, int i, int j)
{
  int f;
  f = (g+h) - (i+j);
  return f;
}
```

在子程序 Leaf 中，若变量 g、h、i、j 存放在参数寄存器 $a0～ $a3，f 存放在 $s0，假设还用到了寄存器 $t0，因此子程序中需要完成对 $s0 和 $t0 的保护和恢复工作。

子程序 Leaf 对应的 MIPS 程序段如下：

```
Leaf: ADDI $sp, $sp, -8          # 调整堆栈指针，留出 2 个字数据空间
      SW  $t0, 4($sp)            # 保护 $t0 入堆栈
      SW  $s0, 0($sp)            # 保护 $s0 存入堆栈
      ADD $s0, $a0, $a1          # f = g+h
      ADD $t0, $a2, $a3          # t0 = i+j
      SUB $v0, $s0, $t0          # return value (g+h)-(i+j)
      LW  $s0, 0($sp)            # 子程序返回前恢复 $s0
      LW  $t0, 4($sp)            # 恢复 $t0
      ADDI $sp, $sp,8            # 调整堆栈指针删除 2 个字数据空间
      JR  $ra                    # 子程序返回
```

程序中首先修改操作堆栈指针 $sp，然后将用到的工作寄存器 $s0 和 $t0 保存到堆栈

中，在这之后才执行运算操作，在子程序返回前从堆栈中恢复 \$s0 和 \$t0，并修改堆栈指针 \$sp。

2）子程序的嵌套调用

程序设计中会出现子程序调用其他子程序的情况，这种情况就是子程序的嵌套调用，如图 5-24 所示。在嵌套调用中每一次调用都会有返回地址被保存在 \$ra 中，这样就会造成返回地址的覆盖，因此需要将返回地址保存到栈中。由于入口参数保存在 \$a0～\$a3 中，在嵌套调用其他子程序前需要进行保存。子程序在调用时由于不同的编译器处理方式不同，我们就不在这里讨论了。子程序的嵌套调用的举例代码如下：

```
int sumSquare(int x, int y) {
  return mult(x,x)+y; }
```

在子程序 sumSquare 中调用了 mult 子程序，若变量 x、y 存放在参数寄存器 \$a0 和 \$a1 中，则 sumSquare 程序的代码如下：

```
        ADDI $sp,$sp,-8          # 在堆栈中预留空间
        SW $ra, 4($sp)           # 保存返回地址
        SW $a1, 0($sp)           # 保存 y
        ADD $a1,$a0,$zero        # mult(x,x)
        JAL mult                 # 调用 mult
        LW $a1, 0($sp)           # 恢复 y
        ADD $v0,$v0,$a1          # mult()+y
        LW $ra, 4($sp)           # 获得返回地址 r
        ADDI $sp,$sp,8           # 恢复堆栈
        JR $ra

mult: ...
```

从前面的介绍中可以得到通用的子程序设计流程如图 5-25 所示。

习　题

1. 什么是指令？什么是指令系统？
2. 指令系统与软件和硬件的关系是什么？
3. 什么是 RISC 和 CISC？
4. RISC 机器的特点是什么？
5. 计算机指令由哪两部分构成？分别描述什么信息？
6. 什么是指令地址？什么是形式地址？什么是有效地址？
7. 指令中的地址字段是不是越长越好？为什么？
8. 在指令中如何表示操作数地址？哪些方法可以有效地缩短指令字长？
9. 二地址指令是否只能有两个操作数？举例说明。
10. 对于零地址指令，其操作数可以从哪里获得？
11. 什么是寻址方式？指令和数据各有哪些寻址方式？

12. 基址寻址和相对寻址有什么不同？

13. 堆栈操作的特点是什么？堆栈是如何寻址的？

14. 在一个 32 位单字长的指令系统中，采用操作码扩展方式，设计指令格式：

(1) 7 条具有两个 13 位内存地址和一个 3 位寄存器地址的指令。

(2) 300 条具有一个 16 位内存地址和一个 3 位寄存器地址的指令。

(3) 30 条零地址指令。

15. 某计算机字长为 16 位，主存为 64K 字节，运算器为 16 位，有 16 个通用寄存器，8 种寻址方式，指令中的操作数地址码由寻址方式字段和寄存器编号组成，若采用单地址指令格式，试问：

(1) 单操作数指令最多多少条？

(2) 变址寻址的范围有多大？

(3) 直接寻址的范围有多大？

(4) 寄存器间接寻址的范围有多大？

16. 某计算机的指令字长为 16 位，地址码为 6 位，指令有一地址和二地址两种格式，有 N 条(N<16)二地址指令，试问在操作码固定和扩展两种方式下，一地址指令最多可以有多少条？

17. 一条单字长指令存储在地址为 2000H 的位置，地址字段的值为 300H，处理器中的 R1 中存储的数据为 100H，请计算下列方式下操作数的有效地址是多少？

(1) 直接寻址。

(2) 立即寻址。

(3) 相对寻址。

(4) 寄存器(R1)间接寻址。

18. 若某机器数据进入堆栈的操作如下：

(1) SP←(SP)－2。

(2) M((SP))←(data)。

请写出该机器数据出栈的操作。

19. 请至少写出 5 条 MIPS 指令集中采用寄存器寻址的指令。

20. 假设寄存器 $t1 中包含地址 0x1000 0000，寄存器 $t2 中包含地址 0x1000 0010。

(1) 假设数据存储器中地址 0x1000 0010 单元中存放的十六进制数是 0x12345678，执行指令：

```
LB $t0,0($t1)
SW $t0,0($t2)
```

$t2 指示的存储器单元中的数据是多少？假设 $t1 指示的存储器位置的初始数据是 0xFFFF FFFF。

(2) 假设同(1)，若执行指令：

```
LH $t0,0($t1)
SW $t0,0($t2)
```

$t2 指示的存储器单元中的数据是多少？假设 $t1 指示的存储器位置的初始数据是 0x0000 0000。

21. 一个比较完备的指令系统应当包含哪些类型的指令？

22. MIPS 有几种基本的指令格式？在每种指令格式中，各字段的含义是什么？

23. 写出下列 MIPS 指令的机器码。

(1) ADD $8, $9, $10 指令。

(2) ADDI $4, $10, 25 指令。

(3) AND $8, $9, $10 指令。

(4) BNE $1, $0, LABEL 指令。

(5) J 2500 指令。

24. 假定变量 f、g、h、i、j 分别对应寄存器 $s0～$s4，并且字类型数组 A 和 B 的起始地址分别放在寄存器 $s5 和 $s6 中，请分别采用 C 语言实现以下 MIPS 指令序列的功能。

(1) 指令如下：

```
ADD $s0, $s0, $s1
ADD $s0, $s0, $s2
ADD $s0, $s0, $s3
ADD $s0, $s0, $s4
```

(2) 指令如下：

```
LW $s0,4($s6)
```

(3) 指令如下：

```
ADD $s0, $s0, $s1
ADD $s0, $s3, $s2
ADD $s0, $s0, $s3
```

(4) 指令如下：

```
ADDI $s5, $s5,100
SLL $s2, $s2, $s2
ADD $s5, $s5, $s3
LW $s0,12($s5)
```

25. 将下面的 C 语言函数转换成 MIPS 指令代码：

```
void swap(int v[],int k,int j)
{
  int temp;
  temp=v[k];
  v[k]=v[j];
  v[j]=temp;
}
```

26. 编写一段 MIPS 程序，实现求数组最大值和最小值的功能。

27. 编写一段 MIPS 程序，统计 32 位变量 x 中取值为“1”的位数。

第 6 章 中央处理器

6.1 处理器概述

中央处理器(CPU)是计算机硬件的核心部分，主要由运算器、控制器、寄存器、中断控制器和内部总线构成。本章将从理论知识开始，详细介绍 CPU 的工作原理和实现技术，具体内容包括 CPU 的基本功能、内部结构、指令的执行过程、控制器的实现方法，并通过构建一个能实现基本 MIPS 指令的处理器实例，说明了单周期 CPU 和流水线 CPU 的实现过程。

6.1.1 CPU 功能

CPU 主要包括运算器和控制器两个主要部件，运算器已经在第 2 章中讨论过了，这里主要讨论控制器的功能。

使用某台计算机进行数据处理时，首先需要编写好源程序，然后再通过编译程序和连接程序将源程序转换为一个计算机能够识别的机器指令目标程序，并将目标程序加载到内存中，然后 CPU 中的控制器会对内存中的程序按照取指令、分析指令、执行指令的顺序完成程序的功能。

CPU 在计算机中的基本功能可以归纳为以下 5 个方面。

1. 指令控制

指令控制是指 CPU 按顺序执行程序中的指令。程序的功能不同，所包含的指令序列就不同，程序执行时必须严格按照程序规定的顺序执行，才能保证计算机工作的正确性。

2. 操作控制

一条指令的执行需要多个部件相互配合才能完成指令的功能，对每个部件的具体操作是由操作信号控制的，而操作信号是控制器根据这条指令的功能自动产生的。

3. 时序控制

每一条指令在执行的过程中，必须在规定的时间给出各部件所需操作控制的信号，才能保证指令功能的正确执行。因此，时序控制就是定时地给出各种操作信号，使计算机系统有条不紊地执行程序。

4. 数据加工

数据加工是指对数据进行算术运算、逻辑运算或其他处理。

5. 中断控制

CPU 除了执行程序外，还需要具备对突发事件的处理能力。例如，运算器出现了结果溢出、某个部件出现了异常情况、设备需要实时的数据服务等，这就需要 CPU 中断正在处理的程序，并对这些突发事件进行响应，以保证计算机的正常运转，这个能力称为中断处理能力。

总体来说，一条指令的执行过程就是在控制器的控制下，先从内存中取出指令，然后对指令进行译码，在时序发生器和控制器的控制下，在正确的时间发出指定部件的控制信号，保证各部件能够执行正确的动作，从而保证该指令功能的实现。

6.1.2　CPU 的内部结构

CPU 的体系结构有很多种，传统的 CPU 包括控制器和运算器两部分，实际的 CPU 内部还包含一定数量的各种功能寄存器，以及为了实现中断控制功能的中断系统。

图 6-1 是采用系统总线(单总线系统)的计算机结构。图中，CPU 由寄存器、ALU、控制器和中断系统组成。

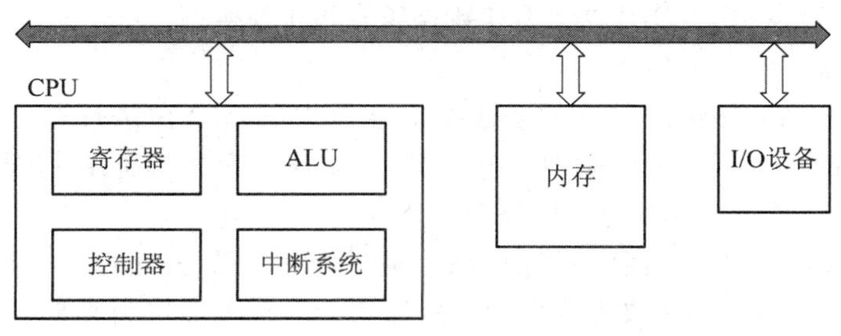

图 6-1　单总线系统的计算机结构

1. 运算器

运算器是计算机中实现数据加工的部件，主要完成数据的算术和逻辑运算，运算器主要包括算术逻辑单元(ALU)、数据寄存器、程序状态字 PSW 等。图 6-2 所示是一种常见的运算器内部结构。

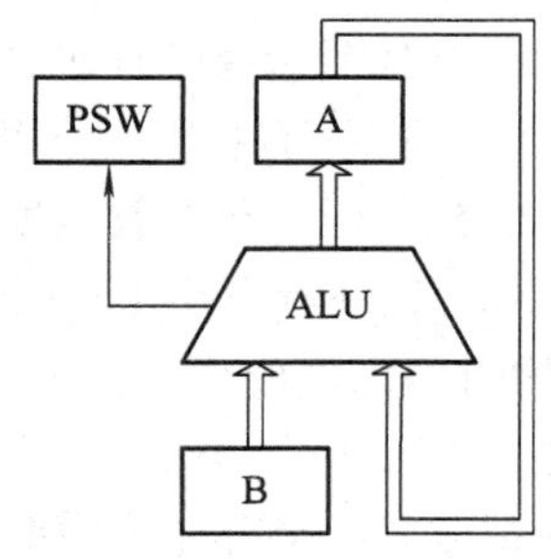

图 6-2　常见的运算器内部结构

PSW 寄存器的每一位都是一个状态标志位，用来记录程序的运行状态和工作方式。例如，SF 表示 ALU 结果的符号位，ZF 表示结果是否为零，CF 表示是否产生了运算进位，PF 为奇偶标志位，OF 表示溢出位等，除此之外 PSW 中还有一些其他标志位。8086 CPU 的 PSW 如图 6-3 所示。PSW 为条件转移类指令提供判断的依据。例如，BNE label 指不相等时转移，因此需要判断 PSW 中的 ZF，若 ZF=1，则表示运算器结果为 0，即比较的两个数相减的结果等于 0，就表示两个数是相等的，不会发生转移；若 ZF=0，则表示比较的两个数不相等，程序会转移到 label 继续执行。

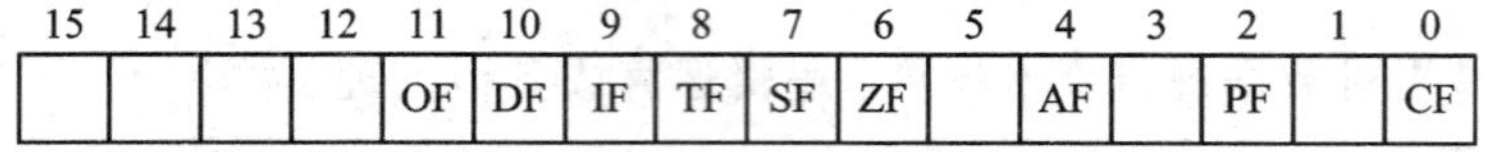

图 6-3 8086 CPU 的 PSW

2. 寄存器

寄存器是 CPU 内部暂存各种信息和数据的部件，按照用户是否可以操作分为可见寄存器和隐含寄存器。可见寄存器，用户可以通过指令对其进行存取操作，隐含寄存器对用户是不可用的，是专供控制器使用的。

1）可见寄存器

可见寄存器通常是一组寄存器，这些寄存器可以通过程序进行访问。由于这些寄存器在编程的过程中可以暂存操作数和运算结果，也可以作为基地址寄存器、变址寄存器、计数器等，通用性较强，因此又称为通用寄存器。

不同的计算机对通用寄存器的访问是不同的。有的计算机是一个寄存器组，系统通常会为这组寄存器分配各自的编号，程序可以通过编号访问每一个寄存器。例如，MIPS 机器中的寄存器组包含 32 个寄存器，这些寄存器可以用寄存器编号 \$0～\$31 进行访问。有的计算机对通用寄存器的功能进行划分并对其进行命名，如 Intel 公司的 X86 机器中的累加器 AX、基址寄存器 BX、计数器 CX 和数据寄存器 DX 等。

2）隐含寄存器

隐含寄存器是一组特殊的寄存器，这些寄存器中的指令在执行过程中由硬件自动控制。大多数机器都包括程序计数器 PC、指令寄存器 IR、程序状态字 PSW、存储器地址寄存器 MAR、存储器数据寄存器 MDR 等。

(1) 程序计数器 PC：它也称为指令指针，用来指示将要执行的下一条指令在内存中的地址。当程序顺序执行时，在取指令阶段，机器将 PC 的内容作为存储器的地址从存储器中取出，同时自动对 PC 进行增量计数，使 PC 指向下一条指令；当程序需要跳转时，转移类指令在执行时会将转移地址写入 PC，使 PC 执行新的指令地址。因此，PC 只有在取指令阶段存放当前指令的地址。

(2) 指令寄存器 IR：用来存放当前正在执行的指令代码。IR 在指令执行时存储着当前指令的操作码、操作数地址、寻址方式等信息，是控制器产生控制信号的主要依据。

(3) 程序状态字 PSW：用来记录现行程序的运行状态和当前的工作方式。前面讲过 PSW 的标志位的作用。实际上 PSW 的内容包含两部分：一部分是控制程序是否转移的标志位，如图 6-3 中的 0、2、4、6、7、11 位；另一部分是编程控制的设置位，用于决定程序的调试方式、是否允许中断以及程序的工作方式等，如图 6-3 中的 8、9、10 位。

(4) 存储器地址寄存器 MAR：当 CPU 访问存储器时，首先要提供访问存储单元的地址，这个地址存放在 MAR 中，MAR 是 CPU 与系统地址总线相联的寄存器。MAR 中的地址通过系统总线送到存储器的地址输入端。

(5) 存储器数据寄存器 MDR：用来存放 CPU 与主存交换的数据，这个寄存器是 CPU 与系统数据总线相连的寄存器。MDR 的数据可以通过系统的数据总线与主存储器的数据端连接。

PC、IR 和 PSW 是与指令执行相关的寄存器，用于存放控制信息，属于控制部件。

MAR和MDR是CPU与系统总线连接的桥梁。这些寄存器对用户都是透明的，对这些寄存器的数据存取都是在指令执行的过程中由硬件自动控制的。

3. 控制器

控制器是CPU的重要组成部分，它是整个计算机的控制核心。控制器的功能就是能够按照程序预定的顺序执行每一条指令。每一条指令都是在控制器的控制下按照取指令、分析指令和执行指令的步骤依次完成的，这就需要控制器必须在正确的时间准确地产生各部件的控制信号，使整个计算机能够有条不紊的完成所有指令的功能。控制器的功能就是完成按照每一条指令要求，把数据从源端部件准确地传输到目的端部件。我们把计算机内部看成是具有多个关卡的纵横交错的道路，每个关卡都有一个受控的“大门”，所有这些“大门”在控制器的控制下可以打开或关闭，指令执行过程中的数据流可以看成是运动的车辆，车辆只能在开放的道路上行进。这样，在执行一条指令的过程中，控制器的主要作用就是要确保从源端部件到目的端部件的数据通路中，沿途的所有“大门”都应该畅通无阻，也就是说，数据通路是由控制器建立的，它引导数据从源端经过正确的数据通路到达目的端。

因此控制器应当具有PC、IR、指令译码器、节拍发生器、微操作信号发生器等模块，如图6-4所示。

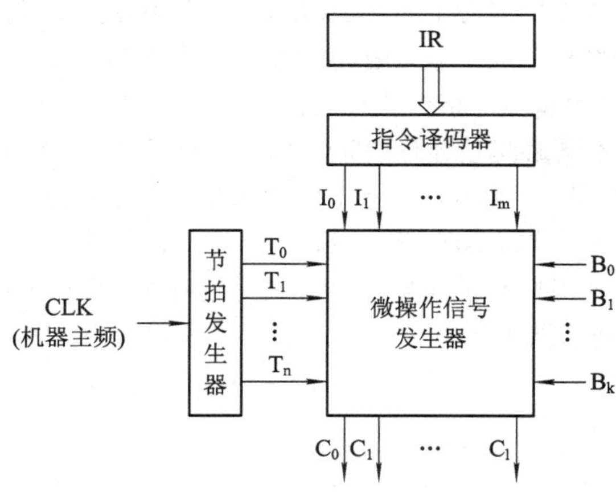

图6-4 控制器的内部结构

图6-4中节拍发生器产生的$T_0 \sim T_n$信号是计算机运行时所需要的节拍信号，用于标识指令执行过程中的不同时间段；指令译码器的输出信号$I_0 \sim I_m$表示不同的指令；$B_0 \sim B_k$表示条件状态或控制标志信号；操作信号发生器是控制器的核心部件，输出信号$C_0 \sim C_l$是微操作控制信号，作为各部件的输入控制信号被送往计算机中的各个部件，控制着各个部件的动作或功能。

从上面的分析可以知道，控制器的输出信号C_i与指令、节拍和状态条件信号密切相关。

控制器的设计方法有两种，即组合逻辑控制器和微程序控制器：组合逻辑控制器微操作控制信号由触发器和逻辑门电路组成；微程序控制器将执行中的微命令存放在控制存储器CM中，在指令执行时从CM中取出各种微命令。

4. 中断系统

中断系统是CPU执行中断功能必备的硬件，主要包括中断使能控制、中断优先控制、中断的执行等。有关中断的详细内容在第 7 章介绍。

6.1.3 CPU 的指令周期

程序是指完成特定功能的机器指令的有序集合，因此程序功能是通过执行包含在其中的每一条指令实现的，处理器一次取出一条指令并完成该指令规定的操作。在大多数情况下，处理器会根据 PC 依次从连续的存储器单元中取出一条指令，然后分析并执行指令，再将 PC 自动加“1”指向下一条指令，这就是所谓的程序的顺序执行。但是，这种顺序会被转移指令打破，若取出的指令是转移指令，那么转移指令执行时会根据状态条件强制设置 PC 的内容，那么下一条执行的指令将会从新的 PC 指示位置开始。

指令的执行按照如下顺序进行：取指令→分析指令→执行指令。

指令周期是指一条指令从取出到执行完毕所需要的全部时间。不同的指令由于功能不同，所涉及的部件不同，执行的时间也会有很大差异。例如，在 MIPS 指令中，加法指令 ADD 和乘法指令 MULT 同样都是 R 型指令，但是由于加法运算的速度比乘法快，乘法指令执行时间要比较长；再如访存指令的速度一般要比非访存指令的速度慢一些。

在计算机中指令周期是一个比较长的时间单位，而且由于指令周期随指令的不同而不同，因此通常将指令周期划分为若干个相互独立的操作阶段，每个阶段称为一个 CPU 周期或者机器周期。CPU 周期的名称通常用其完成的主要功能来命名。例如，指令周期的第一个阶段需要从内存中将指令取出来，因此被称为取指周期；若取出的指令含有间接寻址的方式，则接下来需要间址周期；指令执行阶段的 CPU 周期称为执行周期，不同指令的执行周期按照指令功能的不同时间差异也会很大；为了使 CPU 具有对突发事件的处理能力，在每条指令执行完后，CPU 会检测是否有中断请求信号，如果有需要处理的中断请求，则要进入中断周期，完成中断响应的处理工作。一个完整的指令周期与 CPU 周期的关系如图 6-5 所示。其中，间址周期是在间接寻址方式时才有的，而中断周期与中断请求信号有关，因此间址周期和中断周期不是每个指令周期都必须包含的。图 6-6 所示的是指令周期对 CPU 周期的包含关系。

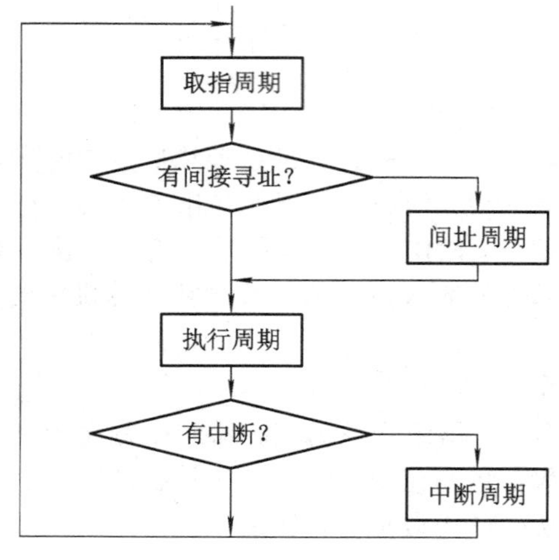

图 6-5 指令周期流程

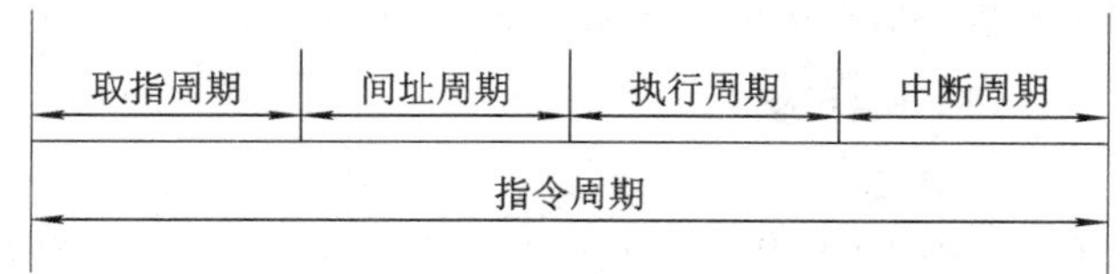

图 6－6　指令周期与 CPU 周期的包含关系

6.1.4　指令执行流程

指令的执行是从取指周期开始的。取指周期主要完成从内存取出要执行的指令，并使指针指向下一条指令，即 PC＝PC＋“1”，这里的“1”表示当前这条指令的实际字长。取指完成后，对指令进行译码，再转入具体的指令执行过程。指令在执行过程中如果采用间接寻址方式，还需要增加间址周期，如图 6－5 所示。

图 6－7 所示是一个采用总线结构将运算器、寄存器连接起来的控制器内部数据通路。其各部件与内部总线 IBUS 和系统总线 ABUS、DBUS 的连接方式如图中所示，图中的“o”为控制门，在相应控制信号(信号名称标在“o”上)的控制下打开，建立各部件之间的连接。GR 是通用寄存器组，X 和 Z 是两个暂存寄存器。

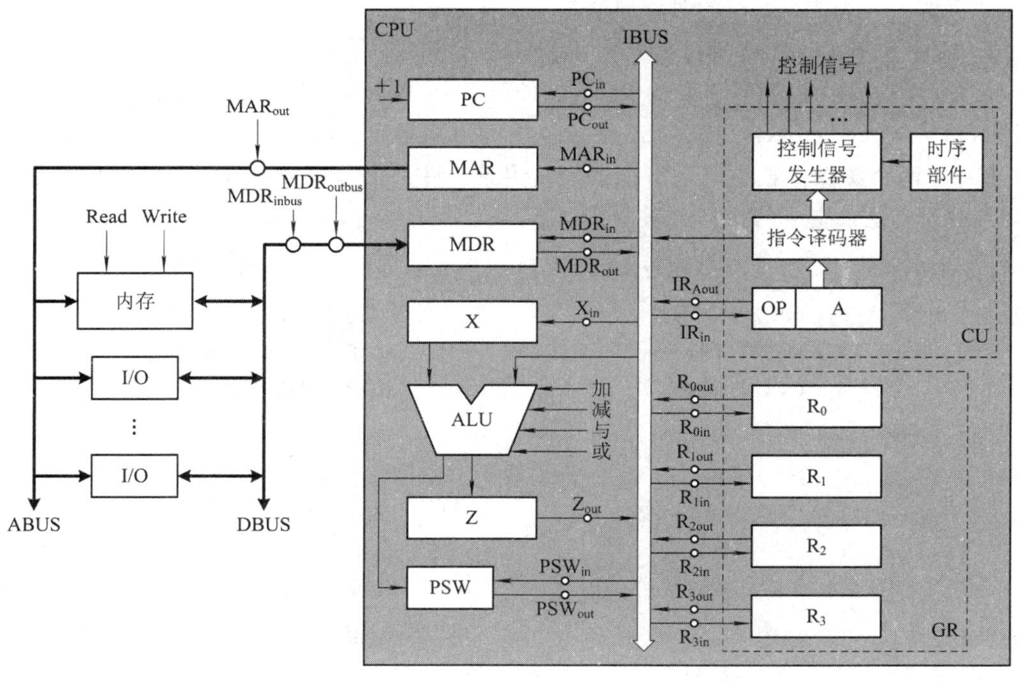

图 6－7　采用总线结构的控制器内部数据通路

这里以图 6－7 给出的数据通路为例，通过三条指令的执行说明指令执行过程中控制信号产生的条件。假设每个机器周期包含 4 个过程时钟周期。

1. 指令 ADD R_0，(R_1)

指令 ADD R_0，(R_1)是一条 RS 型加法运算指令。该指令涉及的数据有寄存器，也有存储器。该指令的功能是：$R_0 \leftarrow (R_0) + M((R_1))$，即把 R_0 的内容和存储器中以 R_1 内容为地址的存储单元中的内容相加，结果送给 R_0。这条指令的执行过程及其包含的机器周期如下：

机器周期	执行操作	对应控制信号
取指令周期	T_0：(PC)→MAR	PC_{out}，MAR_{in}
	T_1：MEM(MAR)→MDR，(PC)+1→PC	MAR_{out}，Read，MDR_{inbus}，+1
	T_2：(MDR)→IR	MDR_{out}，IR_{in}
	T_3：	
取操作数周期	T_0：(R_1)→MAR	$R_{1\,out}$，MAR_{in}
	T_1：MEM(MAR)→MDR	MAR_{out}，Read，MDR_{inbus}
	T_2：(MDR)→X	MDR_{out}，X_{in}
	T_3：	
执行周期	T_0：(X)+(R_0) →Z	R_{0out}，加
	T_1：(Z)→R_0	Zout，$R_{0\,in}$
	T_2：	
	T_3：	

从以上分析可以看到，指令 ADD R_0，(R_1)的执行过程包括三个机器周期。指令执行过程中有四个时钟周期，有的时钟周期是无操作的。

2. 指令 SUB (R_0)，A(R_1)

指令 SUB (R_0)，A(R_1)是一条 SS 型的减法运算指令。指令的功能是：M((R_0))←M((R_0))－M((R_1)+A)，其中：A 是指令中的形式地址。该指令中的操作数都在存储器中，其中，两个源操作数一个是寄存器间接寻址、另一个是变址寻址，目的操作数是寄存器间接寻址。这条指令的执行过程分析如下：

机器周期	执行操作	对应控制信号
取指令周期	T_0：(PC)→MAR	PC_{out}，MAR_{in}
	T_1：MEM(MAR)→MDR，(PC)+1→PC	MAR_{out}，Read，MDR_{inbus}，+1
	T_2：(MDR)→IR	MDR_{out}，IR_{in}
	T_3：	
取操作数 1 周期	T_0：(R_1)→X	R_{1out}，X_{in}
（变址寻址）	T_1：(X)+IR(A)→Z	IR_{Aout}，加
	T_2：(Z)→MAR	Z_{out}，MAR_{in}
	T_3：MEM(MAR)→MDR	MAR_{out}，Read，MDR_{inbus}
取操作数 2 周期	T_0：(MDR)→X	MDR_{out}，X_{in}
（寄存器间接寻址）	T_1：(R_0)→MAR	R_{0out}，MAR_{in}
	T_2：MEM(MAR)→MDR	MAR_{out}，Read，MDR_{inbus}
	T_3：	
执行周期	T_0：(MDR)－(X) →Z	MDR_{out}，减
	T_1：(Z)→MDR	Z_{out}，MDR_{in}
	T_2：(R_0)→MAR	R_{0out}，MAR_{in}
	T_3：MDR→MEM(MAR)	MAR_{out}，Write，MDR_{outbus}

从以上分析可以看到，指令 SUB (R_0)，A(R_1)的执行过程包括四个机器周期。

3. 指令 JMP A

指令 JMP A 是一条无条件转移指令。该指令的功能是：PC←A，其中，A 是指令中的形式地址。这条指令的执行过程分析如下：

机器周期	执行操作	对应控制信号
取指令周期	T_0：(PC)→MAR	PC_{out}，MAR_{in}
	T_1：MEM(MAR)→MDR，(PC)+1→PC	MAR_{out}，Read，MDR_{inbus}，+1
	T_2：(MDR)→IR	MDR_{out}，IR_{in}
	T_3：	
执行周期	T_0：IR(A) →PC	IR_{Aout}，PC_{in}
	T_1：	
	T_2：	
	T_3：	

6.2　MIPS 模型机的基本构成

本章以一个简单 MIPS 模型机的设计为例，讲述处理器的内部结构、指令的执行过程与控制器设计之间的关系。这里的模型机可以执行 MIPS 32 指令集中的如下八条指令：

(1) 基本算术逻辑运算指令 ADDU、SUBU、AND、ADDIU。

(2) 基本程序控制转移指令 BNE、J。

(3) 基本数据存取指令 SW、LW。

本章后面将介绍该模型机的完整设计过程。

6.2.1　模型机的基本结构

从 6.1 节可以了解到，一个 CPU 内部由运算器、控制器、寄存器和中断系统四部分构成，为了简化设计，该模型机没有涉及中断的相关内容，有关中断的内容见第 7 章。模型机的内部框图如图 6-8 所示。模型机中的存储器将指令和数据分开存放，它是由深色背景的 CPU 以及指令存储器 IM 和数据存储器 DM 构成的。按照各部件的功能将模型机分成以下几个主要模块(部件)：

(1) 指令存取部件：由程序寄存器 PC、指令存储器 IM 和 PC 更新模块构成。

(2) 指令译码器 ID：对当前执行的指令进行译码。

(3) 寄存器组 RF：由 32 个 32 位寄存器组成。

(4) 运算器 ALU：可以实现算术和逻辑运算。

(5) 存储器：可分为数据存储器 DM 和指令存储器 IM。

(6) 其他部件。

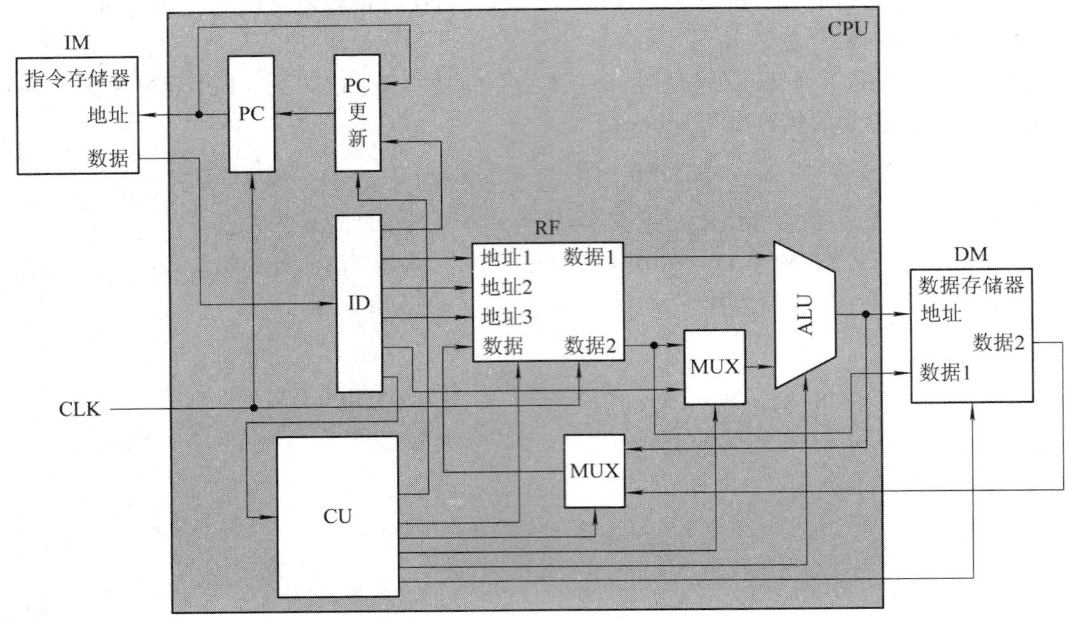

图 6-8　模型机的内部框图

指令的执行是由硬件自动完成的，硬件是由多个部件构成的，每一个部件功能是固定的。例如，存储器可以实现数据的读或写操作，在对存储器读时，需要提供访问地址和读控制命令，若要将数据写入存储器，则需要提供写入单元地址、写入数据和写控制命令；运算器可以实现算术和逻辑运算，需要提供运算的数据和某种运算操作的控制命令，因此对部件的控制实际上就是根据正在执行指令的功能在正确的时间准确地给出与之相关部件的控制信号，这些控制信号都是由控制器给出的。控制器设计的关键是在数据通路形成以后，能够正确地产生所有的控制信号；而数据通路的形成需要满足所有指令的功能，因此需要具体分析每条指令的执行过程，使最终构建的数据通路能够满足所有指令的功能。由于数据通路是由多个部件构成的，因此，需要先了解每一个部件的功能和接口信号，才能正确地控制各个部件。

6.2.2　模型机主要功能部件

本节对模型机中的每一个部件进行简单的介绍，主要包括：指令存取部件、指令译码器 ID、寄存器组 RF、运算器 ALU、数据存储器 DM 和指令存储器 IM。

需要说明的是，下面部件的设计满足单周期 CPU 的要求。单周期 CPU 的特点是每一条指令的执行需要一个时钟周期，一条指令执行完再执行下一条指令。由于每个时钟周期的时间长短都是一样的，因此要选择所有 8 条指令中执行时间最长的指令周期作为时钟信号的周期。

1. 指令存取部件

指令存取部件的任务是从 IM 中取出当前的指令，并自动完成对 PC 的更新。为了方便后面指令执行过程的分析和控制器的设计说明，我们把这个部件分为三个部分：程序计数器PC、PC更新模块NPC和IM。IM的实现在存储器部件中讨论，这里只讨论程序计数器PC和PC更新模块的实现。

1）程序计数器PC

PC是一个受时钟信号控制且具有复位功能的32位地址寄存器，用于指示指令地址。由于MIPS 32的指令长度都是32位的，因此每次从指令存储器IM中取出的指令长度都是32位的，而存储器可按字节(8b)、半字(16b)或字(32b)进行访问，因此PC的值必须是一个规则的字地址，即地址低2位必须为00B。因此，PC模块采用30位数据宽度。程序计数器PC模块的接口定义如表6-1所示，其功能说明如表6-2所示。

表6-1 PC模块的接口定义

信号名称	位宽	方向	描 述
clk	1	I	时钟信号
rst	1	I	复位信号 1：复位；0：无效
NPC	30	I	输入PC值
PC	30	O	输出PC值

表6-2 PC模块的功能说明

序号	功能名称	详细说明
1	复位	rst=1时，PC=0
2	锁存	clk上升沿，PC=NPC

例6-1 下面给出PC模块的代码。

```
module PC(clk, rst, NPC, PC);
input clk;
input rst;
input[31:2] NPC;
output[31:2] PC;

reg[31:2] PC;

  always @(posedge clk or posedge rst) begin
  if(rst)
    PC <= 30'h0000_0000;
  else
    PC <= NPC;
  end
endmodule
```

2）PC更新模块NPC

NPC模块为PC提供输入地址。根据当前执行的指令计算下一次PC的值，当执行非跳转类指令时，自动完成PC←(PC)+1，当执行跳转类指令时，根据跳转指令的要求计算新的PC值。NPC模块的接口定义如表6-3所示，其功能说明如表6-4所示。

表 6-3 NPC 模块的接口定义

信号名称	位宽	方向	描　　述
PC	30	I	输入旧的 PC 值
NPCOp	2	I	PC 更新的方式 00：顺序执行，即 PC=PC+1 01：有条件转移短转移，PC=PC+1+IMM[15:0] 10：无条件转移远转移，PC[27:2]= IMM[25:0]
IMM	26	I	有短条件和无条件长转移指令的偏移量
Target_addr	32	I	来自寄存器的远转移值
NPC	30	O	更新后的 PC 值

表 6-4 NPC 模块的功能说明

序号	功能名称	详 细 说 明
1	顺序+1	非跳转指令时自动+1
2	近转移	有条件近跳转
3	远转移	无条件远跳转

例 6-2 NPC 模块的代码。

```
`include "define.v"
module NPC(PC, NPCOp, IMM, Target_addr, NPC);
input[31:2] PC;
input[1:0] NPCOp;
input[25:0] IMM;
input[31:0] Target_addr;

output[31:2] NPC;

reg[31:2] NPC;
reg[31:2] tempPC;

always@( * ) begin

  tempPC = PC + 1;
  case(NPCOp)
    `NPC_PLUS4: NPC = tempPC;
    `NPC_BRANCH: NPC = tempPC + {{14{IMM[15]}}, IMM[15:0]};
```

```
    `NPC_JUMP: NPC = {tempPC[29:26], IMM[25:0]};
    `NPC_JR: NPC = Target_addr[31:2] ;
  endcase
end
endmodule
```

define.v 文件中定义了常用的一些常量、MIPS 指令操作码字段的取值，以及各种部件输入控制信号的功能取值等，该文件的完整内容如例 6-3 所示。

例 6-3　define.v 文件的完整内容。

```
// ALU control signal
`define ALUOp_ADDU   2'b00
`define ALUOp_SUBU   2'b01
`define ALUOp_AND    2'b10
`define ALUOp_OR   2'b11

// NPC control signal
`define NPC_PLUS4    2'b00
`define NPC_BRANCH   2'b01
`define NPC_JUMP     2'b10
`define NPC_JR   2'b11

// GPR control signal
`define GPRSel_RT    2'b00
`define GPRSel_RD    2'b01
`define GPRSel_R31   2'b10

`define WDSel_FromALU 2'b00
`define WDSel_FromMEM 2'b01
`define WDSel_FromPC   2'b10

`define BSel_FromRD2 1'b0
`define BSel_FromEXT 1'b1

// EXT control signal
`define EXT_ZERO      1'b0
`define EXT_SIGNED    1'b1

// OP
`define INSTR_RTYPE_OP        6'b000000
`define INSTR_LW_OP           6'b100011
`define INSTR_SW_OP           6'b101011
`define INSTR_ADDIU_OP        6'b001001
`define INSTR_BEQ_OP          6'b000100
```

```
`define INSTR_J_OP          6'b000010
`define INSTR_BNE_OP        6'b000101
`define INSTR_LB_OP         6'b100000
`define INSTR_LH_OP         6'b100001
`define INSTR_SB_OP         6'b101000
`define INSTR_SH_OP         6'b101001

// Funct
`define INSTR_ADDU_FUNCT    6'b100001
`define INSTR_SUBU_FUNCT    6'b100011
`define INSTR_JR_FUNCT      6'b001000
`define INSTR_AND_FUNCT     6'b100100
```

2. 指令译码器 ID

指令译码器 ID 的功能是对从 IM 取出的机器码指令进行译码输出，作为寄存器、运算器和控制器的控制输入信号。ID 模块的接口定义如表 6－5 所示，其功能说明如表 6－6 所示。

表 6－5 ID 模块的接口定义

信号名称	位宽	方向	描　述
Instruction	32	I	32 位指令代码
OP	6	O	操作码
Funct	6	O	子功能码
rs	5	O	rs 寄存器编号
rt	5	O	rt 寄存器编号
rd	5	O	rd 寄存器编号
IMM16	16	O	16 位立即数或偏移量
IMM26	26	O	26 位转移地址

表 6－6 ID 模块的功能说明

序号	功能名称	详 细 说 明
1	指令译码	将指令的各字段进行分解

例 6－4 ID 的 Verilog 描述。

```
module ID(instruction, OP, rs, rt, rd, Funct, IMM16, IMM26);
input[31:0] instruction;
output[5:0] OP,Funct;
output[4:0] rs,rt,rd;
output[15:0] IMM16;
```

```
output[25:0] IMM26;

assign OP   = instruction[31:26];
assign Funct = instruction[5:0];
assign rs = instruction[25:21];
assign rt = instruction[20:16];
assign rd   = instruction[15:11];
assign IMM16 = instruction[15:0];
assign IMM26 = instruction[25:0];

endmodule
```

3. 寄存器组 RF

寄存器组是由 32 个 32 位的寄存器组成的，也就是表 5-1 中描述的 32 个寄存器，其中，$0 的值始终为 0。寄存器是一个受时钟信号控制的部件，写入数据是在 clk 的上升沿，读出数据不受 clk 控制。寄存器组 RF 模块的接口定义如表 6-7 所示，其功能说明如表 6-8 所示。

表 6-7　RF 模块的接口定义

信号名称	位宽	方向	描　　述
clk	1	I	时钟信号
A1	5	I	读出寄存器地址 1
A2	5	I	读出寄存器地址 2
A3	5	I	写入寄存器地址
WD	32	I	写入寄存器数据
RFWr	1	I	写入使能控制
RD1	32	O	寄存器地址 1 读出数据
RD2	32	O	寄存器地址 2 读出数据

表 6-8　RF 模块的功能说明

序号	功能名称	详 细 说 明
1	寄存器读	RD1 端口输出 A1 指定寄存器数据 RD2 端口输出 A2 指定寄存器数据
2	寄存器写	clk 上升沿：将 WD 的数据写入 A3 指定的寄存器中

例 6-5　RF 的 Verilog 描述。

```
module RF(A1, A2, A3, WD, clk, RFWr, RD1, RD2);
input[4:0] A1,A2,A3;
input[31:0] WD;
input clk;
input RFWr;
output[31:0] RD1, RD2;
```

```
reg[31:0] rf[31:0];

always@(posedge clk) begin
  if(RFWr)
    rf[A3] = WD;
end

assign RD1 = (A1 == 0) ? 32'd0 : rf[A1];
assign RD2 = (A2 == 0) ? 32'd0 : rf[A2];
endmodule
```

5. 运算器 ALU

运算器是对输入数据执行算术或逻辑运算的部件，除了要有两个输入数据和一个运算结果外，还要确定运算器执行何种具体的运算，这就要分析模型机指令集中每一条指令对运算功能的要求。模型机算术逻辑指令中的 ADDU、SUBU、AND 要求运算器完成加、减、与运算；指令 BNE 对减法运算结果进行"为零"判断，因此运算器还需要设置结果为零的状态标志位"ZF"；访存指令 SW 和 LW 需要进行加法运算，计算存储单元的地址；J 指令对运算器没有要求。因此模型机的运算器需要实现加、减和与运算的基本功能，并且有一个标志位 ZF。运算器 ALU 模块的接口定义如表 6-9 所示，其功能说明如表 6-10 所示。

表 6-9　ALU 模块的接口定义

信号名称	位宽	方向	描　述
A	32	I	输入数据 1
B	32	I	输入数据 2
ALUOp	2	I	运算控制
C	32	O	运算结果输出
ZF	1	O	结果为零标志位 C=0 时 ZF=1 C≠0 时 ZF=0

表 6-10　ALU 模块的功能说明

序号	ALUOp	详 细 说 明
1	00	C=A+B
2	01	C=A-B
3	10	C=A&B
4	11	C=A|B

例 6-6　ALU 的 Verilog 描述。

```
module ALU(A, B, ALUOp, C, ZF);
```

```
input[31:0] A,B;
input[1:0] ALUOp;
output[31:0] C;
output ZF;

reg[31:0] C;

always@(A or B or ALUOp) begin
  case(ALUOp)
    `ALUOp_ADDU: C = A + B;
    `ALUOp_SUBU: C = A - B
    `ALUOp_AND: C = A & B
    `ALUOp_OR: C = A | B;
  endcase
end
assign ZF = (!(|C)) ? 1 : 0;

endmodule
```

6. 存储器

模型机是将程序和数据分开存放的，指令存储器 IM 用于存放程序，是只读存储器，其实际容量是 128×32 位；数据存储器 DM 用于存储程序运行过程中的数据，是可读写的，其实际容量是 128×32 位的。需要说明的是，为了简化设计，模型机中这两个存储器都是以 32 位编址的。

数据存储器 DM 模块的接口定义和功能说明分别如表 6-11 和表 6-12 所示，其 Verilog 模块代码如例 6-7 所示。

表 6-11 DM 模块的接口定义

信号名称	位宽	方向	描 述
clk	1	I	数据写入时钟(下降沿有效)
addr	10	I	地址
din	32	I	写入数据
DWWr	1	I	写入使能控制
dout	32	O	读出数据

表 6-12 DM 模块的功能说明

序号	功能名称	详 细 说 明
1	从存储单元读出数据	当 DWWr =0 时，读出数据 dout=Mem[addr]
2	将数据写入存储单元	当 DWWr =1 时，在 clk 上升沿，写入数据 Mem[addr]=din

例 6－7　DM 的 Verilog 描述。

```
module dm_4k(clk, addr, din, DMWr, dout);
input          clk;
input[8:0] addr;
input[31:0] din;
input          DMWr;
output[31:0] dout;

reg [31:0] dmem[127:0];//定义存储单元

  always @(posedge clk) begin
    if (DMWr) begin
        dmem[addr] <= din;
      end
  end // end always

  assign dout = dmem[addr] ;

endmodule
```

指令存储器 IM 模块的接口定义和功能说明分别如表 6－13 和表 6－14 所示，其 Verilog 模块代码如例 6－8 所示。

表 6－13　IM 模块的接口

信号名称	位宽	方向	描　述
addr	30	I	指令地址
dout	32	O	取出的指令

表 6－14　IM 功能说明

序号	功能名称	详 细 说 明
1	取指令	dout= imem[addr];

例 6－8　IM 的 Verilog 描述。

```
module IM(addr, dout);
input[29:0]addr;
output[31:0] dout;

reg[31:0] imem[127:0];
/**
 *计算 1+3+5+7 的和结果放在 R1,
 *R2 依次是 1,3,5,7.  imem[5]实现 R1=R1+1, imem[6]一起实现 R2 自增 2
 *R4 是结束条件，值为 9
 *R3 为 1
 */
```

```
initial
  begin
    imem[0]=24040009        #        ADDIU  $4, $0,9
    imem[1]=24030002        #        ADDIU  $3, $0,2
    imem[2]=24010000        #        ADDIU  $1, $0,0
    imem[3]=24020001        #        ADDIU  $2, $0,1
    imem[4]=00220821        # label: ADDU  $1, $1, $2
    imem[5]=00431021                 ADDU  $2, $2, $3
    imem[6]=1444fffd                 BNE  $2, $4,label

end
  assign dout = imem[addr];
endmodule
```

在 IM 的 Verilog 代码中存储了一段模型机的样例代码。

7. 其他部件

模型机中还有其他部件，如符号扩展部件、多路选择器和控制器等。符号扩展部件的功能是对指令中的 16 位立即数根据扩展控制信号进行有符号数或无符号数扩展，得到 32 位的数据。多路选择器这里不再赘述。控制器的设计过程将在本章后续内容中详细讨论。

6.3　建立模型机的数据通路

按照指令执行过程中数据从左到右的流向，我们将图 6－8 改变成图 6－9 的形式。

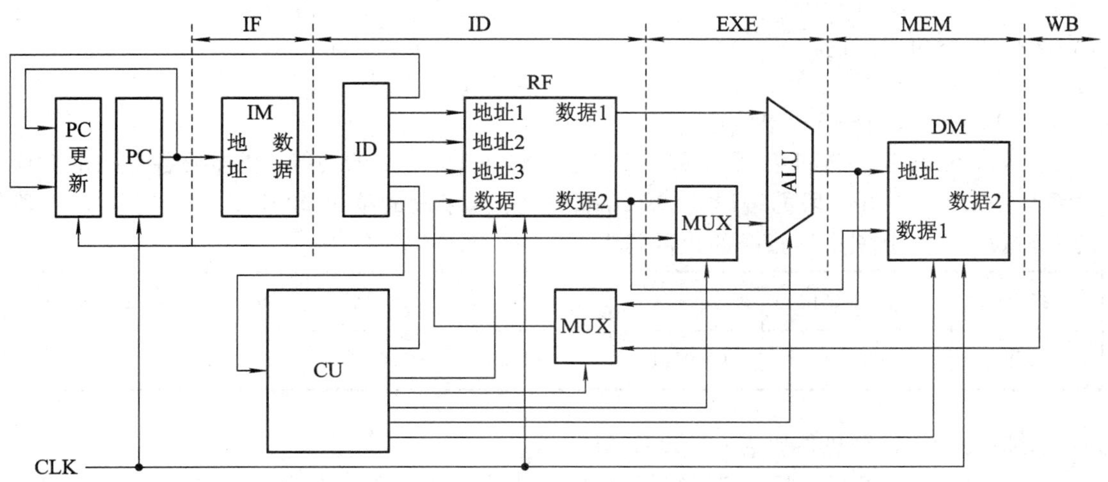

图 6－9　模型机基本数据通路

图中执行一条指令采用如下典型的 5 个处理过程：

(1) IF：取指令。

(2) ID：指令译码。

(3) EXE：取数据并执行运算。

(4) MEM：访问存储器。

(5) WB：回写，即将数据写入寄存器中。

每条指令在执行的时候数据都是按照从左到右的顺序流动的，只有 WB 过程中数据需要写入寄存器组 RF 中时，会出现数据从右到左流动的情况。需要说明的是，并不是每一条指令的执行都需要全部五个过程，所有的指令必须包含 IF、ID 和 EXE 阶段，但是 MEM 和 WB 两个阶段并不是必须的，从后续指令执行过程的分析中我们会看到这一点。

下面我们会逐条分析每一条指令执行时数据通路的建立过程，使控制器可以从执行一条指令、两条指令逐渐到实现所有 8 条指令的功能，详细说明整个模型机数据通路设计的完善过程。这个模型机是一个单周期的 CPU，即一条指令的执行是在一个时钟周期完成的。

模型机的指令按照指令功能可以分为以下 3 类：

(1) 基本算术逻辑运算指令 ADDU、SUBU、AND、ADDIU。

(2) 基本程序控制转移指令 BNE、J。

(3) 基本数据存取指令 SW、LW。

1. ADDU

ADDU 是 R 型指令，执行两个无符号数的加法运算。无符号加法运算指令不考虑运算过程中出现的溢出异常情况。

(1) ADDU 指令的格式：

Opcode(6b)	rs(5b)	rt(5b)	rd(5b)	Shmt(5b)	Funct(6b)
00H	rs	rt	rd	0	21H

(2) 指令功能描述：

PC ← PC + 4

R[$rd] ← R[$rs] + R[$rt]

例如，汇编指令 ADDU $1，$2，$3，完成 $1= $2+ $3 的功能，机器码各字段的对应关系是：$1 对应 rd 字段的编码 00001B，$2 对应 rs 字段的编码 00010B，$3 对应 rt 字段的编码 00011B，因此，该指令的机器码为：

指令	Opcode(6b)	rs(5b)	rt(5b)	rd(5b)	Shmt(5b)	Funct(6b)
ADDU	0000 00B	00 010B	0 0011B	0000 1B	000 00B	10 0001B

对应的十六进制机器码为 00430821H。

(3) 指令执行过程分析。若汇编指令 ADDU $1，$2，$3 的机器码存在 IM 中地址为 0 的单元中，即在 IM 模块中有如下代码：

```
module IM( addr, dout);
……
initial
```

```
begin          //预先的存储程序
imem[0]=32'h00430821;
……
end
…
endmodule
```

如果目前 PC=0x00，那么 PC 就会取出这条指令并按照下面的步骤执行指令(各功能模块的实现代码见 6.2.2)：

① 取指令：PC=0x00，取出 IM 中地址为 00 单元的指令，即取出的机器码是 00430821。

② 分析指令：对机器码 00430821 经 ID 译码后，输出 rs=00010B，rt=00011B，rd=00001B，Opcode=00H；Funct=0x21H；分别从 RF 的数据 1 和数据 2 读出 rs($2)和 rt($3)寄存器的值。

③ 执行指令：将寄存器中读出的数据送至 ALU 的 A、B 数据输入端，且使 ALUOp=00，使运算器执行加法运算；控制器控制 NPCOp=00，执行 PC=PC+4 完成 PC 更新。

④ 回写：控制器控制 RFWr=1，将 ALU 的求和结果写入 rd 寄存器。

从上面的分析可以看出，ADDU 指令在执行过程中需要 IF、ID、EXE 和 WB 这 4 个阶段，其中，IF 和 ID 过程是自动完成的；EXE 阶段需要控制给出 ALU 控制信号 ALUOp=00 以及 PC 更新部件的信号 NPCOp=00；WB 阶段需要给出 RF 的写控制信号 RFWr=1。对于单周期 CPU 而言，一条指令的执行是在一个时钟周期中完成的，因此控制器给出的控制信号都在一个时钟周期内有效。ADDU 这条指令既有寄存器读，又有寄存器写，时间如何安排呢？可以在时钟信号的下降沿读操作，上升沿完成写操作。(这里 RF 的读出操作是不受时钟信号控制的，参见例 6-5)

ADDU 指令周期的信息流程如图 6-10 所示。

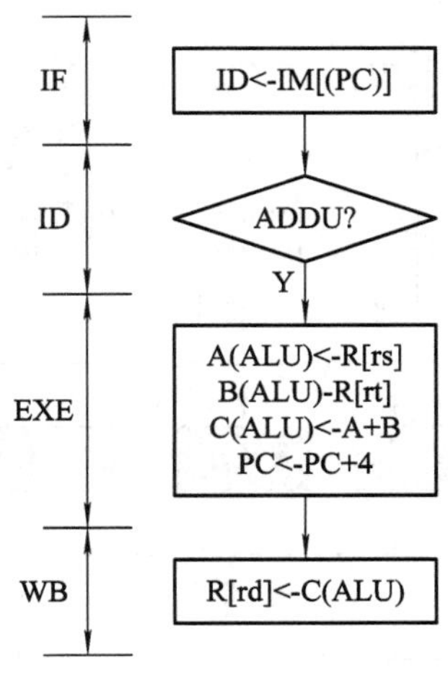

图 6-10 ADDU 指令周期的信息流程

(4) 模型机的数据通路图。ADDU 指令是模型机可以执行的第一条指令，这条指令可以用如图 6-11 所示的数据通路实现。

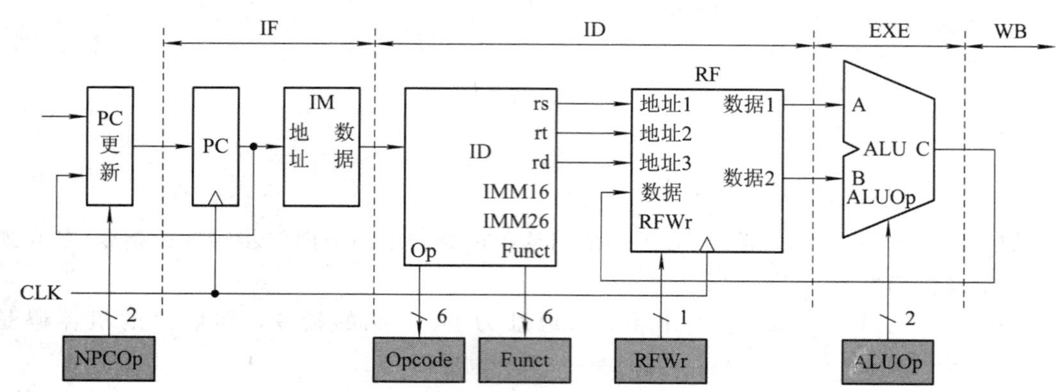

图 6－11　指令 ADDU 一条指令的数据通路

(5) 控制器控制信号。执行 ADDU 指令时控制器的输出控制信号 ALUOp、RFWr 和 NPCOp 是由控制器根据指令中的 Opcode 和 Funct 字段产生的。

执行 ADDU 指令控制器的输入和输出信号如表 6－15 所示。

表 6－15　控制器的输入和输出信号

序号	指令	输入信号		输出信号		
				EXE 阶段		WB 阶段
		Opcode(6b)	Funct(6b)	ALUOp(2b)	NPCOp(2b)	RFWr(1b)
1	ADDU	00H	21H	00B	00B	1

带有控制器的完整的数据通路如图 6－12 所示。

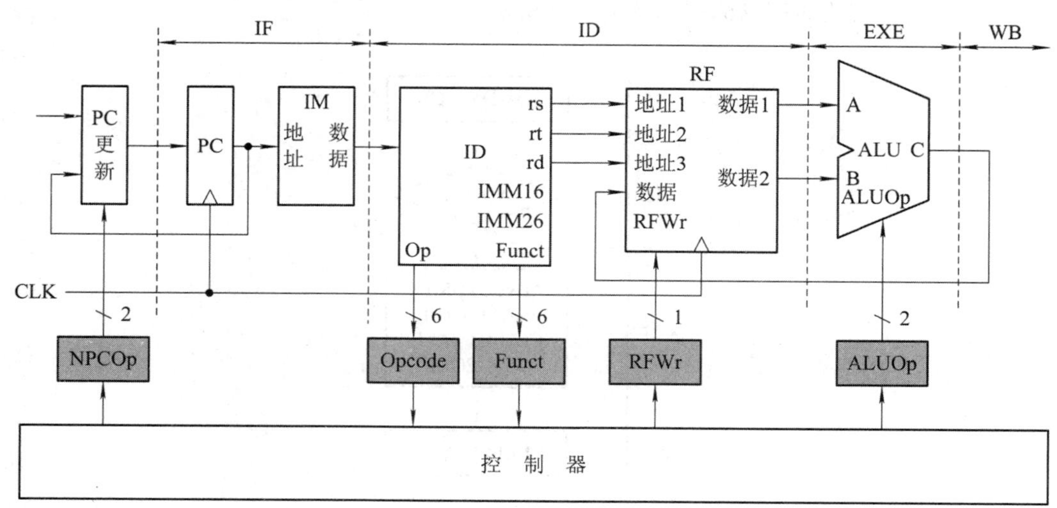

图 6－12　执行 ADDU 指令的完整的数据通路

常用的加法指令还有 ADD 指令，它执行的是两个有符号数据的加法运算，需要报告数据运算过程中的溢出情况。而 ADDU 是无符号的数据运算，是不报告溢出的。

(6) 指令执行时序。在 ADDU 指令执行过程中，IF、ID、EXE 和 WB 子任务段中各部件随时间的变化过程如图 6-13 所示。

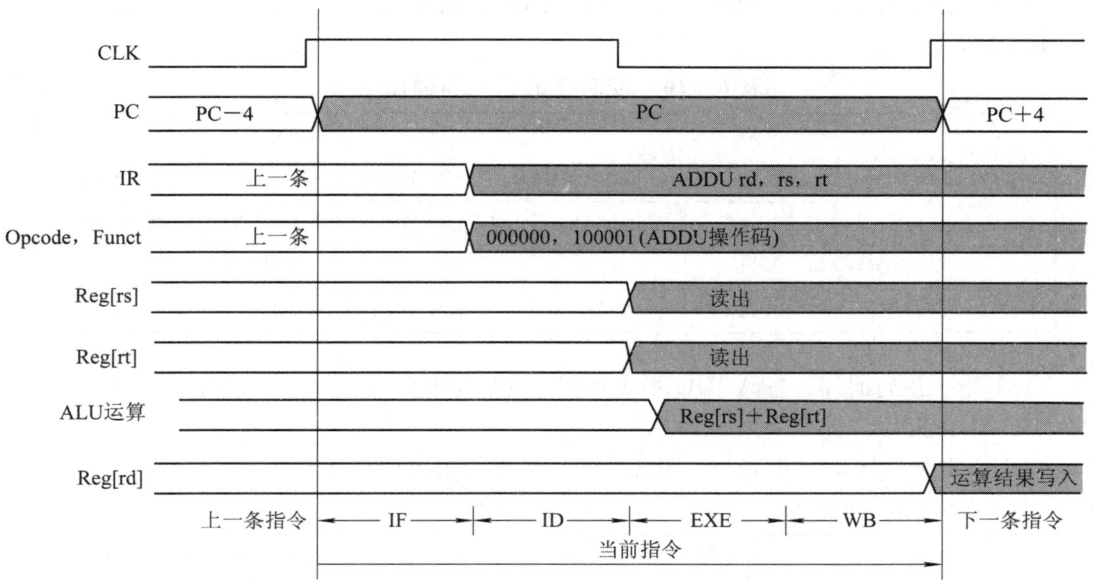

图 6-13　ADDU 指令的执行时序

2. SUBU 指令

SUBU 指令也是 R 型指令，它是执行两个无符号数的减法运算指令。

(1) SUBU 指令的格式：

Opcode(6b)	rs(5b)	rt(5b)	rd(5b)	Shmt(5b)	Funct(6b)
00H	rs	rt	rd	0	23H

(2) 指令功能描述：

PC ← PC + 4

R[$rd] ← R[$rs] − R[$rt]

(3) 指令执行过程分析。SUBU 指令周期的信息流程如图 6-14 所示。

比较 ADDU 和 SUBU 的信息流程图 6-10 和图 6-14 可以看出，与 ADDU 指令相同，SUBU 指令在执行过程中需要 IF、ID、EXE 和 WB 这 4 个步骤，IF、ID 和 WB 这 3 个阶段与 ADDU 指令的执行过程完全相同；只有在 EXE 阶段存在不同，SUBU 指令需要控制器给出 ALU 的运算控制信号 ALUOp=01，使 ALU 执行减法运算。

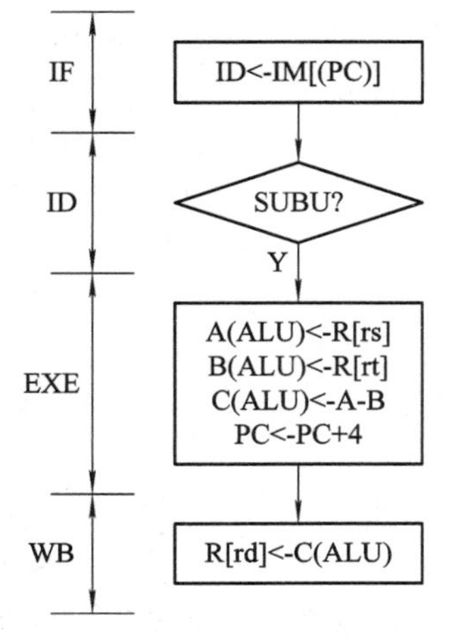

图 6-14　SUBU 指令周期的信息流程

(4) 模型机的数据通路图。SUBU 指令是模型机可以执行的第二条指令。它的执行过程与 ADDU 指令的执行过程基本相同，只有在 EXE 阶段控制 ALU 执行减法运算这一点差别。因此，执行 ADDU 和 SUBU 两条指令的数据通路不需要改动，还是如图 6-12 所示。

（5）控制器控制信号。执行 ADDU 和 SUBU 两条指令控制器的输入和输出信号如表 6-16 所示。

表 6-16 控制器的输入和输出信号

序号	指令	输入信号		输出信号		
				EXE 阶段		WB 阶段
		Opcode(6b)	Funct(6b)	ALUOp(2b)	NPCOp(2b)	RFWr(1b)
1	ADDU	00H	21H	00B	00B	1
2	SUBU	00H	23H	01B	00B	1

（6）指令执行时序。与 ADDU 指令相似，只是在 EXE 阶段时，运算器执行减法操作。

3. AND 指令

AND 指令同样是 R 型指令，实现对两个数据逻辑按位与运算。

（1）AND 指令的格式：

Opcode(6b)	rs(5b)	rt(5b)	rd(5b)	Shmt(5b)	Funct(6b)
00H	rs	rt	rd	0	24H

（2）指令功能描述：

PC ← PC + 4

R[$rd] ← R[$rs] & R[$rt]

（3）指令执行过程分析。AND 指令周期的信息流程如图 6-15 所示。

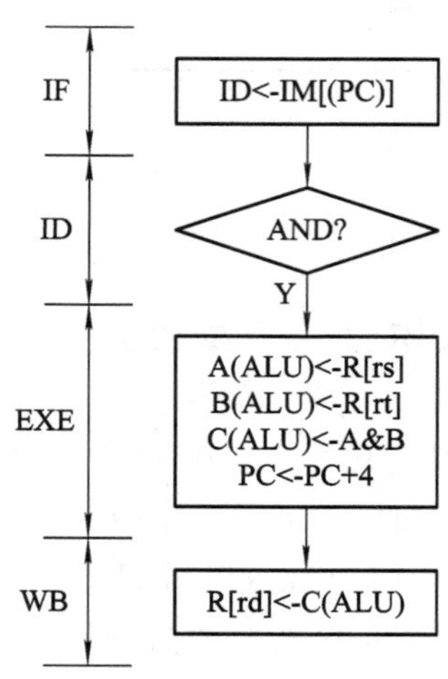

图 6-15 AND 指令周期的信息流程

AND 指令与前两条指令的执行过程基本相同，只是在 EXE 阶段控制运算器执行逻辑与运算，即使 ALU 控制信号 ALUOp=10。

(4) 模型机的数据通路图。AND 指令是模型机可以执行的第三条指令，数据通路仍然不需要改动，如图 6－12 所示。

(5) 控制器控制信号。执行 ADDU、SUBU 和 AND 三条指令的控制器的输入和输出信号如表6－17 所示。

表 6－17　控制器的输入和输出信号

序号	指令	输入信号		输出信号		
				EXE 阶段		WB 阶段
		Opcode(6b)	Funct(6b)	ALUOp(2b)	NPCOp(2b)	RFWr(1b)
1	ADDU	00H	21H	00B	00B	1
2	SUBU	00H	23H	01B	00B	1
3	AND	00H	24H	10B	00B	1

(6) 指令执行时序。与 ADDU 指令相似，只是在 EXE 阶段时，运算器执行逻辑与运算。

4. ADDIU 指令

ADDIU 指令是 I 型指令。它是实现一个寄存器数据和一个 32 位立即数相加的算术指令，其中，32 位的立即数是将指令字中的 16 位立即数字段 Imm 经过符号位扩展后得到的。

(1) ADDIU 指令的格式：

Opcode(6b)	rs(5b)	rt(5b)	Immediate(16b)
09H	rs	rt	Imm

(2) 指令功能描述：

PC ← PC ＋ 4

R[$rt] ← R[$rs] ＋ sign_ext(Imm)

(3) 指令执行过程分析。ADDIU 指令周期的信息流程如图 6－16 所示。

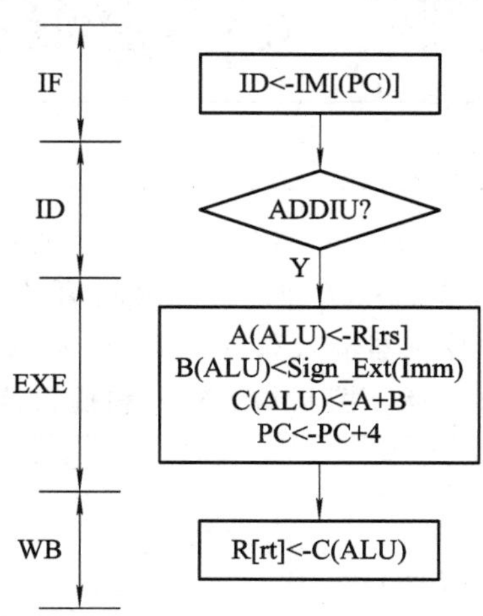

图 6－16　ADDIU 指令周期的信息流程

这是模型机可以执行的第四条指令，与前 3 条指令相比，在 EXE 和 WB 两个过程存在如下差异：

① EXE 过程中 ALU 的数据 B 是指令中立即数经过有符号扩展后得到的，即 B＝

Sign_Ext(Imm)。

② WB 过程中写入 RF 的寄存器编号是 rt 字段，而 ADDU 和 SUBU 指示的写入寄存器编号是 rd 字段。

(4) 模型机的数据通路图。在图 6－12 的基础上，需要做如下几点改动，才能使模型机完成 4 条指令。

① 运算器的 B 端前加入一个二选一的数据选择器，其数据选择控制信号用 ALUB_Src 表示。

② RF 的地址 3 端前加入一个二选一的数据选择器，其数据选择控制信号用 RegA3_Src 表示。

③ 加入一个符号扩展模块，实现对 ID 输出的 IMM16 数据进行有符号位扩展或无符号位扩展，其扩展方式控制端用 SignExt 表示。

改动后的数据通路如图 6－17 所示，新增加的三个控制信号的名称在图中用圆角框表示。

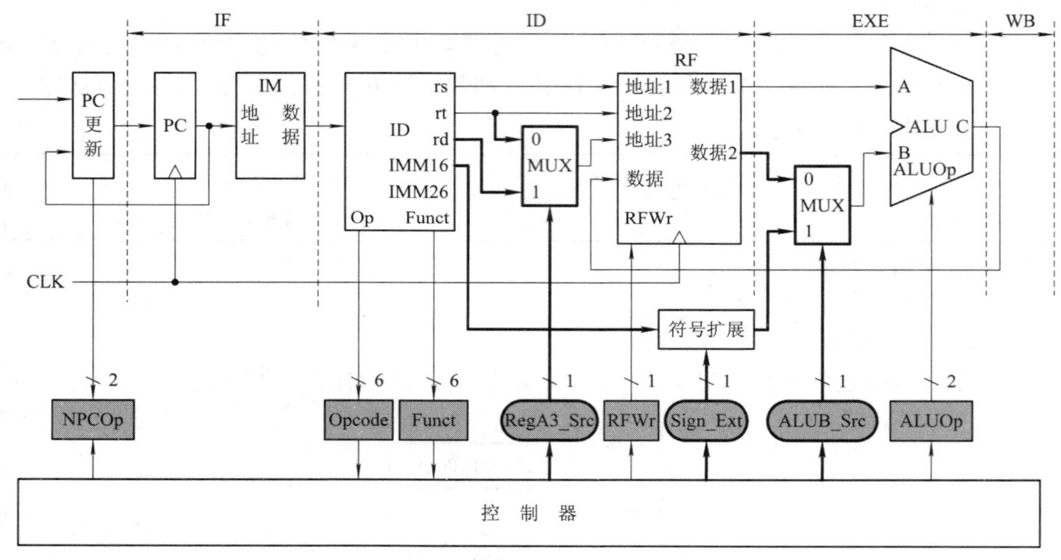

图 6－17 执行四条指令的数据通路

(5) 控制器控制信号。在模型机中增加部件和控制信号后，可以执行 ADDU、SUBU、AND 和 ADDIU 这 4 条指令的控制器输入和输出信号，如表 6－18 所示。

表 6－18 控制器的输入和输出信号

序号	指令	输入信号		输出信号					
				EXE 阶段				WB 阶段	
		Opcode	Funct	ALUOp	NPCOp	ALUB_Src	Sign_Ext	RFWr	RegA3_Src
1	ADDU	00H	21H	00B	00B	0B	X	1B	1B
2	SUBU	00H	23H	01B	00B	0B	X	1B	1B
3	AND	00H	24H	10B	00B	0B	X	1B	1B
4	ADDIU	09H	---	00B	00B	1B	1B	1B	0B

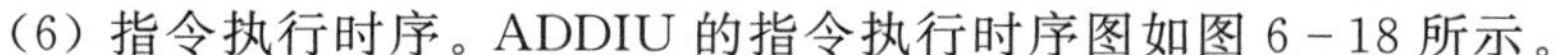

（6）指令执行时序。ADDIU 的指令执行时序图如图 6-18 所示。

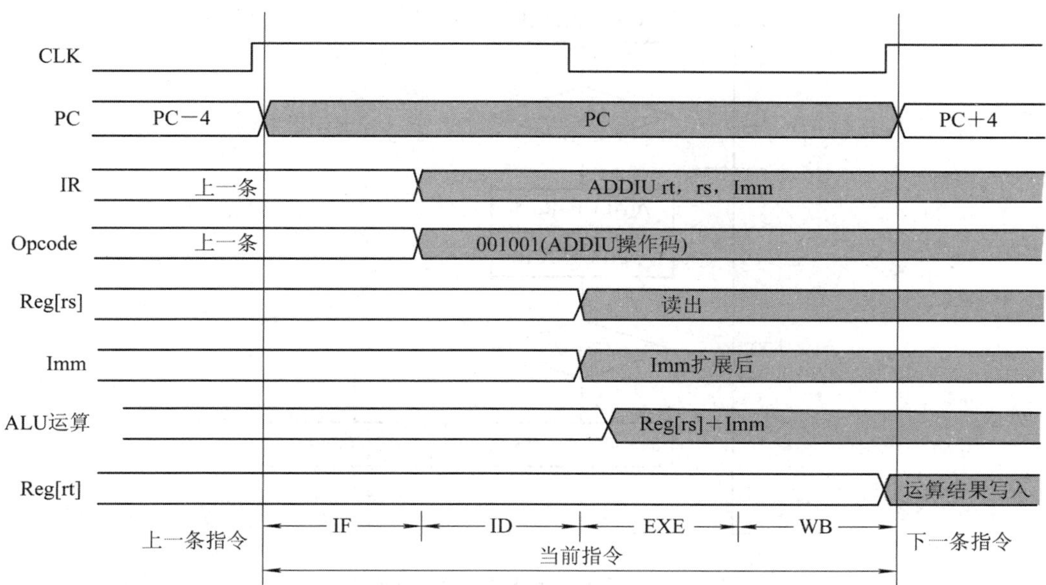

图 6-18　ADDIU 指令时序图

5. BNE 指令

BNE 指令是 I 型指令。它是条件判断转移指令。这条指令判断两个寄存器的内容是否相等，决定程序是否转移。

（1）BNE 指令的格式：

Opcode(6b)	rs(5b)	rt(5b)	Immediate(16b)
05H	rs	rt	Offset

（2）指令功能描述：

```
PC ← PC + 4
+ if (R[$rs]≠R[$rt])
  then
      sign_ext(Offset)
    else
      0
```

（3）指令执行过程分析。从指令的功能描述中可以看出，BNE 指令在执行阶段对 PC 的更新操作取决于指令中两个寄存器 R[rs]和 R[rt]是否相等。判断 R[rs]和 R[rt]是否相等，需要先使 ALU 执行 R[rs]－R[rt]运算，若 R[rs]＝R[rt]，则 ALU 的结果一定为“0”，此时可将 ZF 设置 1，若结果不为“0”，则将 ZF 置 0。BNE 指令在 EXE 阶段首先完成 R[rs]－R[rt]的运算，但是并不保存运算结果，只是根据运算结果对标志位 ZF 进行设置，若 R[rs]－R[rt]＝0，则将 ZF 置 1，并且使 PC＝ PC ＋ 4；否则使 PC＝ PC ＋ 4＋Sign_Ext(4 * Offset)。由于 BNE 指令周期的信息流程如图 6-19 所示。BNE 指令并没有将运算结果写回到寄存器中，因此指令在执行时只有 IF、ID 和 EXE 这 3 个步骤。ALU 部件对 ZF 的设置见例 6-6。

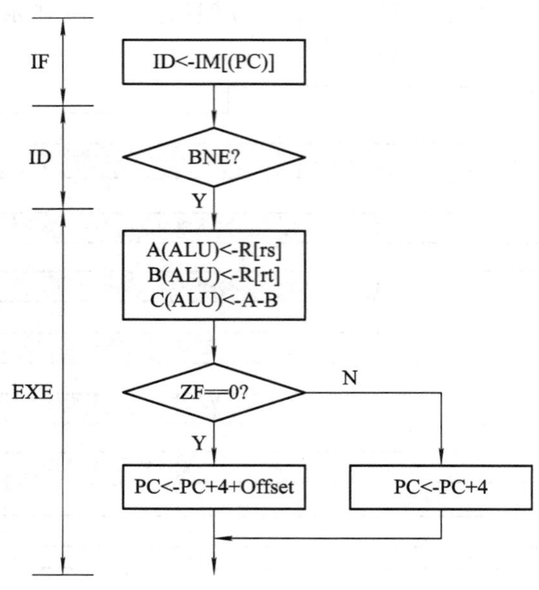

图 6-19　BNE 指令周期的信息流程图

(4) 模型机的数据通路图。为了使控制器能够根据 ZF 状态实现对 PC 更新部件的控制，对图 6-17 做了如下两点改动：

① 将 ALU 的输出标志位 ZF 作为控制器的输入信号，命名为 Zero。

② 将符号位扩展后的 32 位立即数送到 PC 更新部件的数据输入端。

改动后的数据通路如图 6-20 所示。

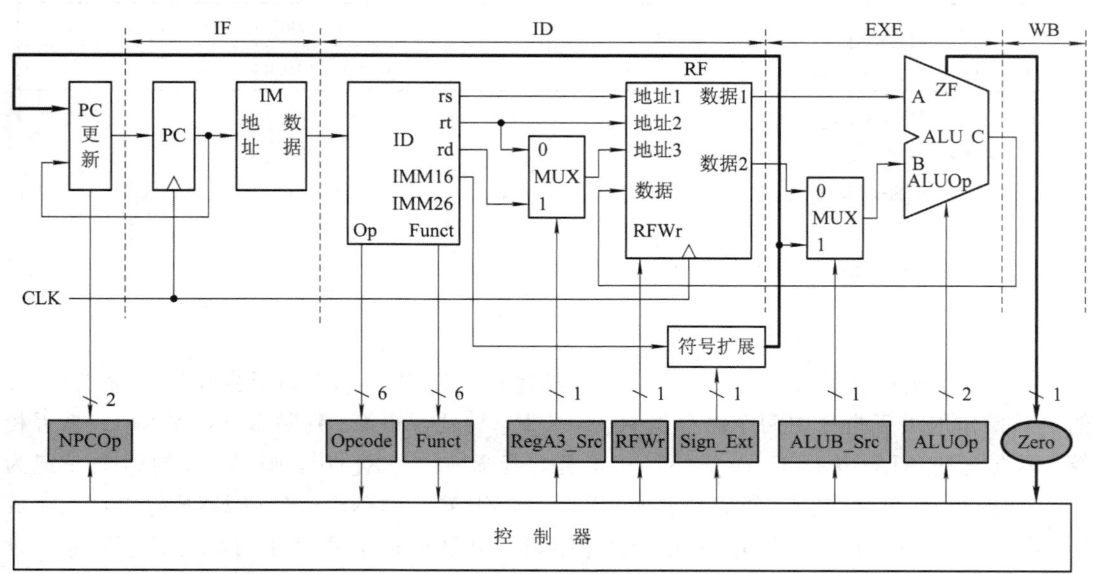

图 6-20　执行 5 条指令的数据通路

(5) 控制器控制信号。执行 ADDU、SUBU、AND、ADDIU 和 BNE 这 5 条指令控制器的输入和输出信号，如表 6-19 所示。

表 6-19　增加 BNE 指令后控制器的输入和输出信号

序号	指令	输入信号			输出信号					
					EXE 阶段				WB 阶段	
		Opcode	Funct	Zero	ALUOp	NPCOp	ALUB_Src	Sign_Ext	RFWr	RegA3_Src
1	ADDU	00H	21H	X	00B	00B	0B	X	1B	1B
2	SUBU	00H	23H	X	01B	00B	0B	X	1B	1B
3	AND	00H	24H	X	10B	00B	0B	X	1B	1B
4	ADDIU	09H	---	X	00B	00B	1B	1B	1B	0B
5	BNE	05H	---	0	01B	01B	0B	1B	0B	X
5	BNE	05H	---	1	01B	00B	0B	1B	0B	X

(6) 指令执行时序。图 6-21 所示的是 BNE 指令执行过程的时序图。图中给出的是当寄存器不相等，即 ZERO=0 时，PC 发生跳转的情况。

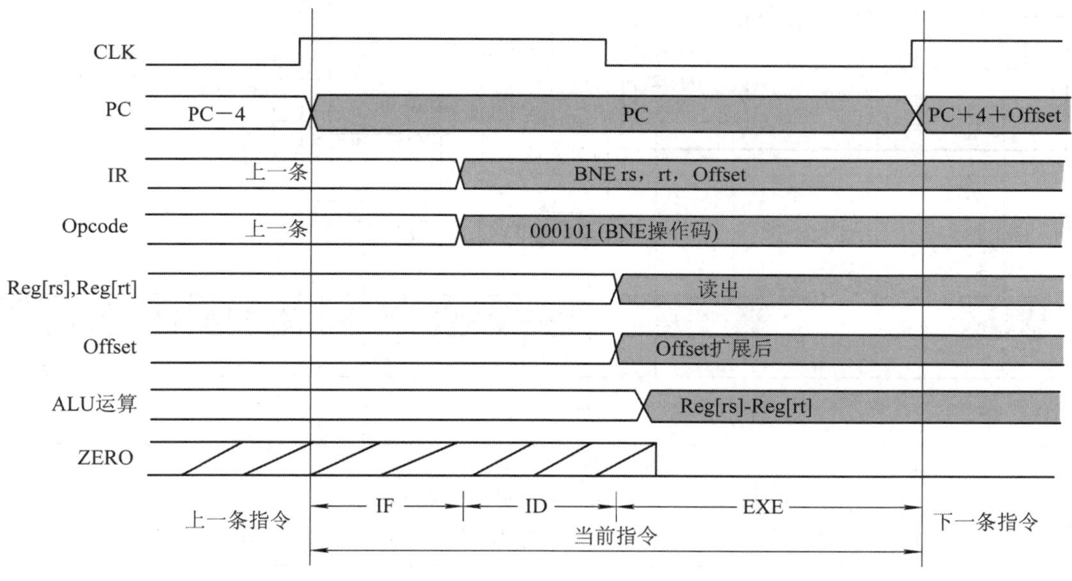

图 6-21　BNE 指令执行时序图

6. J 指令

J 指令是无条件转移指令。它是 J 型指令，可实现程序的长距离跳转。

(1) J 指令的格式：

Opcode(6b)	Immediate (26b)
02H	Targetaddr

(2) 指令功能描述：

PC[28:2] ← Targetaddr

(3) 指令执行过程分析。J 指令执行时强制将 PC 字地址的低 26 位用指令中的 26 位立即数进行替换。J 指令周期的信息流程如图 6-22 所示。指令功能比较简单，只有 IF、ID

和 EXE 这 3 个步骤，EXE 阶段没有对寄存器和运算器的任何操作。

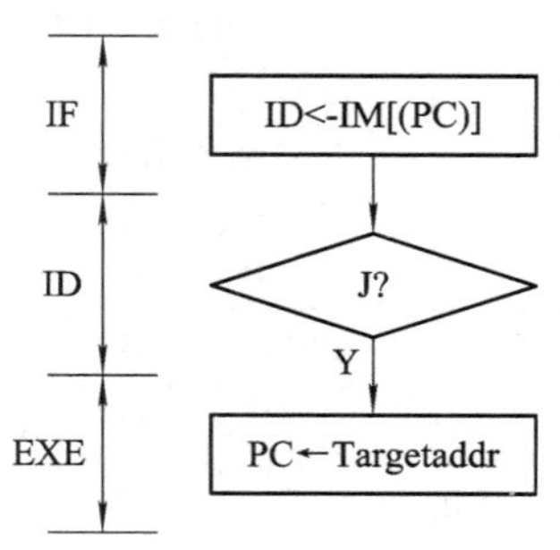

图 6-22 J 指令周期的信息流程

（4）模型机的数据通路图。分析 J 指令的信息流程和 6.2.2 节中 NPC 模块的功能：在实现 J 指令时，需要将转移的 26 位目标地址作为 NPC 部件的输入信号，并且在 J 指令的 EXE 阶段，将 PC 更新部件的控制信号 NPCOp 设置为 10 即可实现程序转移。因此需要将图 6-20 所示的数据通路中的译码器的 IMM26 作为 NPC 部件的输入信号。改动后的数据通路如图 6-23 所示。

（5）控制器控制信号。执行 ADDU、SUBU、AND、ADDIU、BNE 和 J 这 6 条指令控制器的输入和输出信号如表 6-20 所示。

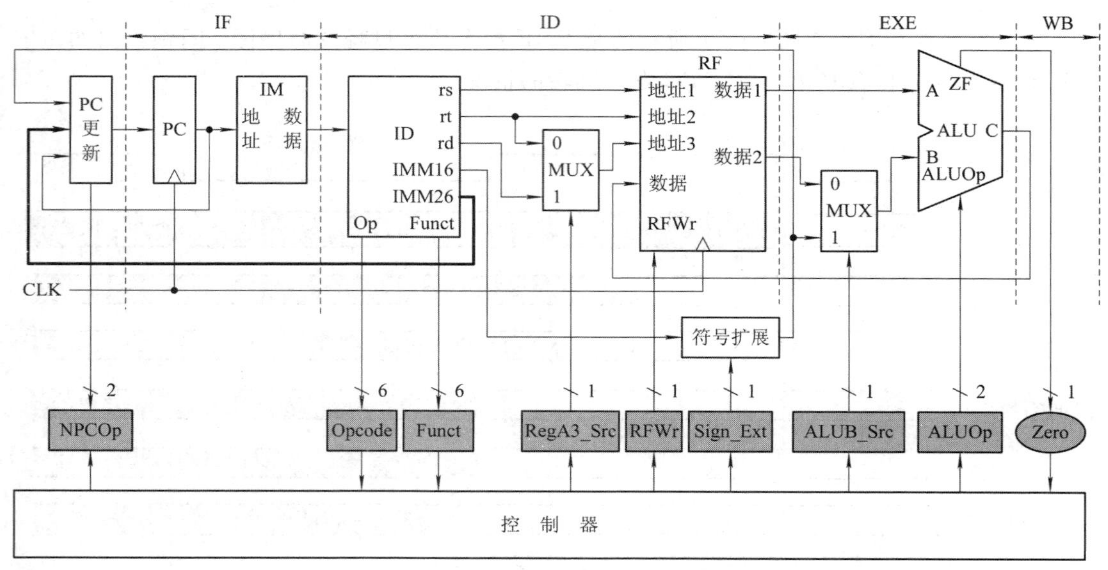

图 6-23 执行 6 条指令的数据通路

表 6-20 执行 6 条指令控制器的输入和输出信号

序号	指令	输入信号			输出信号					
					EXE 阶段				WB 阶段	
		Opcode	Funct	Zero	ALUOp	NPCOp	ALUB_Src	Sign_Ext	RFWr	RegA3_Src
1	ADDU	00H	21H	X	00B	00B	0B	X	1B	1B
2	SUBU	00H	23H	X	01B	00B	0B	X	1B	1B
3	AND	00H	24H	X	10B	00B	0B	X	1B	0B
4	ADDIU	09H	---	X	00B	00B	1B	1B	1B	1B
5	BNE	05H	---	0	01B	01B	0B	1B	0B	X
5	BNE	05H	---	1	01B	00B	0B	1B	0B	X
6	J	02H	---	X	XX	10B	XX	X	0B	X

(6) 指令执行时序。图 6-24 所示是 J 指令执行过程的时序图。

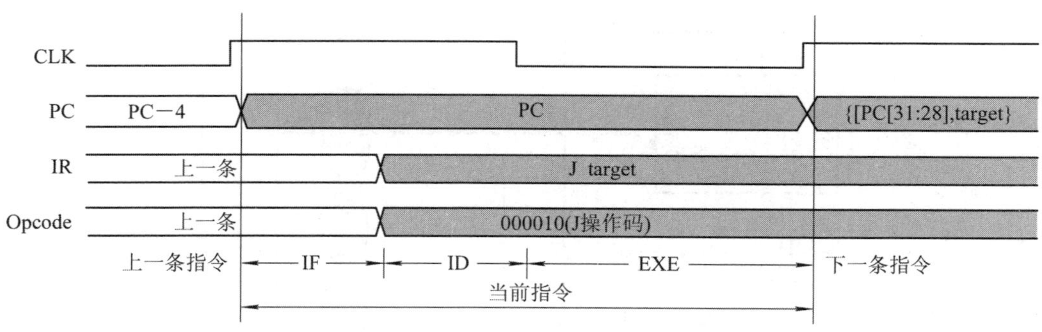

图 6-24 J 指令执行时序图

7. LW 指令

MIPS 机器是典型的 RISC 指令系统，这类指令系统为了提高机器速度，降低硬件复杂度，只有存数和取数指令才访问存储器，其他指令的数据都在寄存器之间传送。LW 指令是一条存储器读出指令。

(1) LW 指令的格式：

Opcode(6b)	rs(5b)	rt(5b)	Immediate(16b)
23H	rs	rt	Offset

(2) 指令功能描述：

PC ← PC + 4

R[rt] ← MEM[R[rs] + sign_ext(Offset)]

(3) 指令执行过程分析。LW 指令需要从数据存储器 DM 中取出地址为 R[rs] + Sign_Ext(Offset) 的单元中的数据，在 EXE 阶段由 ALU 计算出存储单元的地址，在 MEM 阶段将数据从 DM 中取出，再在 WB 阶段将该数据回写到寄存器 R[rt]中。相比前面几条指令，LW 指令功能最为复杂，包含了 IF、ID、EXE、MEM 和 WB 所有 5 个步骤。LW 指令周期的信息流程图如图 6-25 所示。

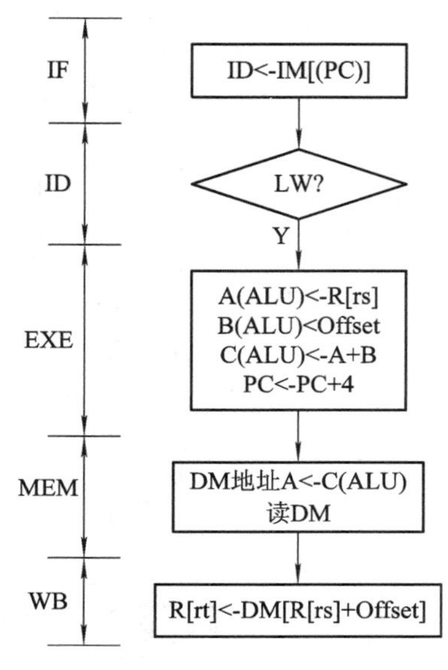

图 6-25 LW 指令周期的信息流程图

(4) 模型机的数据通路图。分析 LW 指令的信息流程，图 6-23 需要做如下几点改动：

① 需要增加一个数据存储器，即 DM 部件，其写入控制信号的名称为 DMWr。DM 模块的实现见例 6-7。

② 寄存器写入数据端的数据来自 DM 的输出，因此需要在 RF 的数据输入端增加一个二选一的数据选择器，其选择控制信号名称为 RegD_Src。

改动后的数据通路如图 6-26 所示。

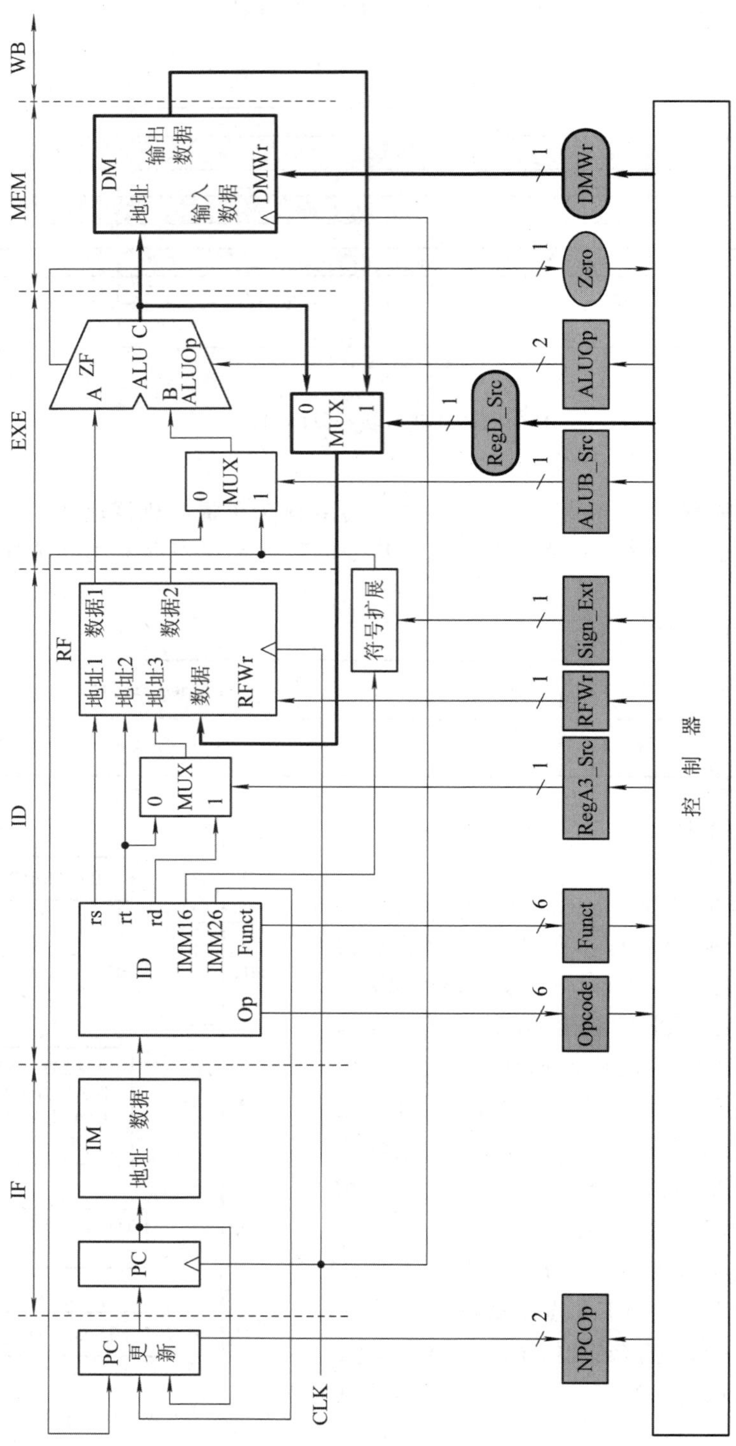

图6-26 执行7条指令的数据通路

（5）控制器控制信号。LW 指令在 MEM 阶段中增加了 DM 写控制信号 DMWr 以及 WB 的阶段寄存器写入数据源选择信号 RegD_Src。由此，执行 ADDU、SUBU、AND、ADDIU、BNE、J 和 LW 这 7 条指令控制器的输入和输出信号如表 6-21 所示。

表 6-21 执行 7 条指令控制器的输入和输出信号

序号	指令	输入信号			输出信号							
					EXE 阶段				MEM 阶段	WB 阶段		
		Opcode	Funct	Zero	ALUOp	NPCOp	ALUB_Src	Sign_Ext	DMWr	RFWr	RegA3_Src	RegD_Src
1	ADDU	00H	21H	X	00B	00B	0B	X	0B	1B	1B	0B
2	SUBU	00H	23H	X	01B	00B	0B	X	0B	1B	1B	0B
3	AND	00H	24H	X	10B	00B	0B	X	0B	1B	1B	0B
4	ADDIU	09H	---	X	00B	00B	1B	1B	0B	1B	0B	0B
5	BNE	05H	---	0	01B	01B	0B	1B	0B	0B	X	X
5	BNE	05H	---	1	01B	00B	0B	1B	0B	0B	X	X
6	J	02H	---	X	XX	10B	XX	X	0B	0B	X	X
7	LW	23H	---	X	00B	00B	1B	1B	0B	1B	0B	1B

（6）指令执行时序。图 6-27 所示的是 LW 指令执行过程中 5 个阶段数据变化的时序图。

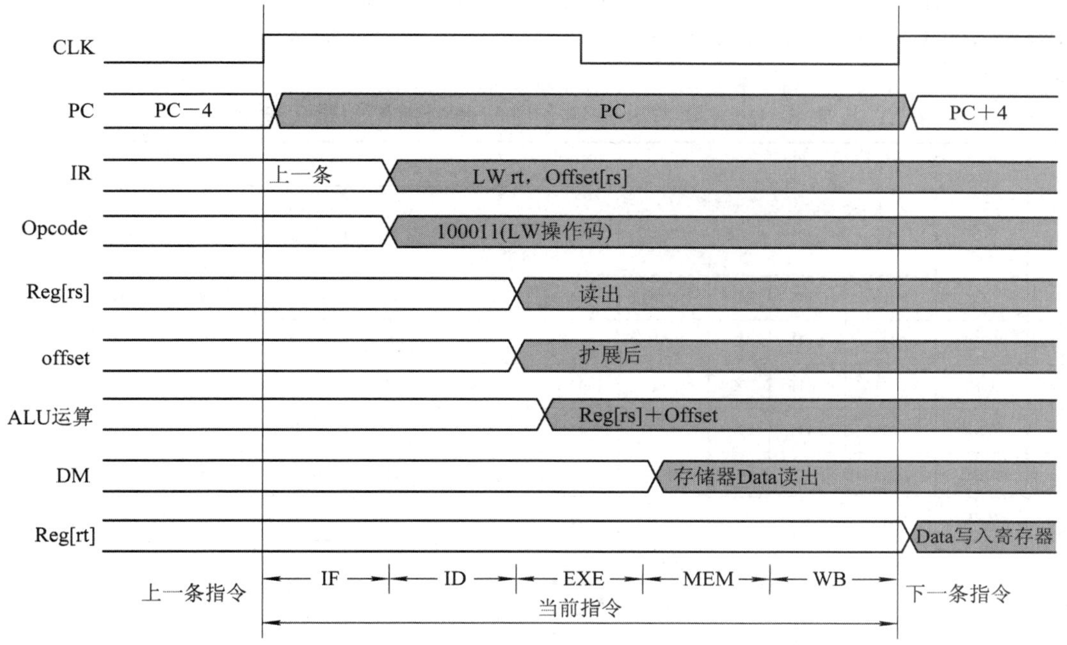

图 6-27 LW 指令执行时序图

8. SW 指令

SW 指令是一条将数据写入存储器的指令。写入存储器的单元地址需要由 ALU 计算得到。

(1) SW 指令的格式：

Opcode(6b)	rs(5b)	rt(5b)	Immediate(16b)
2BH	rs	rt	Offset

(2) 指令功能描述：

PC ← PC + 4

MEM[R[rs] + Sign_Ext(Offset)] ← R[rt]

(3) 指令执行过程分析。SW 指令的功能是将寄存器 R[rt]的内容写入 DM 存储器中地址为 R[rs] + Sign_Ext(Offset)的单元中去，在 EXE 阶段需要由 ALU 计算存储单元的地址，在 MEM 阶段将取自 R[rt]的数据写入 DM 中。SW 指令包含了 IF、ID、EXE、MEM 这 4 个步骤。SW 指令周期的信息流程图如图 6-28 所示。

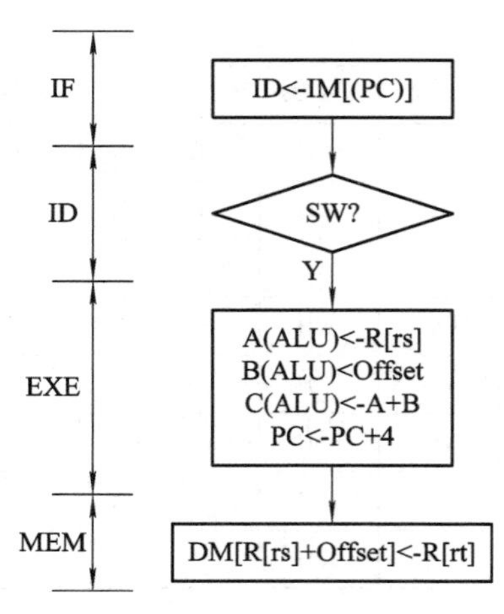

图 6-28　SW 指令周期的信息流程图

(4) 模型机的数据通路图。分析 SW 指令的信息流程，在图 6-26 的基础上需要将 RF 的输出数据 2 作为输入送到 DM 的输入数据端口。改动后的数据通路如图 6-29 所示。

(5) 控制器控制信号。SW 指令并没有增加新的控制信号。执行 ADDU、SUBU、AND、ADDIU、BNE、J、LW 和 SW 这 8 条指令控制器的输入和输出信号如表 6-22 所示。

表 6-22　执行 8 条指令控制器的输入和输出信号

序号	指令	输入信号			输出信号							
					EXE 阶段				MEM 阶段	WB 阶段		
		Opcode	Funct	Zero	ALUOp	NPCOp	ALUB_Src	Sign_Ext	DMWr	RFWr	RegA3_Src	RegD_Src
1	ADDU	00H	21H	X	00B	00B	0B	X	0B	1B	1B	0B
2	SUBU	00H	23H	X	01B	00B	0B	X	0B	1B	1B	0B
3	AND	00H	24H	X	10B	00B	0B	X	0B	1B	1B	0B
4	ADDIU	09H	---	X	00B	00B	1B	1B	0B	1B	0B	0B
5	BNE	05H	---	0	01B	01B	0B	1B	0B	0B	X	X
5	BNE	05H	---	1	01B	00B	0B	1B	0B	0B	X	X
6	J	02H	---	X	XX	10B	XX	X	0B	0B	X	X
7	LW	23H	---	X	00B	00B	1B	1B	0B	1B	0B	1B
8	SW	2BH	---	X	00B	00B	1B	1B	1B	0B	X	X

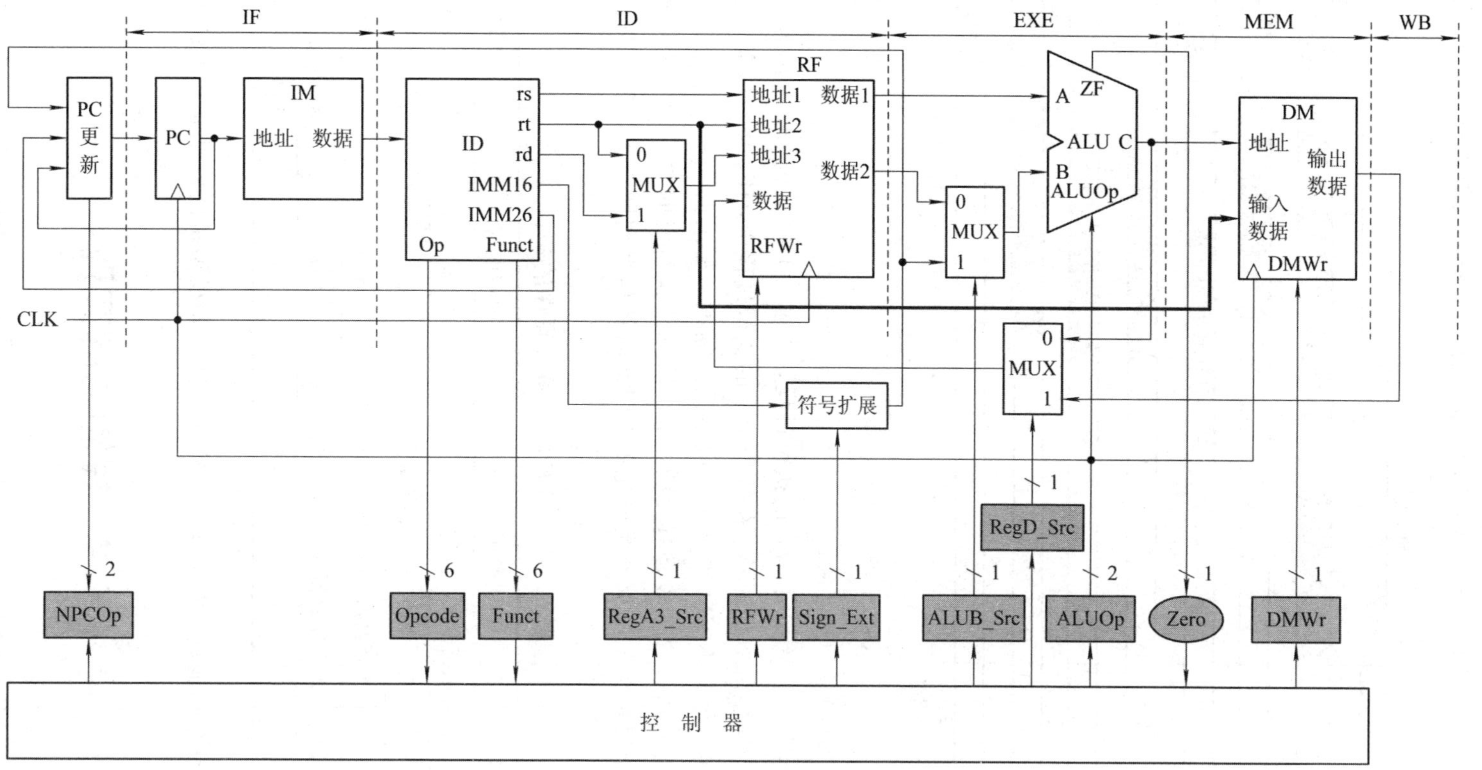

图 6-29 执行 8 条指令的数据通路图

(6) 指令执行时序。图 6-30 是 SW 指令执行过程中各相关数据变化的时序图。

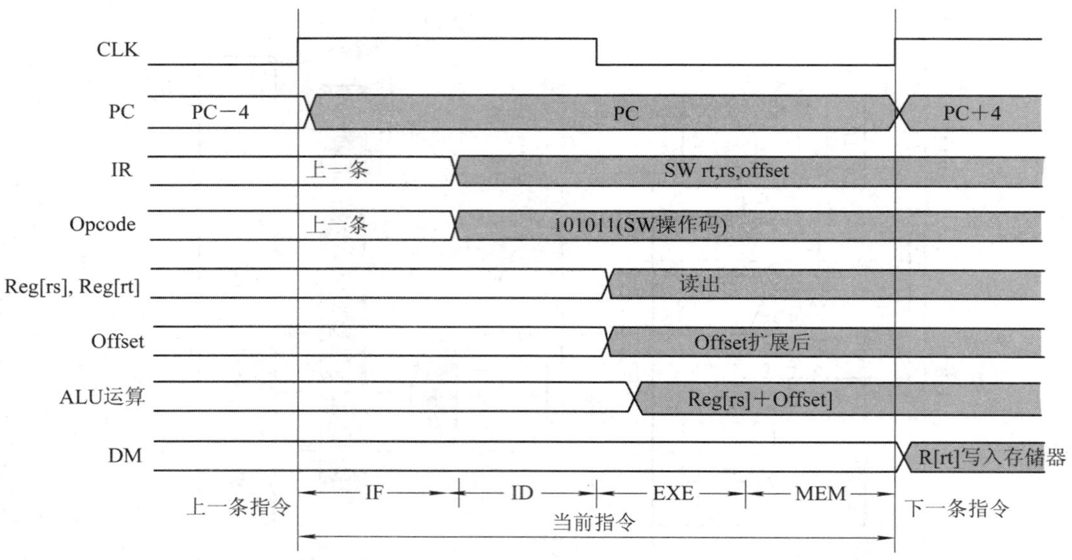

图 6-30 SW 指令执行时序图

以上分析了模型机所有 8 条指令的执行过程，并建立了如图 6-29 所示可以实现模型机所有 8 条指令的完整的数据通路。在每个指令的执行过程中，IF、ID 和 EXE 这 3 个阶段是每个指令都有的，但是 MEM 和 WB 阶段不是必需的。理论上，每个指令的实际执行时间与指令执行过程中所包含阶段是有关的，每个阶段的执行时间与硬件的关系如表 6-23 所示。实际上由于时钟信号的周期是固定的，因此时钟信号周期应当取所有阶段的时间之和，即 CLK= $t_{IF}+t_{ID}+t_{EXE}+t_{MEM}+t_{WB}$。

表 6-23 各阶段时间与硬件的关系

序号	名称	操作	所需时间	相关硬件
1	IF	取指令	t_{IF}	指令存储器(IM)
2	ID	指令译码，读寄存器数据	t_{ID}	指令译码器和 RF
3	EXE	计算数据或地址	t_{EXE}	ALU、NPC
4	MEM	访问存储器	t_{MEM}	数据存储器(DM)
5	WB	写寄存器(RF)	t_{WB}	寄存器(RF)

通过对 8 条指令功能的分析，我们最终建立的完整模型机的数据通路就是图 6-29。

6.4 控制器的实现

控制器是整个计算机的控制核心，所有部件的控制信号都是由控制器产生的。控制器的设计方法可分为组合逻辑控制器和微程序控制器。本节以模型机为例，说明控制器分别采用这两种设计方法实现的过程。

6.4.1　组合逻辑控制器

在上一节中，我们根据每条指令的功能建立了完整的数据通路。在执行具体的指令时，这条指令的数据通路都是在控制器控制下建立的，具体来说，就是控制器的功能要根据指令的操作码和条件状态标志，决定每个时钟周期中需要产生的相关部件的控制信号。组合逻辑控制器的结构框图如图 6-31 所示。

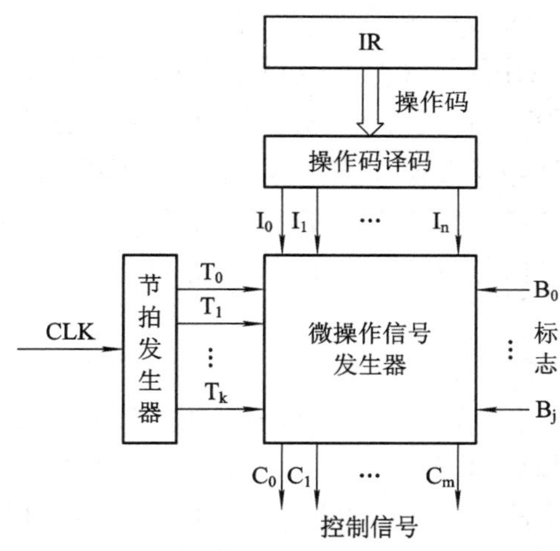

图 6-31　组合逻辑控制器框图

从图 6-31 中可以看出，控制器的输入信号有 3 个来源，分别是：

(1) 来自操作码译码器的输出 I_0-I_n。

(2) 来自节拍发生器的时序信号 T_0-T_k。

(3) 来自执行部件的反馈信号 B_0-B_j。

组合逻辑控制器最终的输出信号就是各个执行部件的控制信号 C_0-C_m，它们用来控制机器中所有部件的操作。组合逻辑控制器产生的控制信号是译码器输出 I_n、时钟信号 T_k 和状态标志信号 B_j 的逻辑函数，即

$$C_i=f(I_n, T_k, B_j)$$

模型机在建立如图 6-29 所示的数据通路图和指令的执行过程分析中，我们知道 IF 阶段根据 PC 从指令存储器 IM 中得到了指令后，机器转入到指令译码阶段，即 ID 阶段，这个阶段完成以下功能：

(1) 识别不同指令。

(2) 根据不同的指令给出所有控制信号。

(3) 获取指令中的源操作数。

其中，(3)的功能我们在前面各指令执行流程的分析中已经讲过了，这里主要说明硬件上如何实现(1)和(2)。(1)和(2)是控制器设计的重点，也就是说，在 ID 阶段，控制器要根据当前执行的指令生成表 6-22 所对应的控制信号。

1. 识别不同指令

模型机的 8 条指令都是通过指令操作码 Opcode 字段进行区分的，其中，R 型指令的

Opcode 固定为 000000，其具体的功能是由 Funct 字段确定的。因此这 8 条指令在硬件上可以通过下面的式(6－1)进行区分。为了简化书写，用 OP[5:0]和 FUN[5:0]分别表示 Opcode 和 Funct 的功能码：

$$\begin{cases} RType=\overline{OP[5]}\cdot\overline{OP[4]}\cdot\overline{OP[3]}\cdot\overline{OP[2]}\cdot\overline{OP[1]}\cdot\overline{OP[0]} \\ ADDU=RType\cdot FUN[5]\cdot\overline{FUN[4]}\cdot\overline{FUN[3]}\cdot\overline{FUN[2]}\cdot\overline{FUN[1]}\cdot FUN[0] \\ SUBU=RType\cdot FUN[5]\cdot\overline{FUN[4]}\cdot\overline{FUN[3]}\cdot\overline{FUN[2]}\cdot FUN[1]\cdot FUN[0] \\ AND=RType\cdot FUN[5]\cdot\overline{FUN[4]}\cdot\overline{FUN[3]}\cdot FUN[21]\cdot\overline{FUN[1]}\cdot\overline{FUN[0]} \\ ADDIU=\overline{OP[5]}\cdot\overline{OP[4]}\cdot OP[3]\cdot\overline{OP[2]}\cdot\overline{OP[1]}\cdot OP[0] \\ BNE=\overline{OP[5]}\cdot\overline{OP[4]}\cdot\overline{OP[3]}\cdot OP[2]\cdot\overline{OP[1]}\cdot OP[0] \\ J=\overline{OP[5]}\cdot\overline{OP[4]}\cdot\overline{OP[3]}\cdot\overline{OP[2]}\cdot OP[1]\cdot\overline{OP[0]} \\ LW=OP[5]\cdot\overline{OP[4]}\cdot\overline{OP[3]}\cdot\overline{OP[2]}\cdot OP[1]\cdot OP[0] \\ SW=OP[5]\cdot\overline{OP[4]}\cdot OP[3]\cdot\overline{OP[2]}\cdot OP[1]\cdot OP[0] \end{cases} \tag{6-1}$$

2. 控制信号的产生

从表 6－22 可以看出，指令的执行步骤从 IF、ID、EXE、MEM 到 WB 这 5 个阶段中，对所有指令而言前两个阶段即 IF 和 ID 都是必需的，与这两个阶段相关的部件是指令存储器 IM 和指令译码器 ID，不需要专门的控制信号；而每个指令在后 3 个阶段 EXE、MEM 和 WB 中所需的控制信号是不同的，这 3 个阶段控制器在识别不同指令后需要输出的 8 个控制信号分别是：ALUOp、NPCOp、ALUB_Src、Sign_Ext、DMWr、RFWr、RegA3_Src 和RegD_Src。各指令执行时需要的控制信号如表 6－24 所示。

表 6－24　8 条指令对应的控制信号

序号	指令	输出信号							
		EXE 阶段				MEM 阶段	WB 阶段		
		ALUOp	NPCOp	ALUB_Src	Sign_Ext	DMWr	RFWr	RegA3_Src	RegD_Src
1	ADDU	00B	00B	0B	X	0B	1B	1B	0B
2	SUBU	01B	00B	0B	X	0B	1B	1B	0B
3	AND	10B	00B	0B	X	0B	1B	1B	0B
4	ADDIU	00B	00B	1B	1B	0B	1B	0B	0B
5	BNE	01B	01B (Zero=0)	0B	1B	0B	0B	X	X
5	BNE	01B	00B (Zero=1)	0B	1B	0B	0B	X	X
6	J	XX	10B	X	X	0B	0B	X	X
7	LW	00B	00B	1B	1B	0B	1B	0B	1B
8	SW	00B	00B	1B	1B	1B	0B	X	X

1）EXE阶段的控制信号

EXE阶段涉及到3个部件，分别是ALU、NPC和数据扩展模块，需要的控制信号有4个，分别是ALUOp、ALUB_Src、NPCOp、Sign_Ext。

(1) ALUOp：2位宽，是ALU的运算控制信号，其功能如表6-25所示。

表6-25 控制信号ALUOp真值表

ALUOp(2b)	ALU的运算结果	说 明
00	C=A+B	加
01	C=A−B	减
10	C=A&B	与
11	C=A|B	或

从表6-24可以知道，只有SUBU和BNE两条指令时，ALUOp[0]=1；在执行AND指令时，ALUOp[1]=1。因此得到ALUOp的逻辑表达式为：

$$ALUOp[0]=SUBU+BNE$$

$$ALUOp[1]=AND$$

(2) ALUB_Src：1位宽，是ALU的B数据输入端的数据选择信号，其功能如表6-26所示。

表6-26 控制信号ALUB_Src功能表

ALUB_Src	ALU的B端数据源
0	RF
1	扩展后的32位立即数

分析表6-24中的ALUB_Src后可以得到其逻辑表达式为

$$ALUB\_Src=ADDIU+LW+SW$$

(3) NPCOp：2位宽，是PC更新部件NPC的操作控制信号，其功能如表6-27所示。

表6-27 控制信号NPCOp功能表

NPCOp(2b)	新的PC	说 明
00	PC=PC+1	顺序
01	PC=PC+Imm(32b)	近跳转
10	PC={PC[31:2],Targetaddr}	长跳转
11	xx	保留

分析表6-24中的NPCOp后可以得到其逻辑表达式为

$$NPCOp[0]=BNE\cdot(!Zero)$$

$$NPCOp[1]=J$$

(4) Sign_Ext：1位宽，是将16位立即数转换为32位数的符号扩展单元的控制信号，其功能如表6-28所示。

表 6-28 控制信号 Sign_Ext 功能表

Sign_Ext	16 位立即数扩展为 32 位数
0	无符号扩展
1	有符号扩展

分析表 6-24 中的 Sign_Ext 后可以得到其逻辑表达式为

$$Sign\_Ext = ADDIU + BNE + LW + SW$$

2) MEM 阶段的控制信号

MEM 阶段实现对数据存储器 DM 的访问，因此涉及的部件只有数据存储器 DM，可以对 DM 执行读/写操作，其中，读/写操作是在 DMWr 的控制下完成的。当 DMWr=0 时，DM 执行读出操作，当 DMWr=1 时，DM 执行数据写入操作。

分析表 6-24 中的 DMWr 后可以得到其逻辑表达式为

$$DMWr = SW$$

3) WB 阶段的控制信号

WB 阶段的任务是将在执行阶段或 MEM 阶段得到的数据写回到寄存器中，因此涉及的主要部件是寄存器阵列 RF，控制器要产生的控制信号有 RFWr、RegA3_Src 和 RegD_Src。

(1) RFWr：RF 写入控制信号，当 RFWr=1 时，RF 执行数据写入操作。

分析表 6-24 中的 RFWr 后可以得到其逻辑表达式为

$$RFWr = ADDU + SUBU + AND + ADDIU + LW$$

由于所有 R 型指令的执行要经历 WB 阶段，因此表达式也可以写成：

$$RFWr = RType + ADDIU + LW$$

(2) RegA3_Src：是 RF 写入地址来源控制信号，是 RF 写入地址的二选一数据选择器的地址选择控制信号。若 RegA3_Src=0 时，寄存器的写入地址是指令中的 rt 字段，若 RegA3_Src=1 时，寄存器的写入地址是指令中的 rd 字段。

分析表 6-24 中的 RegA3_Src 后可以得到其逻辑表达式为

$$RegA3\_Src = RType$$

(3) RegD_Src：是 RF 写入数据来源选择信号，实际上是 RF 写入数据端的二选一数据选择器控制信号。若 RegD_Src =0 时，将运算器的结果写入 RF 中；若 RegD_Src =1 时，将从 DM 读出的数据写入 RF 中。

分析表 6-24 中的 RegD_Src 后可以得到其逻辑表达式为

$$RegD\_Src = LW$$

3. 控制部件 CU

控制器可以根据各指令的操作码 Opcode、Funct 以及状态标志 Zero，再由上面写出的各控制信号的逻辑表达式，采用组合逻辑电路就可以产生所有的控制信号了。组合逻辑控制器的端口信号如图 6-32 所示。

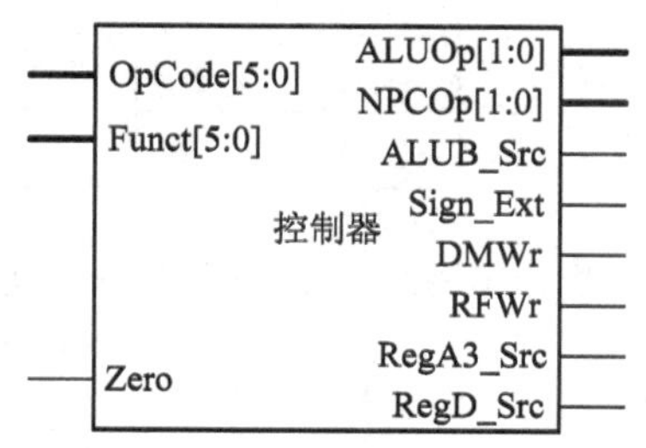

图 6-32 组合逻辑控制器的端口信号

从以上组合逻辑控制器的设计过程可以看到，所有的控制命令，都是由逻辑门电路产生的，其最大优点是速度较快，这种控制器的设计方法主要应用于 RISC 处理器和一些巨型计算机中，但是这种方法存在两个主要的缺点：首先，每个控制信号都有不同表达式，因此这些门电路的结构不规整，控制器功能的检查和调试也比较困难，设计效率较低；其次，一旦控制器形成后，要想修改和扩展指令功能是很困难的，因为，印刷电路板已经固定下来了，很难再对其进行修改和扩展了。

6.4.2 微程序控制器

为了克服组合逻辑控制器的不规整和不易修改的缺点，早在1951年，英国剑桥大学的 M. V. Wilkes 教授提出了微程序控制的思想。微程序控制器的设计思想对计算机控制部件的设计和实现技术产生了很大的影响，它与组合逻辑控制器的设计方法相比，大大减少了控制器的非标准化程度，使得控制器的设计、修改以及指令系统的扩展成为可能。

1. 微程序控制器的设计思想

微程序控制的基本设计思想，是将软件设计的方法引入到硬件实现中来，也就是按照程序存储的原理，把操作控制信号(也称为微命令)排列后编写成“微指令”，存放到一个称为“控制存储器”(简称 CM)的只读存储器中，当机器运行时，从 CM 中按顺序一条一条地读出这些微指令，从而产生全机所需要的各种操作控制信号，使相应部件执行所规定的操作。

一条机器指令往往需要分成几步执行，如果将每一步操作所需的微命令以代码的形式放在一条微指令中，那么一条机器指令的执行过程就对应一个由若干条微指令组成的微程序。在设计 CPU 时，根据指令系统的设计编写好每一条机器指令对应的微程序，并且将它们存入 CM 中。机器指令和微指令在机器中存放的位置和相互之间的关系可以用图 6-33 表示。

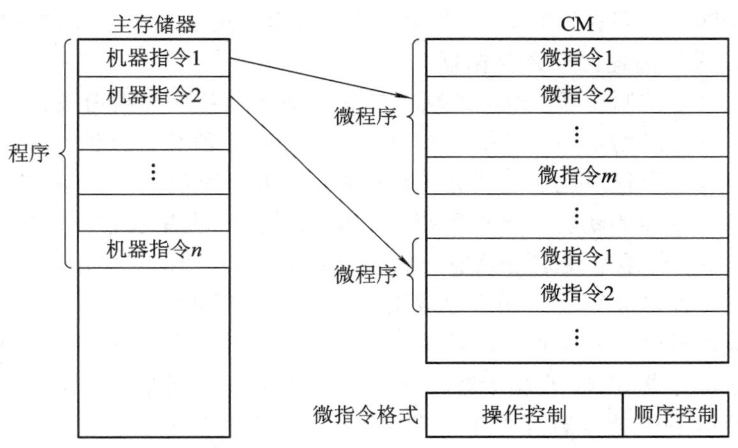

图 6-33 机器指令和微指令的关系

CM 主要用来存放指令系统中每一条机器指令对应的微程序。每段微程序由一组微指令组成，每个微指令由操作控制和顺序控制字段两部分组成。操作控制字段是由一系列控制信号组成的，每个控制信号又称为微命令，操作控制字段产生的一系列微命令可以控制计算机完成一个基本的功能部分；顺序控制字段用来指示下一条微指令的地址。通常一条微指令执行的功能对应了一个 CPU 周期的功能，也就是说，一个 CPU 周期所需的控制信号是由操作控制字段产生的。每个微指令占用一个 CM 单元，CM 的字长就是微指令的字长。

微程序控制器常见的内部结构如图 6-34 所示。

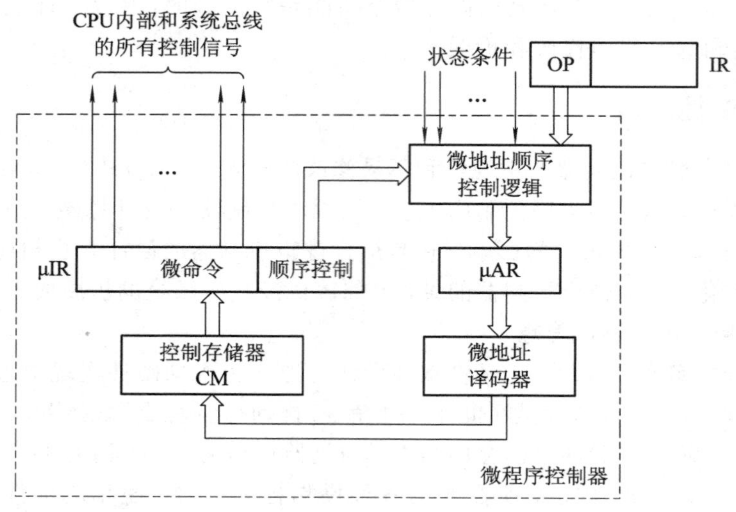

图 6-34　微程序控制器常见的内部结构

从图 6-34 中可以看出，微程序控制器主要由控制存储器 CM、微地址顺序控制逻辑、微地址寄存器 μAR、微地址译码器和微指令寄存器 μIR 组成。

(1) 控制存储器 CM。CM 用来存放实现指令系统中每条机器指令对应的微程序，CM 的容量由机器指令系统所需的微程序决定。由于 CM 存放的是指令执行时所需的控制信号，实现一条机器指令的功能是通过执行该机器指令对应的微程序来实现的，微程序中包含多条微指令，即需要多次读取 CM，因此，CM 的读取速度对于机器的速度影响会很大，因此 CM 一般是采用高速的只读存储器。

(2) 微地址顺序控制逻辑。微地址顺序控制逻辑在微程序需要分支的情况下产生所需微指令的地址。在通常情况下，微指令本身的顺序控制字段会直接给出下一条微指令的地址。但是很多情况下微程序也会出现分支。例如，取指令周期从内存中取出的机器指令是不同的，执行该指令需要跳转到该机器指令对应的微程序的首地址，才能执行对应的微程序，此时，微程序的首地址就是由微地址顺序控制逻辑根据 IR 的操作码变换得到的。

(3) 微地址寄存器 μAR。它用于存放微地址顺序控制逻辑生成的 CM 的微指令地址。

(4) 微地址译码器。它对来自 μAR 的输出进行译码，选择 CM 中的某个单元。

(5) 微指令寄存器 μIR。它用于寄存从 CM 取出的一条微指令。微指令的控制字段和顺序控制字段保存在微指令寄存器中，控制字段就是各种控制指令执行的微命令，顺序控制字段不需要转移下一条微指令的地址。

微程序控制器的特点是：

(1) 将控制信号存储在由 ROM 实现的 CM 中。

(2) 结构规整，只有地址译码器和控制存储器。

(3) 可以灵活修改控制器的功能，便于发现存在的错误和增加新的指令。

微程序控制器设计的关键是如何对微命令进行编码以及如何形成下一条微指令的地址，这与微命令的编码方式和微地址的形成方式有关。

2. 基于 ROM 的模型机控制器

模型机的微程序控制器框图如图 6－35 所示。

图 6－35 模型机的微程序控制器框图

比较图 6－35 和图 6－32 可以看出，两个控制器的输入和输出端口信号是完全一样的，所不同的是，图 6－32 中的控制信号是由组合逻辑产生的，而图 6－35 中是将控制信号存储在 ROM 中的。

微程序控制器的内部结构是由地址译码器和 ROM 组成的，如图 6－36 所示。

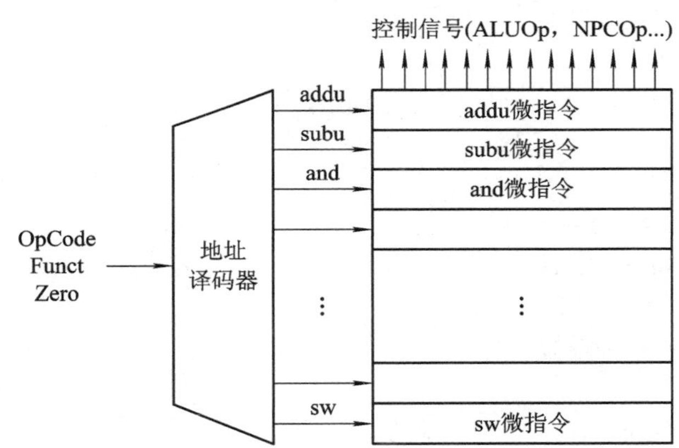

图 6－36 微程序控制器的内部结构

从图 6－34 中可以看出，ROM 存放着模型机中每条机器指令执行时所需要的控制信号，由于模型机共有 8 条指令，其中，BNE 指令要根据 Zero 的状态执行不同的功能，因此其控制信号也是不同的，这样，BNE 指令需要占用 2 个存储单元，产生模型机控制信号的 ROM 至少需要 9 个存储单元，每个存储单元的字长是由控制信号的数量决定的。表 6－29 列出了 10 个控制信号，因此每个存储单元的字长是 10b，存储单元中控制信号的存储顺序可以安排如表 6－29 所示。将表 6－24 中每条指令控制信号的取值依次存放到 ROM 中即可。考虑到今后指令集的功能扩展，模型机的 ROM 容量设置为 32×10。由于模型机是单周期的，因此每条机器指令只对应一个微指令，这里就不需要顺序控制字段了。

表 6－29 控制信号在控存中存放的顺序

9	8	7	6	5	4	3	2	1	0
ALUOp[1]	ALUOp[0]	NPCOp[1]	NPCOp[0]	ALUB_Src	SignExt	DMWr	RFWr	RegA3_Src	RegD_Src

地址译码器就是根据指令中的 Opcode、子功能码 Funct 和 ALU 的状态标志 Zero，确定需要访问的微指令在控存中的地址。

例 6－9 地址译码器的 VerilogD 描述。

```
module CM_Addr_Decoder(Opcode, Funct, Zero, oAddr);
input [5:0]Opcode,Funct;
input Zero;
output reg [4:0]    oAddr;

always@(Opcode,Funct,Zero)
begin
case(Opcode)
6'h0: begin
      case(Funct)
          6'h21:oAddr=6'h0;        //ADDU
          6'h23:oAddr=6'h1;        //SUBU
          6'h24:oAddr=6'h2;        //AND
          default:oAddr=6'h3f;
      endcase
    end
6'h9: oAddr=6'h3;                  //ADDIU
6'h5:                              //BNE
      begin
          if(Zero==1'b0)
             oAddr=6'h4;
          else
             oAddr=6'h5;
      end
6'h02: oAddr=6'h6;                 //J
6'h23: oAddr=6'h7;                 //LW
6'h2B: oAddr=6'h8;                 //SW
default:oAddr=6'h3f;
endcase
end
endmodule
```

6.4.3 Verilog HDL 实现控制器

这里的 Verilog HDL 控制器根据指令中的操作码 Opcode、功能码 Funct 和标志位，产生 6.2 节中模型机中各指令的控制信号。

例 6－10 控制器的完整代码。

```
`include "define.v"

module Ctrl(Opcode, Funct, Zero, ALUOp, NPCOp, ALUB_Src, Sign_Ext, DMWr, RFWr,
```

```
RegA3_Src, RegD_Src);
        input[5:0]Opcode;
        input[5:0] Funct;
        input   Zero;

        output[1:0] ALUOp;
        output[1:0] NPCOp;
        output ALUB_Src;
        output Sign_Ext;
        output DMWr;
        output RFWr;
        output[1:0] RegA3_Src;
        output[1:0] RegD_Src;

        reg[1:0] ALUOp;
        reg[1:0] NPCOp;
        reg ALUB_Src;
        reg SignExt;
        reg DMWr;
        reg RFWr;
        reg[1:0] RegA3_Src;
        reg[1:0]RegD_Src;

        always@(Opcode or Funct or Zero)begin

      case(Opcode)
      `INSTR_RTYPE_OP:begin
        case(Funct)
        `INSTR_ADDU_FUNCT:begin
          ALUOp = `ALUOp_ADDU;
          NPCOp = `NPC_PLUS4;
          ALUB_Src = `BSel_FromRD2;
          Sign_Ext = `EXT_ZERO;
          DMWr = 1'b0;
          RFWr = 1'b1;
          RegA3_Src = `GPRSel_RD;
          RegD_Src = `WDSel_FromALU;

        end
        `INSTR_SUBU_FUNCT:begin
          ALUOp = `ALUOp_SUBU;
          NPCOp = `NPC_PLUS4;
          ALUB_Src = `BSel_FromRD2;
```

```
      Sign_Ext = `EXT_ZERO;
      DMWr = 1'b0;
      RFWr = 1'b1;
      RegA3_Src = `GPRSel_RD;
      RegD_Src = `WDSel_FromALU;
    end
    `INSTR_AND_FUNCT:begin
      ALUOp = `ALUOp_AND;
      NPCOp = `NPC_PLUS4;
      ALUB_Src = `BSel_FromRD2;
      Sign_Ext = `EXT_ZERO;
      DMWr = 1'b0;
      RFWr = 1'b1;
      RegA3_Src = `GPRSel_RD;
      RegD_Src = `WDSel_FromALU;
    end
    endcase
  end

  `INSTR_BNE_OP:begin
    ALUOp = `ALUOp_SUBU;
    ALUB_Src = `BSel_FromRD2;
    Sign_Ext = `EXT_SIGNED;
    DMWr = 1'b0;
    RFWr = 1'b0;
    if(Zero == 1'b0)
      NPCOp = `NPC_BRANCH;
    else
      NPCOp = `NPC_PLUS4;

    end
    `INSTR_LW_OP:begin
      ALUOp = `ALUOp_ADDU;
      NPCOp = `NPC_PLUS4;
      ALUB_Src = `BSel_FromEXT;
      Sign_Ext = `EXT_SIGNED;
      DMWr = 1'b0;
      RFWr = 1'b1;
      RegA3_Src = `GPRSel_RT;
      RegD_Src = `WDSel_FromMEM;
    end
    `INSTR_SW_OP:begin
      ALUOp = `ALUOp_ADDU;
```

```
        NPCOp = `NPC_PLUS4;
        ALUB_Src = `BSel_FromEXT;
        Sign_Ext = `EXT_SIGNED;
        DMWr = 1'b1;
        RFWr = 1'b0;
      end
      `INSTR_J_OP:begin
        NPCOp = `NPC_JUMP;
        DMWr = 1'b0;
        RFWr = 1'b0;
      end
      `INSTR_ADDIU_OP:begin
        ALUOp = `ALUOp_ADD;
        NPCOp = `NPC_PLUS4;
        ALUB_Src = `BSel_FromEXT;
        Sign_Ext = `EXT_ZERO;
        DMWr = 1'b0;
        RFWr = 1'b1;
        RegA3_Src = `GPRSel_RT;
        RegD_Src = `WDSel_FromALU;
      end
    endcase
    end
    endmodule
```

6.4.4 指令周期与CPU执行时间

本章在此之前讲述的模型机是采用单周期方式设计的，虽然也可以正常工作，但是由于它的工作效率太低，目前的CPU设计并不采用这种方式。因为单周期设计的CPU，其时钟信号周期是由执行时间最长的指令决定的，在模型机中执行时间最长的是LW指令，它需要所有的5个过程段。单周期设计的方式可以用来实现小的指令集，但是如果需要实现包括浮点指令或功能更复杂的指令集，单周期方式就不可行了，这是因为时钟周期必须满足所有指令中最坏的情况。这里我们分析影响CPU性能的因素。

1. 指令周期

首先介绍指令周期的概念，CPU取出并执行一条指令所需的全部时间称为指令周期，即CPU完成一条指令的时间。指令由于功能、运算、数据寻址方式的不同，运行时间会有很大差异。例如，在运算指令中，乘法指令比加法指令的执行时间要长；同样加法指令，其数据的寻址方式可以是寄存器寻址、直接寻址和间接寻址，则相应的指令周期也是不同的。

图6-37是单周期指令执行时各个阶段所需的时间。

从图6-37中可以看出，指令的执行过程中各个部件中的新旧指令或数据的交替过程。指令执行过程每个阶段所需的时间是由该阶段中的主要部件决定的。假设各阶段的时间如表6-30所示。从表6-30可以看出与存储器相关的阶段所需的时间较长，ALU的时

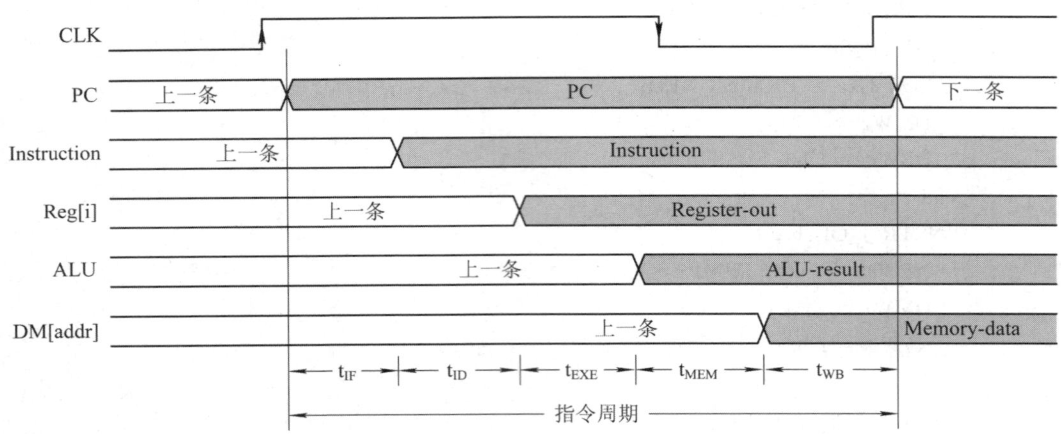

图 6－37 单周期指令各个阶段的工作过程示意图

间与运算类型有关，这里的时间是由所有运算中时间最长的时间决定的，可以看出单周期指令的时钟周期应为各阶段执行时间的总和，即 800 ps。表 6－31 列出了模型机中 8 条指令指令周期。

表 6－30 CPU 中各阶段的主要时间

阶段名称	IF	ID	EXE	MEM	WB	总时间
主要部件及操作	读 IM	读 RF	ALU 计算	DM 读/写	RF 写	
所需时间/ps	200	100	200	200	100	800

表 6－31 模型机中指令的实际执行时间

指令	IF(200 ps)	ID(100 ps)	ALU(200 ps)	MEM(200 ps)	WB(100 ps)	总时间
ADDU	√	√	√		√	600 ps
SUBU	√	√	√		√	600 ps
AND	√	√	√		√	600 ps
ADDIU	√	√	√		√	600 ps
BNE	√	√	√			500 ps
J	√	√	√			500 ps
LW	√	√	√	√	√	800 ps
SW	√	√	√	√		700 ps

2. CPU 的执行时间

由于模型机采用单周期的设计，指令执行过程的各个阶段之和为 800 ps，因此 CPU 时钟信号的最大频率是：

$$f_{max}=\frac{1}{800\ \text{ps}}=1.25\ \text{GHz}$$

在这 800 ps 中大多数的部件都处于空闲状态，例如，ALU 完成一次运算只需要 200 ps，也就是说，如果让 ALU 始终处于有效的工作状态，ALU 的工作频率可以达到：

$$f_{max,ALU}=\frac{1}{200\ \text{ps}}=5\ \text{GHz}$$

这一点是单周期机器无法做到的，为了减少每一个部件的空闲时间，可以采用多周期和流水线技术。

从宏观上，CPU 的执行时间 t_{exec}是由一个程序的执行时间决定的，即：

$$t_{exec} = 一个程序的执行时间 = 程序所有指令的执行时间$$
$$= 指令数 \times \frac{时钟周期数}{一条指令} \times 时钟周期$$
$$= 指令数 \times CPI \times t_{clk} = 指令数 \times \frac{CPI}{f_{clk}} \tag{6-2}$$

其中，CPI 表示指令的时钟周期数；t_{clk}表示 CPU 的时钟周期；f_{clk}表示 CPU 的时钟频率。

3. 影响 CPU 效率的因素

从式(6-2)可以看出，CPU 的效率是由程序中指令的数量、CPI 和时钟频率 f_{clk}决定的，下面我们再进一步的对这几个因素进行分析。

1) 程序中指令的数量

程序中指令的数量是由以下几个因素决定的：

(1) 任务：任务的不同，程序的复杂度不同。

(2) 算法：即使相同的任务，不同的算法，其复杂度是不同的，如 $O(N^2)$ 与 $O(N)$。

(3) 编程语言：编程语言不同，语句和算法可能存在差异。

(4) 编译器：编译器的编译结果不同。

(5) 处理器的指令集：处理器的指令集不同，编写程序的执行可能存在很大差异。

2) CPI

CPI 是由 CPU 的内部结构决定的，例如，我们前面讲的单周期模型机，CPI=1，对于多周期 CPU 而言，CPI>1；而对于超流水线结构，由于增加了处理器内部部件的数量，可以使得指令执行中的任一个阶段在同一时刻执行多条指令，因此 CPI<1。

3) 时钟频率 f_{clk}

时钟频率也是由多种因素决定的，首先是处理器的内部结构，如单周期、多周期、流水线等决定的，同一个指令集如果分别采用单周期和多周期的结构，单周期的时钟频率比较低，流水线的时钟频率取决于流水线中各任务段的划分，任务划分的级数越多，其时钟信号的频率就越高；其次是指令集的选取，相比 RISC，CISC 指令集的时钟频率很难提高；然后就是与半导体的工艺技术有关，更先进的制造工艺还会减少处理器的功耗，从而减少其发热量，有利于提高时钟信号的频率。表 6-32 列出了某两个 CPU 中这 3 个参数与执行时间对比的例子。

表 6-32 两个不同 CPU 参数的比较

	Processor A	Processor B
指令数量	1×10^6	1.5×10^6
平均 CPI	2.5	1
时钟频率 f_s	2.5 GHz	2 GHz
执行时间	1 ms	0.75 ms

从式(6-2)可以看出，要提高 CPU 的速度，就要降低程序的执行时间，可以采取的主要措施有：降低 CPI、提高 f_s。

6.5 多周期 CPU

单周期 CPU 用一个时钟周期执行一条指令，时钟周期的时间长度是由执行时间最长的指令决定的。因此，不管每条指令的复杂程度如何，单周期 CPU 都是花费相同的时间执行每一条指令的，例如，前面设计的模型机，LW 指令使用 IF、ID、EXE、MEM 和 WB 的所有功能单元，而有些指令如 BNE 和 J 只使用了 IF、ID 和 EXE 这 3 个功能单元，这就造成了时间上的浪费。使用单周期设计的代价虽然大，但是对于小的指令集来说是可以接受的。

多周期 CPU 的思想是把每一条指令的执行过程分成若干个小周期，每条指令可以根据其复杂程度，使用不同数量的小周期去执行，这样就可以提高 CPU 的效率。

6.5.1 指令周期的分配

在单周期 CPU 的设计过程中，定义了 5 个指令执行步骤，分别是取指令(IF)、指令译码(ID)、指令执行(EXE)、存储器访问(MEM)和结果写回(WB)。在多指令周期 CPU 中，给这 5 个步骤分别分配一个时钟周期。

在 6.3 节中分析了模型机中每条指令执行所需的步骤，即指令周期的时钟分配表，如表 6 - 33 所示。表 6 - 33 中可以看出每条指令根据执行的功能由 3～5 个时钟周期完成，大部分的指令如 R 型和 I 型指令需要 4 个时钟周期，而最短的 BNE 和 J 指令只需要 3 个时钟周期，只有 LW 指令需要 5 个时钟周期。

表 6 - 33 模型机指令周期时钟分配表

指令类型	指令	IF	ID	EXE	MEM	WB
R 型	ADDU	√	√	√		√
R 型	SUBU	√	√	√		√
R 型	AND	√	√	√		√
I 型	ADDIU	√	√	√		√
Br 型	BNE	√	√	√		
J 型	J	√	√	√		
访存	LW	√	√	√	√	√
访存	SW	√	√	√	√	

6.5.2 多周期的数据通路

多周期的数据通路与单周期并没有本质差别，只是将单周期中一个时钟周期划分为 5 个新的时钟周期。新的时钟周期是由指令执行 5 个阶段中时间最长的任务段决定的，通常这个时间会选取访存周期的时间。同时为了能够切分数据通路，需要在数据通路中插入寄存器，新的完整的数据通路如图 6 - 38 所示。

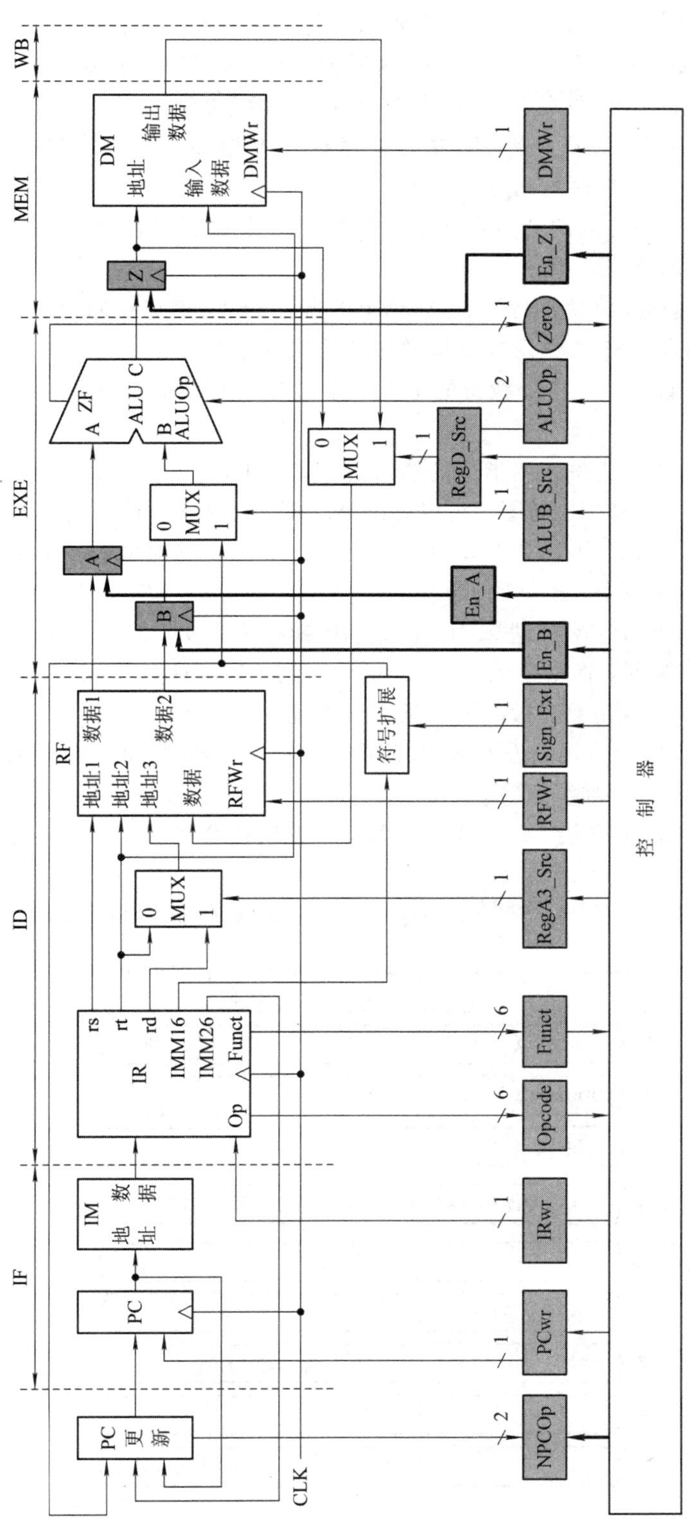

图6-38 多周期CPU数据通路图

相比图 6-29，图 6-38 有以下几个主要的变化：

(1) PC 部件增加了写使能信号 PCWr。这样做的目的是控制 PC 在只在 PCwr 有效时，PC 才更新一次，也就是 PC 只在 IF 阶段发生改变，在指令的其他阶段 PC 保持不变的。

(2) 将图 6-29 中的 ID 更名为 IR(指令寄存器)，并增加写使能控制信号 IRwr，使该部件成为一个受时钟信号控制的指令寄存器。

(3) 在寄存器文件 RF 的两个数据输出端增加了 2 个数据寄存器，分别是 A 和 B，增加锁存控制信号 En_A 和 En_B。

(4) 在 ALU 数据输出端增加保存运算结果的寄存器 Z，增加控制信号 En_Z。

(5) 在数据存储器 DM 的数据输出端增加了数据寄存器 DR。

从图 6-38 中可以看到，指令执行的全部 5 个过程中对应的部件中，都有一个受时钟信号控制的器件。

图 6-39 是以 ADDU 为例说明指令的执行过程。图中，CLK 是时钟信号，其序号 1～6 依次对应指令执行的 6 个步骤。从图中可以看出 ADDU 指令执行的 4 个阶段对应的全过程：

(1) 在 IF 阶段中，PC 中存放 ADDU 指令在 IM 中存放的地址，并送给 IM，IM 输出 ADDU 指令的机器码并送往 IR。

(2) 在下一个 CLK 上升沿，进入 ID 阶段，IR 锁存来自 IM 的机器指令，并将 ADDU 指令的操作码送往控制器，指令中的 rs、rd 和 rt 送到 RF 部件，RF 部件将两个源操作数取出；与此同时，PC 完成更新，指向下一条指令地址。

(3) 在下一个 CLK 上升沿，进入 EXE 阶段，控制寄存器 A 和 B 锁存来自 RF 的两个操作数，并送往 ALU 执行加法运算。

(4) 在下一个 CLK 上升沿，进入 WB 阶段，在这阶段会将 ALU 的结果控制锁存到寄存器Z 中。

(5) 在下一个 CLK 上升沿，开始下一个 IF 阶段，将寄存器 Z 的结果写入 RF 中。

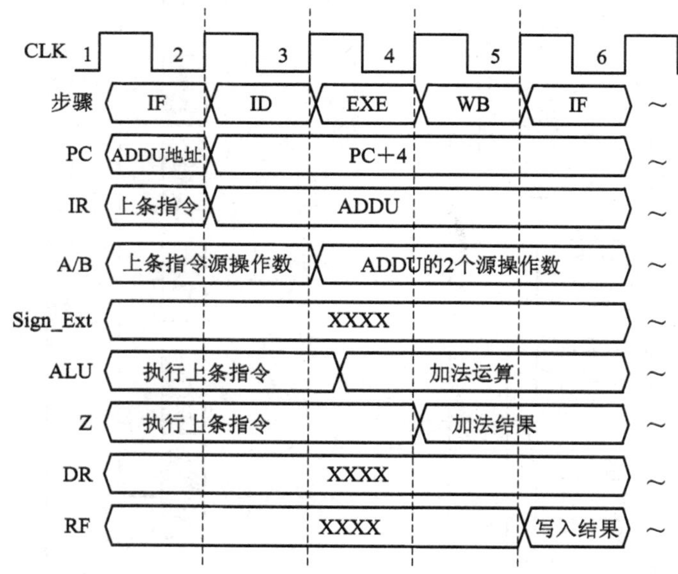

图 6-39 ADDU 指令执行过程时序示意图

6.5.3　状态机的建立

每条指令执行时有不同的动作，这里我们分析模型机每一条指令的动作，并对基本动作规定相应的状态。由于模型机中只有 LW 指令的执行需要经历所有的阶段，因此这里先分析两条访存指令，然后再分析其他指令。

1. LW 指令

取数指令 LW 从取指令 IF 到写回 WB 的 5 个阶段分别用图 6-40 中的状态 S_0～S_4 表示，每个状态控制信号设置如表 6-34 所示。图 6-40 中的状态间的转换是按照箭头上的条件进行的。

表 6-34　LW 指令执行状态及其控制信号

	S_0	S_1	S_2	S_3	S_4
PCWr	1	0	0	0	0
NPCOp	00	XX	XX	XX	XX
IRWr	1	0	0	0	0
En_A	0	1	0	0	0
En_B	0	1	0	0	0
ALUB_Src	X	1	1	1	1
Sign_Ext	X	1	1	1	1
ALUOp	XX	XX	00	00	00
En_Z	0	0	1	0	0
DMWr	0	0	0	0	0
RFWr	0	0	0	0	1
RegA3_Src	X	0	0	0	0
RegD_Src	X	1	1	1	1

S_0(IF)：取指令状态，这个状态的功能是根据 PC 的当前值内容访问 IM。

S_1(ID)：指令译码状态，这个状态中完成以下操作：

(1) 将 IM 输出的指令锁存到 IR。

(2) 从 RF 中读出 R[rs]。

(3) 对指令中的立即数有符号扩展得到 Sign_Ext(Offset)。

(4) 更新 PC 的值，使 PC 指向下一条指令的地址。

S_2(MA)：计算存储单元地址状态，该状态完成以下操作：

(1) 寄存器 A 锁存 R[rs]的数据。

(2) ALU 计算数据存储单元的地址，即 R[rs] + Sign_Ext(Offset)。

S_3(MRead)：存储器读出数据状态，该状态完成以下操作：

(1) 寄存器 Z 锁存 ALU 的计算结果，即 Z= R[rs] + Sign_Ext(Offset)。

(2) 从数据存储器 DM 读出数据。

S_4(MWB)：存储器数据写入寄存器状态，该状态完成以下操作：

将 RF 的写使能信号 RFWr 置 1，在下一个时钟信号的上升沿(IF 状态)将 DR 输出的数据写入 R[rt]。

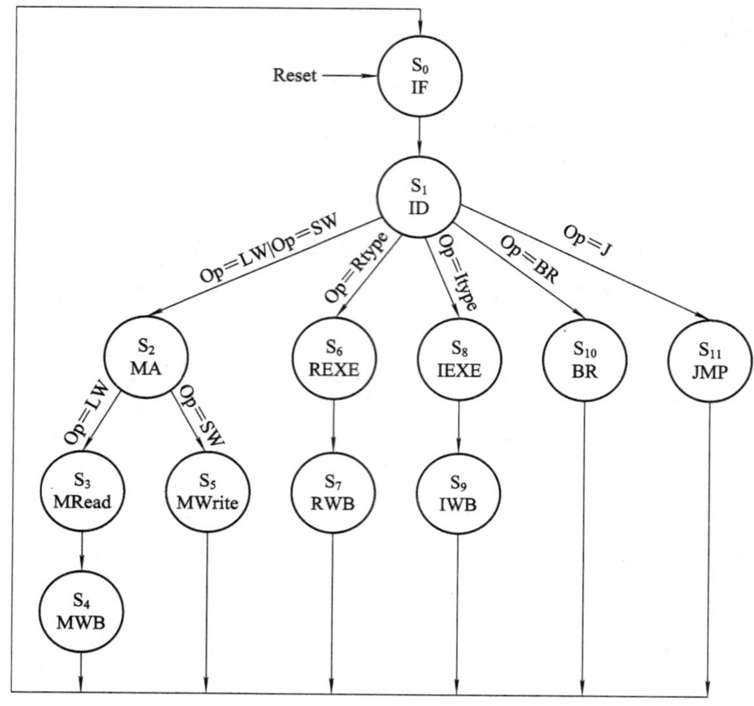

图 6-40　多周期 CPU 的状态转移图

2. SW 指令

存数指令 SW 需要 IF、ID、EXE 和 MEM 这 4 个阶段，对应图 6-40 中的 S_0、S_1、S_2 和 S_5 这 4 个状态，SW 指令各状态的控制信号如表 6-35 所示。其中，前 3 个阶段的状态与 LW 指令的 S_0～S_2 完全相同，这里只分析 SW 在 MEM 阶段的状态 S_5。

表 6-35　SW 指令执行状态及其控制信号

	S_0	S_1	S_2	S_3	S_4	S_5
PCWr	1	0	0			0
NPCOp	00	XX	XX			XX
IRWr	1	0	0			0
En_A	0	1	0			0
En_B	0	1	0			0
ALUB_Src	X	1	1			1
Sign_Ext	X	1	1			1
ALUOp	XX	XX	00			00
En_Z	0	0	1			0
DMWr	0	0	0			1
RFWr	0	0	0			0
RegA3_Src	X	0	0			0
RegD_Src	X	1	1			1

S_5(MWrite)：存储器写入状态，该状态完成以下操作：

(1) 将 S_3 状态 ALU 的运算结果锁存到 Z 寄存器，即 Z= R[rs] + Sign_Ext(Offset)。

(2) 将数据存储器 DM 的写使能信号 DMWr 置 1，使得在下一个时钟信号的上升沿(IF 状态)将 R[rt]写入 DM。

3. ADDU 指令

加法指令 ADDU 需要 IF、ID、EXE 和 WB 这 4 个阶段，对应图 6-40 中的 S_0、S_1、S_6 和 S_7 这 4 个状态，ADDU 指令各状态的控制信号如表 6-36 所示。这里分析新增加的两个状态 S_6 和 S_7。

S_6(REXE)：R 型指令数据运算状态，该状态完成以下操作：

(1) 将寄存器 RF 输出端的数据锁存到 A、B 两个寄存器，即 A=R[rs]，B=R[rt]。

(2) ALU 执行 A+B 的运算。

S_7(RWB)：将 R 型指令的运算结果写入寄存器状态，该状态完成以下操作：

(1) 将 ALU 的计算结果锁存到寄存器 Z 中。

(2) 将 RF 的写使能信号 RFWr 置 1，使得下一个时钟信号的上升沿(IF 状态)将 DR 数据写入。

表 6-36　ADDU 指令执行状态及其控制信号

	S_0	S_1	S_2	S_3	S_4	S_5	S_6	S_7
PCWr	1	0					0	0
NPCOp	00	XX					XX	XX
IRWr	1	0					0	0
En_A	0	1					0	0
En_B	0	1					0	0
ALUB_Src	X	1					0	0
Sign_Ext	X	1					X	X
ALUOp	XX	XX					00	00
En_Z	0	1					1	0
DMWr	0	0					0	0
RFWr	0	0					0	1
RegA3_Src	X	0					1	1
RegD_Src	X	1					0	0

4. SUBU 和 AND 指令

SUBU、AND 指令与 ADDU 指令都是 R 型指令。它们在执行时的数据通路是完全相同的，区别仅在 ALU 执行运算不同，因此这两条指令执行的状态与 ADDU 指令是一样的，只是需要将表 6-36 中 S_6 和 S_7 状态的 ALUOp 信号分别置为减法(ALUOp=01B)和逻辑与(ALUOp=10B)运算即可。

5. ADDIU 指令

ADDIU 指令是 I 型的加法指令，需要 IF、ID、EXE 和 WB 这 4 个阶段，与 ADDU 指令不同的是 ALU 数据输入端 B 的数据不是来自寄存器，而是来自立即数。ADDIU 指令对应图 6-40 中的 S_0、S_1、S_8和 S_9这 4 个状态，ADDIU 指令各状态的控制信号如表 6-37 所示。这里分析新增加的两个状态 S_8和 S_9。

S_8(IEXE)：I 型运算类指令数据运算状态。该状态完成以下操作：

(1) 将寄存器 RF 输出端的数据锁存到 A 寄存器，即 A=R[rs]。

(2) 将指令中的立即数 Imm 进行符号扩展，送往 ALU 输入端 B。

(3) ALU 执行 A+ Sign_Ext(Offset) 的运算。

S_9(IWB)：将 I 型运算类指令的运算结果写入寄存器状态。该状态完成以下操作：

(1) 将 ALU 的计算结果锁存到寄存器 Z 中。

(2) 将 RF 的写使能信号 RFWr 置 1，使得下一个时钟信号的上升沿(IF 状态)将 DR 数据写入。

表 6-37 ADDIU 指令执行状态及其控制信号

	S_0	S_1	S_2	S_3	S_4	S_5	S_6	S_7	S_8	S_9
PCWr	1	0							0	0
NPCOp	00	XX							XX	XX
IRWr	1	0							0	0
En_A	0	1							0	0
En_B	0	1							0	0
ALUB_Src	X	1							1	1
Sign_Ext	X	1							1	1
ALUOp	X	XX							00	00
En_Z	0	0							1	0
DMWr	0	0							0	0
RFWr	0	0							0	1
RegA3_Src	X	0							1	1
RegD_Src	X	1							0	0

从表 6-36 和表 6-37 可以看出，R 型和 I 型运算指令在执行时并没有实质性的差别，区别仅在于 ALU 输入数据 B 端的数据通路符号扩展模块的控制。因此，也可以将状态 S_7和 S_9合并。

6. BNE 指令

BNE 指令是 I 型的分支跳转指令，需要 IF、ID 和 EXE 这 3 个阶段。BNE 指令的执行过程对应图 6-40 中的 S_0、S_1和 S_{10}这 3 个状态，BNE 指令各状态的控制信号如表 6-38 所示。下面对新增加的状态 S_{10}进行分析。

S_{10}(BR)：BNE 指令运算转移状态。该状态完成以下操作：

(1) 将寄存器 RF 输出端的数据分别锁存到 A、B 两个寄存器，即 A=R[rs]，B=R[rt]。

(2) ALU 执行 A-B 的运算，并根据结果设置结果为零标志位 ZERO。

(3) 根据 ZERO 设置 NPC 部件的控制信号，生成新的 PC 地址。

表 6－38　BNE 指令执行状态及其控制信号

	S_0	S_1	S_2	S_3	S_4	S_5	S_6	S_7	S_8	S_9	S_{10}
PCWr	1	0									0/1($\overline{ZERO}$=1)
NPCOp	00	XX									{0,$\overline{ZERO}$}
IRWr	1	0									0
En_A	0	1									0
En_B	0	1									0
ALUB_Src	X	1									0
Sign_Ext	X	1									1
ALUOp	X	XX									01
En_Z	0	0									0
DMWr	0	0									0
RFWr	0	0									0
RegA3_Src	X	0									X
RegD_Src	X	1									X

从表 6－38 可以看到，当执行 BNE 指令时，PCWr 信号两次有效，两次有效的作用是不同的，S_0状态是指实现 PC＝PC＋4 功能，而 S_{10}状态在 ZERO＝0 时，需要再完成 PC＝PC＋ Sign_Ext(Offset)的功能。也可以看成 PC 是分两次完成更新的。

因此，对 6.2.2 节中 NPC 模块的功能和代码分别做如表 6－39 所示和例 6－11 的修改。

表 6－39　NPC 模块的接口定义

信号名称	位宽	方向	描　　述
PC	30	I	输入旧的 PC 值
NPCOp	2	I	PC 更新的方式 00：顺序执行，即 PC＝PC＋4 01：有条件转移短转移，PC＝PC＋IMM[15:0] 10：无条件转移远转移，PC[27:2]＝ IMM[25:0]－4 11：无条件寄存器远转移，PC＝GPR[rs]－4
IMM	26	I	短条件和无条件长转移指令的偏移量
TARGET_ADDR	32	I	来自寄存器的远转移值
NPC	30	O	更新后的 PC 值

新的 NPC 模块中由于模型机中存储器编址是 4B，因此代码中 PC 的顺序更新应为 PC＝PC＋1。

例 6－11　新的 NPC 模块的代码。

```
`include "define.v"
module NPC(PC, NPCOp, IMM, Target_addr, NPC);
```

```
input[31:2] PC;
input[1:0] NPCOp;
input[25:0] IMM;
input[31:0] Target_addr;

output[31:2] NPC;

reg[31:2] NPC;
reg[31:2] tempPC;

always@( * ) begin
case(NPCOp)
      `NPC_PLUS4: NPC = PC+1;
      `NPC_BRANCH: NPC =PC + {{14{IMM[15]}}, IMM[15:0]};
      `NPC_JUMP: NPC = {PC[29:26], IMM[25:0]} -1 ;
      `NPC_JR: NPC = Target_addr[31:2] -1 ;
   endcase
  end
endmodule
```

7. J 指令

J 指令是无条件转移指令，是 J 型指令。J 指令需要 IF、ID 和 EXE 这 3 个阶段。J 指令的执行过程对应图 6－40 中的 S_0、S_1 和 S_{11} 这 3 个状态，J 指令各状态的控制信号如表 6－40 所示。下面对状态 S_{11} 进行分析。

表 6－40 J 指令执行状态及其控制信号

	S_0	S_1	S_2	S_3	S_4	S_5	S_6	S_7	S_8	S_9	S_{10}	S_{11}
PCWr	1	0										1
NPCOp	00	XX										10
IRWr	1	0										0
En_A	0	1										0
En_B	0	1										0
ALUB_Src	X	1										0
Sign_Ext	X	1										X
ALUOp	X	XX										XX
En_Z	0	0										0
DMWr	0	0										0
RFWr	0	0										0
RegA3_Src	X	0										X
RegD_Src	X	1										X

S_{11}(JMP)：JMP 指令转移状态。该状态只需要控制将 NPC 部件的 NPCOp=10B 实现远转移即可。同样在 J 指令中对 PC 也是进行两次锁存操作。

6.5.4　多周期控制器的实现

多周期控制器的设计过程与单周期控制器类似，这里介绍组合逻辑控制器的设计步骤。

(1) 识别各指令类型和指令。图 6-40 中的状态转移过程是由指令类型和具体的指令决定的，因此需要先用变量表达该图中的指令类型和不同的指令。

$$
\begin{cases}
RType=\overline{OP[5]}\cdot\overline{OP[4]}\cdot\overline{OP[3]}\cdot\overline{OP[2]}\cdot\overline{OP[1]}\cdot\overline{OP[0]} \\
ADDU=RType\cdot FUN[5]\cdot\overline{FUN[4]}\cdot\overline{FUN[3]}\cdot\overline{FUN[2]}\cdot\overline{FUN[1]}\cdot FUN[0] \\
SUBU=RType\cdot FUN[5]\cdot\overline{FUN[4]}\cdot\overline{FUN[3]}\cdot\overline{FUN[2]}\cdot FUN[1]\cdot FUN[0] \\
AND=RType\cdot FUN[5]\cdot\overline{FUN[4]}\cdot\overline{FUN[3]}\cdot FUN[2]\cdot\overline{FUN[1]}\cdot\overline{FUN[0]} \\
ADDIU=\overline{OP[5]}\cdot\overline{OP[4]}\cdot OP[3]\cdot\overline{OP[2]}\cdot\overline{OP[1]}\cdot OP[0] \\
BNE=\overline{OP[5]}\cdot\overline{OP[4]}\cdot\overline{OP[3]}\cdot OP[2]\cdot\overline{OP[1]}\cdot OP[0] \\
J=\overline{OP[5]}\cdot\overline{OP[4]}\cdot\overline{OP[3]}\cdot\overline{OP[2]}\cdot OP[1]\cdot\overline{OP[0]} \\
LW=OP[5]\cdot\overline{OP[4]}\cdot\overline{OP[3]}\cdot\overline{OP[2]}\cdot OP[1]\cdot OP[0] \\
SW=OP[5]\cdot\overline{OP[4]}\cdot OP[3]\cdot\overline{OP[2]}\cdot OP[1]\cdot OP[0] \\
IType=ADDIU
\end{cases}
$$

(2) 为状态机各状态分配编号，并用变量表示各个状态。状态机共有 11 个状态，因此需要 4 位的编码分别为 fsm[3:0]，各状态的编码，如表 6-41 所示。

表 6-41　状态机的状态编码

状态名	S_0	S_1	S_2	S_3	S_4	S_5	S_6	S_7	S_8	S_9	S_{10}	S_{11}
编码	0000	0001	0010	0011	0100	0101	0110	0111	1000	1001	1010	1011

$$
\begin{cases}
S_0=\overline{fsm[3]}\cdot\overline{fsm[2]}\cdot\overline{fsm[1]}\cdot\overline{fsm[0]} \\
S_1=\overline{fsm[3]}\cdot\overline{fsm[2]}\cdot\overline{fsm[1]}\cdot fsm[0] \\
\qquad\vdots \\
S_{11}=fsm[3]\cdot\overline{fsm[2]}\cdot fsm[1]\cdot fsm[0]
\end{cases}
$$

(3) 写出每个可控制信号的逻辑表达式。为了能够使控制器产生各个部件所需的 10 个控制信号，需要分析每条指令在每个状态各个控制信号的状态，然后写出每个控制信号的逻辑表达式。在前面状态机建立过程的讲解中，分析了每条指令执行的各个状态，都有一张执行状态和控制信号的表格。分析每个控制信号时，要将所有指令的表格都整合起来，产生每个控制信号的指令和状态关系表。这里以 PCWr、NPCOp 和 ALUOp 为例说明多周期控制信号的表达式是如何产生的。

① PCWr。表 6-42 是 PC 部件的锁存控制信号 PCWr 的取值分析情况。这张表是抽取了模型机中所有 8 条指令状态表中 PCWr 在所有状态中的取值情况形成的。

表 6－42 PCWr 信号分析列表

	S_0	S_1	S_2	S_3	S_4	S_5	S_6	S_7	S_8	S_9	S_{10}	S_{11}
LW	1	0	0	0	0	0	0	0	0	0	0	0
SW	1	0	0	0	0	0	0	0	0	0	0	0
ADDU	1	0	0	0	0	0	0	0	0	0	0	0
SUBU	1	0	0	0	0	0	0	0	0	0	0	0
AND	1	0	0	0	0	0	0	0	0	0	0	0
ADDIU	1	0	0	0	0	0	0	0	0	0	0	0
BNE	1	0	0	0	0	0	0	0	0	0	0/1($\overline{ZERO}$=1)0	0
J	1	0	0	0	0	0	0	0	0	0	0	1

从表 6－42 中可以看出，PCWr＝1 的情况可以分为以下 3 种：

a. 所有指令在 S_0 状态时。

b. BNE 指令在 S_{10} 状态下且当 ZERO＝0 时。

c. J 指令在 S_{11} 状态时。

因此，写出 PCWr 的表达式为

$$\begin{aligned} PCWr &= (LW+SW+ADDU+SUBU+AND+ADDIU+BNE+J)\cdot S0 \\ &\quad +BNE\cdot \overline{ZERO}\cdot S10+J\cdot s11 \\ &= S0+BNE\cdot \overline{ZERO}\cdot S10+J\cdot s11 \end{aligned}$$

② NPCOp。NPCOp 是 NPC 部件的控制信号，其状态与 PCWr 信号共同决定了 PC 的值。表 6－43 是 PC 部件的锁存控制信号 PCWr 的取值分析情况。

表 6－43 NPCOp 信号分析列表

	S_0	S_1	S_2	S_3	S_4	S_5	S_6	S_7	S_8	S_9	S_{10}	S_{11}
LW	00	XX	XX	XX	XX	XX	XX	XX	XX	XX	XX	XX
SW	00	XX	XX	XX	XX	XX	XX	XX	XX	XX	XX	XX
ADDU	00	XX	XX	XX	XX	XX	XX	XX	XX	XX	XX	XX
SUBU	00	XX	XX	XX	XX	XX	XX	XX	XX	XX	XX	XX
AND	00	XX	XX	XX	XX	XX	XX	XX	XX	XX	XX	XX
ADDIU	00	XX	XX	XX	XX	XX	XX	XX	XX	XX	XX	XX
BNE	00	XX	XX	XX	XX	XX	XX	XX	XX	XX	{0,$\overline{ZERO}$}	XX
J	00	XX	XX	XX	XX	XX	XX	XX	XX	XX	XX	10

写出两位 NPCOp 的表达式为

$$NPCOp[1] = J \cdot s11$$

$$NPCOp[0] = BNE \cdot \overline{ZERO} \cdot S10$$

③ ALUOp。ALUOp 是运算器的操作控制信号，具体的取值情况如表 6-44 所示。

表 6-44　ALUOp 信号分析列表

	S_0	S_1	S_2	S_3	S_4	S_5	S_6	S_7	S_8	S_9	S_{10}	S_{11}
LW	XX	XX	00	00	00	XX	XX	XX	XX	XX	XX	XX
SW	XX	XX	00	XX	XX	00	XX	XX	XX	XX	XX	XX
ADDU	XX	XX	XX	XX	XX	XX	00	00	XX	XX	XX	XX
SUBU	XX	XX	XX	XX	XX	XX	01	01	XX	XX	XX	XX
AND	XX	XX	XX	XX	XX	XX	10	10	XX	XX	XX	XX
ADDIU	XX	XX	XX	XX	XX	XX	XX	XX	00	00	XX	XX
BNE	XX	XX	XX	XX	XX	XX	XX	XX	XX	XX	01	XX
J	XX	XX	XX	XX	XX	XX	XX	XX	XX	XX	XX	XX

写出两位 NPCOp 的表达式为

$$ALUOp[1] = AND \cdot (S6+S7)$$

$$ALUOp[0] = SUBU \cdot (S6+S7) + BNE \cdot S10$$

6.6　流水线 CPU

在 6.5 节中将一条指令的执行分成了 IF、ID、EXE、MEM 和 WB 这 5 个过程，每条指令执行完后，控制器再取出下一条指令继续执行，这种情况下，同一个时刻只能有一条指令在执行，这种程序的执行过程称为“串行执行方式”。在这种方式中存在计算机的部件利用率低的问题。例如，在 IF 阶段，只用到了 PC、IM 部件，ALU 和 RF 都处于空闲状态；而在 EXE 阶段只有 ALU 在工作，其他部件都是闲置的。为了提高计算机的工作效率，我们希望各个部件都能够持续工作，使一台机器能够同时执行两条或多条指令的不同阶段，以提高机器的运行速度，采用流水线技术就可以做到这一点。

6.6.1　流水线原理

流水线是工业生产中一种常见的形式，这里以服装生产的过程为例说明流水线的工作特点。假设一套服装的生产要经过 5 个环节，分别是：剪裁、锁边、缝纫、熨烫和包装，每个环节对应一个操作工人，整个生产过程需要 5 个工人。在没有使用流水线的情况下，加工服装时，只有当一套服装在完成上述 5 个环节的加工过程后，下一套服装才能开始进行加工。这种方式下，只有一个环节的工人在进行服装加工，其余的工人都处于等待的空闲状态。若采用流水线方式，5 个工人依次排列，所有工人坐在在一个可以自动控制的皮带传输工作台(也称为流水工作台)前，这个工作台会以固定的时间间隔将上一个工人加工的服装传送到下一个工人面前。这样，若在 T_0 时刻第一个工人开始剪裁第一套服装，剪裁完成后放到流水线工作台上，T_1 时刻工作台会自动将裁剪好的服装送到第二个工人面前，第二个工人开始锁边的操作，而第一个工人马上开始剪裁第二套服装；这样在 T_4 时刻到来时，5 个工人分别在对 5 套服装进行加工，因此在接下来的生产过程中 5 个工人都处于工作状态，这种生产方式称为流水线方式。

假设指令周期包含 5 个子过程：IF、ID、EX、MEM 和 WB，可以用图 6－41 表示指令周期的工作过程。我们可以用 S_1～S_5 分别依次对应图中的 IF、ID、EXE、MEM 和 WB 这 5 个子过程段。

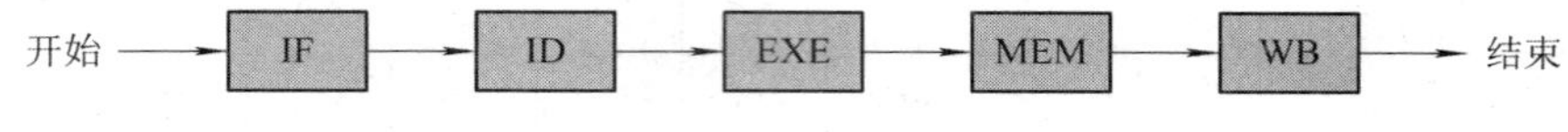

图 6－41　指令周期的流程图

串行方式执行两条指令的过程如图 6－42 所示。图中的 I_1 和 I_2 表示两条不同的指令，I_1 指令依次经过 IF、ID、EXE、MEM 和 WB 子过程段后完成，接着下一条指令 I_2 又经过 5 个子过程段后完成。在串行执行方式中这 5 个子过程段实际花费的时间之和就是指令周期。若 5 个子过程段的实际执行时间如表 6－45 所示，则完成一条指令的时间就是 750 ps，图 6－42 所示是非流水的时空图，图中执行两条指令所需的实际时间是 1500 ps。

表 6－45　5 个子任务段的实际执行时间

IF	ID	EXE	MEM	WB
200 ps	100 ps	150 ps	200 ps	100 ps

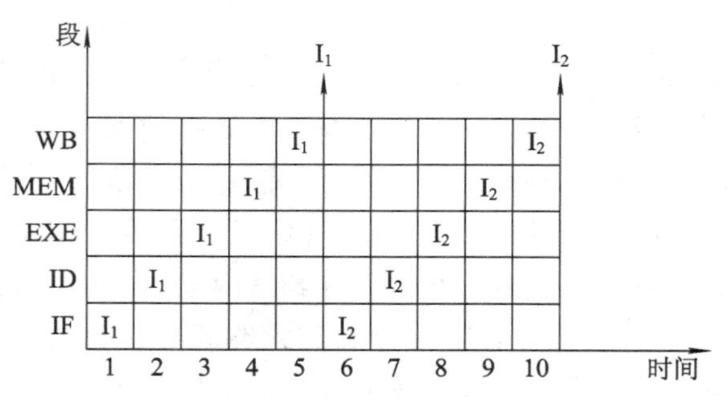

图 6－42　非流水线处理器指令执行时空图

在流水线方式下，指令被连续不断地输入到流水线中，在流水线被充满后，每个时刻 5 个子过程段对应的部件都处于工作状态，这样就实现了多条指令的并行。流水线处理器的基本结构如图 6－43 所示，各子过程段之间有一个高速缓冲寄存器(B)，用来暂存相邻的上一个子过程段处理的结果，这些缓冲寄存器都受同一个时钟信号 CP 的控制，每条指令执行过程中所需的数据和控制信号都需要在相邻的子过程段之间传递。图 6-43 中的 ID 和 WB 过程段都需要用到 RF，但是 ID 子过程段对 RF 是读出操作，WB 子过程段对 RF 是写入操作。为了避免两个子过程段对 RF 部件同时进行操作，可以将 RF 设计成在时钟信号的下降沿读出数据，而在时钟信号的上升沿写入数据。

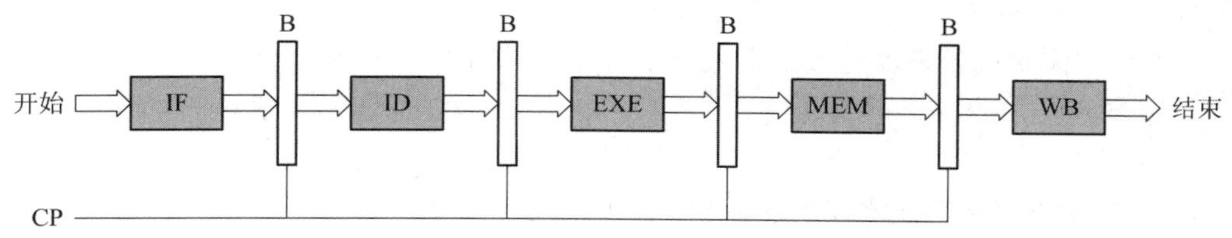

图 6-43 指令执行中各过程子任务段的划分

在实际的设计中，5 个子过程段的执行时间不一定相同，而流水线处理器的时钟信号 CP 的周期是由执行时间最长的子过程段决定的。在流水线结构的处理器中，设子过程段 S_i所需的时间为 t_i，缓冲器寄存器 B 的延时为 t_B，则流水线中时钟信号 CP 的时钟周期 T 应为

$$T=\max(t_i)+t_B$$

在图 6-43 所示的五级流水处理器中，每个子过程段的执行时间如果按照表 6-45 所示，5 个子过程段中 IF 和 MEM 是耗时最长的，需要 200 ps，则 $\max(t_i)$是 200 ps，若 $t_B=10$ ps，则有

$$T=200\ \text{ps}+10\ \text{ps}=210\ \text{ps}$$

这样完成一条指令，如果采用如图6-43 所示的 5 级流水，执行一条指令所需的实际时间是 5×210 ps=1050 ps，似乎比串行方式处理器的指令周期多了 300 ps 的时间。

在流水线计算机中，流水线中每个子过程段的工作都是相互独立的，也就是说，同一个时间段中 5 个子过程段是并行工作的，即它们同时在执行不同的指令，流水线中指令的每一步操作都是在 CP 的控制下进行的，在流水线满负荷时，每一个时钟周期可以完成一条指令。图 6-44 所示的是流水线处理器指令执行的时空图，从图中可以看出 10 个时钟周期(2100 ps)中可以完成 6 条指令。

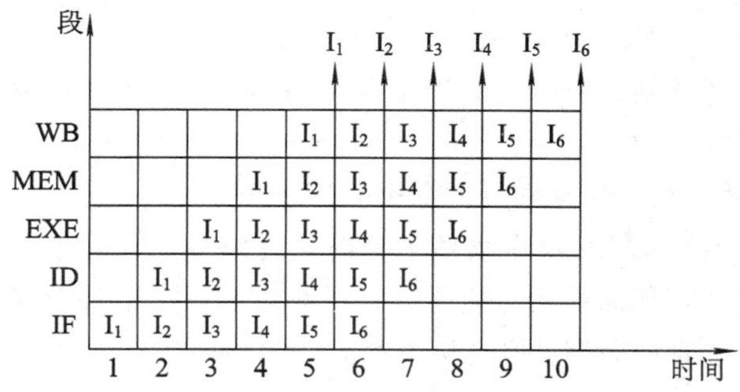

图 6-44 流水线处理器指令执行时空图

在流水线计算机中，当任务饱满时，不论流水线采用多少级，每个时钟周期都能完成一条指令，从理论上说，一个具有 k 级子过程段的流水线执行 n 条指令所需要的时间为

$$T_k=(k+(n-1))T \tag{6-3}$$

式中，前 k 个时钟周期用于执行第一条指令，当 k 个时钟周期结束后，由于流水线被充满，其余的 n－1 条指令只需要 n－1 个时钟周期就完成了。

若采用非流水线处理器完成 n 条指令，需要的时间为

$$T_1 = n\sum_{i=1}^{k} t_i \tag{6-4}$$

T_1和 T_k的比值称为流水线的加速比，用 C_k表示，即

$$C_k=\frac{n\text{ 条指令串行执行时间}}{n\text{ 条指令流水线运行时间}}=\frac{T_1}{T_k} \tag{6-5}$$

当 n≫k 时，理论上 k 级流水线处理器的速度几乎可以提高 k 倍。

6.6.2 MIPS 的流水线

在流水线处理器的每个时钟周期中，各个子过程段执行的指令是不同的，也就是说在一个时钟周期里会有多条指令在数据通路中被执行。MIPS 处理器采用 5 级流水，同时可以执行 5 条指令。从前面的内容我们知道，不同的指令在这五个子过程段的控制信号是不一样的，因此，在每个子过程段中执行的指令必须要“自带”其在该子过程段的控制信号和所需的相关数据、地址信号，这些信号都是存放在缓冲器 B 中的，如图 6－45 所示。在相邻两个子过程段之间增加的缓冲器 B 用来保存数据通路中产生的数据、地址和控制信号，这是流水线处理器设计时的一个主要思路。图 6－45 中每个缓冲器的名称标在缓冲器的上部，为了说明缓冲器与子过程段的关系，每个缓冲器都是按照其在流水线中所处的位置命名的，例如，连接 IF 和 ID 子任务段的缓冲器用 IF/ID 表示，EXE/MEM 是连接 EXE 和 MEM 子任务段的缓冲器。每当时钟信号上升沿到来时，缓冲器中的信息都会被传输到下一个子过程段。MIPS 流水线中 4 个缓冲器的作用如下：

(1) IF/ID 缓冲器：保存指令和 PC。

(2) ID/EXE 缓冲器：保存指令在译码子过程段产生的该指令在后续 EXE、MEM、WB 过程段的所有控制信号、指令执行所需的数据。

(3) EXE/MEM 缓冲器：保存该指令在后续 MEM 和 WB 过程段所需的所有控制信号以及 ALU 产生的结果。

(4) MEM/WB 缓冲器：保存回写的数据和控制信号。

在流水线处理器中，虽然并没有缩短指令的执行路径，但是在每个时钟周期内，整个数据通路中有多条指令在同时执行，使得数据通路中的各个部件被充分利用。虽然每条指令的执行需要经过 5 个时钟周期，但是从整个处理器来看，在流水线充满后，每个时钟周期都会输出一条指令，提高了指令执行的速度。

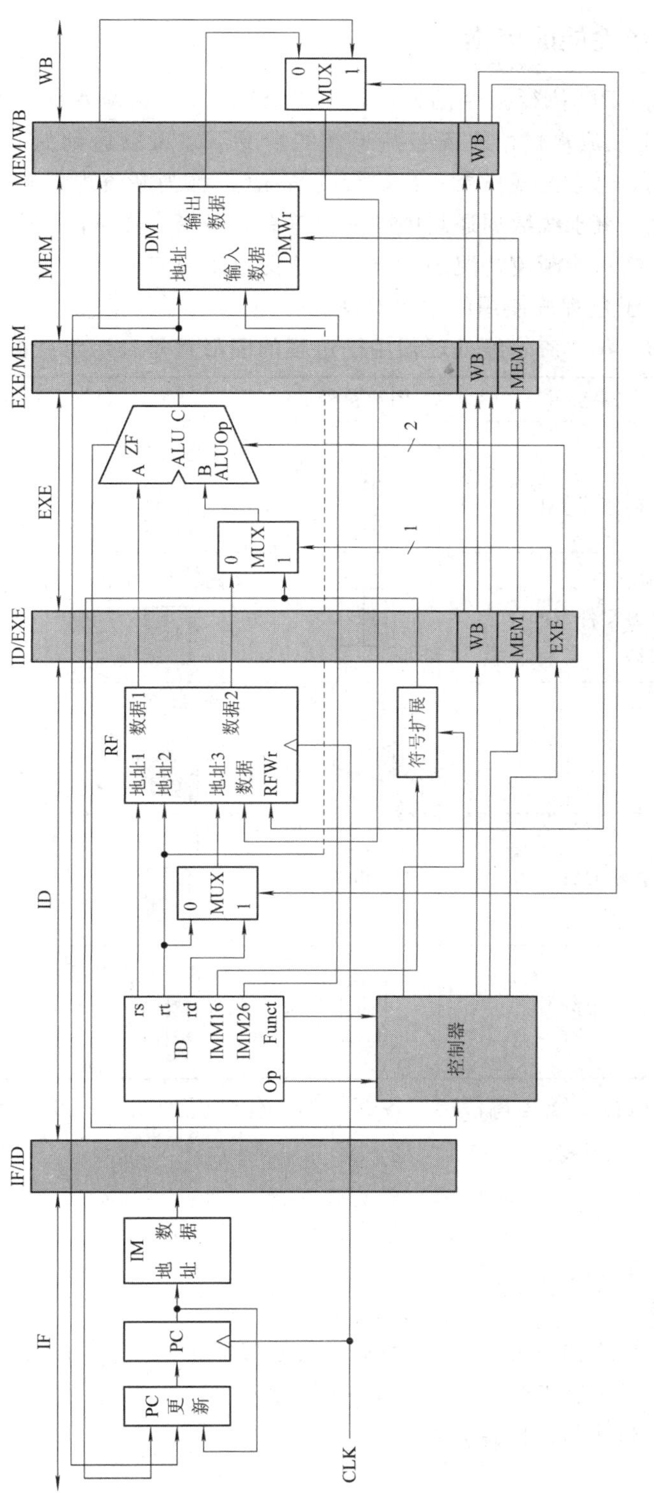

图 6-45　5 级流水线处理器数据通路图

6.6.3 影响流水线性能的因素

流水线可以提高 CPU 执行指令的速度，理想情况下，k 级流水线的加速比可以达到 k，但这种理想情况是在流水线始终满负荷工作的情况下才可以达到的。然而流水线不可能总是满负荷运行的，也会出现指令中断执行的情况(也称为断流现象)，这就会影响后续指令的正常执行。由于流水线数据通路中同一时刻有多条指令在不同的子过程段中同时执行，为了方便后面对流水线断流情况的分析，这里我们使用表 6-46 中的图形符号表示流水线数据通路中 5 个子过程段使用的主要部件。

表 6-46 流水线处理器中子过程的图形符号表示示意图

子过程名称	主要部件	图形符号	功能符号说明	
IF	① PC ② 指令存储器 IM	IM	取指令 IM	
ID	① 译码器 ID ② 寄存器文件 RF ③ 控制器	RF	译码(读寄存器) RF	
EXE	运算器 ALU	ALU	运算 ALU	
MEM	数据存储器 DM	DM	读数据 DM	写数据(CP 上升沿) DM
WB	寄存器文件 RF	RF	写寄存器(CP 上升沿) RF	

当流水线 CPU 执行下面程序段时，各部件的工作情况如图 6-46 所示。

```
ADDU $10,$11,$12
LW $4,20($5)
AND $1,$2,$3
OR $14,$15,$16
SW $6,10($7)
```

从图 6-46 中可以看出，从 T_4 时间段开始，处理器中的主要功能部件都处于工作状态，分别在执行 5 条不同的指令。指令在充满流水线之后，流水线的效率是最高的，但是会有很多情况会造成流水线的断流，主要有 3 种。

1. 资源相关

资源相关是指多条指令进入流水线后，在同一个时钟周期内两个或两个以上的子过程段需要使用同一个功能部件而引发的流水线断流。资源相关有存储器相关和寄存器相关。

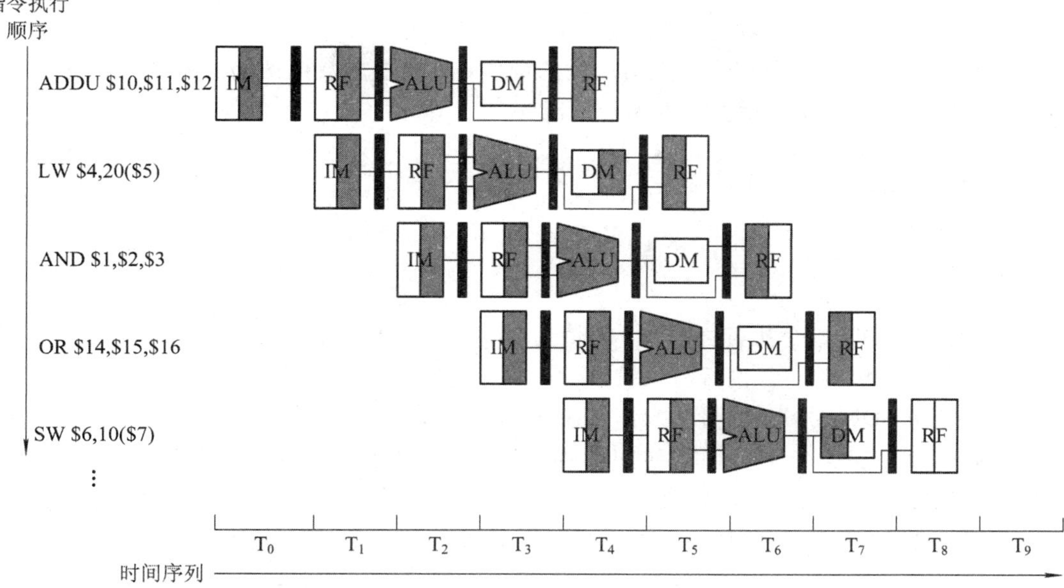

图 6-46 用图形化符号表示的5条指令的流水线工作情况示意图

1）存储器相关

从图6-46可以看到，在 T_4 时间段中，第二条LW指令和第五条SW指令都需要访问存储器资源，LW指令处于MEM阶段，需要从存储器中读出数据；SW指令处于IF阶段，需要从存储器中读出指令。对于MIPS机器而言采用的是哈佛结构，也就是说，指令放在指令存储器IM中，数据放在数据存储器DM中，因此这是两个不同的部件，两条指令的执行不存在资源冲突。而对于冯·诺依曼机器而言，由于指令和数据都是放在一个统一的存储器中的，因此会存在资源相关的问题，解决的方法可以采用双端口存储的方法，或者将第五条指令延时一个时钟周期后再进入IF阶段。

2）寄存器相关

同样是在 T_4 时间段中，第一条ADDU指令和第四条OR指令都需要访问RF这个资源，两条指令访问的是不同的寄存器，ADDU指令对RF执行对寄存器$10的数据写入操作，OR指令需要读出RF中$15和$16的数据。为了使两个子过程段的任务可以同时执行，RF可以设计为读出数据不受时钟信号控制，而写入数据在时钟信号的上升沿完成。

通过上面的分析可对于MIPS处理器采用以下两种方法，可解决资源冲突问题。

（1）将指令存储器和数据存储器分离。

（2）对RF的读写操作采用不同的时刻。

2. 数据相关

数据相关是流水线中最常见的造成断流的原因，通常是指流水线中的两条指令涉及同一个寄存器，即流水线中后一条指令的运算数据需要用到前一条指令的执行结果，而此刻前一条指令的执行结果并未写入到相应的寄存器，因此后一条指令直接从RF中读取的数据是错误的，这种现象称为数据相关。

在MIPS机器中有两种情况会产生数据相关。

1）寄存器数据相关

由于 MIPS 机器中大多数指令的数据都是在寄存器 RF 中存放的，如果进入流水线的几条相邻指令对同一个寄存器有先写后读的操作，就会造成数据访问的冲突。下面我们分析如下程序段进入流水线后指令的执行情况：

```
ADDU $t0, $t1, $t2
SUBU $t4, $t0, $t3
AND $t5, $t0, $t6
OR $t7, $t0, $t8
XOR $t9, $t0, $t10
```

假设在 ADDU 指令执行之前 $t0 的值为 1，执行 ADDU 指令之后，$t0 的值为 7。第一条 ADDU 指令是对 $t0 执行写入操作，第二条到第五条指令都是执行 $t0 的读出操作。第一条指令 ADDU 对 $t0 的写入操作是在 T_4 时间段时钟信号的上升沿完成的，而第二条和第三条指令分别是在 T_2 和 T_3 时间段就要读出 $t0 的值，而此刻新的数据还没有写入 $t0 中，因此读出的是错误的数据“1”，发生数据相关，如图 6-47 所示。图中第四条 OR 指令和第五条 XOR 指令在 ID 子过程段对 RF 读取的数据是“7”，是正确的。

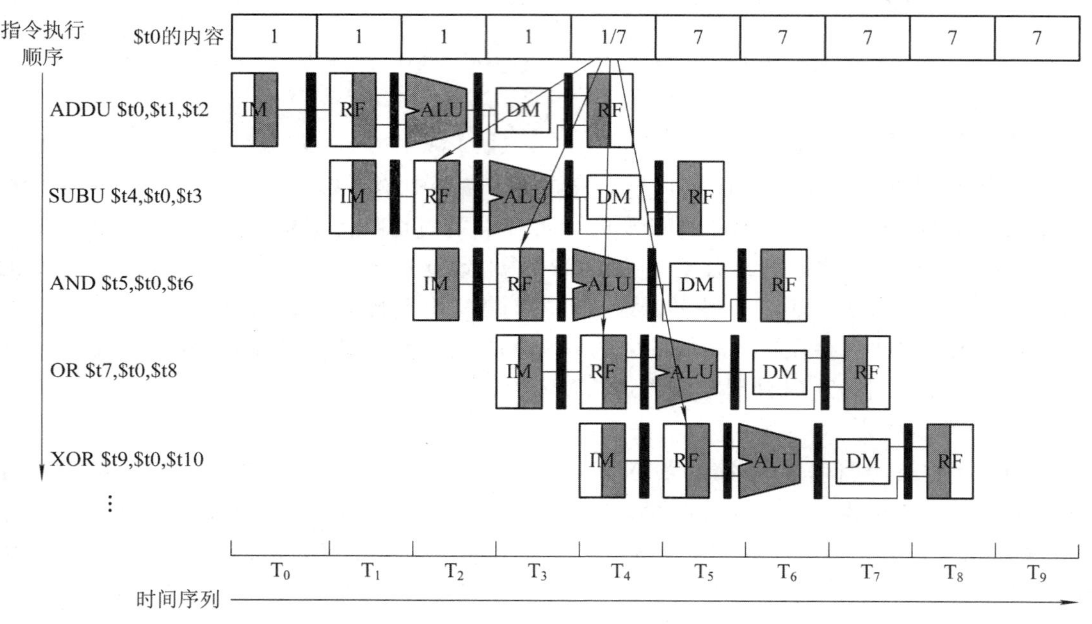

图 6-47　流水线中寄存器数据相关示意图

常用的解决寄存器数据相关的方法有以下两种。

（1）延时法。这种方法是最简单的方法，当判断两条相邻的指令存在读写数据相关时，延长第二条指令进入流水线的时间，延时 2 个时钟周期，如图 6-48 所示。图中的气泡表示不做任何操作。

延时虽然可以保证指令功能的正确执行，但是由于加入等待周期降低了机器的效率。为了避免等待也可以采用优化编译的方法，避免发生数据读/写相关的指令同时进入流水线。

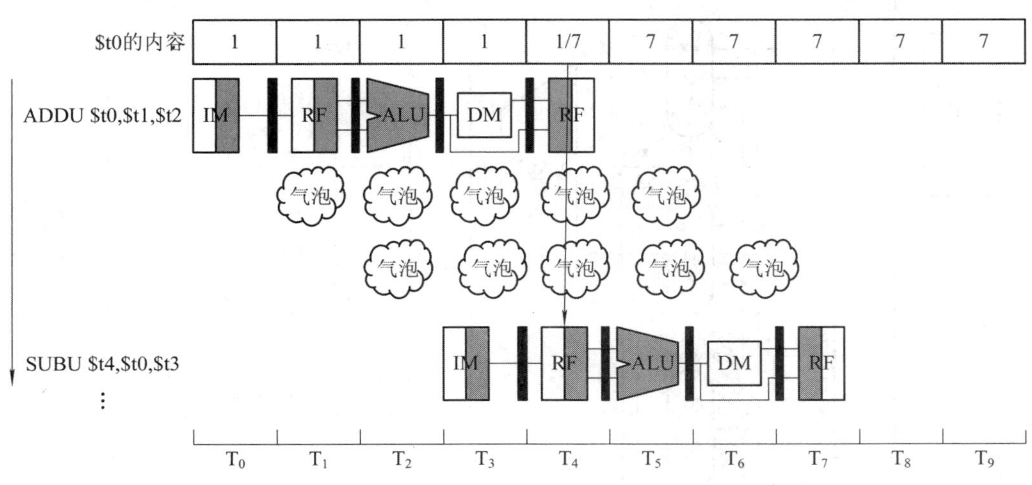

图 6－48　用延时方法解决数据相关示意图

（2）前项短路控制。从图 6－47 中可以看出，对第二条 SUBU 指令而言，需要在 T_2 读取 $t0 的数据，在 T_3 将其送到 ALU 作为运算数据。实际上 SUBU 指令需要的 $t0 数据在 T_2 已经计算出来了，只是还没有保存到 $t0。因此如果能够如图 6－49 所示，在 T_3 将 $t0 的数据直接送到 ALU 的数据输入端，就可以保证第二条 SUBU 指令的顺利执行。同样的，对于第三条 AND 指令而言，如果能够在 T_4 时刻将 $t0 的数据直接送到 ALU 的输入端，该指令也可以顺利执行。这种解决方案下，后续指令的寄存器数据不是来自 RF 寄存器堆，而是通过数据通路将前面指令的运算结果直接送到该指令要求的 ALU 输入端，这种数据传送方式称为前项短路控制，如图 6－50 所示。

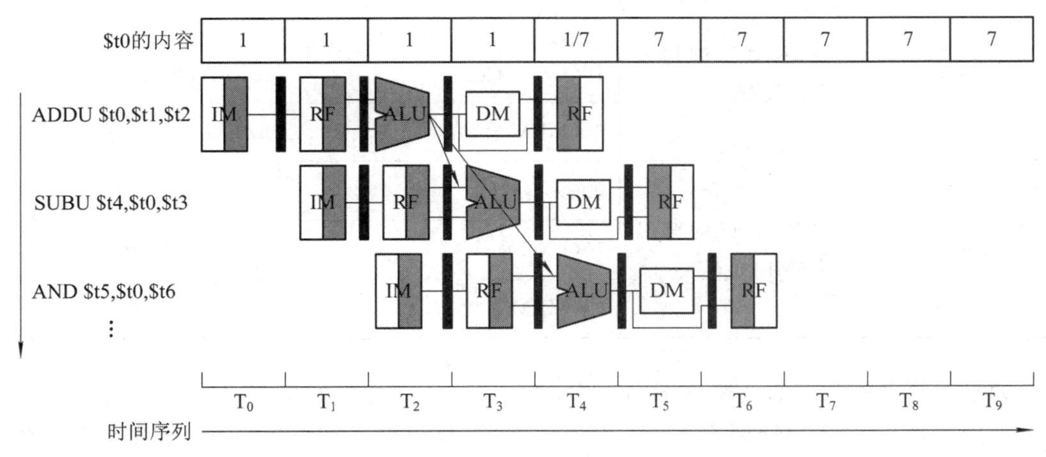

图 6－49　用前项短路方法解决数据相关示意图

前项短路控制方式可以解决相邻两条指令访问同一个寄存器发生数据相关时的流水线断流问题，但是，这种方式需要在数据通路中增加额外的控制电路，包括前项短路控制电路以及在运算器的两个数据输入端增加数据选择器，如图 6－50 所示。

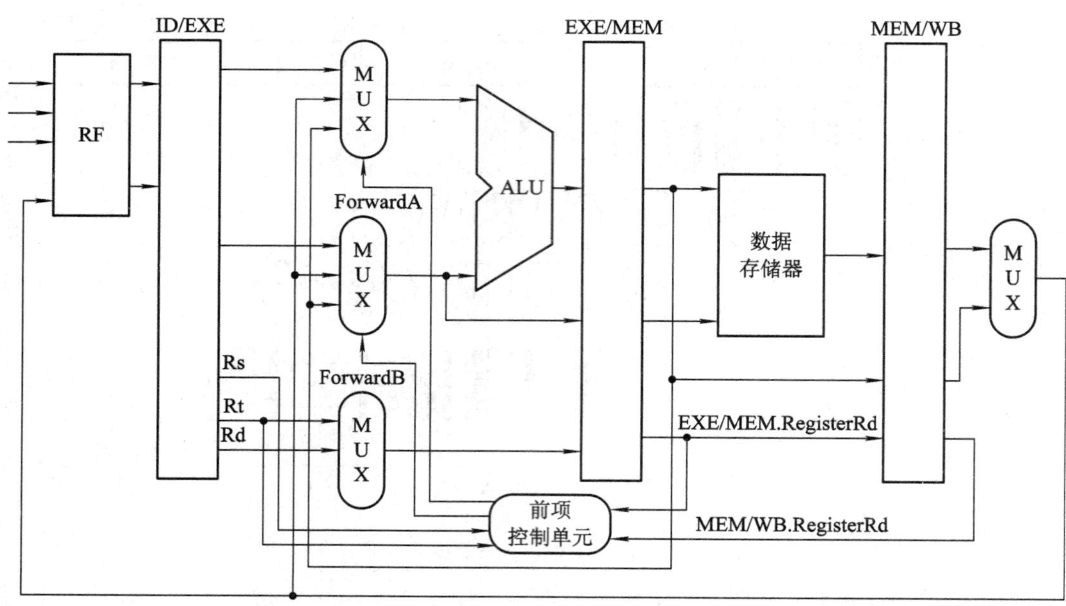

图 6－50　增加前项短路控制电路的流水线数据通路图

图 6－50 中 ALU 的两个数据输入端的数据选择控制信号 ForwardA 和 ForwardB 是由前项控制单元(Forwarding unit)产生的。ForwardA 和 ForwardB 对 ALU 数据的选择如表 6－47 所示。

表 6－47　运算器数据前项短路控制信号说明

控制信号	控制功能	取值	数据来源
ForwardA	控制 ALU 的第一个操作数	00(无冒险)	RF 寄存器堆
		10(EXE 冒险)	EXE/MEM 缓冲器
		01(MEM 冒险)	MEM/WB 缓冲器
ForwardB	控制 ALU 的第二个操作数	00(无冒险)	RF 寄存器堆
		10(EXE 冒险)	EXE/MEM 缓冲器
		01(MEM 冒险)	MEM/WB 缓冲器

如果运算器的数据需要来自 EXE/MEM 缓冲器，则称为发生 EXE 冒险。这时运算器的数据应当来自 EXE/MEM 缓冲器，在发生 EXE 冒险时，运算器的两个数据选择信号产生的条件分别是：

ForwardA＝10 的条件：

EXE/MEM. RegWrite
and (EXE/MEM. RegisterRd ≠ 0)
and (EXE/MEM. RegisterRd ＝ ID/EXE. RegisterRs))

ForwardB＝10 的条件：

EXE/MEM. RegWrite

and (EXE/MEM. RegisterRd ≠ 0)

and (EXE/MEM. RegisterRd = ID/EXE. RegisterRt))

如果运算器的数据需要来自 MEM/WB 缓冲器，称为发生 MEM 冒险。这时运算器的数据就应当来自 MEM/WB 缓冲器，在发生 MEM 冒险时，运算器的两个数据选择信号产生的条件分别是：

ForwardA＝01 的条件：

MEM/WB. RegWrite

and (MEM/WB. RegisterRd≠ 0)

and (MEM/WB. RegisterRd = ID/EXE. RegisterRs))

ForwardB＝01 的条件：

MEM/WB. RegWrite

and (MEM/WB. RegisterRd≠ 0)

and (MEM/WB. RegisterRd = ID/EXE. RegisterRt))

CPU 的数据通路在增加前项短路控制后，在执行类似如下写读相关的指令序列时，就不会产生数据相关了。

```
ADDU $t0, $t1, $t2
SUBU $t4, $t0, $t3
AND $t5, $t0, $t6
OR $t7, $t0, $t8
XOR $t9, $t0, $t10
```

但是，如果执行如下连续多条指令对同一个寄存器执行写操作指令序列，则每次的数据都应当来自 EXE/MEM 过程段。

```
ADDU $t0, $t0, $t1
SUBU $t0, $t0, $t2
AND $t0 $t0, $t3
……
```

因此对 WB 子过程段的数据相关，运算器的数据就应当来自 EXE/MEM 缓冲器，在发生 MEM 冒险情况下的控制信号就要修改为：

ForwardA ＝ 01 的条件：

(MEM/WB. RegWrite and (MEM/WB. RegisterRd ≠ 0)

and not (EXE/MEM. RegWrite and (EXE/MEM. RegisterRd ≠ 0)

and (EXE/MEM. RegisterRd ≠ ID/EXE. RegisterRs))

and (MEM/WB. RegisterRd = ID/EXE. RegisterRs))

ForwardB ＝ 01 的条件：

(MEM/WB. RegWrite and (MEM/WB. RegisterRd ≠ 0)

and not (EXE/MEM. RegWrite and (EXE/MEM. RegisterRd ≠ 0)

and (EXE/MEM. RegisterRd ≠ ID/EXE. RegisterRt))

and (MEM/WB. RegisterRd = ID/EXE. RegisterRt))

这样就解决了 RF 部件中寄存器的数据相关问题。

2）与 LW 指令有关的数据相关

LW 取数指令由于在 MEM 子过程才能从存储器中获得数据，与相邻指令之间也存在数据相关。例如，执行下面的指令序列：

```
LW $t2, 10($t1)
SUBU $t4, $t2, $t3
AND $t5, $t2, $t6
OR $t7, $t4, $t2
XOR $t9, $t2, $t10
```

LW 指令和 SUBU 指令会出现数据相关的问题，也就是说，LW 指令中的目的寄存器 \$t2 是下一条指令需要读取的源操作数。这段指令在流水线中的执行情况以及 \$t2 中的数据变化情况如图 6-51 所示。

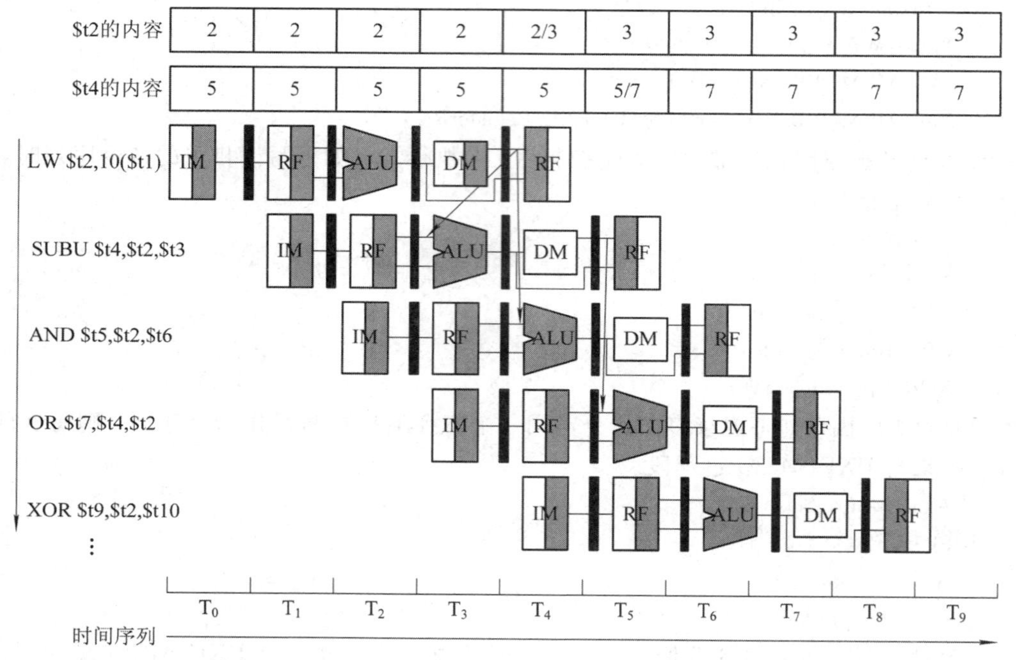

图 6-51 LW 指令与下一条 R 指令发生数据相关情况示意图

从图 6-51 中可以看到，第一条 LW 指令和第二条 SUBU 指令对 \$t2 的访问存在冲突。第一条 LW 指令要在 T_4 时间段才能将新的数据写入到 \$t2 寄存器，该数据是在 T_3 时间段的最后时刻从 DM 中读取得到的，而第二条 SUBU 指令需要在 T_3 时间段的开始阶段就需要这个数据，因此即使采用短路方式也无法满足第二条指令所需的数据，因此在这种情况下必须增加一个周期的空操作，即延时一个时钟周期，如图 6-52 所示。另外在图 6-51 中，第四条指令和第二条指令的 \$t4 也存在数据相关的问题，可以采用前项短路方式处理。

为了提高机器的效率也可以通过改变程序中指令的顺序来避免 LW 指令产生的数据相关，例如，若用 MIPS 指令序列实现 C 语言中的 D＝A＋B；和 E＝A＋C；两条语句时，可以采用例 6-12 和例 6-13 两种代码形式：例 6-12 会产生两处 LW 指令数据相关，需要

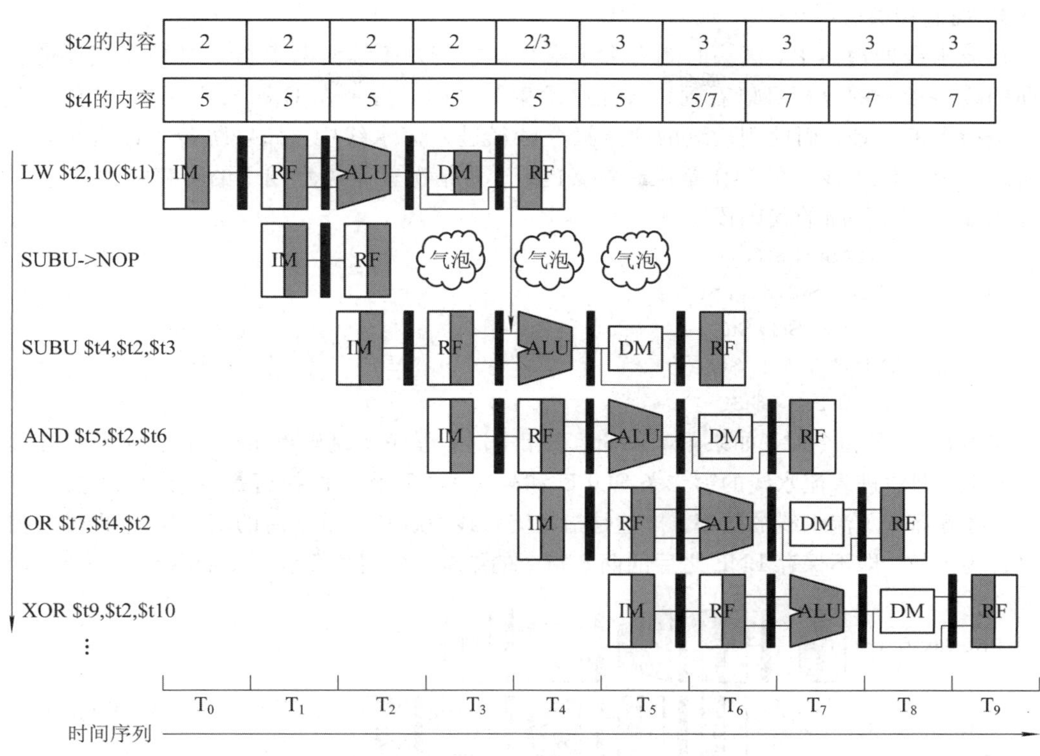

图 6-52 LW 指令与下一条 R 指令之间增加一个空操作周期

13 个时钟周期，而例 6-13 则不会产生这种情况，只需要 11 个时钟周期。

例 6-12 第一种形式指令序列。

```
LW $t1, 0($t0)          # $t1←A
LW $t2, 4($t0)          # $t2←B
ADDU $t3, $t1, $t2      # $t2 数据相关
SW $t3, 12($t0)         # D=A+B
LW $t4, 8($t0)          # $t4←C
ADDU $t5, $t1, $t4      # $t4 数据相关
SW $t5, 16($t0)         # E=A+C
```

例 6-13 第二种形式指令序列。

```
LW $t1, 0($t0)
LW $t2, 4($t0)
LW $t4, 8($t0)
ADDU $t3, $t1, $t2
ADDU $t5, $t1, $t4
SW $t3, 12($t0)
SW $t5, 16($t0)
```

因此，采用优化编译方式可以避免 LW 指令和相邻指令发生数据相关，提高指令的执行速度。

3. 控制相关

在流水线处理器中，同一时刻有多条指令在执行，通常情况下指令是顺序执行的。从前面的跳转指令的分析可以看到，当程序发生跳转时，指令在 EXE 子过程段才能计算出下一条指令的地址，而此刻后续的两条指令已经进入流水线中。如果跳转条件满足，这两条后续指令在流水线中的操作是没有意义的，这种情况就是流水线中的转移相关。

例如，执行下面的代码段时，

```
      BNE $t0, $t1, next
      SUBU $t2, $t1, $t3
      OR $t3, $t4, $t5
next: AND $t2, $t1, $t3
      SW $t1,10($t3)
```

当执行 BNE 指令时，如果 $t0 和 $t1 不相等时，程序将跳转到 next 指示的指令继续执行，而此刻顺序进入流水线的第二条 SUBU 和第三条 OR 指令的执行是多余的，需要排空流水线，这就降低了流水线的效率。排空是指将流水线中跳转指令之后的 IF、ID 过程段的控制信号置为无效，即不保存 BNE 之后的两条指令的结果。控制相关示意图如图 6 - 53 所示。

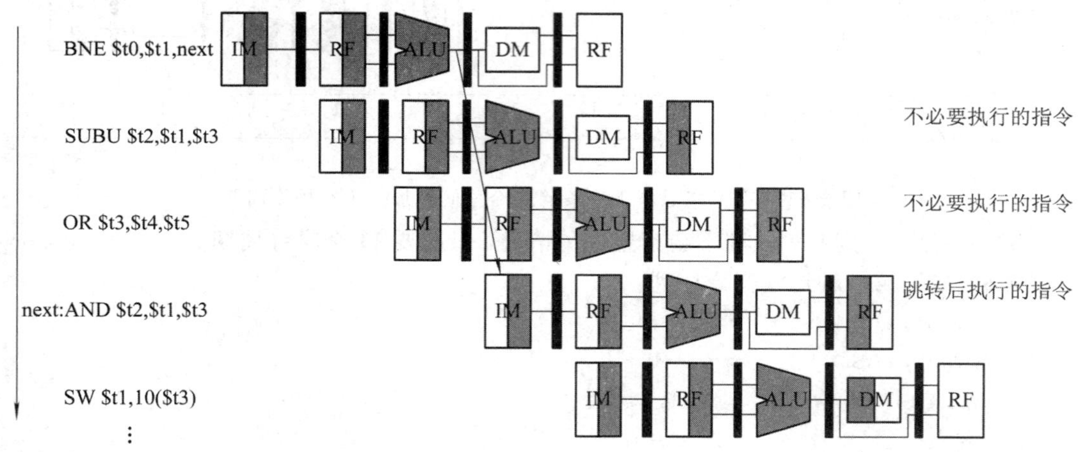

图 6 - 53 控制相关示意图

解决控制相关的方法有以下几种。

1）增加延迟

在模型机中，我们实现的 BNE 指令是在 EXE 过程段确定分支的下一条指令的 PC，在这种情况下，如果跳转成功需要清除处于 IF 和 ID 阶段的两条指令。这就意味着增加两个时钟周期的延时。换句话说，如果跳转指令执行的时间越早，指令流水线中需要清空的指令数量就会越少。那么，能否将两个时钟周期的延时缩短或取消呢？这就需要分析 BNE 跳转指令中涉及的跳转地址和跳转条件两个因素。

(1) 跳转地址的计算通常是由 PC 和立即数求和计算得到的。在前面的模型机中，跳转地址是在 EXE 过程段中由 ALU 计算出来的，如果跳转地址的计算能够提前到 ID 过程段，那么流水线只需要清除一条指令，使控制相关的延时变为一个时钟周期，如果将跳转地址的形成提前到 ID 过程段，就需要在 ID 阶段增加一个地址加法器，这一点是可以做到的。

(2) 对于条件转移指令，转移条件的判断需要对两个寄存器的值进行比较。例如，上面代码段中的BNE指令需要比较 \$t0 和 \$t1 是否相等，可以简单地采用按位异或运算后再将结果执行按位或运算，这样就可以将转移条件的计算和判断也提前到ID过程段。

从前面我们看到，为了减少模型机中BNE指令跳转发生时的时钟延时，需要在ID过程段中增加检测相关控制部件、地址运算和数据逻辑运算部件，MIPS指令集中的其他分支和跳转指令都可以通过这种方法将延时缩短为一个时钟周期。这样就只需要将IF/ID缓冲器中的指令字段置为全0即可清除IF过程段指令的执行。

2) 优化编译

从前面的分析可以看到，即使将跳转指令的执行提前到ID过程段，也有一个时钟周期的延迟，如下面的指令序列：

```
OR $8,$9,$10
AND $1,$2,$3
SUBU $4,$5,$6
BNE $1,$4,exit
NOP
……
exit: XOR $10,$1,$11
```

如果能够将上述指令序列中跳转指令后的第一条指令调整为跳转之前必须执行的指令，如下面的代码段所示，就可以使流水线不断流。

```
        AND $1,$2,$3
        SUBU $4,$5,$6
        BNE $1,$4,exit
        OR $8,$9,$10
        ……
exit: XOR $10,$1,$11
```

这种调整可以通过优化编译得到。

3) 动态分支预测

流水线方式下指令是按照程序中的排列顺序依次进入流水线的。在这种情况下，其实可以总是假设分支不会发生的，如果分支发生了就需要清空流水线。对于MIPS的5级流水线来说，采用上述的相关检测电路和优化编译就可以了。但是对级别更深的流水线，会严重影响机器的效率，可以采用动态分支预测加以解决。

动态分支预测是指对于反复执行的程序段，在执行跳转指令时总是根据上次跳转的执行结果预测这次跳转指令的地址。例如，上次执行这条指令跳转成功了，那么预测这次也可以跳转成功，使跳转地址的指令进入流水线。这种方式需要增加分支预测缓存，用一位或几位来记录每次跳转指令的跳转结果。预测只是正确分支方向的一种假设，在指令执行时总是按照预测进行取值，如果预测错误，则将预测位取反，并返回原来的位置继续执行。关于动态分支预测的性能评价涉及的内容比较多，这里不做进一步讨论。

6.6.4 流水线的多发技术

为了加速流水线处理器的处理速度，可以进一步改善流水线的结构，目前主要采取的措施有超流水线、超长指令字和超标量流水线。

1. 超流水技术

超流水(Super Pipelining)主要体现在时间上的进一步重叠，即将流水线的功能段进一步细分，增加功能段数。超流水线如图 6-54 所示，图中原来的一个时钟周期又被细分为 3 个段，在原来的时钟周期内，功能部件被使用 3 次。超流水线与普通的流水线相比，其指令执行的数量可以调高 3 倍。

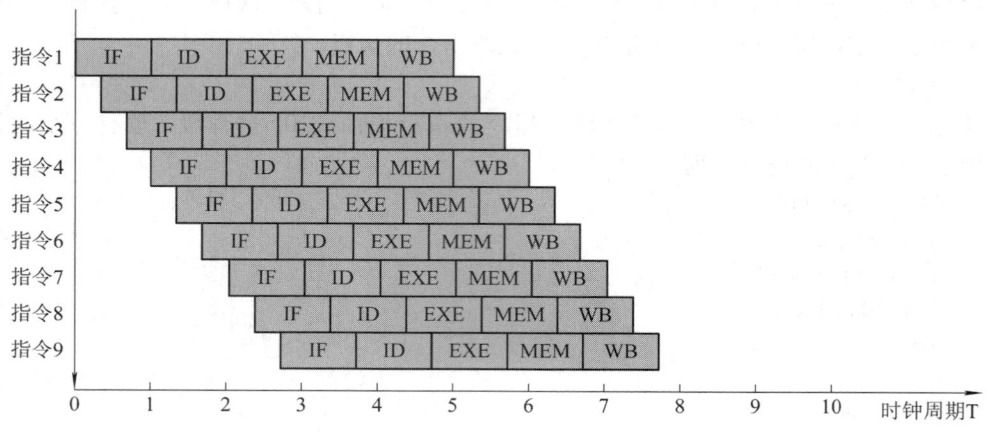

图 6-54 超流水线

2. 超长指令字技术

超长指令字(Very Long Instuctiong Word, VLIW)用于指令系统的进一步重叠，即通过增加超长指令改善流水线的性能，如图 6-55 所示。VLIW 经过编译优化，挖掘出指令间潜在的并行性，可以将多条能够并行执行的指令合并成一条具有多个操作码的超长指令。由这条超长指令控制 VLIW 机中的多个独立工作的部件，每个操作码控制一个功能部件，相当于同时执行多条指令。

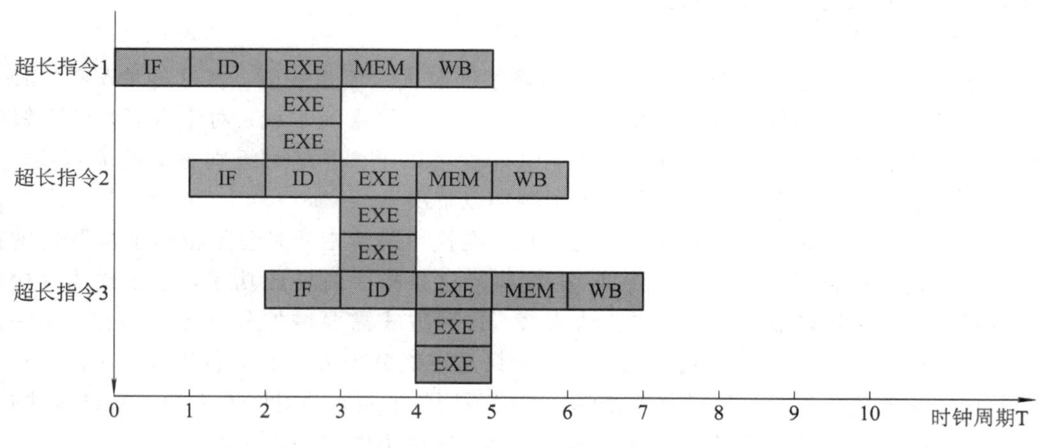

图 6-55 超长指令字

3. 超标量技术

超标量(Super Scalar)为了加快流水线的速度，采取的措施是设置多条功能相同的指令流水线，这样在一个时钟周期内就可以并发执行多条指令。超标量流水线如图 6－56 所示，其采用了 3 条流水线。

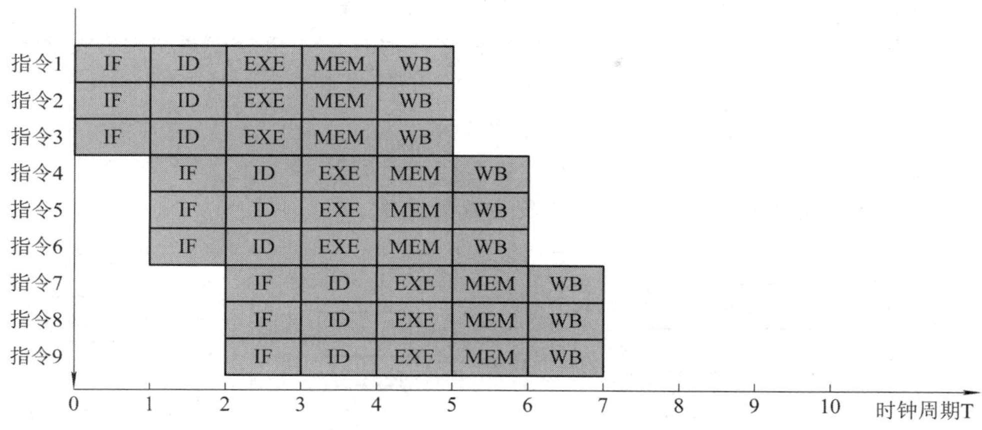

图 6－56 超标量流水线

习 题

1. 解释下列名词术语：

程序计数器 PC、指令寄存器 IR、指令周期、CPU 周期、微程序、微命令、微指令、流水线、数据相关、资源相关、控制相关。

2. CPU 的基本功能是什么？

3. 画出 CPU 的结构框图，并简要说明每个部件的功能。

4. 什么是指令周期？指令周期的长短与哪些因素有关？

5. CPU 内部的寄存器 PC、IR、MAR、MDR、PSW 和 ACC 寄存器的功能什么？

6. 控制器的功能是什么？其内部结构是怎样的？

7. 控制器的基本控制原理是什么？

8. 控制器的设计方法有哪两种？各有什么优缺点？

9. CPU 内部的寄存器有哪些？与指令执行相关的寄存器是哪几个？

10. 某 CPU 的主频为 16 MHz，若已知每个机器周期平均包含 4 个时钟周期，该机的平均指令执行速度 0.8 MIPS，试求该机的平均指令周期及每个指令周期含几个机器周期？若改用时钟周期为 0.5 μs 的 CPU 芯片，则计算机的平均指令执行速度为多少 MIPS？若要得到平均每秒 40 万次的指令执行速度，则应采用主频为多少的 CPU 芯片？

11. 设某机主频为 8 MHz，每个机器周期平均含 2 个时钟周期，每条指令的指令周期平均有 2.5 个机器周期，试问该机的平均指令执行速度为多少 MIPS？若机器主频不变，但每个机器周期平均含 4 个时钟周期，每条指令的指令周期平均有 5 个机器周期，则该机的平均指令执行速度又是多少 MIPS？由此可得出什么结论？

12. 说明机器的主频越快，机器的速度就越快的原因。

13. 组合逻辑控制器输出的控制信号与哪些因素有关？试分析这些因素在产生控制信号时的作用。

14. 试说明程序、机器指令、微程序、微指令之间的关系。

15. 假设主机框图如图 6-57 所示，各部分之间的连线表示数据通路，箭头表示信息传送方向。

(1) 标明图中 a、b、c、d 这 4 个寄存器的名称。

(2) 简述取指令的数据通路。

(3) 简述取数指令和存数指令执行阶段的数据通路。

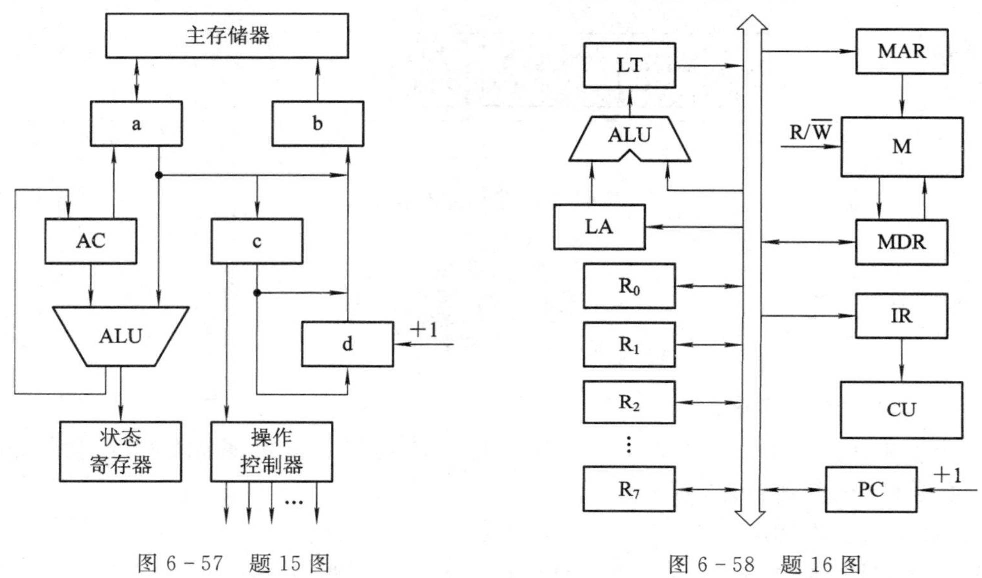

图 6-57　题 15 图　　　　图 6-58　题 16 图

16. 某计算机结构如图 6-58 所示(LA 和 LT 是暂存器，R_0～R_7 是通用寄存器)，分析数据通路，写出下列指令的操作流程。

(1) ADD R2，(R1)．指令功能为 $(R_2)+M((R_1))\rightarrow R_2$，$M((R_1))$表示寄存器间接寻址，$(R_2)$采用寄存器寻址。

(2) SUB R_2，@A. 指令功能为 $(R_2)-M((A))\rightarrow R_2$，$M((A))$表示一次间接寻址，$(R_2)$采用寄存器寻址。

(3) AND (R_2)，R_1. 指令功能为 $M((R_1))\&(R_1)\rightarrow M((R_1))$，$M((R_1))$表示寄存器间接寻址，$(R_2)$采用寄存器寻址。

(4) JMP ＃A. 指令功能为 A→PC，＃A 表示立即寻址。

(5) JMP (R_1). 指令功能为 $(R_1)\rightarrow PC$，＃A 表示寄存器间接寻址。

17. 设 CPU 内部采用总线结构，如图 6-59 所示。

(1) 写出取指周期的全部微操作。

(2) 写出取数指令“LDA M”、存数指令“STA M”、加法指令“ADD M”(M 均为主存地址)在执行阶段所需的全部微操作，另一操作数是 ACC。

(3) 当上述指令均为间接寻址时，写出执行这些指令所需的全部微操作。

(4) 写出无条件转移指令“JMP Y”和结果为零则转指令“BZ Y”在执行阶段所需的全部微操作。

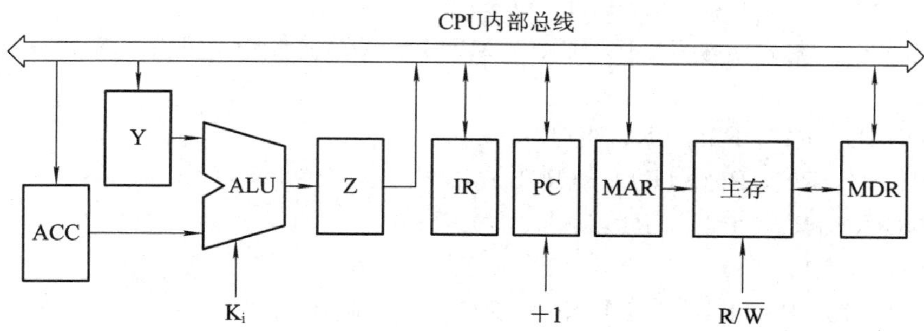

图 6-59　题 17 图

18. 在基本模型机指令的基础上，若在图 6-29 所示的数据通路的基础上实现 SLT、BGETZ、LB、LH、SB、LB 指令。

(1) 分析每条指令是否需要对数据通路做改动？做哪些改动？

(2) 画出各指令执行的信息流程图。

(3) 设计并实现控制器。

19. 在图 6-29 所示的基本单周期 MIPS 模型机中只能实现某些指令，若增加下面几条新指令：

(1) ADDU3 Rd,Rs,Rt,Rx 功能：Reg[Rd]= Reg[Rs]+Reg[Rt]+ Reg[Rx]。

(2) sll Rt,Rd,Shift 功能：Reg[Rd]= Reg[Rt]≪Shift 左移。

(3) MOV Rd,Rs 功能：Reg[Rd]= Reg[Rs]。

试回答以下问题：

(1) 对上述指令而言，哪些已有的部件还可以被使用？

(2) 对上述指令而言，哪些部件需要做改动？如何改动？

(3) 为了支持这些执行，控制器需要增加哪些控制信号？

20. 假设指令流水线分取指(IF)、译码(ID)、执行(EX)、回写(WR)这 4 个过程段，共有 10 条指令连续输入此流水线。

(1) 画出指令周期流程。

(2) 画出非流水线指令执行的时空图。

(3) 画出流水线指令执行的时空图。

(4) 假设时钟周期为 100 ns，求流水线的实际吞吐率。

(5) 求该流水处理器的加速比。

21. 流水线中有 3 类数据相关冲突：写后读相关(Read After Write，RAW)、读后写相关(Write After Read，WAR)、写后写相关(Write After Write，WAW)。判断下面 3 组指令各存在哪种类型的数据相关。

(1) I1　SUB R1，R2，R3；(R2)-(R3)→ R1

　　I2　ADD R4，R5，R1；(R5)+(R1)→ R4

(2) I3　STA M，R2；(R2)→ M，M 为存储单元

I4 ADD R2, R4, R5 ;(R4)+(R5)→ R2

(3) I5 MUL R3, R2, R1 ;(R2)×(R1)→ R3

I6 SUB R3, R4, R5 ;(R4)−(R5)→ R3

22. 假设指令流水线有 IF、ID、EXE、MEM 和 WB 这 5 个过程段，现有下列指令序列进入该流水线：

① ADD R1, R2 , R3 ;(R2)+(R3)→ R1

② SUB R4, R1 , R5 ;(R1)−(R5)→ R4

③ AND R6, R1 , R7 ;(R1)AND(R7)→ R6

④ OR R8, R1 , R9 ;(R1)OR(R9)→ R8

⑤ XOR R10, R1, R11 ;(R1)XOR(R11)→ R10

试问：

(1) 如果处理器不对指令之间的数据相关进行特殊处理，而允许这些指令进入流水线，试问上述哪些指令将从未准备好数据的 R_1 寄存器中取到错误的操作数？

(2) 假如采用将相关指令延迟到所需操作数被写回到寄存器后再执行的方式，以解决数据相关的问题，那么处理器执行该指令序列需占多少个时钟周期？

23. 分析下面的执行序列，并回答下面的问题。

```
LW $1,40($2)
ADDU $2,$3,$3
ADDU $1,$1,$5
SW $1,20($2)
```

(1) 找出指令序列中存在的数据相关。

(2) 分别对有转发和无转发的 5 级流水线找出指令序列中的相关。

(3) 为了减小时钟周期，将 MEM 阶段划分成两级，对 6 级流水重新完成(2)。

24. 简述流水线技术与超标量技术的特点。

第 7 章　输入/输出系统

在计算机系统中，把 CPU 和主存储器称为主机，除此之外的其他部分都称为输入/输出系统。输入/输出系统是主机与外界信息沟通的桥梁，是计算机系统的重要组成部分。随着计算机技术的发展和应用范围的不断扩大，外部设备的数量和种类越来越多，它们与主机的信息交换方式也各不相同，因此，输入/输出系统是计算机系统中最具多样性和复杂性的部分。本章重点介绍外部设备与主机进行信息交换的常用方式，主要包括程序控制方式、中断方式、DMA 方式和通道方式。

7.1　概　　述

7.1.1　输入/输出系统的功能

计算机系统中主机的主要功能是运行程序对数据进行加工和处理，然后给出处理结果。程序中的数据可以来自输入设备，如键盘、扫描仪、鼠标、写字板等，而结果可以输出到输出设备，如显示器、打印机、绘图仪、文件等，这些输入(Input)/输出(Output)设备(简称 I/O 设备)就是人机交互的桥梁，它们通过系统总线和主机进行连接。I/O 设备和总线就构成了计算机中的输入/输出系统。

计算机中的输入/输出系统主要用于解决主机与外部设备间的信息通信，提供信息通路，使外围设备与主机能够协调一致地工作。输入/输出系统的基本功能是：

(1) 确定一次数据传输过程中的源端设备和目的端设备。

(2) 确保 I/O 设备和主机之间能够顺利地进行信息交换。

7.1.2　输入/输出系统的组成

输入/输出系统由系统总线、I/O 接口、I/O 设备及设备控制器等硬件和相关软件组成，主要用于实现主机与外部设备之间的信息通讯，提供信息通路，使外围设备与主机能够协调地工作。

1. 输入/输出系统的硬件

输入/输出系统的硬件构成如图 7－1 所示。其包括系统总线、设备接口和 I/O 设备。

系统总线是连接 CPU、主存、外围设备的公共信息传送线路，总线逻辑要考虑如何通过接口部件连接各种外围设备以及如何与 CPU 相连接。总线涉及系统的各部件，总线的相关内容在第 4 章已经做过说明，这里不再赘述。接口一方面与种类繁多的外设备相连；另一方面则通过某种标准与系统总线相连，接口通过总线将外设数据与主机交互时还必须选取一定的信息传送控制方式(如中断、DMA 等)。图 7－1 中的 I/O 设备实际包括设备和设备控制器两部分，设备控制器可以对外部设备进行起停及操作控制，也可以用来指示设备的工作状态等，对具体设备而言，设备控制器可以包含在设备之中(如打印机、键盘等)，也可以独立于设备之外(如显卡等)。

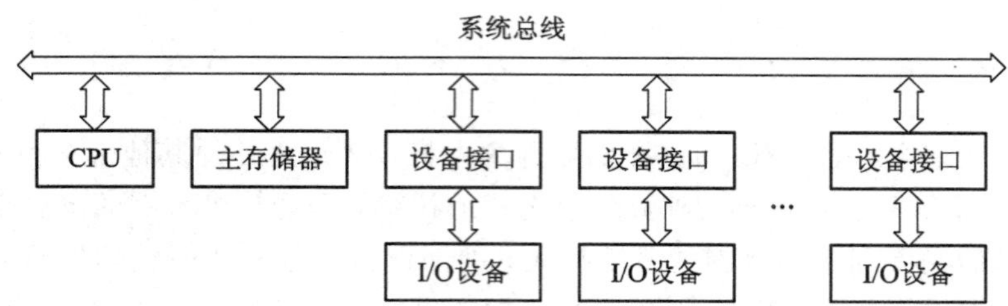

图 7－1　输入/输出系统的硬件构成

2. 输入/输出系统的软件

输入/输出系统软件包括用户的 I/O 程序、设备驱动程序和设备控制程序。用户对 I/O 设备的访问有两种方式：一种是通过调用操作系统提供的外设管理程序；另一种是用户自己编写驱动程序对外设进行访问。

通常情况下，操作系统提供了各种常用标准外围设备的驱动程序，如磁盘驱动程序、打印机驱动程序、显示器驱动程序等，为用户提供方便且统一的操作接口，称为软件接口。用户可以通过逻辑设备名调用驱动程序直接访问某外围设备，而不必过多地了解该设备的内部结构和操作细节。

若使用的外部设备有某些特殊要求或特殊功能时，则需要用户自己编写设备驱动程序。在这样的程序中就需要用到指令系统中的 I/O 指令和通道指令。具体分述如下：

(1) I/O 指令。I/O 指令是指令系统中的一部分，是专门用于访问 I/O 设备的指令，由 CPU 译码并执行。I/O 指令也是由操作码和地址码组成，地址码用于指明外设的地址。计算机系统中数量众多的外设都有各自不同的编号，用来区分不同的设备，这个编号称为外设地址。

(2) 通道指令。通道是一个特殊功能的处理器，在计算机系统中是专门用来管理和控制外部设备的。通道通过执行通道程序控制外围设备应执行的操作及操作顺序，而通道程序是由通道指令组成的。

通道指令的位数一般比较长，因为它需要指明：① 传送数据组在主存中的首地址；② 传输的字节数或数据组的末地址；③ 传送给设备的命令；④ 所选设备的地址。例如，IBM370 机的通道指令字长为 64 位。通道指令是由通道执行的，控制 I/O 设备与主存之间的数据传输，如对硬盘的读写等。

在具有通道结构的计算机中，I/O 指令只控制 I/O 设备的启停、查询通道、I/O 设备的状态及控制通道的操作，而不实现 I/O 传输。具有通道指令的计算机，若 CPU 执行了启动I/O设备的指令，就由通道代替CPU实现对I/O设备的管理。

7.1.3 外围设备与主机的连接方式

主机与外围设备的连接方式大致可分为总线型、通道型和I/O处理机方式(IOP方式)。

1. 总线型连接方式

图7-1所示的是单总线结构的总线型连接方式。在这种方式下，CPU、主存储器和I/O接口都是通过总线相连的，CPU通过I/O接口电路进一步实现对外部设备的控制。

总线型连接方式的优点是系统模块化程度较高，I/O接口扩充方便；但是在总线方式下，所有部件之间的信息交换都需要依赖于总线，总线成为系统速度的瓶颈。后来人们对总线的结构进行了改进，出现了双总线、三总线和多总线结构，这些总线结构的特点可参看4.2节中的内容。

在总线型连接方式中所有对外设的访问控制命令都是由CPU发出的，即CPU需要亲自处理外设的请求和数据传递工作。

2. 通道型方式

通道是一种专门负责I/O操作控制的处理器，它通过执行由专门的通道指令编制且存放在内存中的通道程序实现对外设的控制。具有通道结构的I/O设备连接方式如图7-2所示。在这种I/O控制方式下，由通道控制器实现主机与外部设备之间的数据交换，CPU不再负责具体的I/O控制，这样就提高了CPU的效率，实现了CPU、通道控制器及外设的并行工作。在这种方式下，通道是从属于CPU的一个专用处理器，它需要依据CPU的I/O指令启动、停止和改变其工作状态。

通道控制的连接方式主要用于大型主机系统中，用于连接数量多、类型多且速度差异大的各种外部设备。

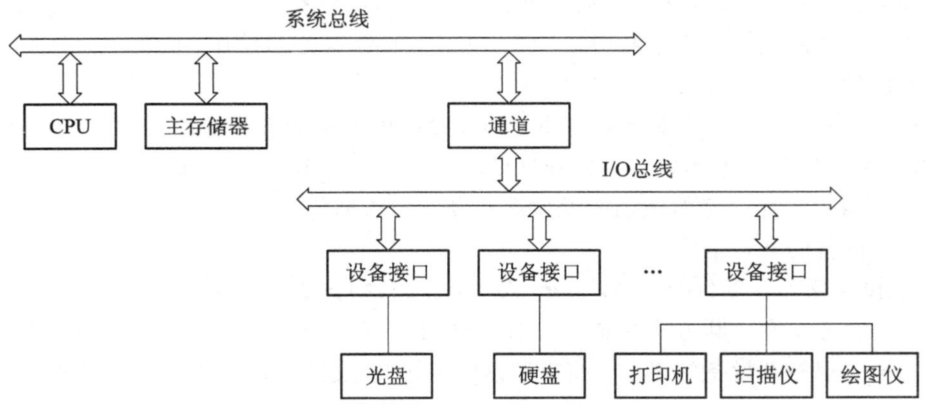

图7-2 I/O设备通过通道与主机交换信息

3. I/O处理机方式

I/O处理机又称为外围处理机，它是独立于主机工作的，可以完成对I/O设备的控制，同时还可以完成简单的数据处理，如格式转换、纠错等。具有I/O处理机的输入/输出系统相比通道而言，与CPU工作的并行性更高。

本章主要讲解总线方式的输入/输出系统和通道，I/O处理机的相关内容读者可以参考计算机体系结构的相关书籍。

7.1.4 主机与I/O设备间信息传送的控制方式

主机与外围设备之间进行信息交换时，从 CPU 程序设计的角度，需要考虑以下两个问题：

(1) CPU 在启动外设后，由于外设的操作往往包含较长的机械动作时间，如打印、走纸、磁头移动、电机旋转等，因此外设往往需要一个准备阶段。因此，需要考虑在外设的这个准备时间段里，CPU 是采取一直等待的方式，还是让它并行地执行主机的其他程序？

(2) 如果让 CPU 并行地执行其他程序，那么当外设准备阶段结束后，如何通知 CPU 去执行相应的 I/O 操作？

上述问题的处理方式被称为外围设备与主机间进行信息传送的控制方式。常用的信息传送控制方式有直接程序控制方式、程序中断方式、DMA 方式、通道方式和 I/O 处理机方式等。

当外部设备与主机之间采用总线方式进行连接时，根据不同的设备和环境要求可以采用以下三种方式。

1. 直接程序控制方式

直接程序控制方式指 CPU 直接利用程序控制 I/O 设备实现数据输入和输出，程序中包含一系列的启动外设、检测外设状态、数据传输等功能的 I/O 指令。

这种方式的特点是 CPU 掌握主动权，外设只能被动接受 CPU 的操作，当 CPU 发送一个命令后，必须等待外设操作完毕，因此主机和外设处于串行工作状态。这种方式的优点是控制逻辑简单，只需简单的硬件支持。

2. 程序中断方式

程序中断方式是 CPU 在发出启动外设的命令后继续执行其他操作，当外设完成数据准备工作后主动向主机提出中断申请，请求 CPU 的数据处理操作，CPU 在响应中断后通过执行该设备的中断服务程序完成数据传输工作。

在程序中断方式下，从主机启动外设到外设提出中断请求这段时间，CPU 也在正常工作，因此，在一定程度上实现了主机和外设的并行工作。若同一时刻有多台外设提出中断请求，CPU 可以按照一定的规则去处理这些设备的数据传输请求，因此程序中断方式还可以实现多台设备的并行工作。

3. 直接存储器存取(Direct Memory Access, DMA)方式

程序控制方式和中断方式都是以 CPU 为中心的系统结构，这两种方式都是通过 CPU 执行程序来实现外部设备的启动、控制和数据传输的，这都需要占用 CPU 的时间，因而只适用于低速设备。

当硬盘、图像采集卡等高速设备需要与内存进行批量信息交换时，通常采用直接访问内存的控制方式，这就是直接存储器存取(DMA)方式。在 DMA 输入/输出方式中，存储器与外设的数据交换不是 CPU 通过执行程序完成，而是在 DMA 控制器的控制下完成的，无需 CPU 的参与。

在这种方式下，可以将 DMA 控制器看做一个和 CPU 共享主存的独立处理器，当 DMA 控制器和 CPU 同时访问主存的请求发生冲突时，DMA 控制器具有较高的优先权，这样就能及时响应高速设备提出的数据传输请求。因此，也可将DMA控制器看做以主存储器为中心的一种方式。

主机与I/O设备间信息传送的控制方式还有前面介绍过的通道型和I/O处理机方式。为了使读者更方便地理解计算机系统中主机与I/O设备的连接和信息传输控制方式，图7-3给出了各种实现方法和适用情况。

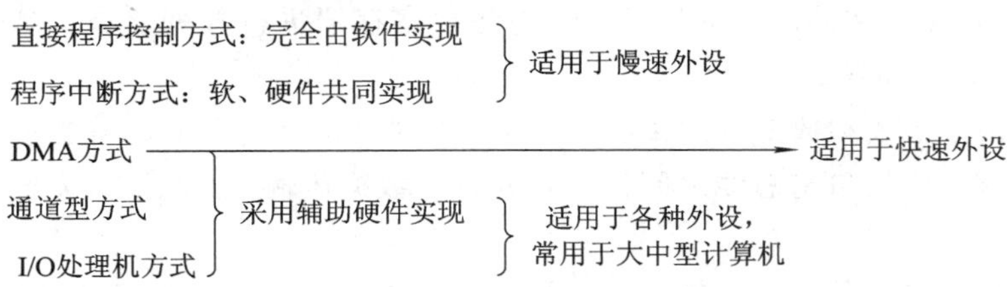

图7-3 几种I/O连接和信息传送控制方式的比较

7.2 I/O 接 口

“接口”通常是指各软件或硬件部件之间交接的部分。I/O(输入/输出)接口是指计算机中将主机与外部设备或其他外部系统进行连接的接口逻辑。I/O接口是主机与外设连接的桥梁，通过接口可以实现主机和外设之间的信息交换，如图7-4所示。接口一侧面向各具特色的外围设备，另一侧面向某种标准系统总线，并与所采用的信息传送控制方式(如中断、DMA等)有关。接口不仅需要硬件部件，还需要相应的软件。

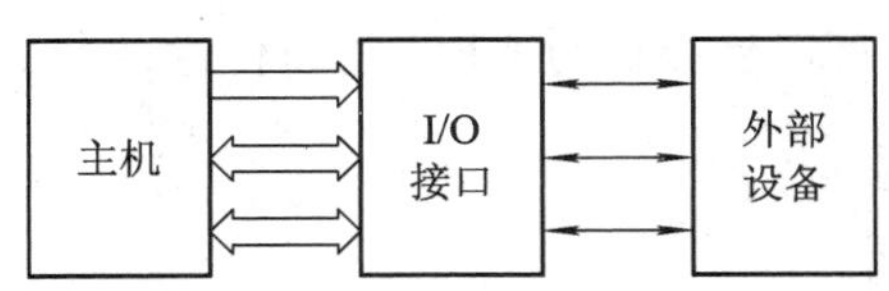

图7-4 外设与主机的连接方法

7.2.1 I/O接口的功能

计算机系统中外设的数量和种类繁多，每个外设都有各自的工作特点。每个设备往往会涉及不同的物理量、数据格式、时钟信号、工作速度等，各自对接口电路都有特殊的要求。I/O接口的功能就是为了使主机与外设能协调工作，并尽可能地提高主机和外设的工作效率。

这里有必要明确数据输入和数据输出操作的概念。数据输入指外设的数据信息通过外设与接口之间的数据线进入接口，再经由接口送到系统的数据总线。数据输出指主机的数据信息经过系统数据总线进入接口，再通过接口送到外设。

一般来说，I/O接口的基本功能可以概括为以下几个方面：

(1) 识别设备地址，选择指定的端口。连接到总线上的每一个设备都预先分配了设备地址码。CPU将I/O指令中给出的设备地址送到地址总线，通过译码确定要选择的设备。

一般情况下一个接口中有多个寄存器，可以被 CPU 访问的寄存器地址称为一个端口，接口配有专门的端口选择电路，该电路对输入的地址译码后选择与该地址匹配的端口与 CPU 进行数据传输。

（2）实现数据的传送与缓冲。由于各种外设的工作速度差异很大，而且与 CPU 相比速度是非常慢的。因此，有必要在接口内部设置一个或多个数据缓冲寄存器，以提供数据缓冲的功能。这样 CPU 和外部设备都只需要与缓冲寄存器进行数据交换，就可以解决外设与 CPU 的速度匹配问题。

（3）实现信号形式和数据格式转换。接口与外部设备之间根据设备要求可以采用并行传输或串行传输，而接口与总线之间往往是并行的数据传输，因此接口需要完成数据的串并转换功能。

由于设备电源和总线电源可能不同，因此它们各自的信号电平有可能不同。例如，主机往往采用 5 V 电源，而串口可以采用±12 V 的电源，这样接口就必须具有电平转换的功能，以使不同电源设备之间能够正常地进行数据传输。

（4）逻辑控制。为了能够顺利地实现数据传输，接口必须根据主机的命令控制外设，同时应将外设和接口的状态提供给主机；根据信息传输控制方式的不同，接口还应当具备中断和 DMA 控制逻辑等；保证主机和外设之间的时序关系协调。

这里需要说明的是，在大规模集成电路广泛使用后，一些专用的设备往往与接口集成在一起，做成一个符合系统总线标准的独立板卡，可以直接将其插入主板上的总线插槽，如语音卡、图像采集卡等。

7.2.2 I/O 接口的基本结构

按照传输信息的功能，可以将接口与 CPU 之间传送的信息分为数据信息、控制信息和状态信息三类。

1. 数据信息

1）数字量

数字量是指用二进制形式提供的信息，如用二进制形式表示的数据、以 ASCII 码形式表示的字符等，通常有 8 位、16 位和 32 位数据。

2）模拟量

模拟量是指连续变化的物理量，如温度、湿度、位移、压力、流量等。计算机无法直接接收和处理模拟量，要经过 A/D 变换将模拟量变成数字量，才能送入计算机；同样，计算机输出的数字量要经过 D/A 变换将数字量变成模拟量，才能送给使用模拟量的外设。

3）开关量

开关量有两个状态：“0”和“1”，可以用 1 位二进制数表示。具有两种状态的量，如开关的闭合和断开、设备的启动和停止等，均可用开关量表示。

2. 控制信息

在外设的工作过程中，CPU 需要通过发送控制信息（命令）控制外设的工作，如实现外设的启动和停止等。不同外设在工作时，所需的控制信息各不相同，因此 CPU 需要通过接口将各自的控制信息传送给外设。

3. 状态信息

状态信息就是反映当前外设所处工作状态的信息。在与外设进行数据信息交换前，CPU 往往需要通过状态信息了解外设的工作状态。例如，外设可以用“准备好(READY)”信号来表明是否准备就绪；用“忙(BUSY)”信号表示是否处于空闲状态。当数据输入时，输入设备将数据放入缓存器后，然后将“READY”信号置为“1”，当 CPU 检测到 READY=1 时，就可以从数据缓冲器读入数据；当数据输出时，只有当 CPU 检测输出设备的 BUSY=0 时，才可以向接口发送数据。

数据信息、状态信息和控制信息是不同性质的信息，往往会分别传送。从广义上讲，可以将状态信息和控制信息也看成数据信息，通过数据总线来传送。为了区别这三种信息，在接口中往往将它们分别送入不同的寄存器。CPU 同外设之间的信息传送实质上是对相应的端口进行“读”或“写”操作。接口的内部结构如图 7-5 所示。

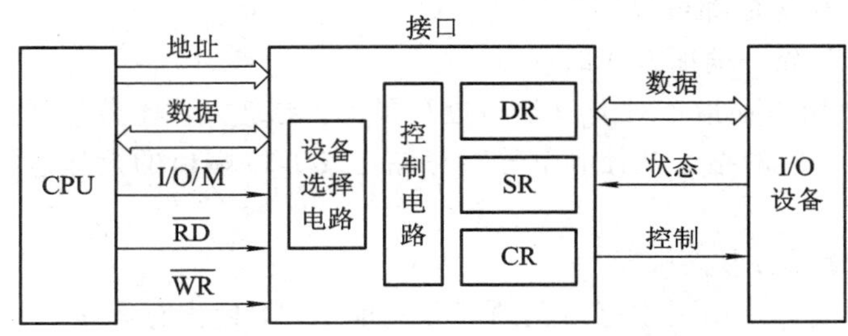

图 7-5　接口的内部结构

在图 7-5 中，接口中的基本电路由设备选择电路、DR(数据缓存寄存器)、SR(状态寄存器)、CR(命令寄存器)和控制电路组成，各部件的功能说明如下：

(1) 设备选择电路：用于接收总线传来的地址信息，经译码后，选定该设备中的某个端口。

(2) DR(数据端口)：用于存放主机与外设之间要传递的数据信息。

(3) CR(控制端口)：用于存放主机向外设发送的控制信息。

(4) SR(状态端口)：用于存放外设或接口的工作状态。

(5) 控制电路：如中断控制逻辑、DMA 控制逻辑以及各类特殊部件。

图 7-5 所示的是接口的基本结构，根据接口连接设备的不同，接口中还会需要其他满足设备要求的逻辑功能电路。例如，串行接口还应当有并串转换的电路。

7.2.3　接口的编址方式

前面介绍过，接口中可以由 CPU 进行读或写的寄存器称为“端口”(Port)或 I/O 端口，计算机系统为了区分不同的 I/O 设备，需要对这些 I/O 设备进行编址，实质上就是对 I/O 接口中的端口编址。在一次具体的 I/O 操作中，CPU 只能利用 I/O 指令向接口中的端口发送控制命令，再由接口对外设实施具体的操作控制。CPU 通过 I/O 指令中的端口地址实现对特定端口的访问。I/O 端口有如下三种编址方式。

1. 统一编址

在统一编址方式下，I/O 端口和存储器共用一个地址空间，将 I/O 端口与存储器单元统一进行编址，如图 7-6(a)所示。若主机有 20 根地址线，主存和 I/O 端口共同分配 1M 的地址空间，在这种方式下，可以将一个 I/O 端口看做存储器中的一个单元，每个 I/O 端口占用一个存储器单元地址。

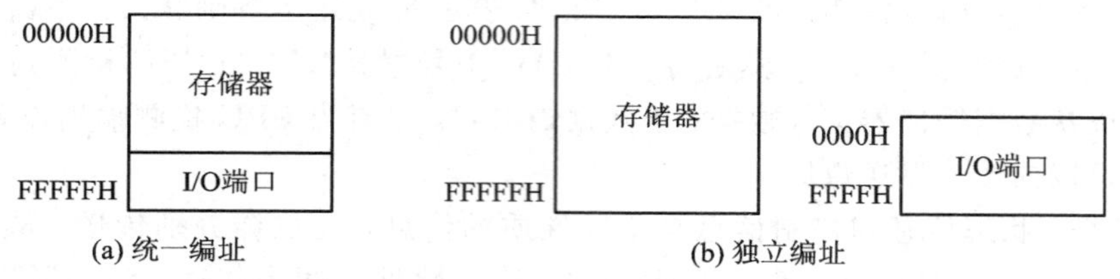

图 7-6　端口的两种编址方式

在统一编址方式下，CPU 对 I/O 端口的访问可以采用访问存储器的方法，即所有访问存储器的寻址方式和指令都可以用来访问 I/O 端口。

I/O 端口与主存统一编址方式的优点：

(1) CPU 可使用访存指令对 I/O 端口进行操作，寻址方式十分灵活和方便。

(2) 不需要用专门的指令及控制信号对存储器或 I/O 端口的操作进行选择，使得硬件相对简单。

这种方式的缺点是：

(1) 由于 I/O 端口占用了主存单元的部分地址空间，使内存容量减小。

(2) 程序中只能通过访问地址的范围区分对存储器或 I/O 端口访问，降低了程序的可读性。

2. 独立编址

独立编址是指主存和 I/O 端口都有各自的地址空间，分别独立进行编址，如图 7-6(b)所示。其主存和 I/O 端口分别有 1M 和 64K 的地址空间。

在这种编址方式下，CPU 访问外设时，需要有专门的 I/O 指令和 I/O 端口寻址方式，而且硬件上还需要用控制信号用来区分地址线上指示的是主存地址还是 I/O 地址。例如 Intel 8086CPU 支持独立编址方式，有专用的 I/O 访问指令 IN 和 OUT，其控制信号 $M/\overline{IO}$ 用于 CPU 一次访问中地址信号的指向，当 $M/\overline{IO}=1$ 时，表示访问主存，当 $M/\overline{IO}=0$ 时，表示访问 I/O 设备。

独立编址方式的优点是：

(1) I/O 端口具有独立的地址空间，不占用内存空间。

(2) 由于程序中访问存储器和访问 I/O 端口分别使用不同的指令，因此程序的可读性较好。

独立编址方式的缺点是：

(1) 在通常情况下，I/O 指令的功能简单，而且其寻址方式简单，编写程序不够方便。

(2) 硬件需要设置用于选择 I/O 设备或存储器的专用控制信号(如 $M/\overline{IO}$)。

7.2.4　I/O 接口的分类

按照不同的分类原则，I/O 接口有不同的分类。

1. 按数据传送格式分类

(1) 串行接口：接口与设备之间的信息传送是逐位进行的。

(2) 并行接口：接口与设备之间的信息传送是将一个字或一个字节的所有位同时进行传送的。

选用哪种接口与设备本身的工作方式有关，还与传输距离的远近有关。

2. 按时序的控制方式分类

(1) 同步控制接口：一般与同步总线相连，接口与总线采用统一时钟信号。无论是 CPU 与 I/O 设备，还是存储器与 I/O 设备交换信息，都与总线的时钟脉冲同步。

同步控制接口简单，但要 I/O 设备与 CPU 和主存在速度上必须能够匹配，这在某种程度上就限制了 I/O 设备的种类与型号。在实际应用中，从灵活性方面考虑，一般允许不同 I/O 设备的速度相差在几个总线时钟周期范围内。

(2) 异步控制接口：与异步总线相连，接口与系统总线之间采用异步应答方式。在异步控制方式下，主设备提出交换信息的“请求”信号，经总线和接口传递到从设备，从设备完成主设备指定的操作后，又通过接口和总线向主设备发出“回答”信号。

整个信息交换过程总是这样“请求”、“回答”地进行着，而从“请求”到“回答”的时间是由操作的实际时间决定的，没有硬性的定时节拍的规定。

3. 按信息传输的控制方式分类

按照 I/O 设备与主机之间交换信息时控制方式的不同，编址方式可以分为前面介绍过的直接程序控制方式、程序中断传送方式、直接存储器存储方式、通道方式和 I/O 处理机方式。

7.2.5　MIPS 机中 I/O 编址与访问

1. MIPS 中 I/O 设备的地址空间

在 MIPS 机器中 I/O 地址线的位数是 32 位，因此 I/O 地址空间最大可以达到 4G，但是由于 MIPS 机器中 I/O 和存储器采用统一编址方式，即 I/O 设备和存储器共用 4G 地址空间，因此 MIPS 机器把 CPU 地址空间按照对存储器和设备的容量需求划分为若干区域，每个区域可以对应存储器或设备，如图 7－7 所示。

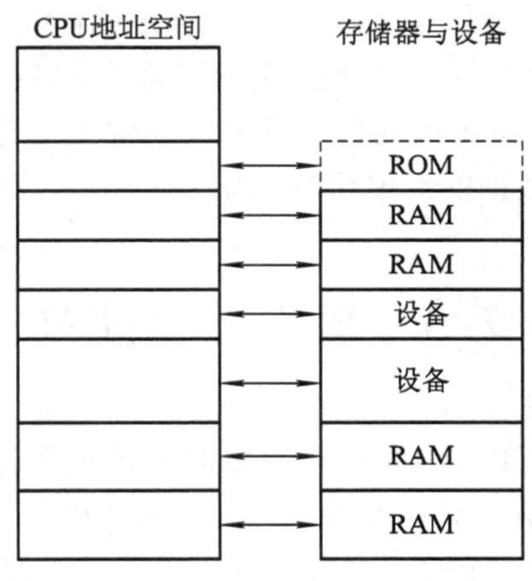

图 7－7　I/O 设备和存储器地址统一编址实例

2. CPU 访问 I/O 设备的指令

由于采用统一编址方式，因此在 MIPS 机器中直接可以使用访存指令 LW 和 SW 指令访问 I/O 设备，从软件角度看，读写设备寄存器与读写存储器是无差别的。

LW 和 SW 指令的本质是对地址空间中某个存储单元或设备寄存器进行访问，需要根据地址译码后的空间确定访问 I/O 寄存器还是主存单元，若译码后的区间是 I/O 地址范围，则访问 I/O 设备。

3. CPU 与 I/O 设备的连接

为了使 CPU 实现对 I/O 设备的访问，需要在原有数据通路的基础上增加访问 I/O 设备的地址、数据和读写控制信号，如图 7－8 所示。图 7－8 是 CPU 与一个接口 UART 的连接示意图。接口与 CPU 的连接信号主要有以下几类：

(1) 地址：Addr，用于选择设备内部的寄存器。

(2) 数据：

① 输入数据：Din，CPU 写入到 I/O 设备的数据。

② 输出数据：Dout，CPU 从 I/O 设备读取的数据。

(3) 读写控制信号：控制数据传送的方向。

CPU 的地址线位数可以很多，由于每个设备接口中的寄存器数量很少，而 CPU 访问 I/O 设备的地址是 32 位的，因此 Addr 的高位地址用于产生接口的片选信号 $\overline{CS}$，每个接口只需要将必要的低位地址送入设备地址端即可。

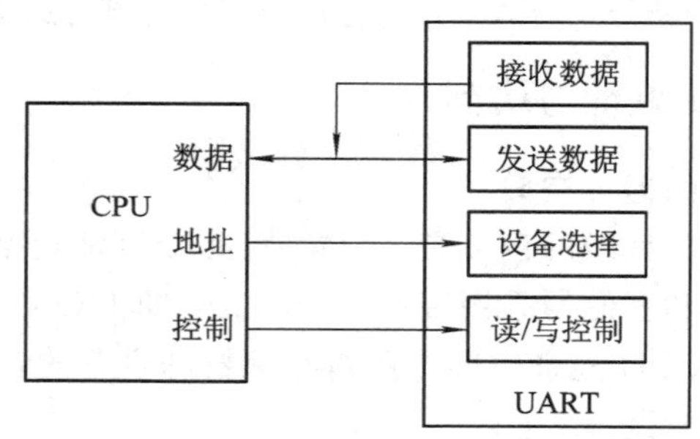

图 7－8 CPU 与外部设备的连接

系统中有多个 I/O 设备，CPU 不可能为每个设备都提供一套地址/数据，可以采用桥的方式使 CPU 实现多个 I/O 设备的访问。桥可以提供 1 套地址、1 套写数据、N 套读数据。桥实现了 I/O 设备输入数据的汇聚功能，以及将 CPU 数据派发给 I/O 设备的功能。

7.3 直接程序控制

直接程序控制方式是指 CPU 和外围设备之间的数据传送完全是在 CPU 主动控制下进行的。CPU 通过执行一段有 I/O 指令和其他指令组成的程序直接控制外设工作。这种方式只需要很少的硬件，是一种最简单、最经济的 I/O 方式。大多数机器都具有直接程序控制方式，特别是在微、小型机中。

7.3.1　程序查询方式的处理过程

直接程序控制方式可以分为直接控制和程序查询方式。

1. 直接控制方式

如果外设总被认为处于"待命"状态，就不需要预先查询外设状态而直接执行I/O指令传送数据，如数码管和显示器。这种方式可以理解为CPU对I/O的读/写就像对存储器的读/写一样，完全不必关心外设的状态。

在直接控制方式下对某个I/O设备的读/写操作过程如下：

(1) CPU将I/O地址送地址总线，经译码后选中某特定外设。

(2) CPU将数据送至数据总线，或CPU等待数据总线出现数据。

(3) CPU发出写命令，将数据总线上的数据写入外设数据缓冲寄存器，或CPU发出读命令将数据缓冲寄存器的数据通过数据总线读入CPU中。

直接控制方式一般适合于有定时采样和定时控制的外设。

2. 程序查询方式

在程序查询方式中，CPU在对I/O设备操作前，需要获得外设的工作状态。CPU只有在确定外设"准备就绪"后才能够进行数据传输操作。当外设的操作时间未知或不确定时，往往采用程序查询方式进行同步控制。

这种方式下对I/O的访问完全是通过程序来控制的，程序流程如图7-9所示。图7-9的程序流程中完成一次数据传输包括四个基本步骤：

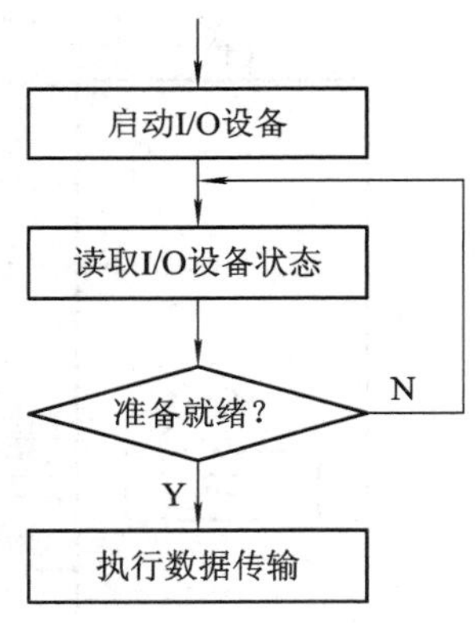

图7-9　程序查询方式流程图

(1) 向外设发出启动命令。

(2) 读取外设的工作状态。

(3) 判断外设是否准备就绪，若未就绪转(2)，否则转(4)。

(4) CPU将数据写入接口的数据缓冲寄存器，或将接口中缓存寄存器的数据读入。

其中，步骤(1)、(2)和(4)中对外设的访问都是通过I/O指令完成的。

7.3.2　程序查询方式的接口

在图7-5所示的接口的内部结构中，有三个不同的寄存器(端口)：

(1) CR(Command Register)用来接收来自CPU的命令。

(2) SR(Status Register)用于记录外设工作状态，可以用特定的某一位表示外设就绪与否，当设备的状态信息较多时，可以用每一位表示一种状态。

(3) DR(Data Register)用来缓存传输的数据。

在程序查询方式下，一个完整的数据传输过程需要通过I/O指令访问这三个寄存器，其过程如下：

(1) 启动外设工作。CPU将控制命令送到接口的CR端口，再由接口将控制命令送给外设，完成外设的启动工作。

(2) 读取外设工作状态。CPU通过执行I/O指令读取接口中SR端口的数据。

(3) 状态判断。CPU 对来自 SR 的数据进行位测试，若测试后表明外设就绪，则转(4)，否则转(2)。

(4) 执行数据传输。CPU 读取 DR 端口的数据，或向 DR 端口写入数据。

程序查询方式下的数据传输过程如图 7－10 所示。图中，CR 和 SR 都是具有清零和置位功能的触发器表示。这里以数据输入为例说明数据的传输过程：

① CPU 通过 I/O 指令，向 CR 发出启动外设的命令，使“启动”触发器的输出为 1，同时使 SR 对应的“就绪”触发器状态置为“0”。

② “启动”触发器利用其输出端的上升沿通知外部设备开始准备数据。

③ CPU 读取 SR 的值。

④ CPU 对 SR 中的“就绪”位进行测试，如果“就绪”＝0，则 CPU 会继续回到③。

⑤ 外部设备将数据准备好后，将数据送往接口的 DR 端口。

⑥ 外部设备将“就绪”位置 1，同时将 CR 的“启动”位清零。

⑦ CPU 在④中测试“就绪”＝1 后，从接口的 DR 端口中读取数据。

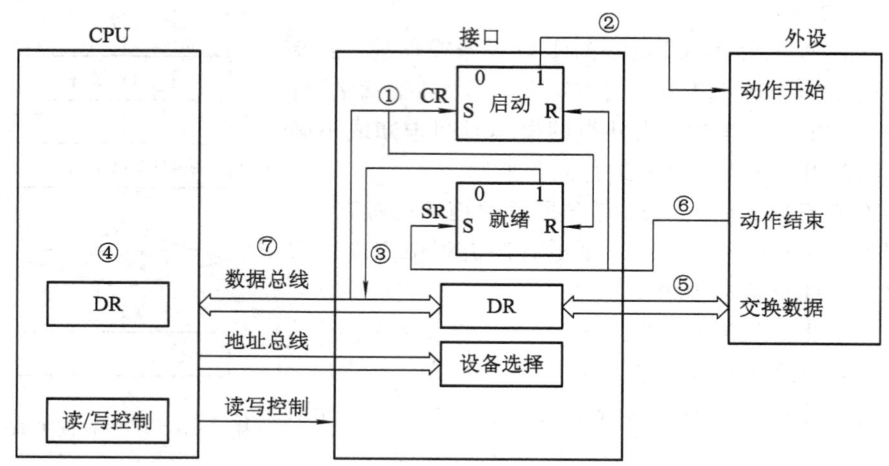

图 7－10　程序查询方式接口访问过程示意图

通过以上的分析，可以看出程序查询控制方式适用于下述场合：

(1) CPU 速度不高，并且 CPU 工作效率问题不是很重要。

(2) 需要调试或诊断 I/O 接口及设备。

这种方式的缺点是：

(1) CPU 与外围设备无法并行工作，CPU 效率很低。

(2) 不能响应来自外部的随机请求，CPU 无法处理突发事件。

7.4　程序中断控制

程序中断方式通常简称为中断方式，它是计算机系统必须具备的一种重要工作机制，在实际工作中应用非常广泛。中断的控制功能可以使 CPU 处理突发事件，采用这种技术与外设进行数据传输可以使外设与主机并行工作，提高整个系统的工作效率，同时中断还可以满足对外设实时数据处理的需求。

7.4.1　中断的基本概念

1. 中断的定义

中断是指计算机在执行程序的过程中，由于某些急待处理的事件产生，CPU 暂时中断现行程序的执行，而转去执行另一服务程序来处理这些事件，待处理完后 CPU 又继续执行原来程序的整个过程。

中断的整个过程可以用如图 7－11 所示的过程进行说明。图中，CPU 在执行主程序的过程中(①)，有中断源提出了中断请求(②)，CPU 响应中断源提出的请求，将程序指针指向中断源提前准备好的中断服务程序首地址(③)，CPU 执行中断服务程序(④)，CPU 执行完中断服务程序返回主程序的断点(⑤)，CPU 继续执行主程序(⑥)。

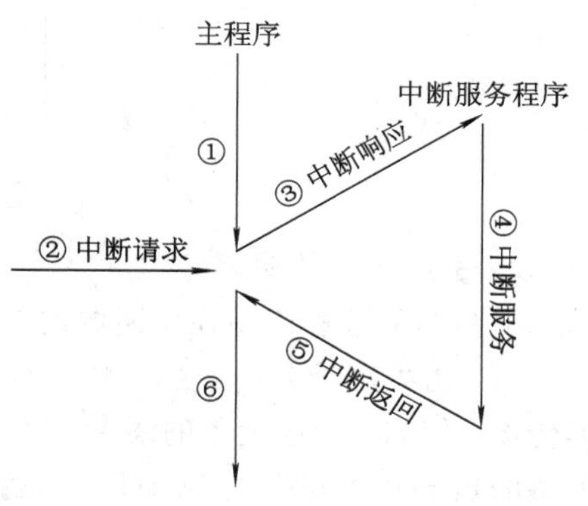

图 7－11　中断过程示意图

这里需要说明几个概念：

(1) 中断源：引起中断产生的事件或发生中断请求的来源。

(2) 断点：现行程序中被打断执行的指令地址。断点是整个中断过程中连接主程序和中断程序的关键位置。

(3) 中断响应：CPU 接到中断请求信号后，若某种条件满足(允许中断)，就保存断点，找到中断服务程序的首地址，并使程序指针 PC 指向该地址，这个过程称为中断响应。中断响应的目的就是使 CPU 能够执行中断服务程序。

(4) 中断向量：中断服务程序在内存中存放的入口地址，即首地址。

(5) 中断服务程序：为处理突发或有意安排的任务而预先编写的程序。

(6) 单级中断：单级中断是指所有的中断都是相同级别的，也就是说，如果响应某个中断服务请求后，CPU 只能为该中断服务，不允许被其他中断请求打断，只有当本次中断服务全部完成并返回到原程序后，CPU 才能响应其他新的中断请求。

(7) 多级中断：多级中断是指系统的中断源是有优先级别之分的，CPU 是按照中断的优先级别对中断源进行服务的，因此，CPU 在执行优先级别较低的中断服务程序时，允许响应比它优先级别高的中断请求，而暂停正在处理的中断，优先为高级别的中断源提供服务，待优先权高的中断服务结束后，再返回原来被打断的低级中断服务程序继续为它服务。这种中断处理的方式又称为中断嵌套。对于同级或低级的中断请求 CPU 则不予响应。

图 7－12 说明了两级中断嵌套的过程。在图 7－12 中，S＋1 和 T＋1 分别是主程序和 2＃ 中断服务程序的断点，当主程序在 S 指令执行完毕后，响应 2＃ 中断源的请求去执行 2＃ 中断的服务程序，在该程序执行到 T 指令的时候，又有 3＃ 中断提出中断请求，CPU 响应该中断请求后执行 3＃ 中断服务程序。可见 3＃ 中断的优先级高于 2＃ 中断源，因此 3＃ 中断源打断了 2＃ 中断的服务程序。当 3＃ 中断服务程序结束后，回到 T＋1 继续执行

2＃中断源的服务程序，当 2＃中断服务程序结束后会回到主程序的断点 S＋1 继续执行主程序。

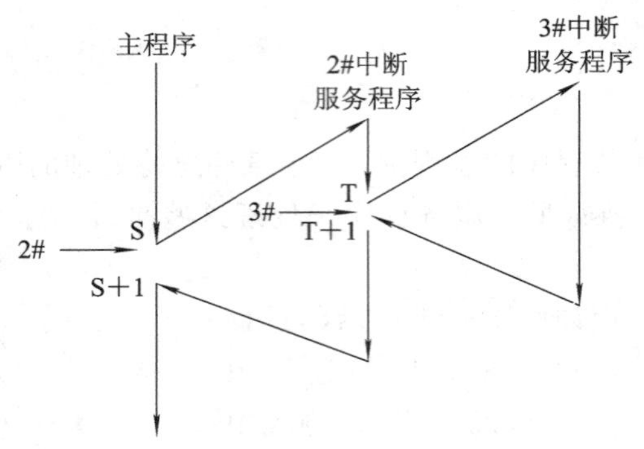

图 7－12　两级中断嵌套的过程

2. 引起中断的原因

中断的复杂性表现在中断源的多样性上，计算机系统中引起中断的原因有以下几种：

(1) 由外围设备引起的中断。通常情况下是外部设备需要与 CPU 之间进行控制或数据传输。例如，慢速设备的缓冲寄存器准备好接收或发送数据、信息块传送的前后处理、设备的启动或非数据控制动作(如磁带、磁盘定位)的完成、定时进行设备检测或数据采样、外设出现错误等。

(2) 由主机的硬件故障引起的中断。常见的情况如下：

① 运算的数据产生错误。例如，算术操作的溢出、除数为零、数据格式非法、校验错等。

② 存储器管理部件产生错误。例如，动态存储器刷新、地址非法(地址不存在、越界)、页面失效、校验错、存取访问超时等。

③ 控制器产生的中断。例如，非法指令、用户程序执行特权指令、分时系统中时间片到期、操作系统用户目态和管态的切换等。

(3) 实时时钟中断。

(4) 电源故障中断。

(5) 人为测试程序时设置的中断，如单步运行和断点运行。

3. 中断的分类

按照分类原则不同，中断有多种分类方法。

(1) 按照中断的产生方式，分为硬件中断和软件中断。硬件中断是指由某个硬件设备的中断请求信号引发的中断；软件中断是指由执行中断软指令引发的中断。这两种中断的区别在于：硬件中断产生的时间是不可预期的，是通过中断源的请求信号获得中断向量的，软件中断是在程序中主动安排的，其中断向量则是由中断软指令中的中断号经过转换得到的。

(2) 按照中断的可预测性，分为强迫中断和自愿中断。

① 强迫中断是指由硬件故障或软件出错产生的。这种中断是随机产生的，CPU 不得不暂停执行中的程序。例如，硬件电路中的集成电路芯片、元件、器件、印刷线路板、导线及焊点引起的故障或电源电压的下降等。软件出错包括指令出错、程序出错、地址出错、

数据出错等。

② 自愿中断是指计算机系统出于管理的需要，自愿进入的中断。计算机系统为了方便用户调试软件、检查程序、调用外部设备，提供了一些系统管理程序，用户可以根据需要通过软中断指令来调用的这些管理程序。自愿中断是程序有意安排的。

(3) 按照中断源所处的位置，分为内部中断和外部中断。

① 内部中断是指来自主机内部设备的中断请求，如电源故障、CPU 故障、软中断等。

② 外部中断是指来自主机外，由外设提出的中断，如键盘、显示器、打印机、硬盘等。

(4) 按照中断的可控制性，分为可屏蔽中断和不可屏蔽中断。

① 某个外部设备能否提出中断请求是由其接口的中断屏蔽字控制的，CPU 可以编程实现对屏蔽字的设置，这样的中断称为可屏蔽中断，一般外设提出的中断都是可屏蔽中断。

② 一些要求 CPU 必须响应的中断请求(如硬件、主机故障等引起的)，称为不可屏蔽中断，CPU 不得不响应。软件中断也是不可屏蔽中断。

(5) 按照中断服务程序入口地址的生成方式，分为向量中断和非向量中断。

① 如果中断向量是根据中断源的类型号，通过查询主存中的中断向量表得到的，这种方式就是向量中断。

② 如果中断服务的入口地址是通过执行软件(如中断服务总程序)来获得的，就属于非向量中断。

计算机一般都具有向量中断的功能，但其中断源的数量是有限的，可以通过非向量中断实现中断源数量的扩展。

4. 中断系统需要解决的问题

计算机系统为了能够处理中断，需要解决下面的问题：

(1) 中断源在什么条件下可以提出中断请求？

(2) 当 CPU 检测到有多个中断源同时提出请求时，如何处理？

(3) CPU 在什么时间、条件下可以响应中断？

(4) CPU 以什么样方式响应中断？

(5) CPU 如何获得中断源的中断服务程序首地址？

(6) CPU 如何实现将 PC 指向中断服务程序？

(7) 中断服务程序编写和子程序有什么差别？

(8) 中断服务程序结束后如何能够确保程序指针回到原来断点继续执行？

以上 8 个问题是由软件和硬件共同完成的。

7.4.2　中断的完整过程

一个完整的硬件中断处理全过程包含以下五个：① 中断请求；② 中断判优；③ 中断响应；④ 中断处理；⑤ 中断返回。

下面将沿着这五个过程，详细分析中断系统的硬件组成及工作原理。

1. 中断请求

中断请求信号的建立，是基于中断源有请求中断的需要，与外设接口中的中断请求信号的产生过程和接口的内部结构有关，涉及中断请求寄存器、中断屏蔽寄存器和中断信号产生电路。

1）中断请求控制逻辑电路

计算机系统为了区分不同的中断源，设置了中断请求标记触发器，简称中断请求触发器，如图 7－13 所示。图中用 $INTR_i$标记。当中断请求触发器 INTRi 的输出为“1”时，表示该中断源有中断请求。

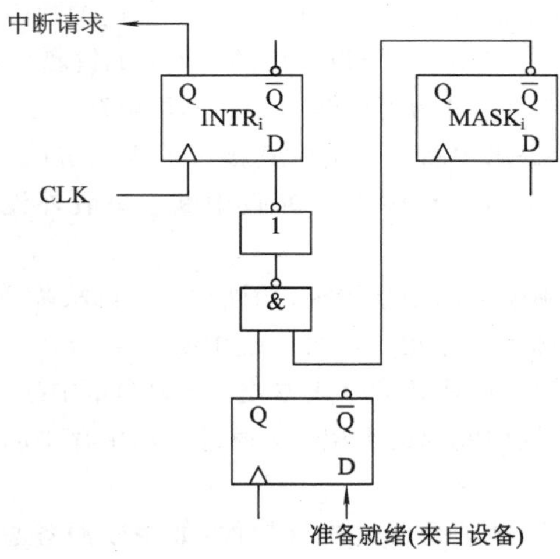

图 7－13　中断请求信号的产生

为了方便 CPU 对可屏蔽中断源进行控制，计算机中设置了中断屏蔽寄存器，该寄存器的每一位(就是一个触发器)用来控制一个中断源，在图 7－13 用 $MASK_i$表示，当对应位为“1”时，屏蔽器对应的中断源不能发出中断请求；为“0”时，则允许该中断源请求中断。CPU 可以根据需要，通过设置中断屏蔽寄存器实现对中断请求信号的屏蔽。

从图 7－13 中可以看出，当外设 i 做好准备后，例如，外设可以利用图 7－13 所示的“准备就绪”或“完成一次操作”等状态信号作为产生中断请求信号的原始信号，将最底部的触发器置”1”。若中断屏蔽触发器 $MASK_i=0$，则 INTRi 触发器的输出为“1”，向 CPU 提出中断请求。

多个中断请求触发器可以组成一个中断请求寄存器，如图 7－14 所示。寄存器的 0～n－1 位分别表示电源故障、主存校验错误、阶码上溢、除数为零、串口输入等。

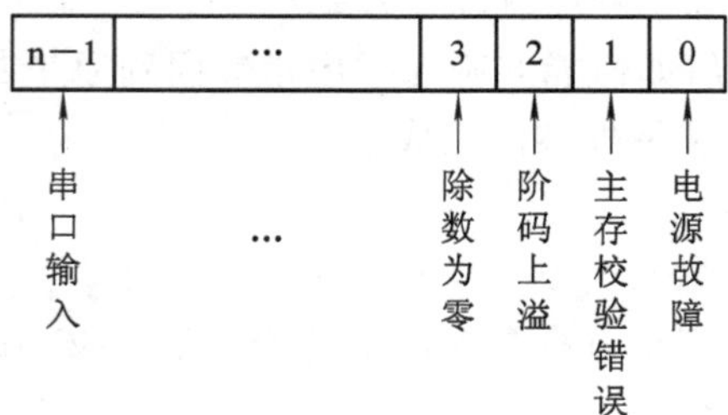

图 7－14　中断请求寄存器举例

2）中断请求信号的传输

中断请求信号只有传递给 CPU 才能实现中断功能，一般来说有三种中断信号的传输方式，如图 7－15 所示。

（1）独立请求方式，如图7-15(a)所示。每个中断源都有独自的中断请求线，有多根请求线被直接送往CPU。这种中断请求方式下，CPU可以立即确定具体的中断源。独立请求方式的优点是便于实现向量中断，因为可以方便地通过编码电路形成向量地址，但是由于CPU的中断请求连线数量有限，中断源的数量难以扩充。

（2）单线请求方式，如图7-15(b)所示。CPU只有一根中断请求信号，各中断源的请求信号通过三态门汇集到一根公共请求线。这种方法可以减少CPU的引脚，也便于中断源的扩展，但是需要通过链式查询逻辑来确定优先级最高的中断源，所以响应速度会慢一些。

（3）二维请求方式。这种方式是独立请求方式和单线请求方式的结合，如图7-15(c)所示。CPU可以有多根中断请求线，它们有固定的优先级，称为主优先级。每个中断请求线又可以连接多个中断源，这些中断源又按照单线的方式确定优先级。这样既可以在主优先级层次上迅速判断中断源，又可以方便地扩充中断源的数量，这种形式适合小型计算机。

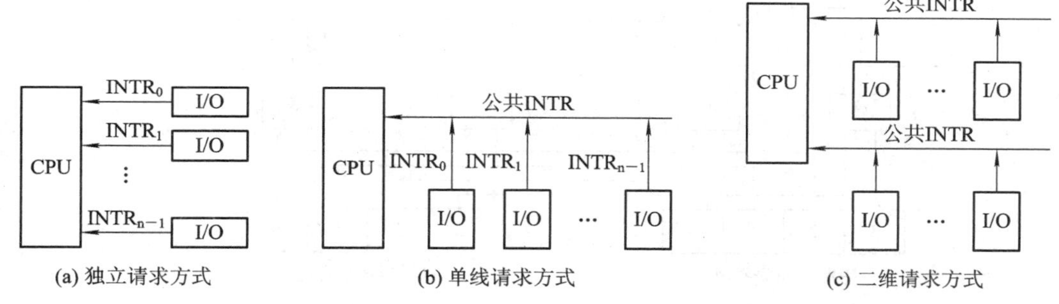

图7-15　中断请求信号传输给CPU的方式

2. 中断判优

由于中断请求是随机产生的，而且同一个时刻可能有多个中断源同时提出中断请求，因此CPU需要根据中断源的优先级别，响应优先级别最高的那一个。中断优先级判别的方法有软件和硬件两种。

1）硬件判别

硬件判别是由优先排队电路完成的。中断优先级的判别方式与中断请求信号传输给CPU的方式有关。

（1）独立请求方式。独立请求方式中有多条中断请求信号送往CPU，CPU通过内部的优先排队电路对中断源的优先级进行排队，并输出当前优先级最高的中断源的中断向量，其内部逻辑如图7-16所示。图中每个保存在中断请求寄存器中的中断请求信号，经过与中断屏蔽寄存器相应位的逻辑运算后，将未被屏蔽的中断请求信号 IR_i' 输入到排队器。排队器按照优先级的顺序，只将优先级最高的中断请求 IR_i 输出为“1”，其他中断请求信号输出为“0”。若CPU响应中断，那么排队器的输出会经过编码器将中断向量经数据总线送往CPU。例如，同时有3个中断源0、2、3发出中断请求信号，中断请求寄存器为“1101”，若此刻中断屏蔽寄存器为“0100”(IR_2 被屏蔽)，则经过屏蔽控制电路后，只有 $IR_3'=1$ 和 $IR_0'=1$ 被送往排队器。在排队电路中，由于IR3′的优先级最高，因此排队器的输出

$IR_3\,IR_2\,IR_1\,IR_0=1000$，若 CPU 响应中断，则排队器的输出会使编码器产生“01100000”的结果，这会作为中断向量通过数据总线送往 CPU。

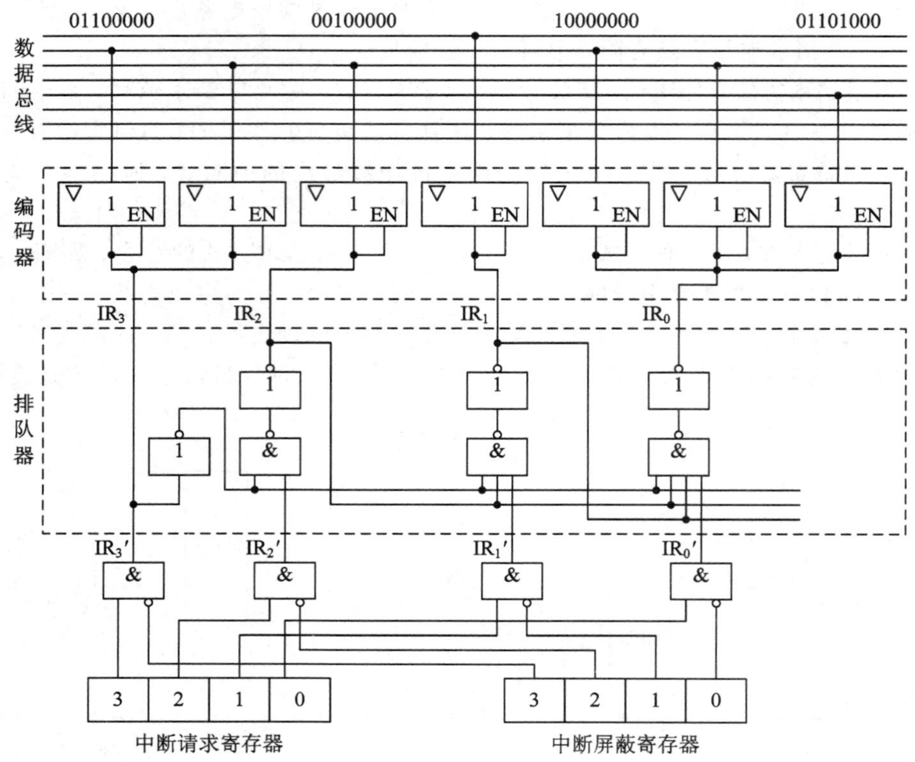

图 7-16 独立请求方式的优先级排队和中断向量生成逻辑

(2) 单线请求方式。如果多个中断源是通过一根公共请求线向 CPU 提出中断请求的，就需要采用如图 7-17 所示的链式排队器识别优先级最高的中断源。

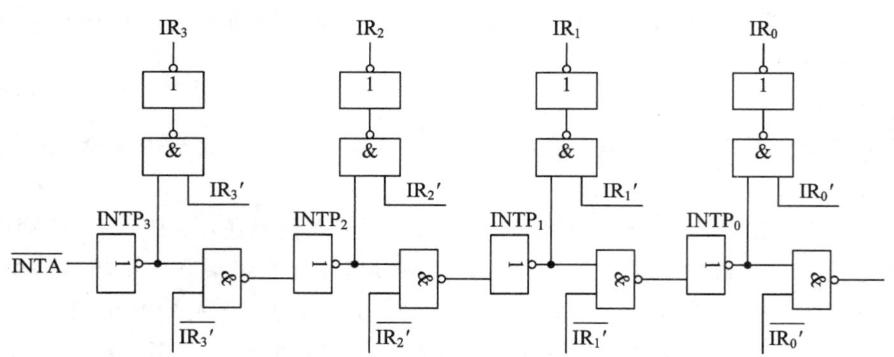

图 7-17 链式排队器

在图 7-17 中，每个中断请求信号 IR_i' 经过一个链式排队器后输出为 IR_i，IR_i' 在 INTPi 的控制下产生 IR_i。控制信号 $INTP_i$ 在链式排队电路中从左向右传递，该电路中优先级最高的的中断源是 3 号，然后依次是 2、1、0 号。链式排队器的输出中最多只有一个 IR_i 为高电平。

当所有中断源均无中断请求时，即各 IR_i' 均为 0，$\overline{IR_i'}$ 均为 1，$INTP_i$ 均为 1。若其中某个中断源有请求，则会使其右侧的 $INTP_i=0$，使得其右边的所有中断请求被封锁。例如，当 2 号和 1 号中断源同时提出中断请求时，即 $IR_2'=1$ 和 $IR'_1=1$，CPU 如果响应中断，则会发出中断应答信号 $\overline{INTA}$，其为 0，这时会使 $INTP_3=1$，由于 $IR_3'=0$，因此 $INTP_2=1$；$INTP_2=1$ 并且 $IR_2'=1$ 使得 $IR_2=1$，同时 $INTP_1=0$，屏蔽了 2 号中断源之后的所有中断请求，因此输出中只有 $IR_2=1$，其他均为 0。

图 7 - 17 的链式排队器也可采用与图 7 - 16 相类似的编码器，向 CPU 提供中断向量。

2）软件判别

软件对中断优先级的判别通常采用查询方法。在软件查询法中每一个中断源都附带一个标志位，该标志置"1"代表相应中断源有中断请求，因此，判别某个中断源是否产生中断只需采用位测试即可，程序中按一定的优先次序检查这些标志位，遇到第一个为"1"的标志就得到优先服务。软件查询法的流程如图 7 - 18 所示。CPU 在响应中断请求后，首先转向固定的中断查询程序入口，在该程序查询各设备是否有中断请求，查询的顺序决定了设备中断优先权。当确定了提出请求中优先级最高的设备后，立即转去执行该设备的中断服务程序。在图 7 - 18 中，0 号设备优先权最高，依次是 1 号、2 号……逐次降低。

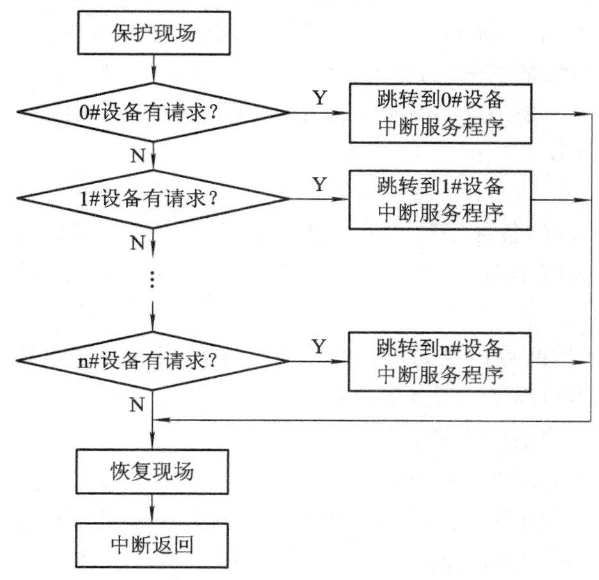

图 7 - 18　软件查询法判别中断源的优先级

这种软件查询方法适用于低速和中速设备。它的优点是中断设备优先级可用程序任意改变，灵活性好；缺点是当设备数量多时响应速度较慢。

中断优先级划分的一般规律是：

(1) 硬件故障中断的优先级是最高的，因为这类情况的出现会使程序无法运行。

(2) 程序错误中断次之，这类错误即使程序继续运行也没有意义。

(3) DMA 请求优先于输入/输出数据传输的中断请求。

(4) 在外部设备中，高速设备的中断优先级高于低速设备，实时控制设备的中断优先级高于普通数传设备。

3. 中断响应

中断响应操作是指程序指针 PC 由断点转向中断服务程序首地址这个时间段中需要完成的工作，这个时间段称为“中断周期”。中断响应是完全由称为“中断隐指令”的硬件实现的。被称为“中断隐指令”的原因是，中断响应整个过程的操作是由硬件自动完成的，并不包含在机器的指令系统中。

1）响应中断的条件

CPU 停止执行现行程序，转去处理中断请求称为“中断响应”。CPU 要响应中断必须满足以下两个条件：

（1）有中断请求。

（2）CPU 允许接受中断请求。

条件（2）是由 CPU 内部的一个中断允许寄存器（记作 EINT）的状态决定的。CPU 可以执行开中断指令，将 EINT 触发器置“1”，也可以执行关中断指令，将 EINT 置“0”。只有当 EINT＝1 且有中断请求时，CPU 才可以响应中断。

2）响应中断的时间点

为了保证指令的正常执行和简化中断系统，CPU 只有在一条指令执行结束后，才会响应中断请求。也就是说，在一条指令的指令周期结束后，若有中断，则 CPU 会进入中断周期；若无中断，CPU 则继续下一条指令的指令周期。硬件上只有在每个指令周期的最后一个时钟周期检测是否有中断请求，图 7－13 中 INTR 触发器的时钟信号 CLK 就是在指令周期的最后一个时钟周期产生的。

3）中断隐指令

一旦 CPU 响应中断的条件得到满足，CPU 就进入中断周期，在中断周期中系统会自动执行中断隐指令来响应中断。中断隐指令会依次完成保护断点、转向中断服务程序和关中断的操作。

（1）保护断点。保护断点信息的目的是为了在中断服务程序执行完毕后，能够使程序继续从断点处执行后续的程序。断点信息包括两个：

① 程序计数器 PC 当前的内容。

② 当前程序运行的状态字（PSW）。

考虑这样一种情况，若需要比较两个数 a 和 b 的大小来实现程序转移，通常的做法是先执行 SUB 指令完成 a－b 的运算，然后执行 JS 指令实现转移。SUB 指令通常会根据运算结果符号标志 SF（SF 存放在 PSW），JS 指令可以对 SF 进行判断，以决定程序是否转移，若 SF＝1 说明 a＜b；否则说明 a≥b。

若程序在执行 SUB 指令的时候，有中断产生，且 CPU 响应了中断，在执行完中断服务程序后，返回断点继续执行后续的 JS 指令，JS 指令是需要判断 SF 状态的，因此必须要保护 PSW。

断点信息通常情况下是保存在堆栈中的。

需要说明的是，如果有的中断系统为了简化硬件逻辑，在中断隐指令没有保存 PSW 的功能，也可以在中断服务程序中对 PSW 进行保存。

（2）将程序指针 PC 转向中断服务程序。由于中断周期结束后要执行中断服务程序的第一条指令，因此在中断周期内必须确定中断服务程序的入口地址。中断服务程序入口地址的获取方法有在中断判优中介绍过的硬件和软件两种方式。

这里再介绍另外一种硬件方式获取中断向量的方法，即在内存中安排一个如图 7－19 所示的中断向量表，向量表中存放着每个中断源的中断服务程序入口地址。中断源只需要提供中断向量地址(或类型号)，就可以根据中断向量地址直接或经过计算后得到其中断服务程序的入口地址。例如，在图 7－19 中，10H、11H、12H 的中断向量可以在中断向量表中直接查询到其对应的中断服务程序的入口地址分别是 200H、300H 和 400H。Intel CPU 就是采用这种方法获得中断程序的入口地址的。

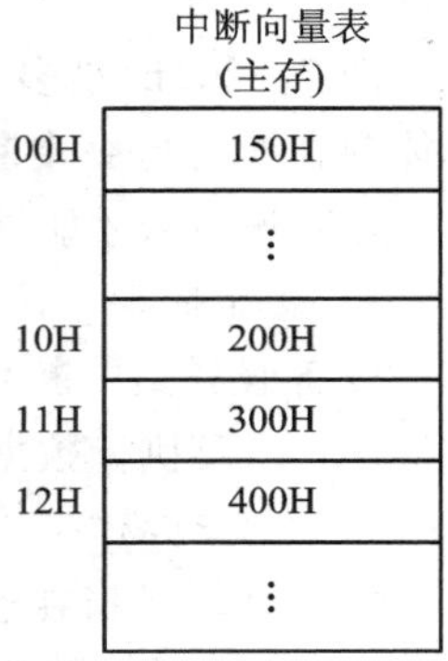

	中断向量表(主存)
00H	150H
	⋮
10H	200H
11H	300H
12H	400H
	⋮

图 7－19 中断向量表

由于硬件向量法具有速度快的特点，被现代计算机普遍采用。

(3) 关中断。CPU 进入中断周期后，为了确保 CPU 响应中断过程中不再受到新的中断请求的干扰，在中断周期中必须自动关闭中断(即将 EINT 置为 0)。

4. 中断服务

中断隐指令执行完毕后，PC 就指向了中断服务程序的入口地址，标志着 CPU 开始为中断源服务，中断服务过程是通过执行中断服务程序来完成的。

不同设备的中断服务程序是不同的，但是程序的流程却是类似的。中断服务程序的流程分为：保护现场、开中断、设备服务、恢复现场和中断返回，如图 7－20 所示。

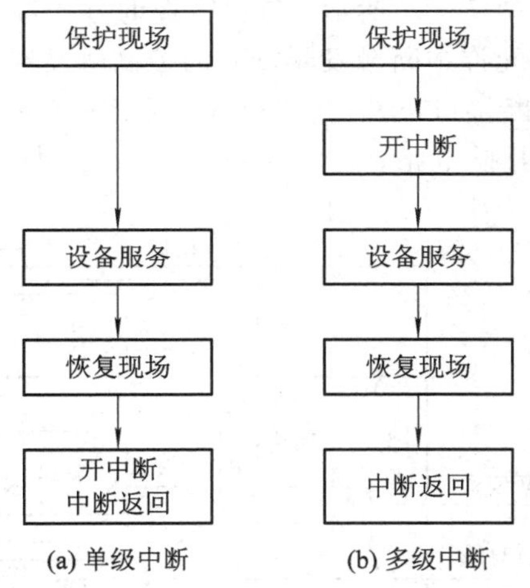

图 7－20 中断服务程序设计流程图

1) 保存现场

CPU 中寄存器的数量是非常有限的，保护现场是指将中断服务程序中使用的通用寄存器保存到堆栈中去，这样做的目的是为了不影响被中断程序的正常执行，当中断处理结束后再恢复这些通用寄存器。

2) 开中断

开中断的实质是使 EINT＝1。在多级中断中，开中断允许更高级的中断请求得到响应，实现中断嵌套。

图 7－20(a)是单级中断的流程图，所有中断都是同级别的，因此，只有在中断返回前

才需要开中断。

图 7 - 20(b)是多级中断的流程图，在多级中断系统中的中断源是有优先级之分的，具体体现在执行低级中断服务程序时可以被比其级别高的中断源打断，因此在保护完现场后，必须开中断才能够响应更高级别的中断。

3）设备服务

设备服务是中断程序的核心，随中断源不同有很大差异。它通常完成数据的输入或输出操作，以及执行数据传输的地址、个数和差错检验处理等。

4）恢复现场

恢复现场是指在退出中断服务程序之前，将使用的通用寄存器的内容进行恢复。它通常使用出栈指令，将保存在堆栈中的信息依次送回到原来的寄存器中。

5）中断返回

中断返回是在中断服务程序的最后通过一条中断返回指令实现的。中断返回指令的功能是将中断响应周期中保存在堆栈中的 PC 和 PSW 值重新赋给 PC 和 PSW，这样就使得程序又回到原来的断点继续执行程序。

5. 中断返回

中断返回是由中断服务程序中的最后一条指令完成的。

7.4.3 中断方式接口

中断方式的基本接口如图 7 - 21 所示。与程序查询方式接口相比，中断方式的接口电路中主要增加了一个被称为允许中断触发器(EI)的控制触发器以及中断向量电路逻辑。需要说明是：为了便于描述中断接口，图 7 - 21 中的 CPU 只有一个中断源，如果有多级多个中断源，还应当有中断优先排队电路。

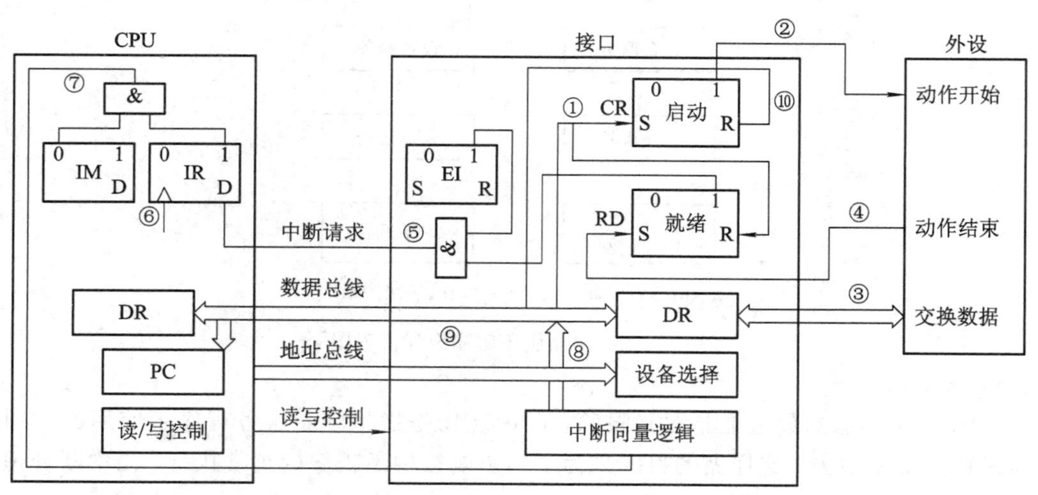

图 7 - 21 中断方式的基本接口

外设接口是否允许以中断的方式与 CPU 进行数据交换，是由 CPU 和外设接口的状态两方面来控制的。在接口方面主要是接口中的“就绪”(RD)标志和“允许中断”(EI)标志两个触发器；在 CPU 方面，除了前面已经介绍过的 EINT 触发器外，还有“中断请求”(IR)标志和“中断屏蔽”(IM)标志两个触发器。上述 4 个标志触发器的具体功能如下：

(1) RD 触发器：它与程序查询方式中的“就绪”触发器的功能是一样的。一旦设备做好一次数据的接收或发送准备工作，便发出一个设备动作完毕信号，使 RD 标志为“1”。在中断方式中，该标志用于中断源提出中断请求的触发器。

(2) EI 触发器(EI)：CPU 可以使用 I/O 指令来置位或复位接口中的这个寄存器。当 EI 为“1”时，表示该设备可以向 CPU 发出中断请求；当 EI 为“0”时，该设备不能向 CPU 发出中断请求，这意味着该设备是禁止向 CPU 提出中断请求的。设置 EI 标志可以使 CPU 通过程序来控制是否允许某设备发出中断请求。

(3) 中断请求触发器(IR)：CPU 中用于暂存中断请求线上由设备发出的中断请求信号。当 IR 标志为“1”时，表示设备发出了中断请求。

(4) 中断屏蔽触发器(IM)：是 CPU 中是否受理中断的标志。例如，当 IM 标志为“0”时，CPU 可以受理对应的中断请求；反之，IM 标志为“1”时，CPU 不受理对应的中断请求。

在图 7-21 中，标号①～⑩表示某一外设接口以中断方式进行一个数据输入的控制过程。

① CPU 通过程序启动外设，将该外设接口的“CR”触发器置“1”，“RD”触发器清“0”。

② CR 触发器接口向外设发出启动信号。

③ 外设将准备好的数据传送到接口的数据缓冲寄存器 DR。

④ 当设备动作结束或缓冲寄存器数据填满时，设备向接口送出一个控制信号，将“RD”触发器置“1”。

⑤ 若中断允许寄存器 EI 为“1”且 RD 为“1”时，接口向 CPU 发出中断请求信号。

⑥ 在当前指令周期的最后一个时钟周期 CPU 检查中断请求线，将中断请求线的请求信号锁存至中断请求触发器 IR。

⑦ 如果中断屏蔽触发器 IM 的对应位为“0”且 EINT 为“1”，则 CPU 在当前指令周期结束后会受理外设的中断请求。CPU 会自动执行中断隐指令，首先向外设发出响应中断信号 INTA 并关中断(将 EINT 置为 “0”)。

⑧ 接口在收到 INTA 信号后，将中断向量通过数据总线传送给 CPU，中断隐指令会保护程序断点，并将程序指针 PC 指向该设备中断服务程序的入口。

⑨ CPU 执行中断服务程序，在中断服务程序用 I/O 指令将数据从接口中的数据缓冲寄存器读至 CPU 的寄存器中。

⑩ CPU 向接口发出控制信号(通过数据总线)将接口中的 BS 触发器复位，一次中断处理结束。

7.4.4　多级中断技术

1. 多级中断的条件

在计算机系统中为了能够方便实现对整个中断系统和各中断源的开放和关闭，采用了以下几个技术：

(1) 对所有中断源的中断允许通过设置一个中断屏蔽触发器 EINT 实现。处理器可以通过专用的开中断指令或关中断指令设置 EINT 的状态。当 EINT 处于“1”状态时，称为开中断，允许 CPU 接收中断请求并为各中断源服务；当 EINT 处于“0”状态时，称为关中断，

CPU 拒绝所有中断请求。

(2) 对某个特定的中断源，可以通过 I/O 指令设置中断源接口设备中对应的允许中断触发器(如图 7-21 接口中的 EI)来控制该接口是否允许以中断方式传送数据。

一般来说，在一个具有多级中断的计算机系统中，优先权高的中断源可以打断优先权低的中断服务程序。根据系统配置的不同，多级中断又可分为一维多级中断和二维多级中断，其结构如图 7-22 所示。一维多级中断是指每一级中断只有一个中断源，而二维多级中断是指每一级中断中又有多个中断源。在图 7-22 中，若去掉虚线右边的所有设备，只保留虚线左边的设备为一维多级中断结构，整个图则构成二维多级中断结构。

在如图 7-22 所示的一个具有 3 级中断的系统中，中断源从上到下依次是 2、1、0，每个级别的中断共用一个中断请求触发器 IRi 和中断屏蔽寄存器 IMi。

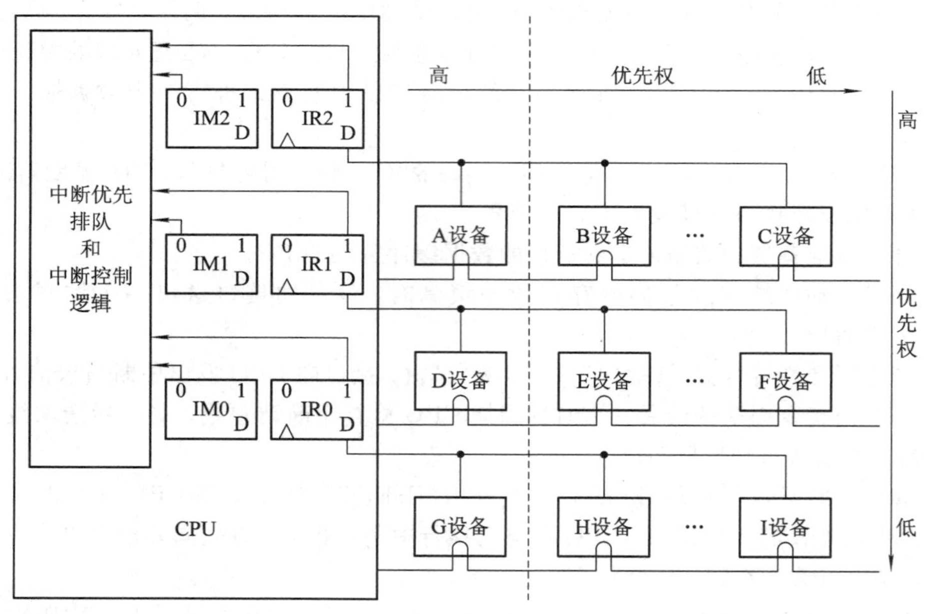

图 7-22 多级中断系统的结构

通过前面的分析，我们知道要想实现多级中断必须满足两个基本条件：

(1) EINT=1。

(2) 高级别的中断可以打断优先级别低的中断。

前面讲过，对于多级中断必须在中断服务程序中设置开中断指令满足条件(1)。在满足条件(1)的条件下，一个正在执行的中断服务程序只能被优先级别比其高的中断源的请求打断，而同级和低级中断源的请求则不予处理。例如，如图 7-23 所示，图中有 A、B、C、D 四个中断源，其中断优先级按 A、B、C、D 由低到高依次排列。在 CPU 执行主程序时，同时出现了 B 和 C 两个中断请求，由于 C 的优先级高于 B，因此 CPU 先执行 C 的中断服务程序；在 C 的中断服务程序执行过程中，中断源 D 提出了中断请求，由于 D 的优先级别高于 C，因此 CPU 暂停对 C 的中断服务程序，转去执行 D 的中断服务程序；在 D 中断服务程序的执行过程中中断源 A 提出了中断请求，由于 A 的优先级低于 D 的优先级，CPU 不会响应 A 的请求；当中断源 D 的中断服务结束后，返回被其中断的 C 的中断服务程序继续执行直到完成后返回到主程序，由于 B 和 A 中断请求并未撤出且 B 的优先级高于 A，因此，CPU 会先去执行 B 的中断服务程序，执行完毕后返回主程序再去执行 A 中断服务程序。

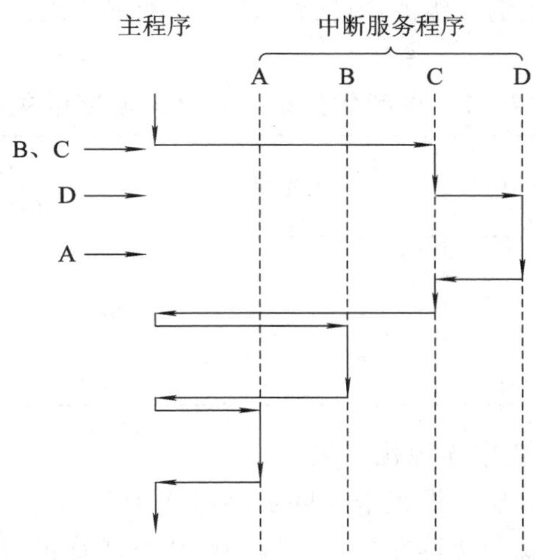

图 7-23 多重中断程序处理过程示意图

2. 中断屏蔽字与中断优先级的关系

利用中断屏蔽字可以屏蔽某个中断源。例如，在图 7-13 中说明了操作就绪触发器 D、中断请求触发器 INTR 和中断屏蔽触发器 MASK 的关系。CPU 可以通过对 MASK 的控制，允许或禁止打开中断的请求。

在如图 7-22 所示的多级中断系统中，CPU 内部的排队器逻辑如图 7-24 所示。

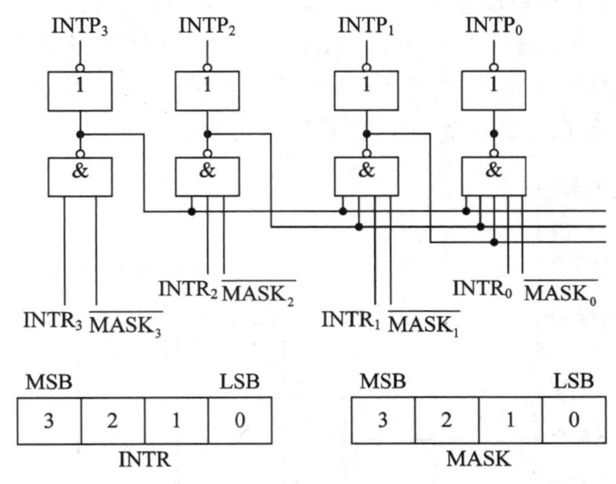

图 7-24 具有屏蔽功能的排队器

对应每个中断请求触发器就有一个中断屏蔽触发器，将所有屏蔽触发器组合在一起，就构成了一个屏蔽寄存器，如图 7-24 中的 MASK 寄存器，屏蔽寄存器的内容称为屏蔽字。屏蔽字与中断源的优先级别是对应的，如表 7-1 所示。表 7-1 是对应 4 个中断源(A、B、C、D)的屏蔽字，每个屏蔽字有 4 位，中断源与屏蔽字的对应关系与图 7-24 中 MASK

寄存器示意一致。图 7－24 中的 3 级中断的优先级最高，因此 3 级中断的屏蔽字是“1111”，也就是说，3 级中断响应后会屏蔽所有中断源的请求。2 级中断源的优先级次之，二级中断源可以被 3 级中断打断，因此二级中断只能屏蔽 2 级、1 级和 0 级中断。0 级中断源的级别最低，因此只能屏蔽自身级别 0 级的中断源，其他中断都可以打断 0 级中断的执行，因此，0 级中断的屏蔽字是“0001”。

表 7－1　中断优先级与中断屏蔽字的关系

中断源	优先级	中断屏蔽字（对应 ABCD）
A	3	1111
B	2	0111
C	1	0011
D	0	0001

3. 利用中断屏蔽字改变中断源优先级

在中断服务程序中可以通过设置中断屏蔽字改变中断的优先级。例如，在 3 级中断中如果将屏蔽字设为“0001”就会使得在执行 3 级中断服务程序的过程中可以响应 2 级和 1 级中断，从而改变中断源处理的优先级。

严格地说，中断源的优先级有响应优先级和处理优先级之分。响应优先级是指 CPU 响应各中断源请求的优先顺序，这个优先级别是由硬件线路的逻辑决定的，是无法改变的。处理优先级是指 CPU 实际对各中断源的处理优先顺序。如果不采用屏蔽技术，响应的优先级就是处理的优先级。处理优先级是否可以改变是由中断优先级的排队电路是否受中断屏蔽字控制而决定的，例如，图 7－24 所示的排队电路就受到中断屏蔽字的控制。

采用中断屏蔽技术，可以改变 CPU 对各级中断源的处理优先等级，从而改变 CPU 执行程序的轨迹。例如，如果有 4 个中断源 A、B、C、D，其优先级别按照 A→B→C→D 降序排列，若 4 个中断源的屏蔽字按照表 7－1 设置，当这 4 个中断源同时提出中断请求时，CPU 的响应顺序和服务顺序是一致的，如图 7－25 所示。

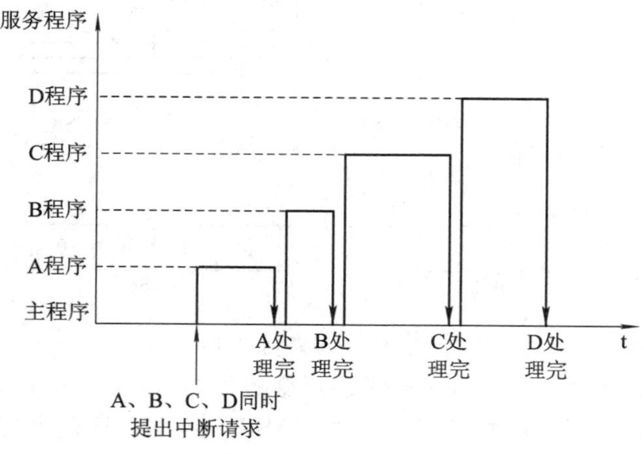

图 7－25　响应和处理优先级一致的 CPU 处理过程

在不改变中断响应优先级的情况下，如果要将中断源的处理次序优先级从高到低改为A→C→D→B，则每个中断源的中断屏蔽字如表 7-2 所示。

表 7-2　服务优先级改变后的中断屏蔽字

中断源	原屏蔽字 (ABCD)	新屏蔽字 (ABCD)	改变后的服务优先级
A	1111	1111	3
B	0111	0100	0
C	0011	0111	2
D	0001	0101	1

当四个中断源同时提出中断请求时，CPU 的响应和服务顺序的过程如图 7-26 所示。图中按照中断源优先级别的高低，CPU 首先响应并处理 A 中断源的请求，由于 A 的中断屏蔽字是“1111”，屏蔽了所有的中断请求，使得 A 程序执行完毕后返回主程序。由于 B、C、D 的请求还未响应，而 B 的响应优先级高于 C 和 D，因此 CPU 首先响应 B 的中断请求，并执行 B 的中断服务程序，B 的中断服务程序中由于设置了新的中断屏蔽字为 0100，即 A、C、D 均可以打断 B 的服务，这里 CPU 会响应目前请求 C 和 D 中响应优先级高的 C 的中断请求，在 C 的中断服务程序中，设置中断屏蔽字 0111，因此只有 A 中断源可以打断 C 程序的执行，由于中断源 A 再没有提出请求，因此 C 程序执行完毕后返回 B 的断点；B 程序的中断屏蔽字还是 0001，因此会响应 D 的中断请求，转去执行 D 的中断服务程序，D 程序中会将中断屏蔽字设置为 0101，当有 A 和 C 的请求时就会被中断，由于 D 程序执行期间没有产生中断，因此 D 程序会一直执行，执行完毕后又会返回 B 程序的断点，直到 B 程序执行结束返回主程序。

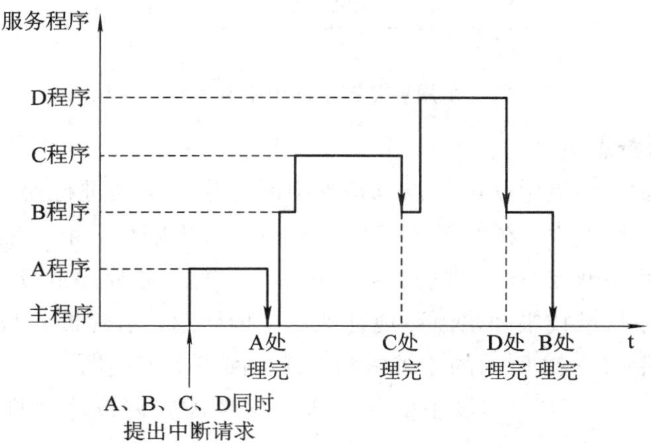

图 7-26　利用中断屏蔽字改变中断服务优先级的 CPU 处理过程

需要说明的是，在采用中断屏蔽字改变 CPU 多级中断的处理优先级时，中断服务程序的流程图与图 7-20(b)有所不同，需要保存原中断屏蔽字后设置新的中断屏蔽字，在中断返回前需要恢复中断屏蔽字。当利用中断技术改变优先级时，其中断服务程序流程图如 7-27 所示。

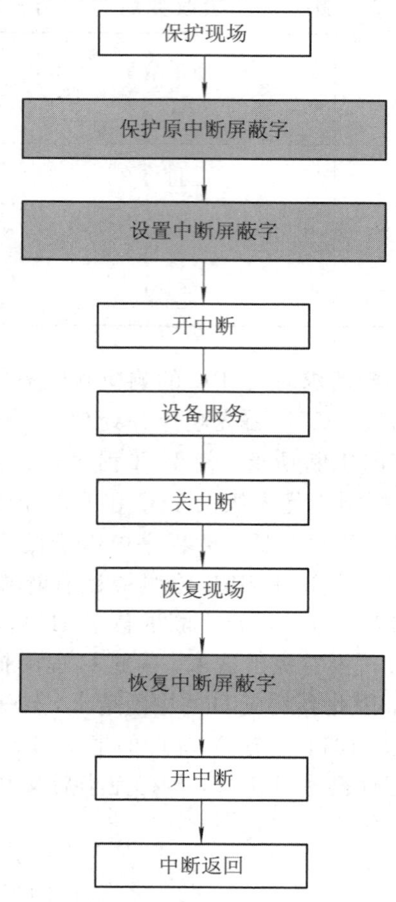

图 7-27 采用屏蔽技术的中断服务程序流程图

4. 多级中断的断点保护

与单级中断类似，多级中断的断点也是由中断隐指令自动进行保存的，对用户是透明的。断点通常保存在堆栈中。在如图 7-12 所示的多级中断中，由于堆栈具有先进后出的特点，因此先将主程序断点 S+1 进栈，接着是 2＃中断服务程序的 T+1 断点进栈，出栈时，则按照相反顺序从堆栈中弹出断点地址就可准确地返回程序断点位置。

例 7-1 根据图 7-22 所示的二维中断系统，回答下列问题：

(1) 在中断情况下，CPU 和设备的优先级如何考虑？请按降序排列各设备的中断优先级。

(2) 若 CPU 现正执行设备 B 的中断服务程序，则 IM_2、IM_1、IM_0的状态是什么？如果 CPU 正执行设备 D 的中断服务程序，则 IM_2、IM_1、IM_0的状态又是什么？

(3) 每一级的 IM 能否对某个优先级的个别设备单独进行屏蔽？如果不能，则采取什么办法才能达到目的？

(4) 假如要求设备 C 提出中断请求，CPU 就立即进行响应，如何调整才能满足此要求？

解：(1) 在中断情况下，CPU 的优先级最低，各设备的优先次序是 A—B—C—D—E—F—G—H—I。

(2) 执行设备 B 的中断服务程序时，IM_2、IM_1、IM_0 等于 111；执行设备 D 的中断服务程序时，IM_2、IM_1、IM_0 等于 011。

(3) 每一级的 IM 标志不能对某个优先级的个别设备进行单独屏蔽，可将该设备接口中的 EI(中断允许)标志清"0"，禁止该设备发出中断请求。

(4) 要使设备 C 的中断请求及时得到响应，可将设备 C 从第 2 级取出来，单独放在第 3 级上，使第 3 级的优先级最高，同时令 IM3=0。

例 7-2 某计算机中断系统有四级中断源 A、B、C、D，中断响应的优先次序从高到低依次为 A>B>C>D，每级中断对应一个屏蔽码。现要求将中断处理次序改为 D>A>C>B。

(1) 写出每个中断源对应的屏蔽字。

(2) 当四个中断源的请求时刻如图 7-28 所示时，画出 CPU 执行程序的过程。(假设每个中断服务程序的执行时间为 20 μs。)

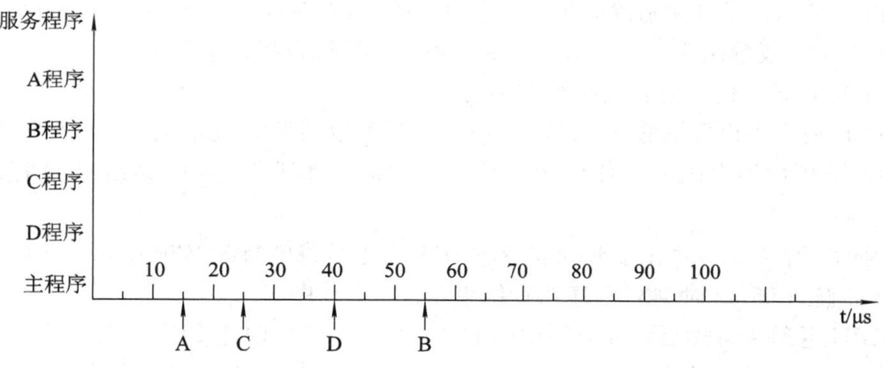

图 7-28 例 7-2 的中断请求时间

解 (1) 若中断处理次序由高到低改为 D→A→C→B，则每个中断源对应的屏蔽字如表 7-3 所示。

表 7-3 例 7-2 优先级改变后的中断屏蔽字

中断源	原屏蔽字 A B C D	新屏蔽字 A B C D
A	1111	1110
B	0111	0100
C	0011	0110
D	0001	1111

(2) 根据新的中断处理优先级，CPU 执行程序的轨迹如图 7-29 所示。

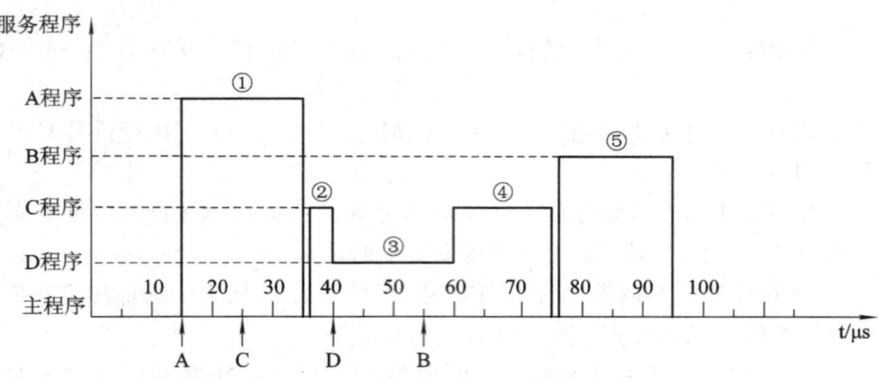

图 7-29 例 7-2 的 CPU 运行轨迹

图 7-29 中按顺序标注了 CPU 的运行轨迹和过程序号，各过程的分析如下：

① CPU 在执行主程序到 15 μs 的时刻，CPU 响应中断源 A 的请求，A 程序将中断屏蔽字设置为 1110，在执行 A 程序的过程中，中断源 C 在 25 μs 提出中断请求，由于此刻 C 是被屏蔽的，因此 CPU 会继续执行 A 程序直到 35 μs 时刻结束返回主程序。

② 由于 C 的请求并未撤除，在主程序中 CPU 会响应 C 的中断请求转去执行程序 C，并在程序 C 中设置屏蔽字 0110，在 40 μs 时刻，中断源 D 提出请求，由于 D 未被屏蔽，因此 CPU 中断 C 程序的执行转去执行 D 程序。

③ 在 D 程序中设置屏蔽字 1111，在 55 μs 时刻中断源 B 提出请求，但程序 D 屏蔽了所有中断源，因此不会因响应任何中断请求而中断，直到 60 μs 时刻结束 D 程序返回 C 程序。

④ 返回程序 C 后，由于 C 的屏蔽字是 0110，也是将中断源 B 屏蔽的，CPU 会继续执行 C 程序，直到 75 μs 时刻 C 程序执行结束，返回主程序。

⑤ CPU 返回主程序后，由于 B 中断的请求没有撤除，因此 CPU 中断主程序转去执行 B 程序，在 B 程序中将中断屏蔽字设为 0100，由于在 55 μs 之后再没有中断源提出请求，因此 B 程序会一直执行到 95 μs 时刻返回主程序。

7.4.5 MIPS 机中的中断机制

1. MIPS 中断处理方式

中断和异常是指除跳转指令之外改变正常指令执行顺序的事件。需要说明的是，MIPS 是区分“异常”(Exception)和“中断”(Interrupt)的，而许多计算机中并不区分这两者。改变“异常”是指 CPU 执行的控制流中任何意外的改变，而无论其产生的原因来自处理器的内外。“中断”是指由外部引起的事件。表 7-4 是处理器内部或外部原因造成中断或异常的情况比较。

异常和中断的处理过程是类似的，当异常发生时，处理器进行的基本操作是在 EPC 中保持断点的地址，并将控制权转交给操作系统的特定地址，由操作系统采取适当的行动为用户提供一些服务。这里主要介绍当 I/O 设备发生中断时，MIPS 的处理过程。

表 7 - 4　MIPS 中的中断或异常类型

事件类型	来　源	MIPS 中的术语
I/O 设备请求	外部	中断
用户程序调用操作系统	内部	异常
算术溢出	内部	异常
使用未定义的指令	内部	异常
硬件故障	内部或外部	异常或中断

在 MIPS 中，中断是由协处理器 CP0 来控制实现的。CP0 中有 32 个寄存器，这里只介绍 CP 0 中与中断控制相关的三个寄存器，分别是：

(1) 异常程序中断计数器 EPC(标号 14)(Exception Program Counter)，用于存放断点地址。

(2) Cause 寄存器(标号 9)，用于保存异常产生的原因的寄存器。

(3) Status 寄存器(标号 12)，用于处理器的状态和控制的寄存器，包括确定 CPU 的特权等级，对中断源的屏蔽等。

2. MIPS 为实现中断在结构上的变化

(1) 增加 EPC 寄存器。EPC 保存中断时的 PC，以便从中断/异常服务程序返回断点。

(2) 增加中断服务程序返回指令 ERET。ERET 指令的编码如表 7 - 5 所示。

表 7 - 5　中断返回指令 ERET 的格式

位	31　　26	25　　6	5　　0
字段名	COP0	80000	eret
代码	010000	1000 00000000 0000 0000	011000

指令操作：PC←CP0(EPC)。

功能描述：将保存在 CP0 的 EPC 寄存器中的断点地址写入 PC，从而实现从中断、异常处理程序的返回。

(3) 将 EPC 加入到数据通路中：

① 建立能够将断点保存到 EPC 的数据通路。

② 为 NPC 部件增加数据输入 EPC，以便从中断程序返回断点。

(4) 为了处理各种中断，NPC 需要根据异常或中断的类型输出异常处理程序的地址，例如：

① 在系统复位时输出：0xBFC0_0000。

② 在硬件中断时输出：0xBFC0_0400。

③ 在其他异常时输出：0xBFC0_0380。

(5) 增加与中断控制相关的寄存器。MIPS 机器中的 8 个中断源，其对应的中断请求位(IPi)和中断屏蔽位(IMi)分别位于 Cause 和 Status 寄存器中。各中断源的编号及其在寄存器中的对应位如表 7 - 6 所示。

表 7－6　8 个中断源的编号及其在寄存器中的对应关系

		Cause 寄存器对应位		Status 寄存器对应位	
中断类型	中断编号	位编号	名称	位编号	名称
软件	0	8	IP0	8	IM0
	1	9	IP1	9	IM1
硬件	0	10	IP2	10	IM2
	1	11	IP3	11	IM3
	2	12	IP4	12	IM4
	3	13	IP5	13	IM5
	4	14	IP6	14	IM6
	5	15	IP7	15	IM7

① Cause 寄存器。Cause 寄存器的格式如表 7－7 所示。

表 7－7　Cause 寄存器的各字段

位	31	30	29—28	27	26	25—24	23	22	21—16	15—10	9—8	7	6—2	1—0
字段名	BD	TI	CE	DC	PCI	0	IV	WP	0	IP7－2	IP1－0	0	ExCode	0

Cause 寄存器中与硬件中断相关的是字段 IP[7:0]，分别表示 8 个中断源是否有中断请求，1 表示有请求，0 表示无请求；其中 IP[1:0]表示两个软件中断，IP[7:2]分别表示 6 个硬件中断，这六位与外部中断的对应关系如表 7－6 所示。

② Status 寄存器。Status 寄存器的格式关系如表 7－8 所示。

表 7－8　Status 寄存器的各字段

位	31～28	27	26	25	24	23	22	21	20	19	18	17	16
字段名	CU3－CU0	RP	FR	RE	MX	PX	BEV	TS	SR	NMI	0	Impl	
位	15				8	7	6	5	4	3	2	1	0
字段名	IM7－IM0					KX	SX	UX	UM	R0	ERL	EXL	IE

CPU 是否能够响应某个中断受 Status 寄存器中 3 个域的影响，这 3 个域分别是：

a. 中断屏蔽寄存器 IM[7:0](bit15～bit8)，其中 IM[7:2]用于控制硬件的 6 个中断，IM[1:0]用于控制软件中断和内部中断。1—允许；0—屏蔽。

b. 全局中断使能控制 IE(bit0)：1—允许中断；0—禁止中断。

c. EXL(bit1)：表示是否已经处于异常级别。当异常发生时，会自动将 EXL 置为 1，表示处理器处于异常级别。进入中断后，必须标记，防止又有中断再次进入，这时处理器需要 OS 的配合进入内核工作模式。

为实现中断建立的数据通路如图 7－30 所示。

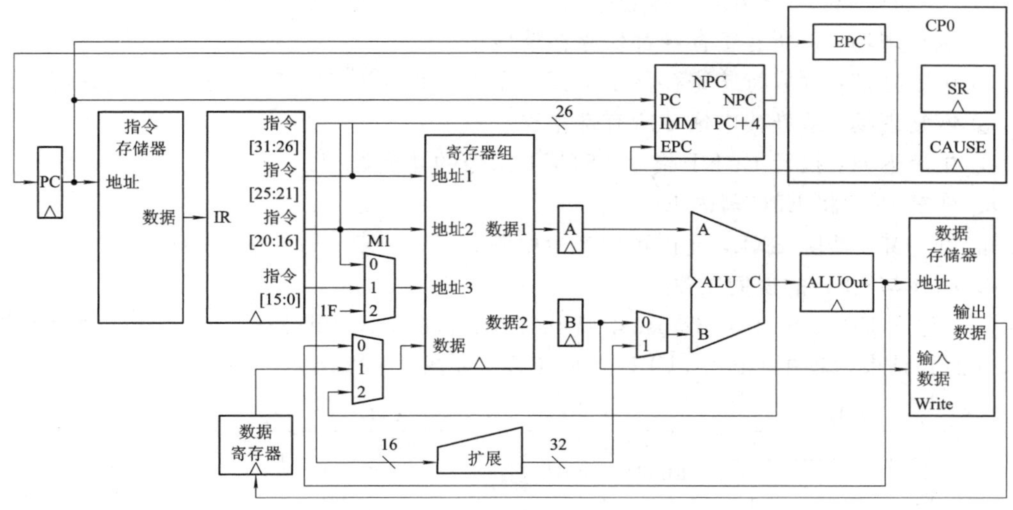

图 7-30　具有中断功能的 CPU 数据通路

3. MIPS 中断处理完整过程

MIPS 机器中断处理的过程有中断请求、中断判优、中断响应和中断处理四个阶段。

(1) 中断请求：

① 检测的时刻：每个时钟都会检测中断请求，如果有中断，则进入中断响应状态。

② 检测时需要判断中断允许位 IE 的状态，与 IE=1，才允许响应中断。

③ 判断是否有硬件中断请求的表达式：

```
assign IntReq = (|(HWInt[7:2] & |IM[7:2])) & IE &! EXL;
```

(2) 中断判优。MIPS 中硬件中断源的优先级可以采用固定优先级或软件判别的优先级，不同的芯片实现方法不同。

(3) 中断响应。中断响应状态完成保存 PC、转中断服务程序的跳转、关中断的操作。

① 保存 PC：将断点地址 PC 保存在 EPC 中。

② 完成跳转：控制 NPC 产生中断处理程序入口地址，并写入 PC。

③ 关中断：EXL 置位，防止再次进入。

以上这些操作都是在同一周期中由硬件自动完成的。

中断请求和中断向量生成的过程如图 7-31 所示。

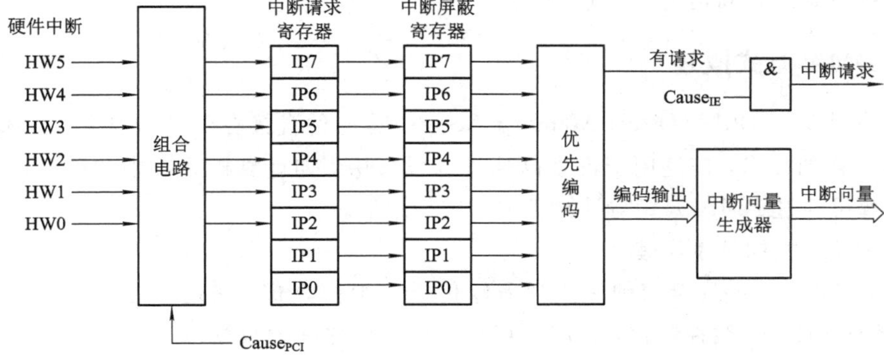

图 7-31　MIPS 中断请求、判优和中断向量生成过程示意图

(4) 中断处理。中断处理程序包括保存现场、中断处理、恢复现场、中断返回。

① 保存现场：将所有寄存器都保存在堆栈中。

② 中断处理：读取特殊寄存器了解哪个硬件中断发生，执行对应的中断处理程序。

③ 恢复现场：从堆栈中恢复所有寄存器。

④ 中断返回：执行 ERET 指令。ERET 指令的功能如下：

a. 恢复 PC：将 EPC 写入 EPC。

b. 开中断：清除 EXL，允许再次产生中断。

4. CP0 与 CPU 的协同工作

CP0 包含 EPC、Status、Cause 等特殊寄存器。在上述中断处理全过程中，硬件设备从请求开始到结束过程中 CP0 和 CPU 协同工作，如图 7-32 所示。

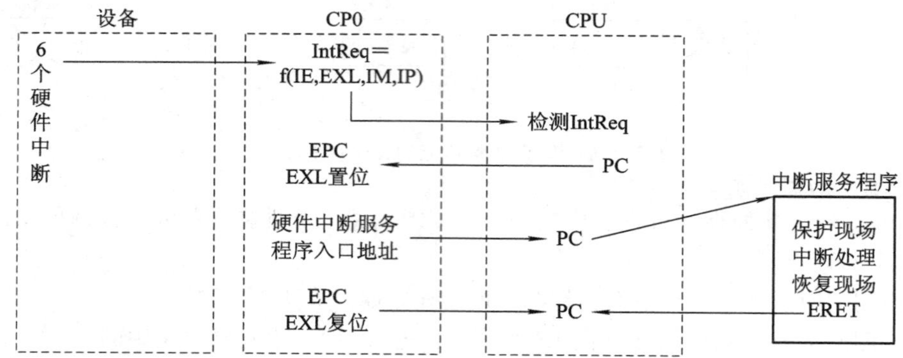

图 7-32 CP0 与 CPU 在中断处理过程中协同工作示意图

7.5 DMA 技 术

程序查询与程序中断传送方式中的主要工作都是由 CPU 执行程序完成的，中断方式使 CPU 主程序与外围设备的数据传输部分并行，对于低速 I/O 设备而言提高了系统的运行效率。但中断方式一次只能传送一个或少量的数据，对高速 I/O 设备而言，中断处理过程中其他操作花费的时间可能远大于传输数据所需的时间，因此效率反而降低了。下面讨论的 DMA 方式适合高速的 I/O 设备。

7.5.1 DMA 方式概述

直接存储访问 DMA(Direct Memory Access)是一种直接在 I/O 设备与主存储器之间进行数据交换的技术，广泛用于许多高速外部设备中，如计算机系统中的硬盘、光盘、网卡、声卡都可通过 DMA 方式与计算机主存进行通信。

1. DMA 方式的基本原理

DMA 方式是一种完全由硬件执行 I/O 传送的工作方式。在这种方式中，由 DMA 控制器(DMAC)取得总线控制权，控制主存与 I/O 设备之间的数据传送，在传送过程中不需要 CPU 程序的干预。

图 7－33 是 DMA 方式的工作原理示意图。其实质是采用硬件手段在主存与 I/O 设备之间建立直接的数据传送通路，在 DMAC 的控制下通过总线实现主存与 I/O 设备之间的直接数据传输。DMA 方式主要用于高速外设按照连续地址直接访问主存储器。

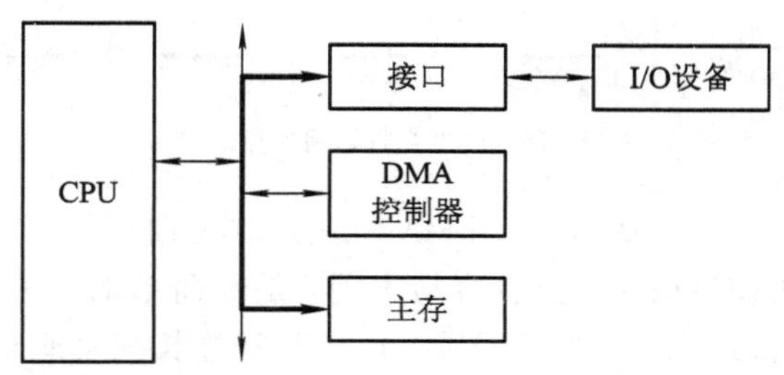

图 7－33　DMA 方式的工作原理示意图

2. DMA 方式的特点

(1) 以响应随机请求的方式，实现主存与 I/O 设备间的快速数据传送。

(2) 采用 DMA 方式控制数据传送时，仅需占用系统总线，因此 DMA 传送的插入不影响 CPU 本身的程序执行状态，除了访问主存的冲突外，CPU 可以继续执行自己的程序，提高了 CPU 的利用率。

(3) DMA 方式只能处理简单的数据传送，难以识别与处理复杂的情况。

3. DMA 的传送方式

DMA 和 CPU 在并行工作时存在访存冲突，根据 DMAC 与 CPU 访问时间上的不同安排，DMA 传送方式有以下三种：

1) *CPU 暂停访存方式*

当外围设备要求传送一批数据时，由 DMA 控制器向 CPU 发出 DMA 请求信号，请求 CPU 放弃对地址总线、数据总线和有关控制线的使用权；CPU 收到 DMA 的请求后，无条件地放弃总线控制权，由 DMAC 接管总线进行数据传送；直到数据传送结束后，DMAC 再将总线交还给 CPU。此间若 CPU 需要使用总线，则暂停程序执行，直到取回总线使用权。图 7－34(a)是 CPU 暂停访存方式的示意图。

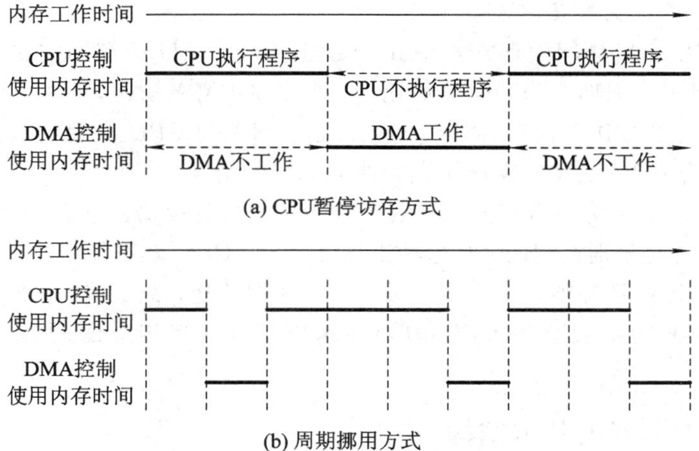

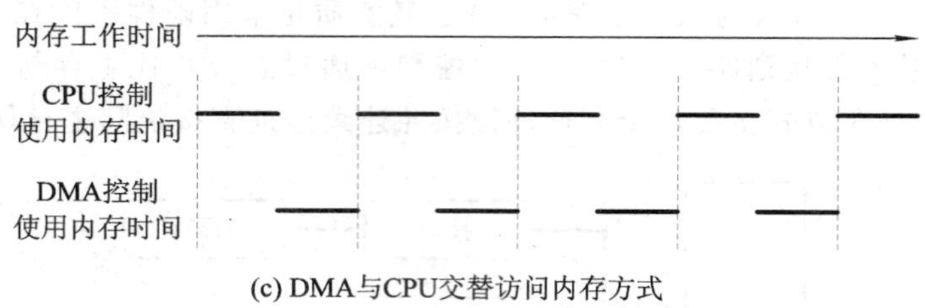

(c) DMA与CPU交替访问内存方式

图 7-34 DMA 传送方式示意图

CPU 暂停访存方式控制简单，比较容易实现，是最简单的一种 DMA 实现方式；但采用这种方式进行 DMA 传送期间，如果 DMA 传送时间过长则会使 CPU 长时间处于空闲等待状态，降低了 CPU 的利用率，并且可能会影响到某些实时性很强的操作，如中断响应等。

2）周期挪用方式

周期挪用是指每当外设发出 DMA 请求时，DMAC 便挪用或窃取总线控制权一个或几个主存周期，而外设不发出 DMA 请求时，CPU 仍继续访问主存。图 7-34(b)是周期挪用方式的示意图。

采用周期挪用方式时，外设要求 DMA 传送时会出现以下三种情况：

(1) 当外设要求 DMA 传送时，CPU 不需访问主存(如 CPU 正在执行乘法指令)，故外设访存与 CPU 不发生冲突。

(2) 当外设要求 DMA 传送时，CPU 正在访存，此时必须等存取周期结束后，CPU 才能让出总线控制权。

(3) 当外设要求访存时，CPU 也要求访存，这就出现了访存冲突。此时要求外设访存优先于 CPU 访存。因为如果外设不能立即访存就可能丢失数据，这时 DMAC 要窃取一二个存取周期，使 CPU 延缓一二个存取周期再访存。

与 CPU 暂停访存的方式相比，周期挪用方式既实现了 I/O 传送，又较好地发挥了主存与 CPU 的效率，是一种广泛采用的方法。其缺点是，每传送一个数据，DMA 都要产生访问请求，待到 CPU 响应后才能传送，操作频繁，花费时间较多。

3）DMA 与 CPU 交替访问内存方式

DMA 与 CPU 交替访问内存方式是针对 DMAC 与 CPU 访存冲突提出的又一个解决方案，是将一个 CPU 周期分为两个分周期：一个专供 DMA 访存，另一个专供 CPU 访存，让两者互不冲突地交替访问内存。图 7-34(c)是 DMA 与 CPU 交替访问内存方式的示意图。这种方式适合 CPU 工作周期比主存存取周期长的情况。

DMA 与 CPU 交替访问内存方式不需要总线使用权的申请建立和归还过程，总线使用权是通过不同的周期分别控制的。在这种工作方式下，CPU 既不停止主程序的运行也不进入等待状态，在 CPU 不知不觉中完成了 DMA 的数据传送，故又有“透明的 DMA”方式之称，然而 CPU 周期的扩展会使 CPU 的处理速度减慢，其相应的硬件逻辑也变得更为复杂。

7.5.2 DMA 控制器的基本结构

在目前的计算机系统中，大多专门设置了 DMA 控制器，而且较多采取 DMA 控制器与 DMA 接口相分离的方式。DMA 控制器负责申请、接管总线的控制权、发送地址和操作命令以及控制 DMA 传送过程的起始与终止，因而可以为各个设备通用，独立于具体 I/O 设备。DMA 接口用于实现与具体设备的连接和数据缓冲，满足设备的特定要求。

1. DMA 控制器的功能

DMA 方式一般用于高速传送成组数据的场合。DMA 控制器种类很多，但各种 DMA 控制器至少能执行以下基本操作：

(1) 接收外设的 DMA 请求，向 CPU 发出总线请求信号，请求 CPU 让出总线控制权。

(2) 当 CPU 发出 DMA 响应信号之后，接管对总线的控制，进入 DMA 方式。

(3) 对存储器寻址，输出和修改地址信息。

(4) 向存储器和外设发出相应的读/写控制信号。

(5) 控制传送的字节数，判断 DMA 传送是否结束。

(6) 在 DMA 传送结束以后，向 CPU 发出结束 DMA 请求信号，释放总线，使 CPU 恢复对总线的控制，继续正常工作。

DMA 传送与中断传送相比有以下不同之处：

(1) 中断传送需要保存 CPU 现场并执行中断服务程序，时间开销较大；而 DMA 由硬件实现，不需要保存 CPU 的现场，时间开销较小；

(2) 中断传送只能在一个指令周期结束后进行，而 DMA 传送则可以在两个机器周期之间进行。

DMA 控制器是采用 DMA 方式的外围设备与系统总线之间的接口电路，它是在中断接口的基础上再加上 DMA 机构组成的。图 7-35 所示是一个简单的 DMA 控制器内部结构示意图。

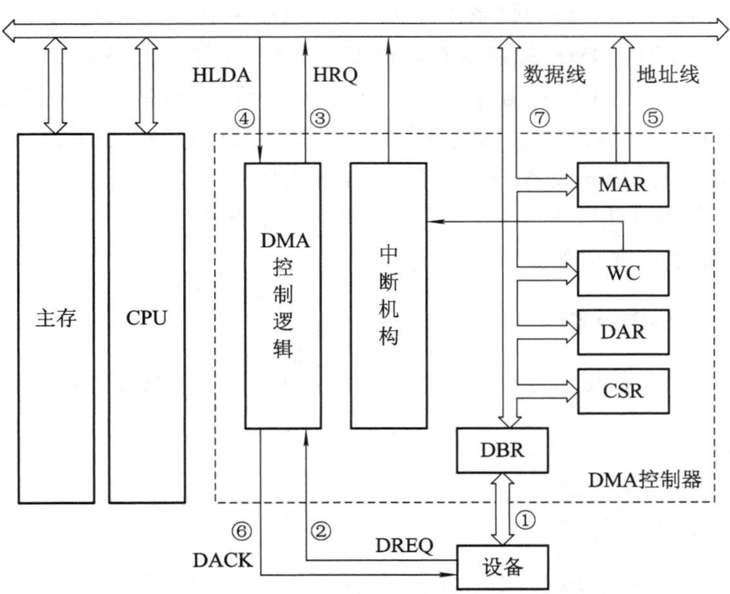

图 7-35　DMA 控制器组成框图

2. DMA 控制器的组成

DMA 控制器由以下几个逻辑部分组成：

(1) 主存地址寄存器 MAR：用于存放主存中需要交换数据的地址。由 CPU 在初始化时将内存数据缓冲区的首地址保存在此，每传送一个字节或字后，该地址计数器就进行加“1”操作，使其总是指向要访问的内存单元。

(2) 字计数器 WC：用于记录传送数据的总字数。由 CPU 在初始化时将数据长度预置在 WC 中，每完成一个字或一个字节的传送后，WC 计数器减“1”。当计数器为全“0”时，表示数据传送结束，发一个信号到中断机构。

(3) 设备地址寄存器 DAR：用于存放 I/O 设备的设备码或表示设备信息存储区的寻址信息，如磁盘数据所在的区号、盘面号和柱面号。具体内容取决于设备的数据格式和地址的编址方式。

(4) 控制/状态寄存器 CSR：由控制和时序电路以及状态标志等组成，用于修改内存地址计数器和字计数器、读/写状态、传送完毕与否等，并对 DMA 请求信号和 CPU 响应信号进行同步和协调处理。

(5) 数据缓冲寄存器 DBR：用于暂存每次输入或输出传送的数据。当输入时，由设备将数据送到 DBR，再由 DBR 通过数据总线送到内存；反之，当输出时，由内存通过数据总线送到 DBR，然后再送到设备。

(6) 中断机构：当 WC 计数到全“0”时，表示一批数据交换完毕，由溢出信号触发中断机构，再由中断机构向 CPU 提出中断请求，以作为数据传送后的结束处理信号，请求 CPU 作 DMA 操作的后续处理。

(7) DMA 控制逻辑：用于负责管理 DMA 的传送过程，其由控制电路、时序电路及命令状态控制寄存器等组成。每当设备准备好一个数据字(或一个字传送结束)，就向 DMA 接口提出申请(DREQ)；DMA 控制逻辑便向 CPU 请求 DMA 服务，发出总线使用权的请求信号(HRQ)；待收到 CPU 发出的响应信号 HLDA 后，DMA 控制逻辑便开始负责管理 DMA 传送的全过程，包括对主存地址寄存器和字计数器的修改、识别总线地址、指定传送类型(输入或输出)以及通知设备 DMA 请求已经被响应(DACK)等。

当系统中有多个 DMAC 时，DMAC 与系统的连接方式通常采用与图 7-15(a)、(b)类似的单线 DMA 请求方式和独立请求方式。

7.5.3 DMA 的工作过程

一次完整的 DMA 数据传送可分为三个阶段：预处理、数据传送和 DMA 传送后处理，如图 7-36(a)所示。

1. 预处理

预处理是指在 DMA 传送开始工作之前，CPU 必须完成对 DMAC 的初始化工作，需要预置如下几个寄存器的信息：

(1) 初始化 CSR，给 DMA 控制逻辑指明数据传送方向是输入(写主存)还是输出(读主存)。

(2) 初始化 DAR，向 DAR 送设备号，并启动设备。

(3) 初始化 MAR，向 MAR 送入交换数据的主存起始地址。

(4) 初始化 WC，将交换数据的个数送入 WC。

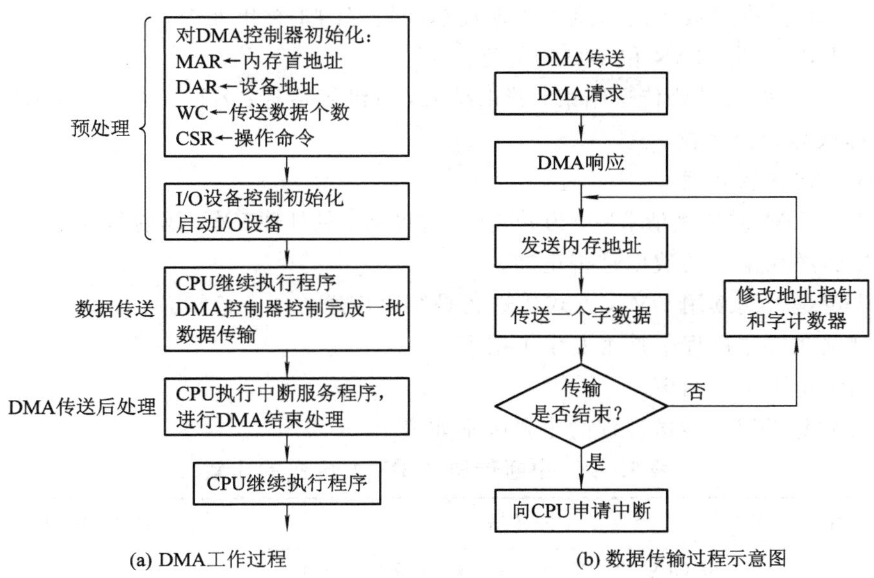

图 7-36　DMA 传送过程示意图

上述工作是由 CPU 执行几条输入/输出指令完成的，这一过程即 DMA 的初始化阶段。这些工作完成后，CPU 继续执行原来的程序。

当外部设备准备好传送的数据(输入)或上次接收的数据已经处理完毕(输出)时，它便通过 DMA 接口向 CPU 提出占用总线的申请，若有多个 DMA 同时申请，则按 DMAC 的优先级由硬件排队逻辑决定各自的优先等级。

待设备得到主存总线的控制权后，数据的传送便由该 DMAC 进行管理。

2. 数据传送

DMAC 获得总线后，即可按规定的传送方式进行数据的输入或输出操作。该阶段 DMAC 传送数据的工作流程如图 7-36(b)所示(设 DMA 控制器以停止 CPU 访问内存方式工作)，当外设发出 DMA 请求时，CPU 在本次机器周期结束后响应该请求，并放弃系统总线的控制权，而 DMA 控制器接管系统总线并向内存提供地址，使内存与外设进行数据传送，每传送一个字，MAR 加“1”，WC 减“1”，当 WC 计数到“0”时，DMA 控制器向 CPU 发出中断请求，DMA 操作结束。

以数据输入为例，结合图 7-35 标注的操作序号(只标注了①～⑦)，DMA 具体操作步骤如下：

(1) 当设备准备好一个字后，将该字锁存到 DMA 控制器的数据缓冲器 DBR 中。

(2) 设备向 DMAC 发出 DMA 传送请求信号 DREQ。

(3) DMAC 向 CPU 发出总线控制权请求信号 HRQ。

(4) CPU 发出应答信号 HLDA，表示允许将总线控制权交给 DMAC。

(5) DMAC 将其 MAR 中的主存地址送往地址总线，并给出存储器写命令。

(6) DMAC 向设备发出 DACK 信号，通知设备已被授予一个 DMA 周期，并为交换下一个字做准备。

(7) DMAC 将 DBR 中的内容送数据总线。

（8）主存将数据总线上的信息写入地址总线指定的主存单元中。

（9）DMAC 修改 MAR 和 WC 的信息。

（10）判断数据块是否传送结束，若未结束，则继续传送；若已结束，则向 CPU 提出中断请求并释放总线控制权。

3. DMA 传送后处理

CPU 响应 DMAC 中断请求后，为 DMA 传送做结束的处理工作，可能包含以下几项工作：

（1）校验送入主存的数据是否正确。

（2）决定是否继续用 DMA 方式传送还是结束传送。

（3）测试在传送过程中是否发生了错误。

（4）判断是否正常结束。

中断方式和 DMA 传送过程的主要区别如表 7－9 所示。

表 7－9　中断传送和 DMA 传送的比较

比较内容	中断传送	DMA 传送
数据传输实现方法	以 CPU 为中心，采用软硬件结合、以软件为主的方式，控制设备与主机之间的数据传送	以主存为中心，采用硬件手段控制设备与主存间直接进行数据传送
存储器和 CPU 开销	因为需要程序切换，所以需要保护与恢复现场	由 DMA 控制器直接控制数据传送。在数据传送期间，不需要 CPU 干预，不需保护与恢复现场
适用设备	适合于慢速外设	适合于快速外设
响应时间	必须在一条指令执行结束后才能响应	在一个机器周期结束后即可响应
用途	可实现多种处理功能	仅用于数据传送

7.5.4　DMA 控制器的类型

为了便于说明 DMA 控制器的基本原理，7.4.3 小节介绍了只控制一台外设的简单 DMA 控制器，而实际的 DMA 是可以连接多个外设的。DMA 控制器按照与外设连接的方式，可以分为选择型和多路型两种。

1. 选择型 DMA 控制器

选择型 DMA 控制器在物理上虽然可以连接多台外设，但在逻辑上只允许连接一台外设，即在某一时间内只能选择某一台设备工作，这个特点是由其内部结构决定的。

图 7－37 是选择型 DMA 控制器的逻辑框图。从图中可以看出，选择型 DMA 控制器的内部结构与前面介绍的基本 DMA 控制器（图 7－35）基本上是相同的，只是在基本逻辑部件外增加了一个设备号寄存器，用来存放当前工作的设备号，设备号可用 I/O 指令来选择。设备号寄存器相当于一个开关，当设备号确定后，DMA 控制器在初始化、数据传送、结束处理等整个过程的操作都只能针对该台外设。在选择型 DMA 控制器中只需增加少量的硬件便可达到为多台外设服务的目的，适合于快速外设与内存之间传送大批数据的情形。

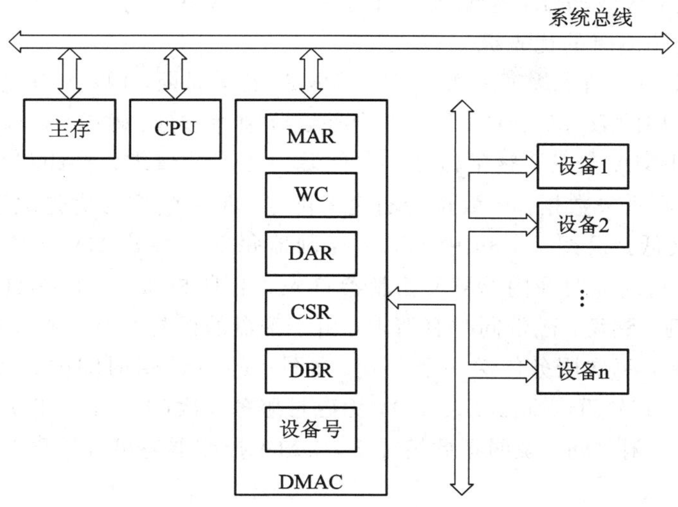

图 7-37　选择型 DMA 控制器逻辑框图

2. 多路型 DMA 控制器

多路型 DMA 控制器适合于同时为多台相对慢速的外设服务，它不仅在物理上可连接多台外设，而且在逻辑上也允许这些外设同时工作。在多路型 DMA 控制器内部，为每台外设配置了一组寄存器来存放各个设备的传输参数。一般是 DMA 控制器有多少个 DMA 通路就有多少组寄存器。各设备以字节交叉方式通过 DMA 控制器进行数据传送。

图 7-38(a)、(b)分别是链式多路型和独立请求多路型 DMA 控制器的逻辑框图。

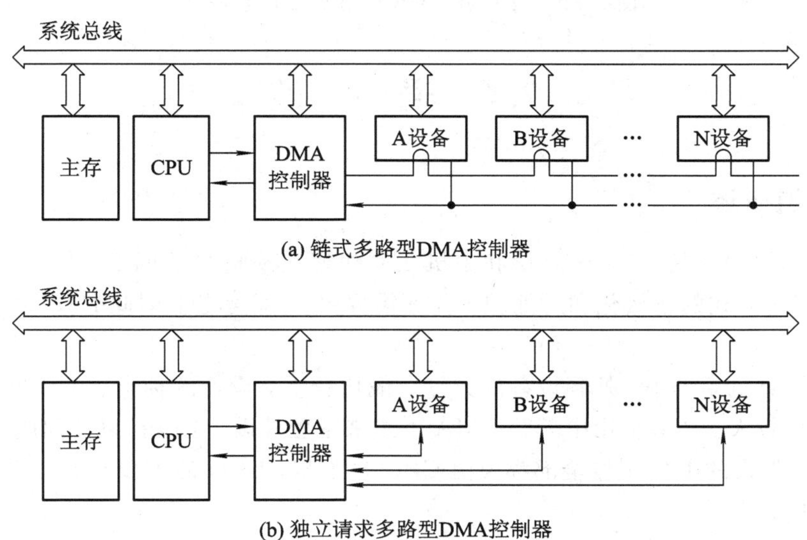

图 7-38　两种多路型 DMA 控制器与设备连接示意图

图 7-38(a)所示的是链式多路型 DMA 控制器。外设与 DMA 控制器之间采用链式连接，设备的连接次序决定了 DMA 控制器响应设备 DMA 请求的优先级。而图 7-38(b)所

示的是独立请求多路型 DMA 控制器，所有设备的 DMA 请求送入 DMA 控制器中，由 DMA 控制器决定响应时的优先级。

由于外设的 DMA 请求周期一般都大于 DMA 工作周期，DMA 有足够的时间响应外设的 DMA 请求。如图 7-39 所示，设有 3 台外设分别为磁盘、磁带、打印机。磁盘以 30 μs 间隔向控制器发 DMA 请求，磁带以 45 μs 间隔发 DMA 请求，打印机以 150 μs 间隔发 DMA 请求。为了不丢失数据，一般按传输速率排定 DMA 响应的优先次序：磁盘最高，磁带次之，打印机最低。设图 7-39 中 DMA 控制器每完成一次 DMA 传送所需的时间是 5 μs。由图可知，T_1间隔时间内 DMA 控制器首先为打印机服务，因为此时只有打印机有请求。T_2前沿时刻，磁盘、磁带同时有请求，由于磁盘的优先级高，所以首先为磁盘服务，然后再为磁带服务，每次服务传送一个字节。在图示的 100 μs 时间内，为打印机服务一次(T_1)，为磁盘服务 4 次(T_2、T_4、T_6、T_7)，为磁带服务 3 次(T_3、T_5、T_8)。从图 7-39 中可看到，DMA 尚有空闲时间，说明在此情况下，DMA 控制器还可容纳更多的设备。

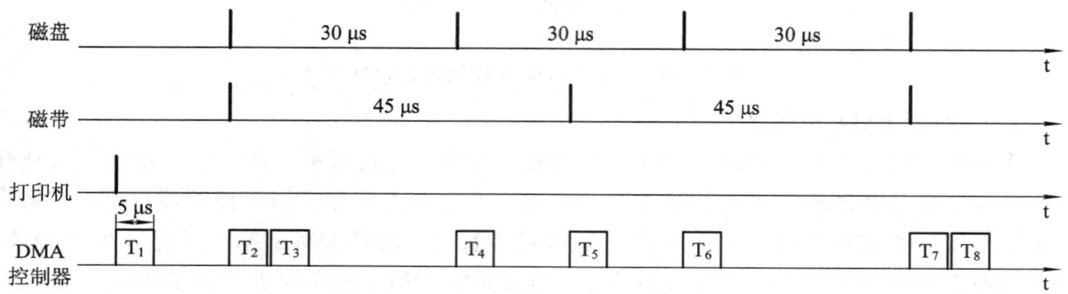

图 7-39　多路型 DMA 控制器工作过程举例

7.6　通　　道

7.6.1　通道概述

DMA 方式虽然解决了快速外设和主机之间快速交换信息的问题，提高了 CPU 的效率，但是 DMA 方式的初始化和后处理工作还需要由 CPU 承担，因此 DMA 控制仅适用于微机系统。

在大型计算机系统中，外围设备的数量一般比较多，设备的种类、工作方式和工作速度的差别也比较大。如果采用中断和 DMA 方式来管理外设，会存在以下问题：

(1) 所有外设的 I/O 工作全部都要由 CPU 来承担，CPU 的 I/O 处理工作量过大，降低了 CPU 的效率。

(2) 如果为每一台设备都配置一个接口，则接口数量过多，硬件成本大。

通道控制方式是大、中型计算机中常用的一种 I/O 形式，通道把对外围设备的管理工作从 CPU 中分离出来。

通道又称为通道处理机，可以看做一台能够执行有限 I/O 指令，并且能够被多台外围设备共享的小型 DMA 专用处理机。通道有自己的指令系统，能够独立执行用通道命令编写的输入/输出控制程序，并产生相应的控制信号控制设备的工作。通道程序不是由用户编写的，而是由操作系统按照用户的请求及计算机系统的状态编制的，位于内存中。当需要通道工作时，操作系统将通道程序从内存发送给通道并执行，从而完成用户的 I/O 操作。

通道可根据需要控制多种不同的设备；每个通道可以连接多个外部设备，每个外设对应一个子通道；通道通过 I/O 总线与设备的控制器进行通信。

通道与 CPU 和外设的连接框图如图 7－40 所示。图中设备控制器的功能和 I/O 接口类似，用于接收通道控制器的命令并向设备发出控制命令。

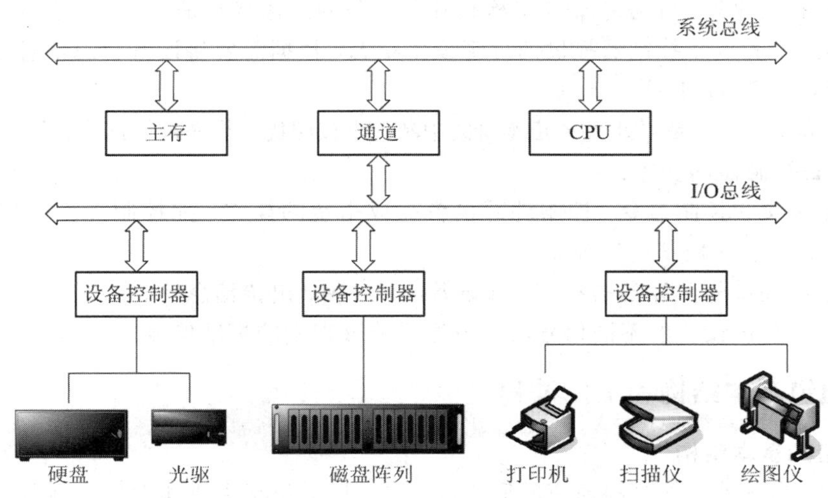

图 7－40　通道与 CPU 和外设连接框图

一条通道总线可接若干个设备控制器，一个设备控制器可以接一个或多个设备，因此，从逻辑上看，I/O 系统一般具有 4 级连接：CPU 与内存通过系统总线与通道连接，通道通过 I/O 总线与设备控制器连接，设备控制器与外围设备连接。对同一系列的机器，通道与设备控制器之间都有统一的标准接口，设备控制器与设备之间则根据设备的不同要求而采用不同的专用接口。

通道与 DMA 方式都是在主存与 I/O 设备之间建立数据通路，并由控制器控制传送。通道通过执行通道程序控制主存与设备之间的信息传送；通道可控制多种不同的设备，除可传送数据外，还可以执行接口的初始化、故障诊断与处理等工作。与通道相比，DMA 控制器是利用硬件控制主存与设备之间的信息传送，只能控制少量的同类设备，而且只能用于数据传送。

图 7－40 中具有通道的典型的 I/O 系统结构采用主机—通道—设备控制器—设备四级连接方式。通道体系结构中各级都有特定的功能。

(1) CPU 的任务：

① 执行 I/O 指令。

② 启动/关闭通道与设备。

③ 处理来自通道的中断，如数据传输中断、故障中断等。

④ 通道的管理任务由操作系统完成。

(2) 通道的任务：

① 接受 CPU 发来的 I/O 指令，按指令要求与指定的设备进行通信。

② 从内存中选取属于该通道程序的通道指令，经译码分析，向指定的设备控制器或设备发出各种操作控制命令。

③ 组织和控制数据在内存与外设之间进行传送操作，通道根据需要提供数据缓存空间以及数据存入内存或从内存中读取的地址；提供外设的有关地址；控制传送的数量；指定传送工作结束时要进行的操作，根据对传送数据的计数判断数据传送工作是否结束。

④ 在数据传输过程中实现必要的格式变换，例如，把字拆卸为字节，或者把字节装配成字等。

⑤ 读取和接收外设的状态信息，检查外围设备的工作状态是正常还是故障，并以通道状态字的形式接收设备控制器提供的外部设备状态，根据需要将设备状态信息送往主存指定单元保存，供 CPU 使用。

⑥ 将外部设备的中断请求和通道本身的中断请求按照优先次序进行排队后报告给 CPU。

（3）设备控制器的任务：

① 从通道接收控制命令，控制外部设备完成指定的操作，如控制外设的启/停，向设备发出各种非标准的控制信号等。

② 向通道提供外部设备的状态，如设备的忙、闲、出错信息等。

③ 将各种外部设备的不同信号转换成通道能够识别的标准信号。

7.6.2　通道基本结构和工作过程

1. 通道的基本结构

图 7－41 是一种选择多路通道的简化模型图，通道位于主机和设备控制器之间。

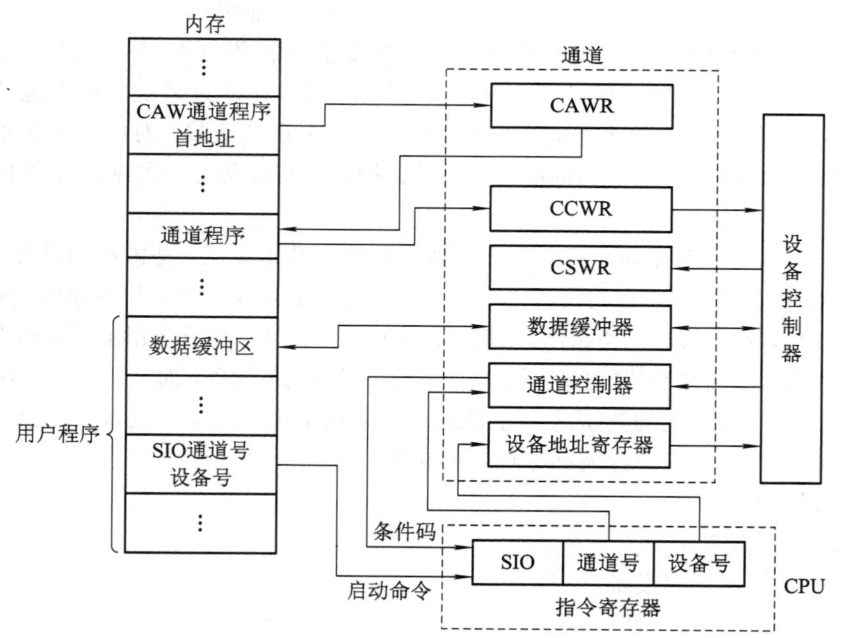

图 7－41　通道的逻辑框图

通道中各主要部件的功能如下：

(1) CAWR(通道地址字寄存器)。CAWR 存放从主存中读取的通道地址字 CAW，CAW 指示通道指令字所在内存单元的地址。启动通道后，从主存的固定单元读出 CAW，也就是通道程序的首地址，每执行一条通道指令，CAWR 的内容会自动更新，指向下一条通道指令。CAWR 的功能类似于 CPU 的程序计数器 PC。

(2) CCWR(通道指令寄存器)。由主存读出的通道指令存放在 CCWR 中，CCWR 的功能类似于 CPU 中的指令寄存器 IR。通道根据 CCWR 中的通道指令向设备控制器发出控制命令。由于一套通道指令可以执行若干个周期，为了实现成组传送，每完成一次传送就要对 CCWR 中的数据地址和计数器值进行更新。

(3) 数据缓冲器。当通道申请与主存进行数据传送时，由于和 CPU 存在访问冲突，有可能需要等待一段时间，因此通道应该有足够大的数据缓冲区。另外，通道与设备之间可能按字节传送数据，但是通道与主存之间则是按字(多个字节)传送数据的，因此通道内的数据缓冲器还应具备数据的组装和拆分功能。

(4) 设备地址寄存器。CPU 启动通道的 I/O 指令中的设备号被送到通道的设备地址寄存器，通道将这个地址经 I/O 总线传送给设备，经设备控制器译码后产生设备的选中信号。

(5) CSWR(设备状态字寄存器)。用于存放本通道与设备的状态信息，以供 CPU 查询。

(6) 通道控制器。通道相当于一个专门执行通道指令的小型 CPU，因此需要产生各种控制信号来控制通道的操作，这些控制信号由通道控制器产生。通道控制器可以采用组合逻辑或微程序方式实现。

(7) 时序系统。负责通道中的时序控制。

2. 通道工作过程

在具有通道的计算机中，用户程序通常通过调用通道程序来完成数据的输入/输出。其中 CPU 执行用户程序和管理程序，通道处理机执行通道程序。通道的工作可以分为 CPU 启动通道工作、数据传输和传输后的处理三个阶段。

1) *CPU 启动通道工作*

CPU 在执行用户程序的过程中，当执行到 I/O 操作(访管指令)时，CPU 根据指令中的设备号转到操作系统中该设备管理程序的入口，开始执行管理程序。管理程序根据给出的参数，编制好通道程序，并存放在主存中的某个区域，同时将该区域的首地址送入某个约定的单元中去(如图 7-41 中所示存放“CAW 通道程序首地址”的内存单元)，编制通道程序时，还应当根据 I/O 设备的需要在主存中开辟相应的输入/输出缓冲区，在需要启动通道与设备时，要先将使用者的主存缓冲区首地址及传送字节填写到通道程序中。在做好上述准备工作后，CPU 可以执行启动通道指令 SIO，向通道发出“启动 I/O”命令，并在该指令中给出通道号及设备号。

2) *数据传输*

被指定的通道在接收到“启动 I/O”命令后，按照下面的步骤工作：

(1) 从内存中存放“CAW 通道程序首地址”的单元中取出通道程序首地址，并存入 CAWR 寄存器中。

(2) 通道将 SIO 指令送来的设备号送入设备地址寄存器，然后向 I/O 总线送出要启动的设备号。

(3) 被指定的设备向通道发出应答信号，并回送本设备的地址，若回答的设备地址与通道送出的设备号一致，则表明设备启动成功。

(4) 通道根据 CAWR 中的通道程序首地址，从主存中取出第一条通道指令，开始执行通道程序。通道指令被送入通道指令寄存器 CCWR，根据 CCW 命令的代码，通道向设备发出控制命令。

(5) 设备在接到控制命令后，向通道送出状态码，如果设备在接收到第一条通道指令发出的命令后，回送的状态编码为全 0，表示接受命令。通道向 CPU 送出条件码，表示启动成功。CPU 便可以转去执行其他程序，由通道独立执行通道程序。若设备回送的状态编码不是全 0，则表示不能正常执行通道命令，状态编码指示出不能接受命令的原因，如设备故障等。

(6) 设备依次按照自己的工作频率发出通道使用的申请，并进行排队。通道响应设备申请，在主存和设备之间进行数据交互，每传送完一个数据，通道自动修改内存地址和计数值，直到传输个数为"0"时，结束该条通道指令的执行。

(7) 通道程序执行结束后，通道一方面向设备发出结束命令；另一方面向 CPU 申请中断，并将通道状态字 CSW 写入主存中某个特定的单元中，供中断处理程序分析，以便数据传输后的处理工作。

3) 传输后的处理

CPU 响应中断进行传送后的处理操作，主要是根据通道状态，分析结束原因并进行必要的处理。

上述通道工作过程，可以用如图 7－42 所示的工作过程示意图描述 CPU 和通道的关系。

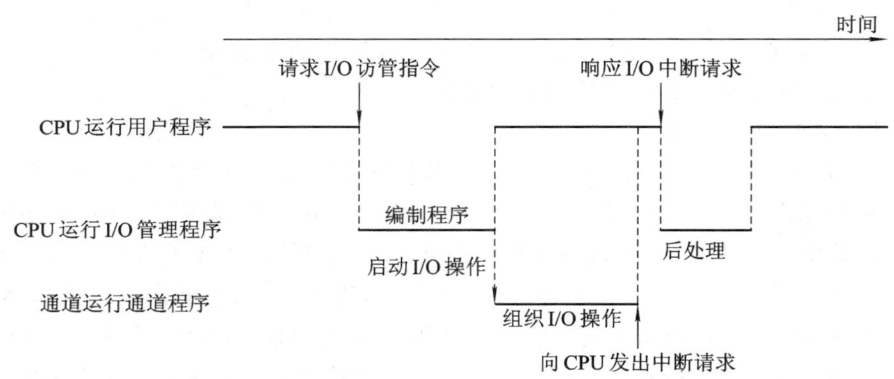

图 7－42 CPU 和通道的工作过程示意图

7.6.3 通道的类型

具备通道的机器一般是大、中型机，数据流量很大，如果所有 I/O 设备都在一个通道上，那么通道将成为该系统的瓶颈，因此，一般大、中型机 I/O 系统都有多个通道，不同类型 I/O 设备连接在不同通道上。根据多台外围设备共享通道的不同情况，可将通道分为三种类型：字节多路通道、选择通道和数组多路通道。字节多路通道一般接多台低速设备，如键盘、打印机等；选择通道一般连接高速外设，如磁盘；数组多路通道一般分时为多台快速设备服务。一个系统中可兼有三种类型的通道，也可有一种或两种。

1. 字节多路通道

字节多路通道是一种简单的共享通道，可以依靠通道与 CPU 之间的高速数据通道分时为多台设备服务。在字节多路通道中，包含多个子通道，这些子通道共用控制部分。每个子通道连接一个设备控制器，一个设备控制器可连接多台设备，各设备可以采用字节交叉模式分时交替地使用通道进行数据传送。字节多路通道的结构如图 7-43 所示。

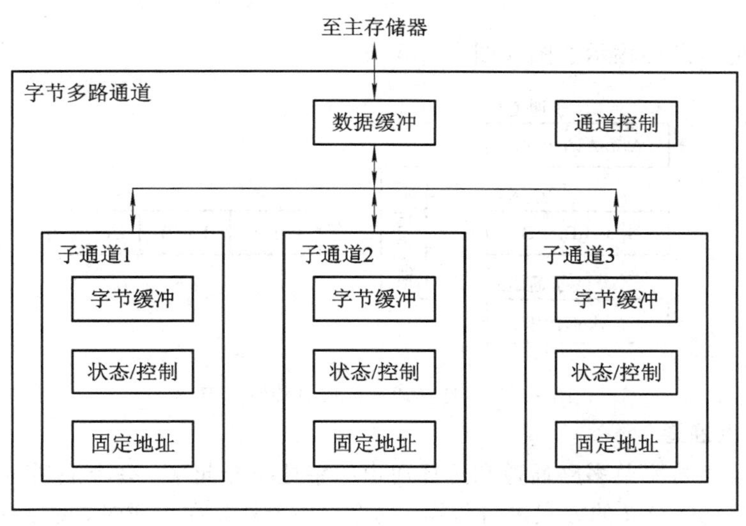

图 7-43 字节多路通道的结构

字节多路通道用于连接多台慢速设备，如键盘、打印机等，这些设备的数据传输率很低。例如，扫描仪的数据传输速度是 1000 B/s，即传送两个字节的时间间隔是 1 ms，而通道接收或发送数据只需要几百个纳秒，因此通道在这 1 ms 的时间间隔内存在很长的空闲时间，字节多路通道正是利用这个空闲时间分时为多个设备服务。采用字节多路通道时，连接在通道上的各个设备轮流占用一个很短的时间片传输一个字节，其信息传输示意图如图 7-44 所示。

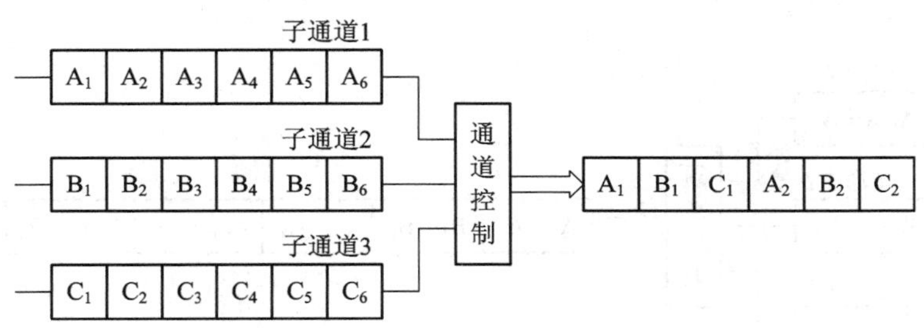

图 7-44 字节多路通道的信息传输示意图

2. 选择通道

选择多路通道可以连接多个设备，但是这些设备不能同时工作，在某个时间段内只能选通一个设备进行工作。这是因为选择通道只有一套完整的硬件，选通的设备以独占的方式工作。通道逐个轮流地为物理上连接的多台高速外设服务。选择多路通道主要用于连接高速的外部设备，如硬盘等。选择通道的特点是：

(1) 选择通道在一段时间内单独为一台外设服务，但在不同的时间内可以选择不同的设备。

(2) 选择通道一旦选中某一设备，通道就进入“忙”状态直到该设备的数据传输工作全部结束为止。

(3) 选择通道传送的数据宽度是可变的，它为一台外设传送完数据后才转去处理其他外设的请求。

选择通道的信息传输示意图如图 7-45 所示。

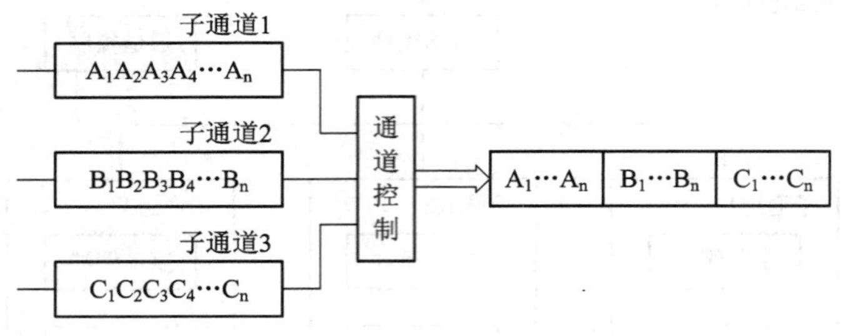

图 7-45 选择通道的信息传输示意图

3. 数组多路通道

数组多路通道将字节多路通道和选择通道的特性结合起来。一个通道可带有多个子通道，数据以成组(块)交叉的方式进行传输。通常，一个外设在工作时，除了数据传输，还包括寻址等操作。数组多路通道的基本思想是：当某个设备进行数据传输时，通道只为该设备服务；当设备在执行寻址等非传输的操作时，通道暂时断开与这个设备的连接，挂起该设备的通道程序去执行其他设备的通道程序，为其他设备服务。

数组多路通道选择一个设备后，先向其发出一个寻址命令，然后在这个设备寻址期间可以为其他设备服务。在设备寻址完成后再与其建立数据连接，并一直维持到一个数据块传输完毕。数组多路通道适用于以数组为单位的高速外设。

数组多路通道的信息传输示意图如图 7-46 所示。图中，$A_1 \cdots A_k$、$B_1 \cdots B_k$、$C_1 \cdots C_k$ 均为数据块。

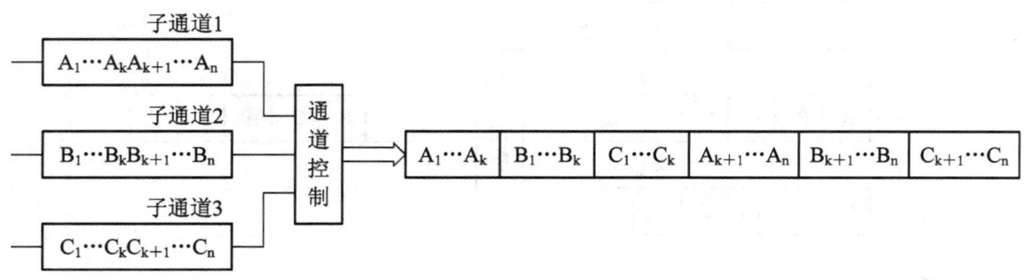

图 7-46 数组多路通道的信息传输示意图

字节多路通道和数组多路通道的不同之处主要体现在：

(1) 字节多路通道允许多个设备同时工作，但只允许一个设备进行传输型操作，其他设备进行控制型操作。数组多路通道不仅允许多个设备同时操作，而且也允许它们同时进行传输型操作。

(2) 数组多路通道与设备之间数据传送的基本单位是数据块，而字节多路通道传输的基本数据单位是字节。

(3) 数组多路通道用于连接快速设备，字节多路通道适合连接慢速设备。

习　题

1. 名词解释：

接口、中断、中断屏蔽、多重中断、中断向量、中断隐指令、DMA、周期挪用、通道、通道指令

2. 在计算机中输入/输出系统的作用是什么？是如何构成的？

3. 外围设备与主机是如何连接的？不同的连接方式有什么特点？

4. 什么是接口？它有什么功能？

5. I/O 有哪些编址方式？不同的 I/O 编址方式对指令系统有什么影响？

6. 接口的基本结构中包括哪些部件，这些部件的功能是什么？

7. 比较并说明下述几种 I/O 控制方式的特点及使用场合：

(1) 直接程序控制(含程序查询方式)。

(2) 程序中断方式。

(3) DMA 方式。

8. 结合程序查询方式的接口电路，说明程序查询控制方式下信息传送的控制过程。

9. 什么是中断？完整的中断包括哪几个过程？

10. CPU 响应中断的条件和时间是什么？

11. 中断隐指令的功能是什么？

12. 中断向量形成的基本方法有哪几种？

13. 什么是中断优先级？中断优先级划分的一般规律是什么？

14. 某机连接 4 台 I/O 设备，设备号分别为 1～4，系统采用软件查询方式确定请求中断源的优先级，请分别写出在固定优先级和轮流优先级((机会均等)软件查询程序的流程图。

15. 若题 14 采用硬件中断方式，设备 1～4 的中断优先级依次降低，请画出硬件优先排队的逻辑电路。

16. 程序中断方式与一般的程序调用有什么不同？

17. 中断服务程序和子程序在程序设计流程上有什么不同？

18. 比较单级中断和多级中断处理流程的异同。

19. 中断系统中使用中断屏蔽技术有什么好处？

20. 中断系统中设计中断允许和中断屏蔽的作用分别是什么？两者可否合二为一？

21. 在多级中断系统中可以利用中断屏蔽字改变中断源的服务优先级，其中断服务程序有什么特点？

22. A、B、C 是三台设备，在中断系统的硬件排队线路中，它们的优先级是 A>B>C，为了改变中断处理的次序，将它们的中断屏蔽字重新设置为如表 7－10 所示的形式。

表 7-10 中断屏蔽字

设备名称	屏 蔽 字		
	A	B	C
A	1	1	1
B	0	1	0
C	0	1	1

请分析在如图 7-47 所示的中断请求发生时，中断程序的执行轨迹。假设所有中断服务程序的执行时间均为 20 μs。

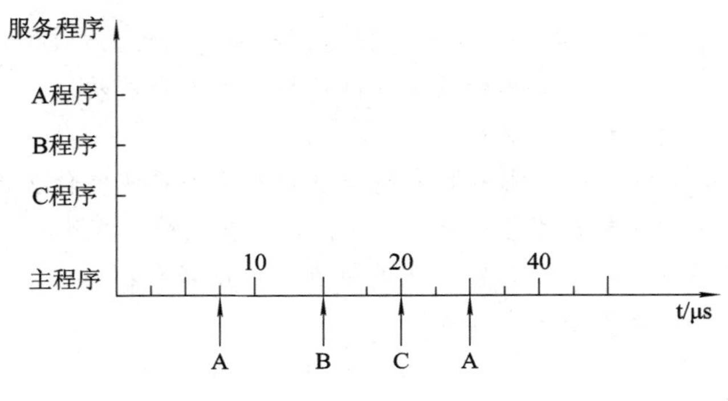

图 7-47 题 22 图

23. 某机有五个中断源，分别是 L0～L4，按中断响应的优先次序由高向低排序为 L0→L1→L2→L3→L4，现要求中断处理次序改为 L1→L3→L4→L0→L2。假设每个中断服务程序的执行时间均为 10μs。

(1) 请根据表 7-11 的格式，写出各中断源的屏蔽字。

表 7-11 中断屏蔽字

设备名称	屏 蔽 字				
	L0	L1	L2	L3	L4
L0					
L1					
L2					
L3					
L4					

(2) 若这 5 级中断源同时都发出中断请求，请按照更改后的次序画出进入各级中断处理程序的过程示意图。

24. 简要说明 DMA 的工作过程。

25. DMA 控制器主要由哪些部件组成？在数据交换过程中它应当完成哪些功能？
26. DAM 方式传送数据前，主机需要对 DAM 控制器传送哪些参数？
27. 为什么采用 DMA 方式能提高成组数据的传输速度？
28. 什么是通道？通道具有哪些功能？
29. 通道的类型有哪几种？各适用于什么情况？

参 考 文 献

[1] Patterson D A，Hennessy J L. 计算机组成与设计：硬件/软件接口[M]. 4 版. 康继昌，等，译. 北京：机械工业出版社，2012.

[2] Bryant R E，O'Hallaron D R. Computer Systems-A Programmer's Perspective[M]. 2nd Edition. New Jersey;Pearson Prentice Hall. 2011.

[3] MIPS® Architecture for Programmers Volume II-A：The MIPS32® Instruction Set Manual.（https://s3-eu-west-1. amazonaws. com/downloads-mips/documents/MD00086-2B-MIPS32BIS-AFP-6. 06. pdf）

[4] MIPS® Architecture For Programmers Volume I-B：Introduction to the microMIPS32™ Architecture.（https://s3-eu-west- 1. amazonaws. com/downloads-mips/mips-downloads/Application-Notes/MD00741-2B-microMIPS32INT-AFP-06. 00. pdf）

[5] 唐朔飞. 计算机组成原理[M]. 2 版. 北京：高等教育出版社，2008.

[6] 纪禄平. 计算机组成原理[M]. 3 版. 北京：电子工业出版社，2014.

[7] 左冬红. 计算机组成原理与接口技术：基于 MIPS 架构[M]. 北京：清华大学出版社，2014.